高职高专机电类工学结合模式教材

数控铣床自动编程技能实训

郑绍芸 罗小青 主 编
曹智梅 柯楚强 许韶洲 副主编

清华大学出版社
北京

内 容 简 介

本书以目前企业广泛应用的 MasterCAM、UG 软件作为编程工具，重点介绍数控铣床自动编程的技能和技巧。本书内容按照国家职业技能鉴定对初级、中级的技能要求依次递进，由浅入深，结合案例和配套视频讲解数控铣床自动编程的技术和技巧，突出了应用性、实用性、综合性和先进性。

本书可作为高职高专院校机械及相关专业的教材，也可作为机械行业高级技工的培训教材和机械行业的工程技术人员的参考资料。

图书在版编目(CIP)数据

数控铣床自动编程技能实训/郑绍芸，罗小青主编. —北京：清华大学出版社，2019（2024.9 重印）
（高职高专机电类工学结合模式教材）
ISBN 978-7-302-52352-9

Ⅰ. ①数… Ⅱ. ①郑… ②罗… Ⅲ. ①数控机床—铣床—程序设计—高等职业教育—教材
Ⅳ. ①TG547

中国版本图书馆 CIP 数据核字(2019)第 034410 号

责任编辑：刘翰鹏
封面设计：常雪影
责任校对：赵琳爽
责任印制：杨 艳

出版发行：清华大学出版社
网　　址：https://www.tup.com.cn，https://www.wqxuetang.com
地　　址：北京清华大学学研大厦 A 座　　**邮　　编**：100084
社 总 机：010-83470000　　**邮　　购**：010-62786544
投稿与读者服务：010-62776969，c-service@tup.tsinghua.edu.cn
质量反馈：010-62772015，zhiliang@tup.tsinghua.edu.cn
课件下载：https://www.tup.com.cn，010-83470410
印 装 者：涿州市般润文化传播有限公司
经　　销：全国新华书店
开　　本：185mm×260mm　　**印　　张**：18.5　　**字　　数**：424 千字
版　　次：2019 年 8 月第 1 版　　**印　　次**：2024 年 9 月第 3 次印刷
定　　价：49.00 元

产品编号：078692-01

FOREWORD

前言

近年来，数控技术已经广泛应用于工业产品控制的各个领域，尤其是机械制造业中，普通机械正逐步被高效率、高精度、高自动化的数控机械所代替，所以急需培养一大批掌握数控加工工艺、自动编程技能与技巧的应用型技能人才。编者在总结高职高专机械专业人才培养模式的基础上编写了本书。

本书以目前企业广泛应用的 MasterCAM、UG 软件作为编程工具，内容按照国家职业技能鉴定对初级、中级的技能要求依次递进，由浅入深，结合案例和配套视频讲解数控铣床自动编程的过程及技巧，突出了应用性、实用性、综合性和先进性，体系新颖，内容翔实。

本书主要有以下特点。

(1) 讲解详细，条理清楚，在加工步骤上配有视频讲解，可通过微信 APP 扫描书中二维码进行观看，保障读者在线学习。

(2) 结合案例、循序渐进的编写方式，让读者在任务的引领下学习数控铣床自动编程的相关理论与技能。

(3) 在内容上，使用 MasterCAM、UG 软件作为编程工具，介绍数控铣床的自动编程、工艺技巧，顺应了目前社会发展的需要。

(4) 采用“管用”“够用”“适用”的编写方式，以技能训练为主线，以相关知识为支撑，从而更好地处理理论教学与技能训练的关系。

本书既可作为高职高专院校机械及相关专业的教材，也可作为机械行业高级技工的培训教材和机械行业工程技术人员的参考资料。

本书由广东松山职业技术学院郑绍芸、罗小青任主编，曹智梅、柯楚强、许韶洲任副主编。其中，罗小青编写项目 1，曹智梅编写项目 2，许韶洲编写项目 3 和项目 6，柯楚强编写项目 4，郑绍芸编写项目 5 和项目 7。

本书内容学完后，可通过微信“扫一扫”功能扫描“拓展学习资料”二维码进行练习。

拓展学习资料

由于编者水平有限，加上软件发展迅速，本书难免有不足之处，恳请读者和诸位同仁提出宝贵意见。

编　者

2019 年 5 月

CONTENTS

目录

项目 1

五角凸台零件加工

1.1 零件描述

图 1-1 所示为五角凸台零件工程图，图 1-2 所示为五角凸台零件实体图，试分析其加工工艺，采用 MasterCAM X9 软件编制刀路并加工。

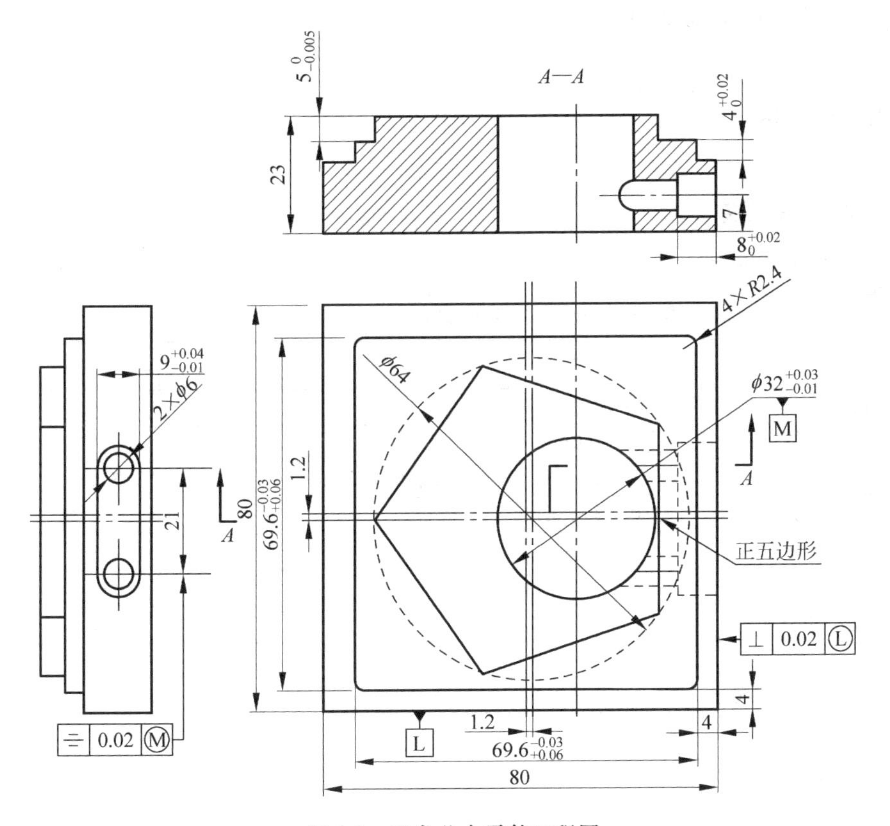

图 1-1 五角凸台零件工程图

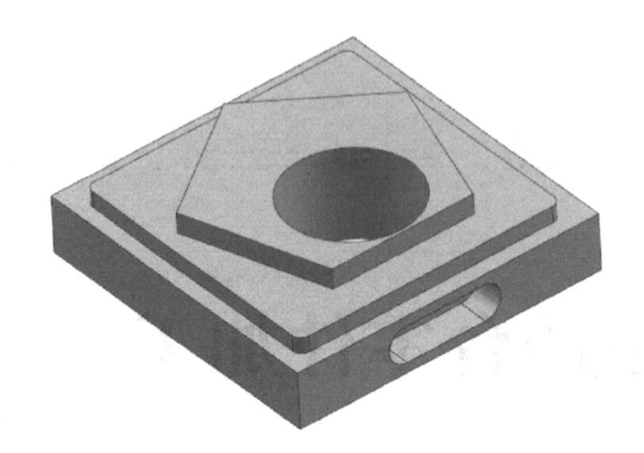

图 1-2　五角凸台零件实体图

1.2　加 工 准 备

1. 材料

硬铝：毛坯规格为 85mm×85mm×25mm。

2. 设备

数控铣床系统：FANUC 0i-MB。

3. 刀具

（1）平底刀：$\phi16$、$\phi8$。

（2）麻花钻：$\phi6$。

4. 工具、夹具、量具准备

工具、夹具、量具清单见表 1-1。

表 1-1　工具、夹具、量具清单

类　型	型　　号	规　　格	数　量
量具	钢直尺	0～300mm	1 把
	两用游标卡尺	0～150mm	1 把
	外径千分尺	0～25mm、25～50mm、50～75mm、75～100mm	各 1 把
	内径千分尺	0～25mm、25～50mm	各 1 把
	深度千分尺	1～25mm	1 把
	万能角度尺	0°～320°	1 把
	磁力表座及表	0.01	1 套
工具、夹具	扳手、木锤		各 1 把
	平行垫块、薄铜皮等		若干

5. 数控加工工序

根据图 1-1 和图 1-2 所示，五角凸台零件编程加工需要分三个工序进行。工序一是加工上表面，由 10 个工步组成；工序二是加工 80mm×80mm 侧面及下表面，由 5 个工步组成；工序三是加工右侧面，由 5 个工步组成。该零件数控加工工序见表 1-2。

表 1-2　加工工序

工序	工步	加工内容	切削用量
一	1-1	铣上表面平面(夹位 3～5mm,铣深 0.5mm)	ap：1,s：2000,F：1000
	1-2	粗铣 80mm×80mm 侧面(总高铣至 18mm)	ap：2,s：2000,F：1000
	1-3	粗铣 69.6mm×69.6mm 侧面	ap：2,s：2000,F：1000
	1-4	粗铣正五边形	ap：2,s：2000,F：1000
	1-5	粗铣 ϕ32mm 圆孔(总深铣至 18mm)	ap：1,s：2000,F：1000
	1-6	精铣 80mm×80mm 侧面	ap：24.5,s：2000,F：500
	1-7	精铣 69.6mm×69.6mm 侧面	ap：9,s：2000,F：500
	1-8	精铣正五边形	ap：5,s：2000,F：500
	1-9	精铣 ϕ32mm 圆孔	ap：24.5,s：2000,F：500
	1-10	手动去毛刺	
二	2-1	调头找正装夹	
	2-2	粗铣 80mm×80mm 侧面	ap：2,s：2000,F：1000
	2-3	精铣 80mm×80mm 侧面	ap：2,s：2000,F：500
	2-4	铣下表面平面,经多次铣削保证总厚度为 23mm	ap：2,s：2000,F：1000
	2-5	手动去毛刺	
三	3-1	夹上、下表面,磁力表找正侧面,保证右侧面与其他面垂直	
	3-2	粗铣右侧面宽为 9mm、高 8mm 的键槽	ap：1,s：2000,F：500
	3-3	精铣右侧面宽为 9mm、高 8mm 的键槽	ap：8,s：2000,F：500
	3-4	钻右侧面两个 ϕ6mm 通孔至尺寸	ap：1,s：2000,F：100
	3-5	手动去毛刺	

1.3　加工刀路的编制

1.3.1　MasterCAM X9 刀路的选择及加工效果

MasterCAM X9 刀路选择、加工外形及加工效果见表 1-3。

表 1-3　刀路选择、加工外形及加工效果

工序	工　步	加工刀路	加工外形	加工效果
一	1-1　铣上表面平面	平面铣	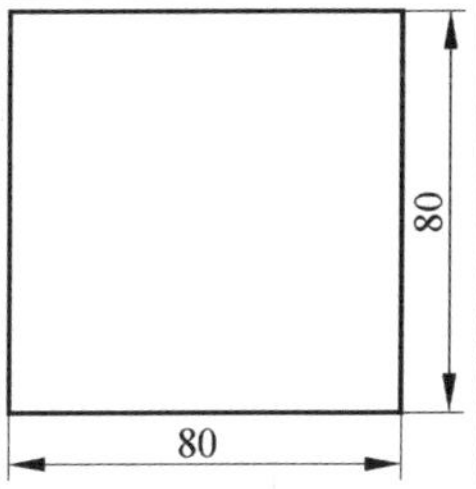	
	1-2　粗铣 80mm×80mm 侧面	外形铣削	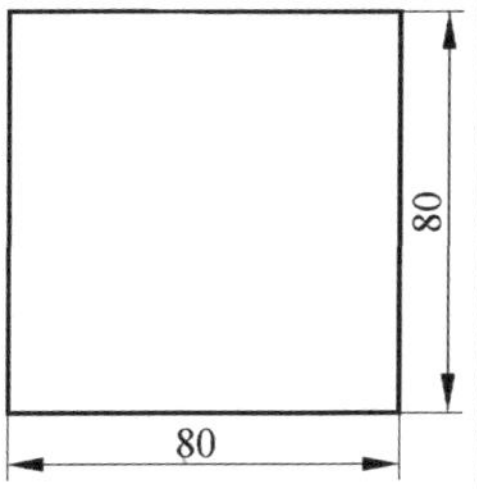	

续表

工序	工　　步	加工刀路	加 工 外 形	加 工 效 果
一	1-3　粗铣 69.6mm×69.6mm 侧面	外形铣削	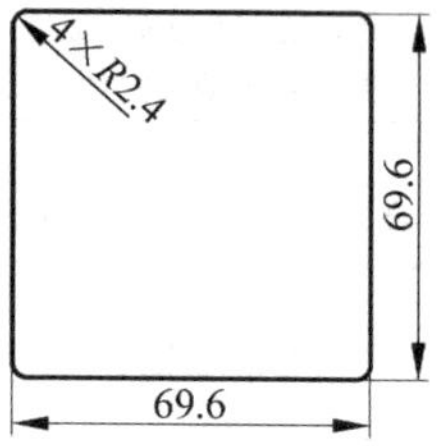 4×R2.4 69.6 69.6	
	1-4　粗铣正五边形	外形铣削	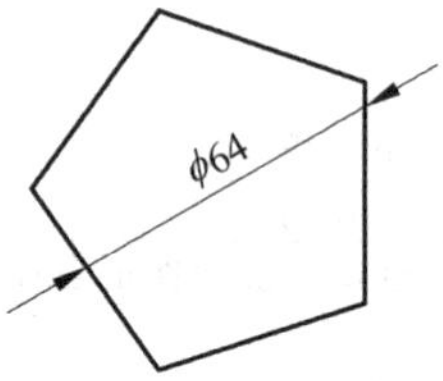 ϕ64	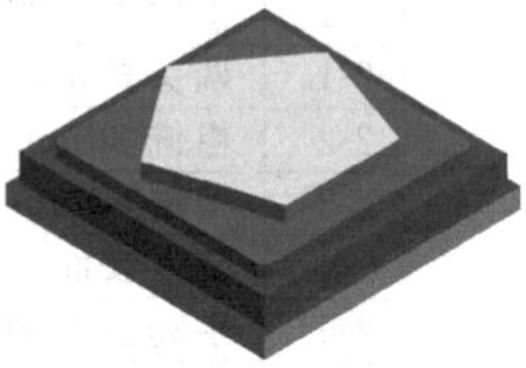
	1-5　粗铣 ϕ32mm 圆孔	2D 挖槽	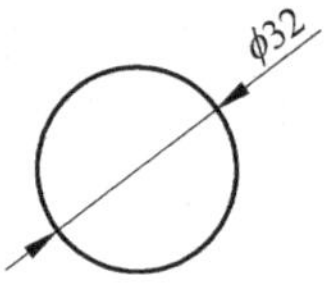 ϕ32	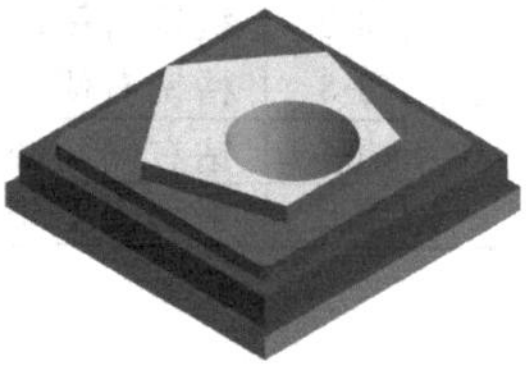
	1-6　精铣 80mm×80mm 侧面	外形铣削	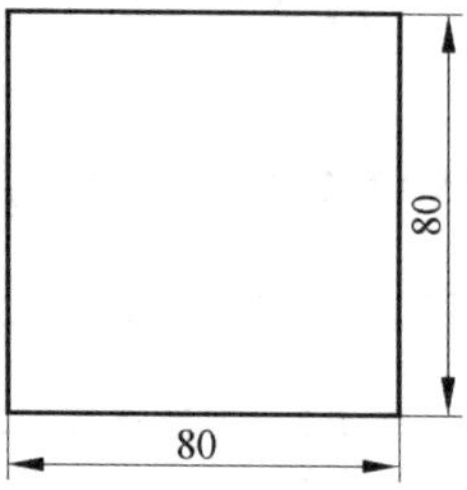 80 80	
	1-7　精铣 69.6mm×69.6mm 侧面	外形铣削	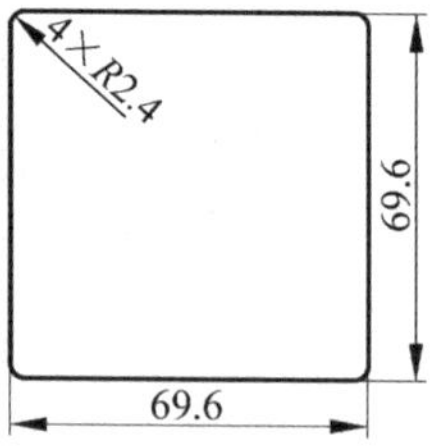 4×R2.4 69.6 69.6	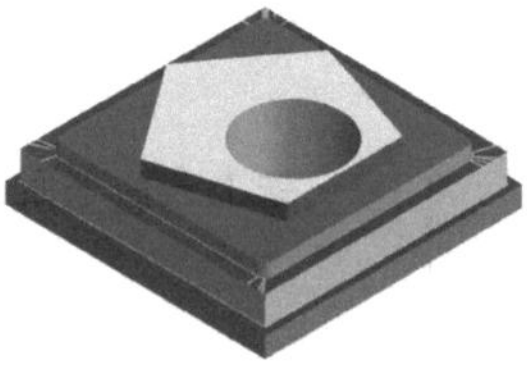
	1-8　精铣正五边形	外形铣削	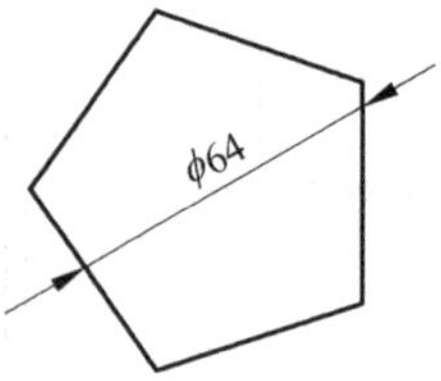 ϕ64	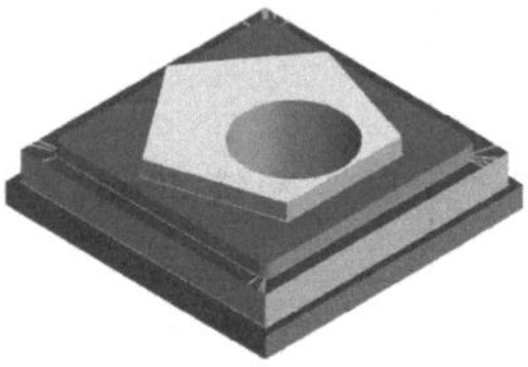

续表

工序	工　　步	加工刀路	加 工 外 形	加 工 效 果
一	1-9　精铣 ϕ32mm 圆孔	2D 挖槽	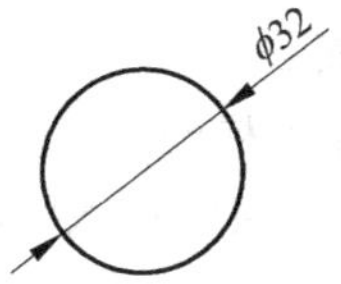	
	2-2　粗铣 80mm×80mm 侧面	外形铣削	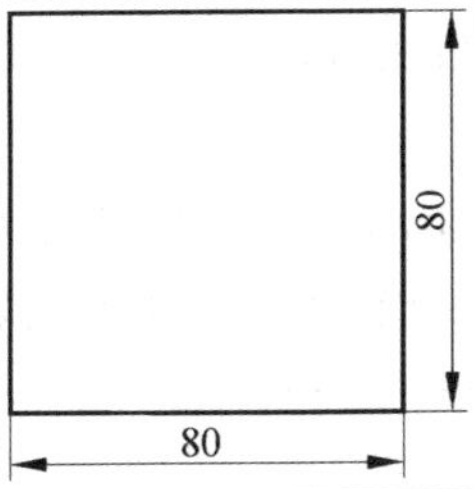	
二	2-3　精铣 80mm×80mm 侧面	外形铣削	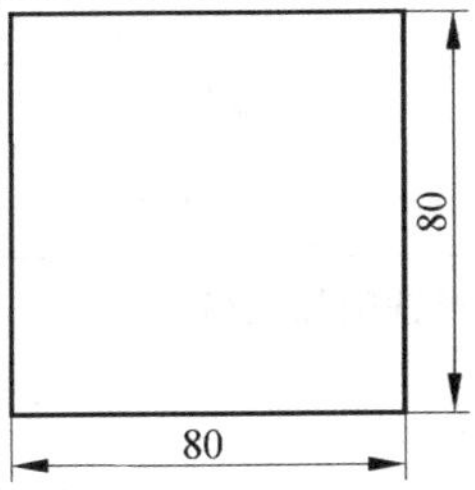	
	2-4　铣下表面平面	平面铣	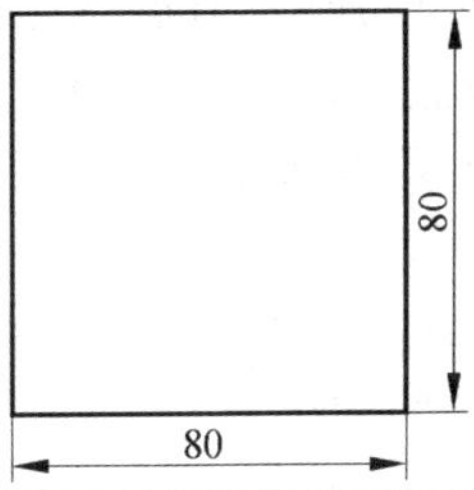	
	3-2　粗铣右侧面宽 9mm、高 8mm 键槽	2D 挖槽	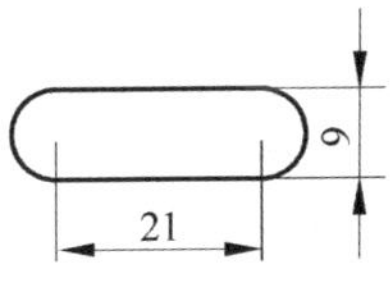	
三	3-3　精铣右侧面宽 9mm、高 8mm 键槽	2D 挖槽	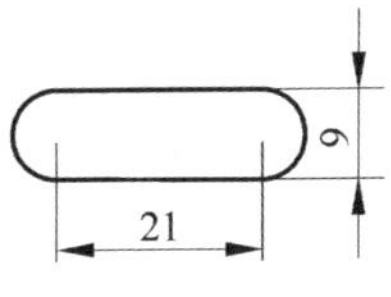	
	3-4　钻右侧面两个 ϕ6mm 通孔至尺寸	钻孔	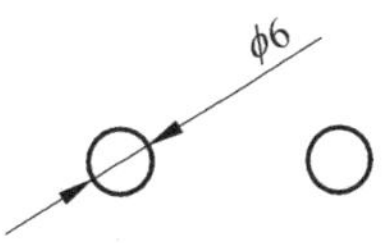	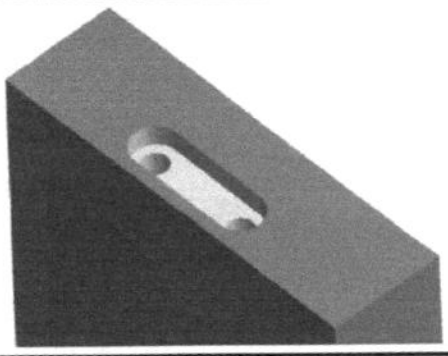

1.3.2 刀路编制

项目 1 工步 1-1：铣上表面平面

1. 工序一

工步 1-1：铣上表面平面。

步骤 1-1-1：选择铣削加工模块。

如图 1-3 所示，打开 MasterCAM X9 软件，选择主菜单中的“机床类型”→“铣床”→“默认”命令，系统进入铣削加工模块，并自动初始化加工环境。此时“刀路”选项卡中新增了一个机床群组。

步骤 1-1-2：绘图。

根据图 1-1 所示的尺寸，按下 F9 键，在俯视图中绘出图 1-4 所示 80mm×80mm 零件矩形线框，加工零件上表面平面，图形的中心落在坐标原点。

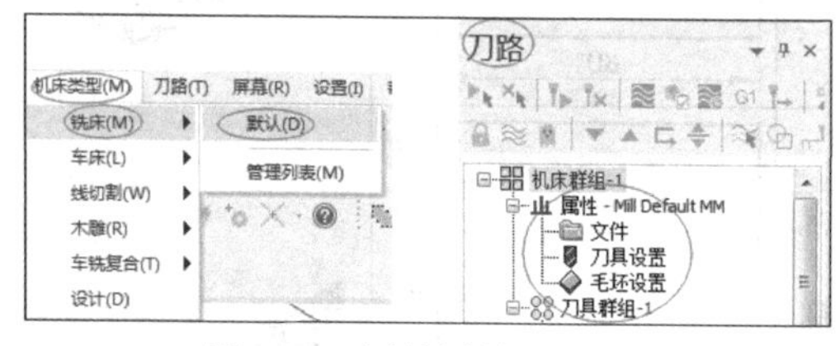

图 1-3 选择铣削加工模块

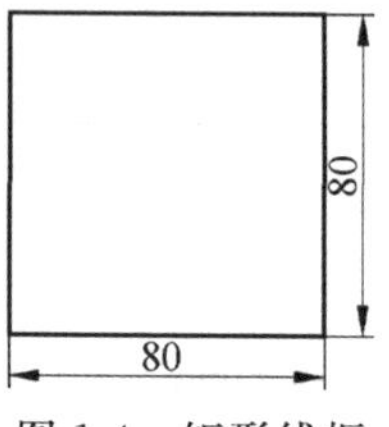

图 1-4 矩形线框

步骤 1-1-3：设置毛坯。

在“刀路”选项卡中展开“属性”节点，单击“毛坯设置”子节点，弹出“机器群组属性”对话框，然后切换到“毛坯设置”选项卡。选择毛坯的形状为“立方体”，在工件尺寸中 X 方向输入 85，Y 方向输入 85，Z 方向输入 25，“毛坯原点视图坐标”Z 方向输入 0.5，选中“显示”复选框，其余采用默认值，如图 1-5 所示。单击确定按钮 完成毛坯的设置。

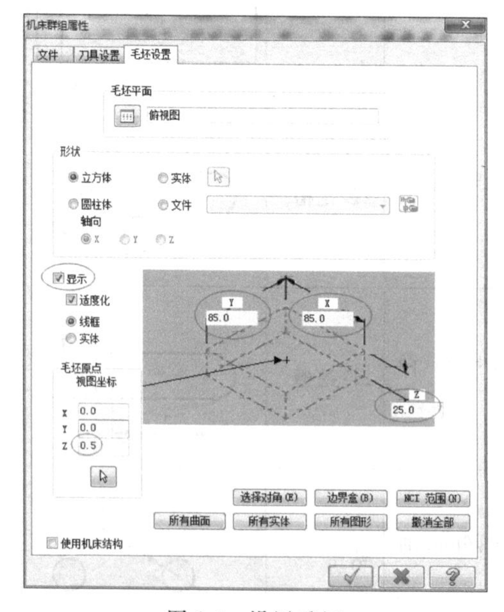

图 1-5 设置毛坯

步骤 1-1-4：选择“平面铣”加工方式。

选择主菜单中的“刀路”→“平面铣”命令，系统弹出“输入新 NC 名称”对话框，输入 T1-1 为刀路的新名称(也可以采用默认名称)，单击确定按钮，如图 1-6 和图 1-7 所示。

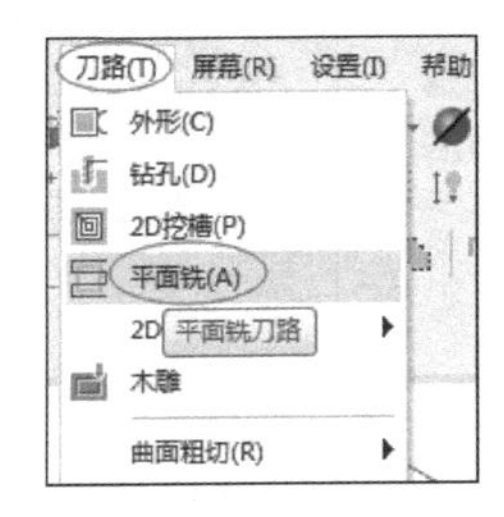

图 1-6　选择刀具路径

图 1-7　输入 NC 名称

NC 文件的名称取好之后，系统会弹出“串连选项”对话框，如图 1-8 所示，采用串连方式选择绘制的矩形，然后单击确定按钮，弹出如图 1-9 所示的“2D 刀路-平面铣削”对话框。

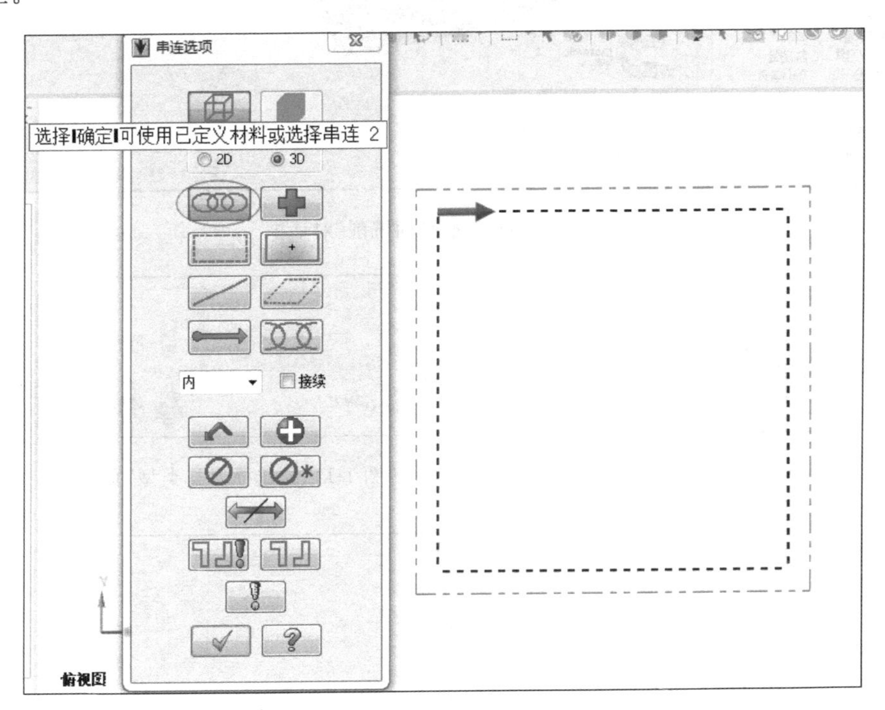

图 1-8　串连方式

步骤 1-1-5：设置刀具加工参数。

选中“刀具”节点，在对话框空白处右击，选择“创建新刀具”选项，如图 1-10～图 1-13 所示。在“选择刀具类型”页面选择平底刀；在“定义刀具图形”页面中将“刀齿直径”设置为 16，将“刀齿长度”设置为 30；在“完成属性”页面中将“刀齿数”设置为 3，将“进给速率”设置为 1000，将“下刀速率”设置为 1000，将“提刀速率”设置为 1000，将“主轴转速”设置为 2000，其余采用默认值，单击确定按钮完成刀具设置，如图 1-14 所示。

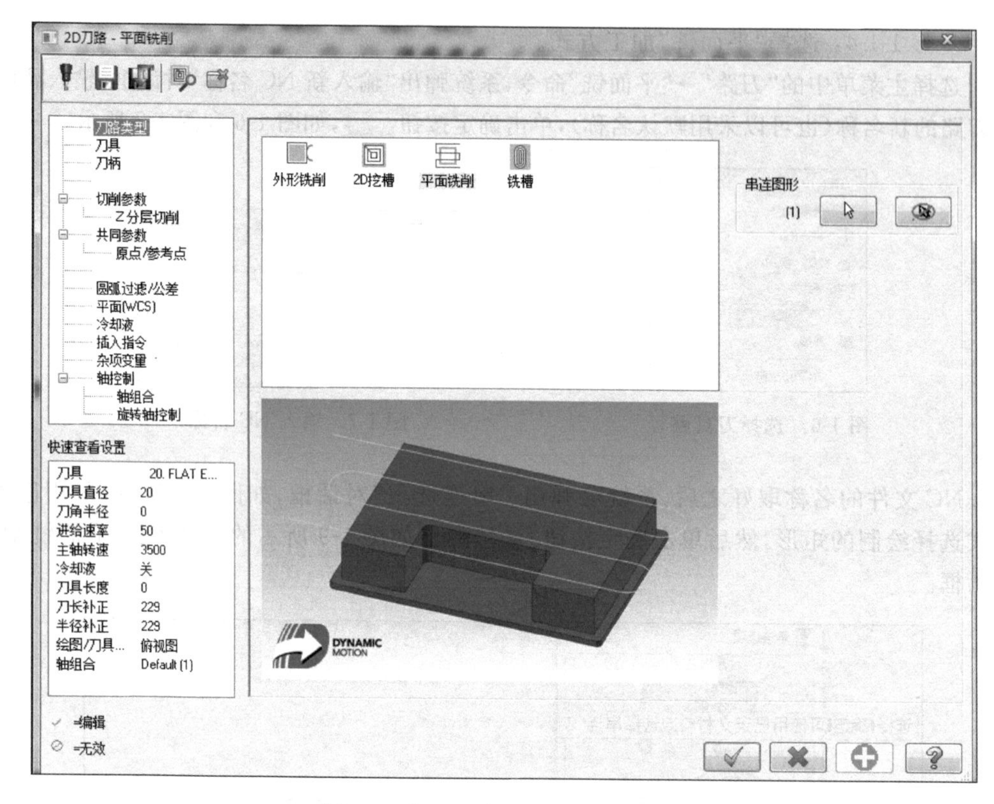

图 1-9 “2D 刀路-平面铣削”对话框

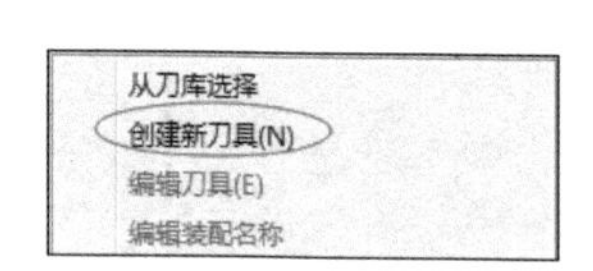

图 1-10 “创建新刀具”菜单

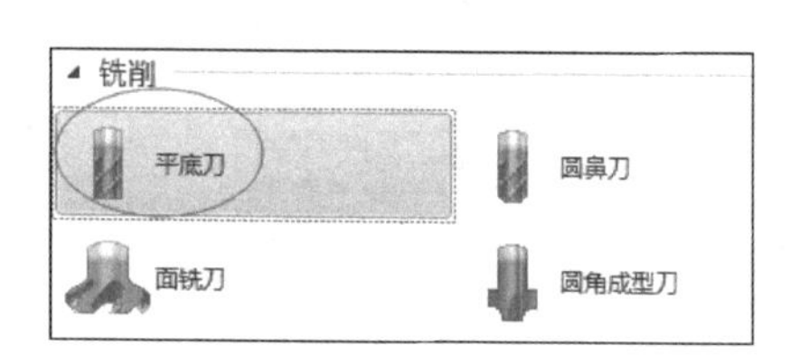

图 1-11 “选择刀具类型”页面

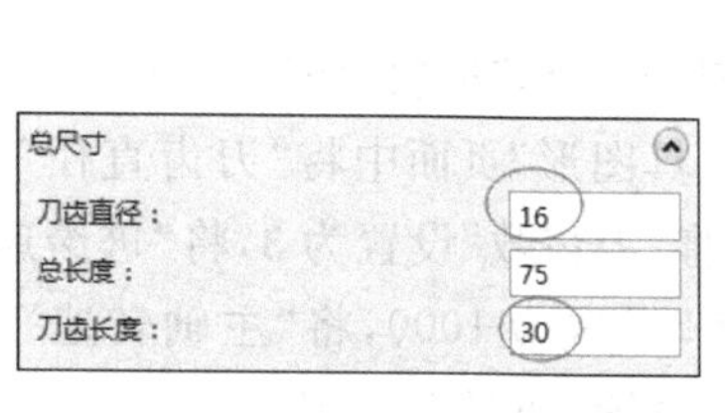

图 1-12 “定义刀具图形”页面

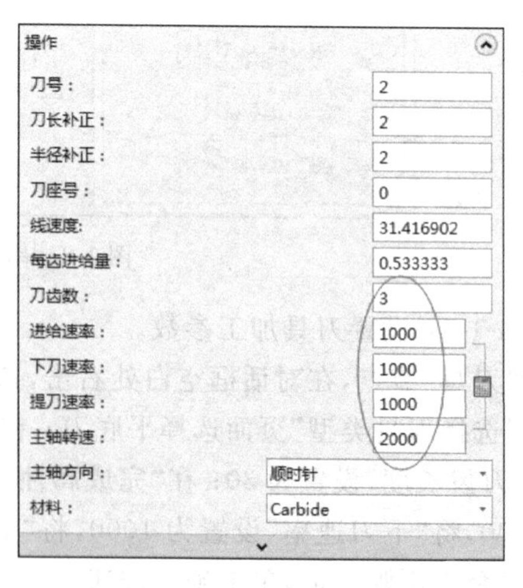

图 1-13 “完成属性”页面

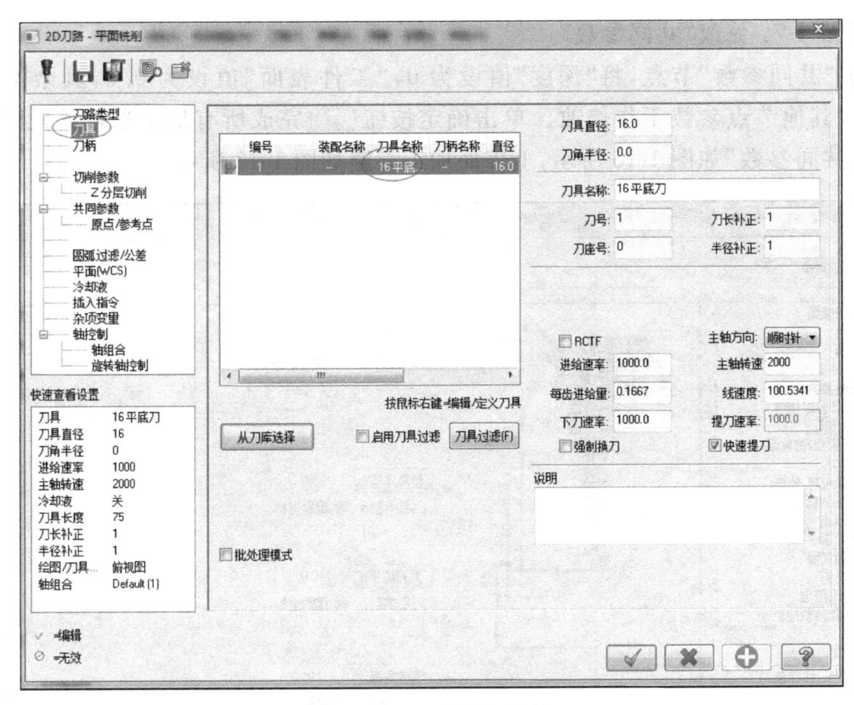

图 1-14 刀具设置结果

步骤 1-1-6：修改“切削参数”。

选中“切削参数”节点，将“类型”选为“双向”，将“刀具在拐角处走圆角”选为“无”，“底面预留量”为 0，其他选项均采用默认值。图 1-15 所示为设置完成的“切削参数”。

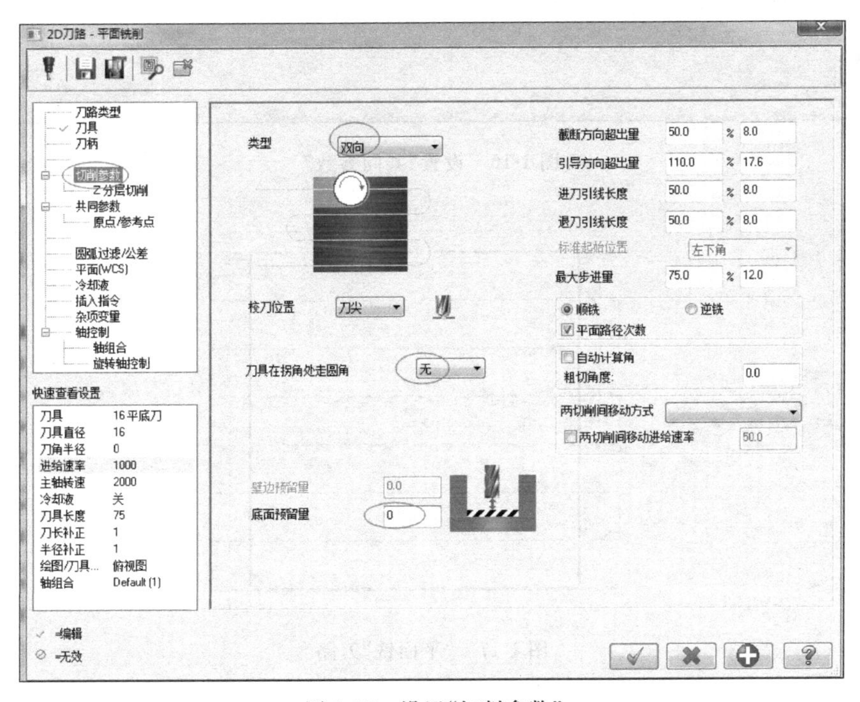

图 1-15 设置“切削参数”

步骤 1-1-7：修改“共同参数”。

选中“共同参数”节点，将“深度”值设为 0，“工件表面”值设为 0.5，其余选项采用默认值。其他节点参数不作修改。单击确定按钮 ✓ 完成所有加工参数的设定。设置完成的“共同参数”如图 1-16 所示，上表面加工刀路如图 1-17 所示。

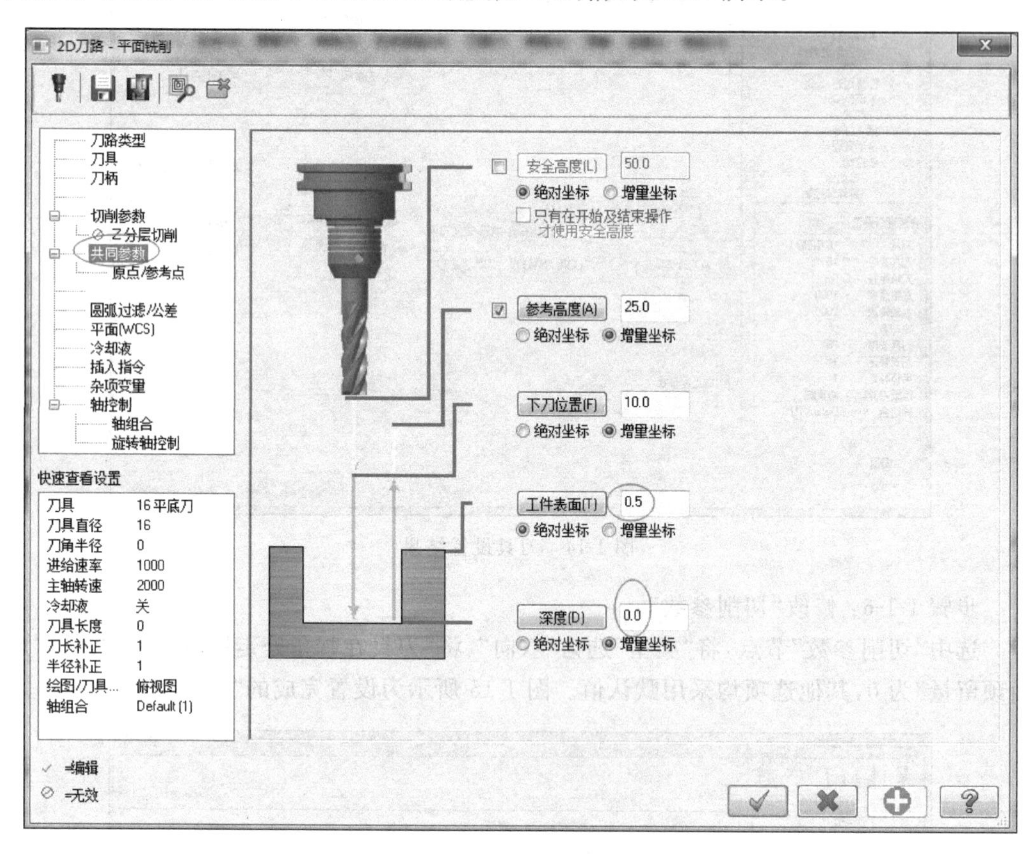

图 1-16 设置“共同参数”

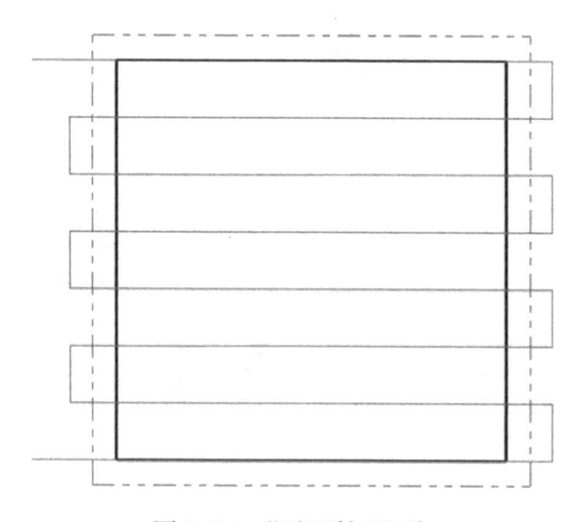

图 1-17 “平面铣”刀路

步骤 1-1-8：对刀路进行实体验证。

为了验证刀路的正确性，可以选择刀路模拟验证功能对已经生成的刀路进行检验。为了便于观察，单击“等视图”按钮，图形摆成等视图位置，如图 1-18 所示。在“刀路”选项卡中单击“验证已选择的操作”按钮，如图 1-19 所示，弹出“验证”对话框，如图 1-20 所示。单击“机床”加工按钮即可进行刀路验证操作。

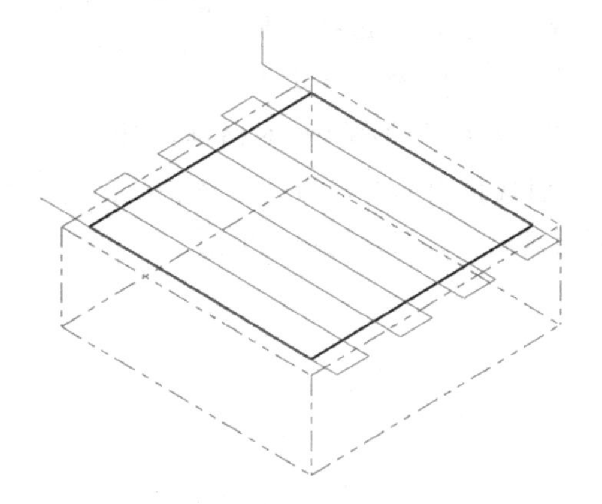

图 1-18　放置成等视图位置

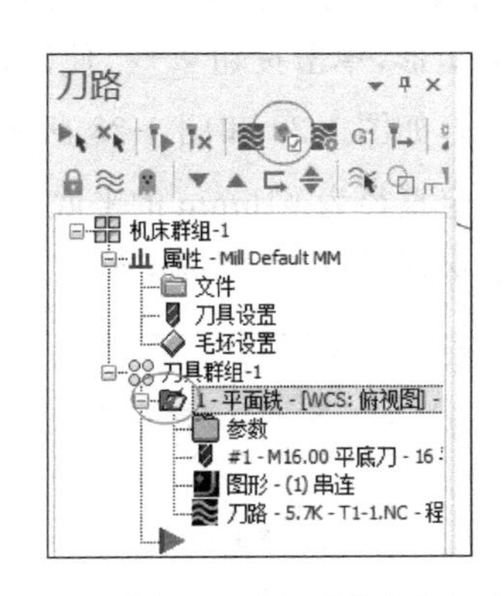

图 1-19　“验证已选择的操作”选项卡

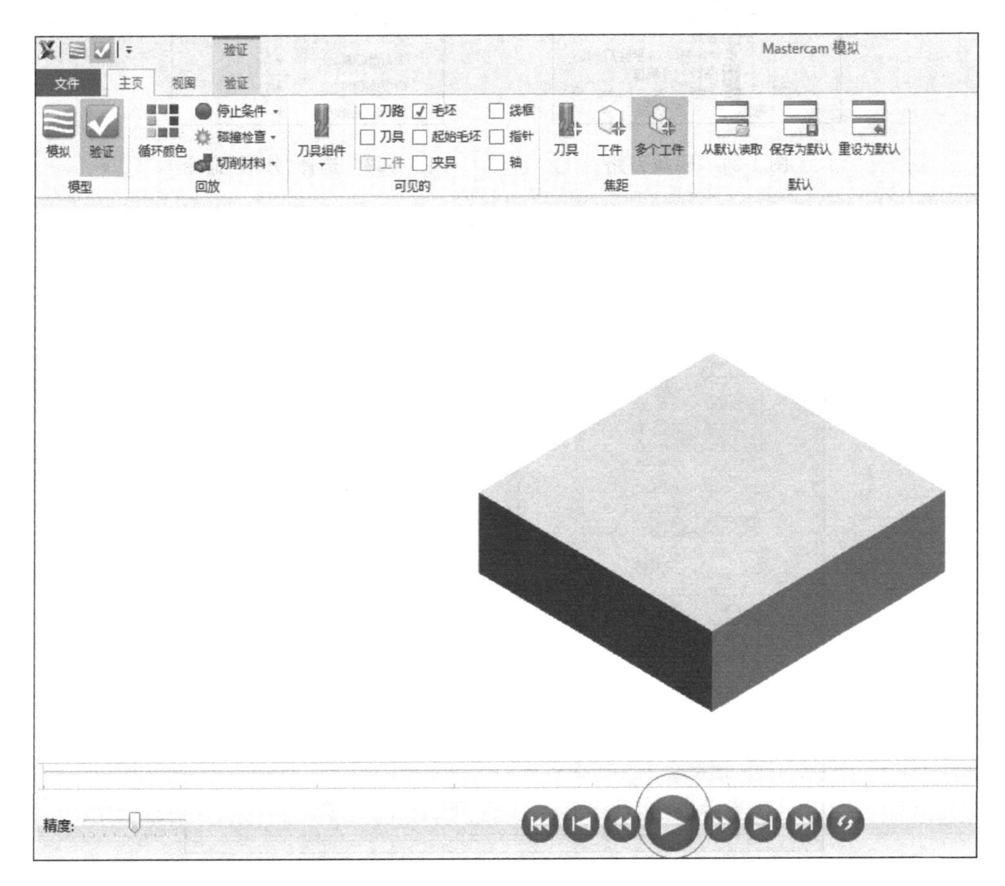

图 1-20　“验证”对话框及验证结果

工步 1-2：粗铣 80mm×80mm 侧面。

项目 1 工步 1-2：粗铣 80mm × 80mm 侧面

步骤 1-2-1：隐藏刀路。

如图 1-21 所示，选择工步 1-1 刀路文件夹，单击按钮 ≋，隐藏工步 1-1 刀路。

步骤 1-2-2：选择加工刀路与刀具。

选择主菜单中的“刀路”→“外形”命令，选择串连方式，选择工步 1-1 绘制的矩形，单击按钮，使矩形产生逆时针箭头，然后单击确定按钮，如图 1-22 和图 1-23 所示。弹出“2D 刀路-外形铣削”对话框，如图 1-24 所示，单击选定直径为 ϕ16mm 的平底刀。由于前面选择刀具时已设定了该把刀的加工参数，并作了保存，所以只要选定该把刀，就能同时调出该刀保存的切削用量。

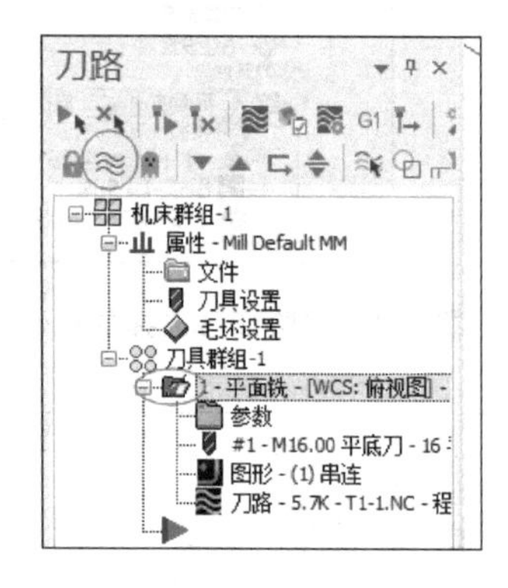

图 1-21　隐藏刀路

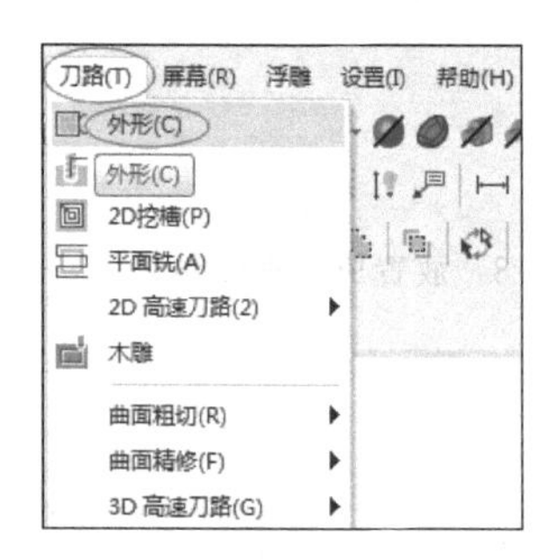

图 1-22　选择“外形”命令

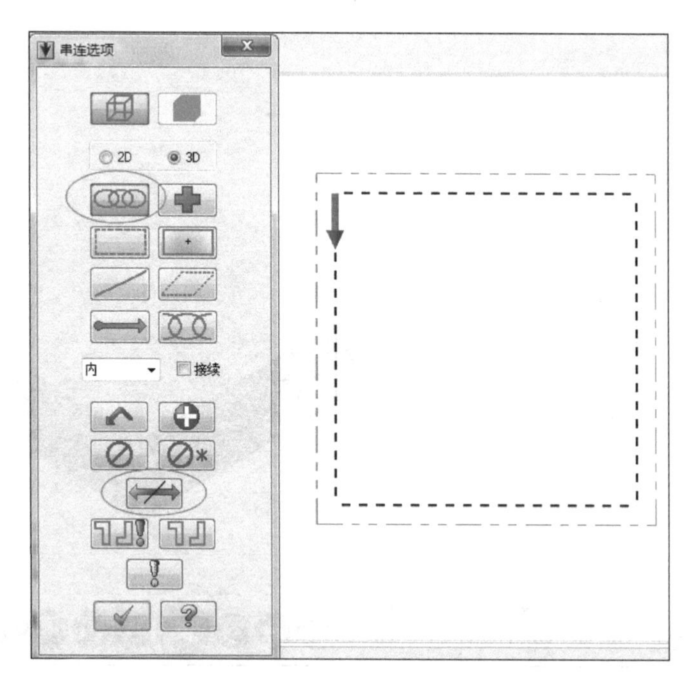

图 1-23　“串连选项”对话框

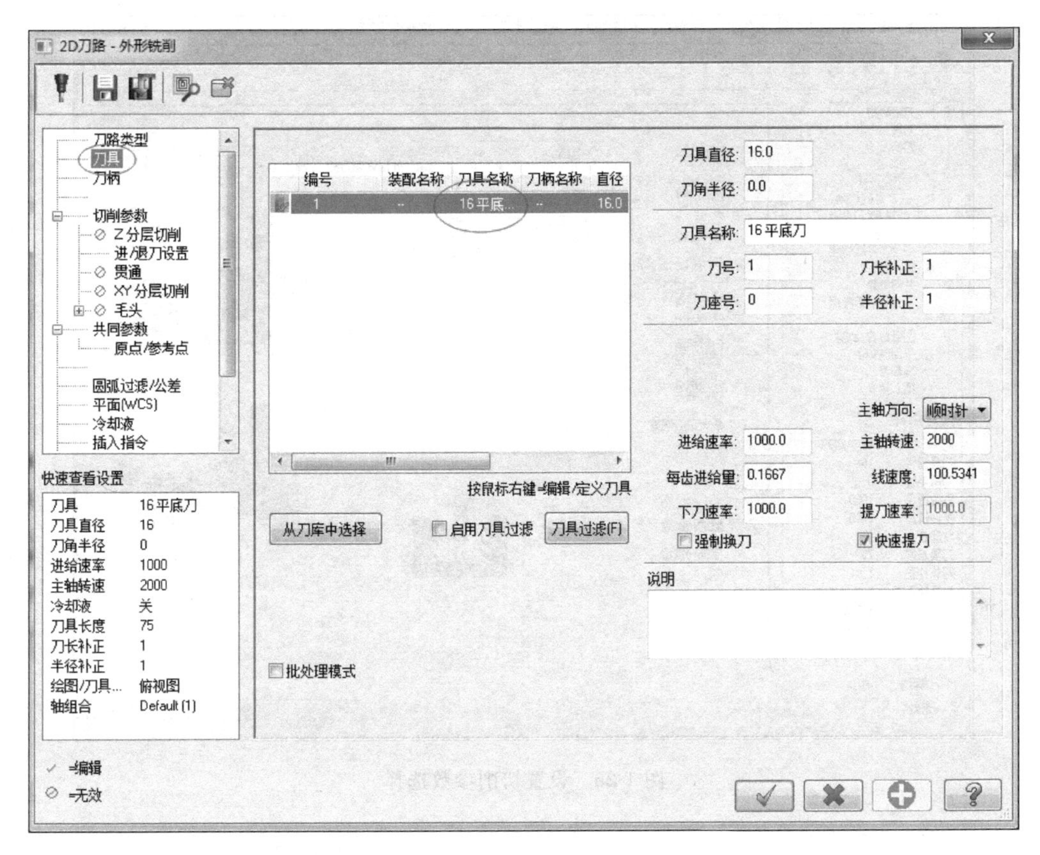

图 1-24　选择刀具

步骤 1-2-3：选择“切削参数”。

刀具在毛坯的外侧进刀，要考虑补正。选中“切削参数”节点，选择“补正方式”为“电脑”，“补正方向”设置为“右”，“刀具在拐角处走圆角”设置为“无”，“壁边预留量”设置为0.3。设置完成的参数如图 1-25 所示。

步骤 1-2-4：选择“Z 分层切削”。

轮廓要加工的总深度为 18mm，要进行 Z 轴分层切削。选中“切削参数”下的“Z 分层切削”，选中“深度分层切削”复选框，“最大粗切步进量”设置为 2，“精修次数”设置为 0，选中“不提刀”复选框，图 1-26 所示为设置完成的“Z 分层切削”参数。

步骤 1-2-5：选择“进/退刀参数”。

由于刀具不能在毛坯内垂直下刀，为保证工件侧面的垂直，刀具必须从毛坯外面进刀。合理的进退刀方式是在工件侧面采用直线切入进刀和直线切出退刀。图 1-27 所示为设置完成的“进/退刀参数”。

步骤 1-2-6：选择“共同参数”。

由于毛坯在铣上表面平面时铣去了 0.5mm，目前毛坯剩下的厚度约为 24.5mm，而零件上表面要求铣深 18mm，所以工件“深度”设置为－18。图 1-28 所示为设置完成的“共同参数”。单击确定按钮 ✓ 完成刀具及加工参数的设置。

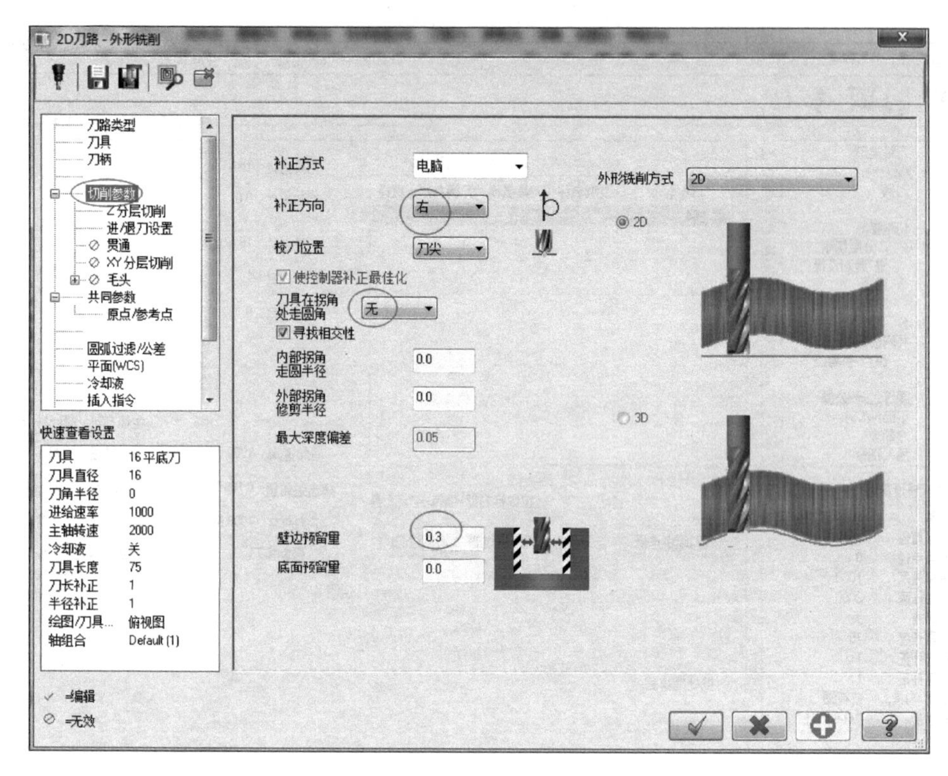

图 1-25 设置切削参数选择

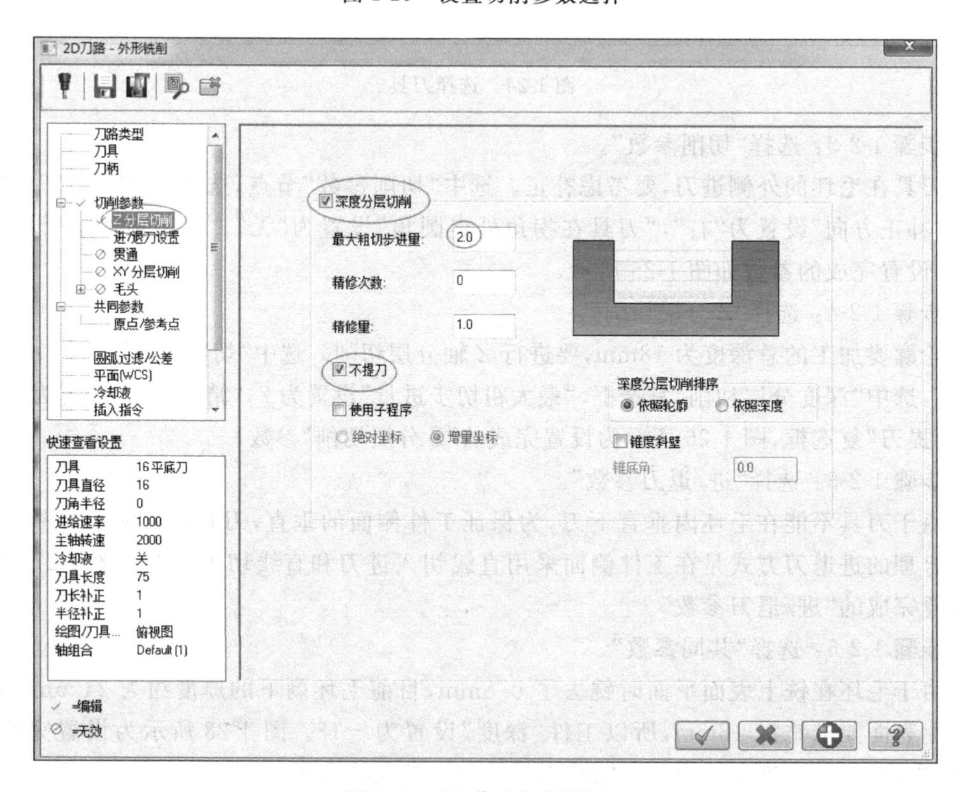

图 1-26 “Z 分层切削”选择

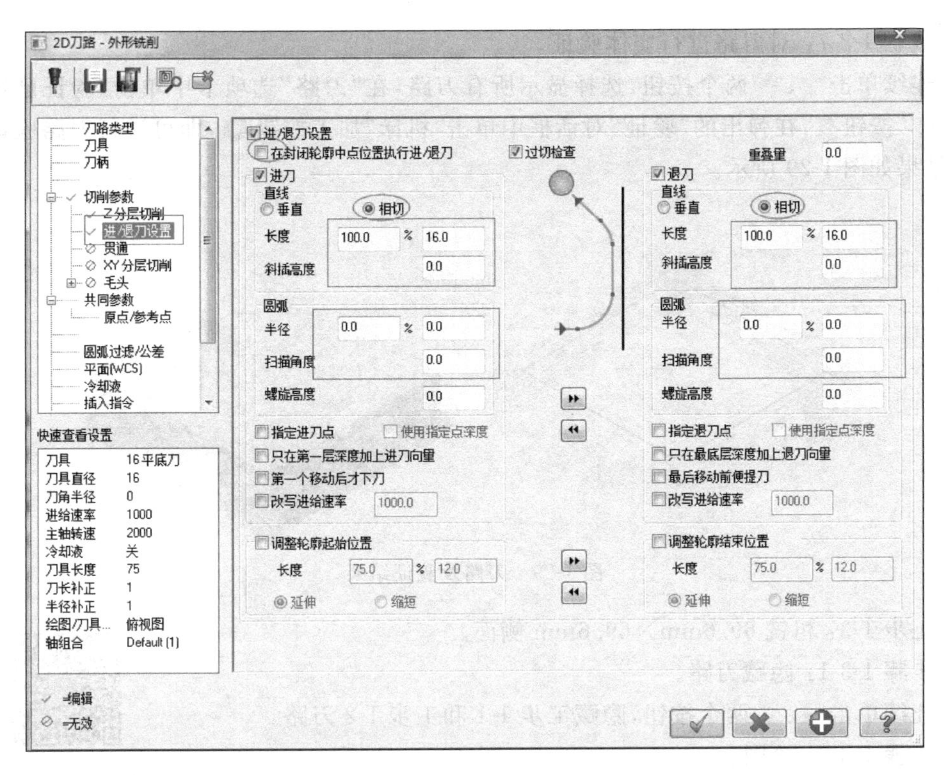

图 1-27　“进/退刀设置”选择

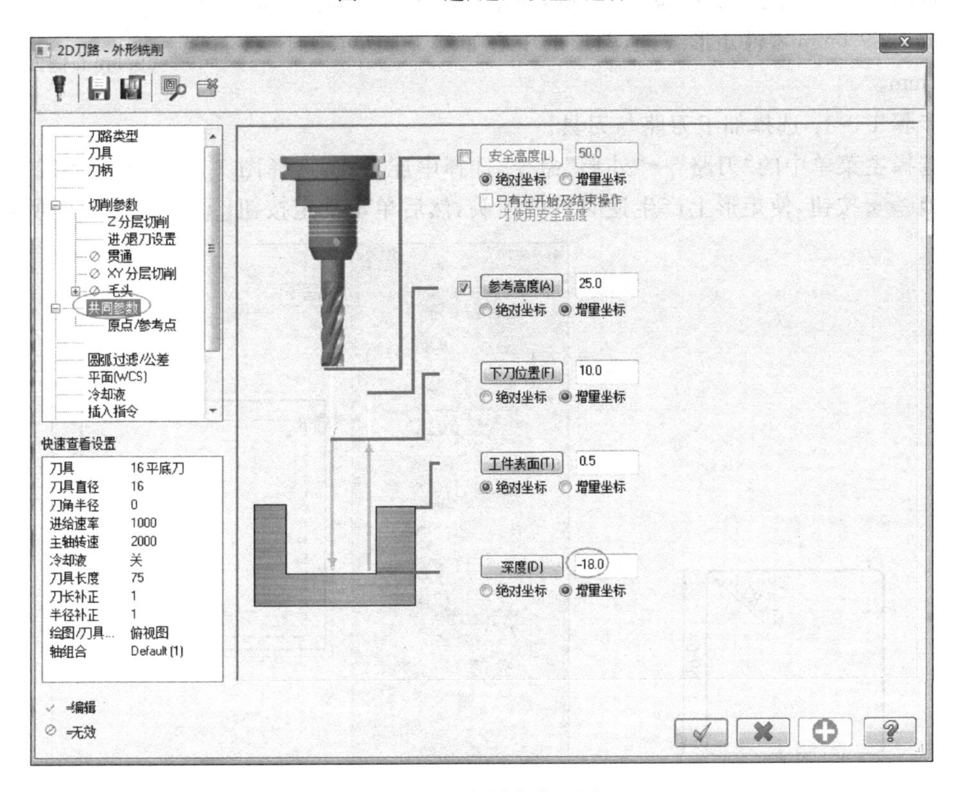

图 1-28　“共同参数”选择

步骤 1-2-7：对刀路进行实体验证。

连续单击 、≋ 两个按钮，选择显示所有刀路，在“刀路”选项卡中单击“验证已选择的操作”按钮 ，在弹出的“验证”对话框中单击“机床”加工按钮 ，即可进行刀路验证操作，结果如图 1-29 所示。

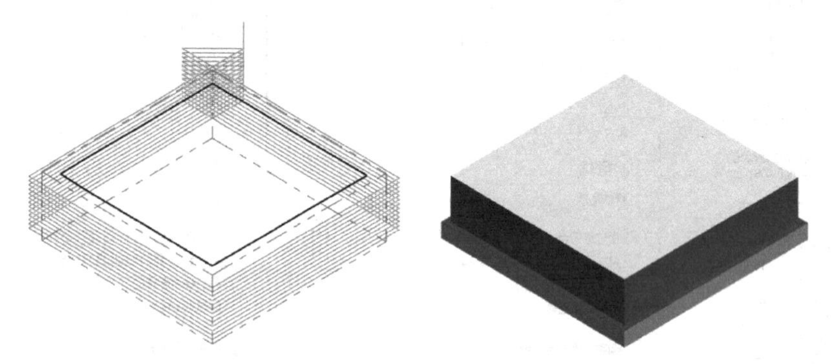

图 1-29　刀路及验证结果

工步 1-3：粗铣 69.6mm×69.6mm 侧面。

项目 1 工步 1-3：粗铣 69.6mm×69.6mm 侧面

步骤 1-3-1：隐藏刀路。

连续单击 、≋ 两个按钮，隐藏工步 1-1 和工步 1-2 刀路。

步骤 1-3-2：绘图。

根据图 1-1 所示的尺寸，按下 F9 键，在俯视图中绘出如图 1-30 所示 69.6mm×69.6mm 零件矩形线框，图形的中心如图 1-1 所示往下、往右偏离 1.2mm。

步骤 1-3-3：选择加工刀路与刀具。

选择主菜单中的“刀路”→“外形”命令，选择串连方式，选择图 1-30 所示矩形线框，通过切换 按钮，使矩形上产生逆时针的箭头，然后单击确定按钮 ，如图 1-31 所示。

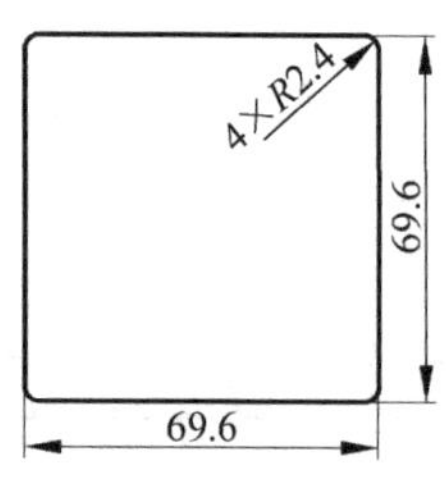

图 1-30　矩形线框

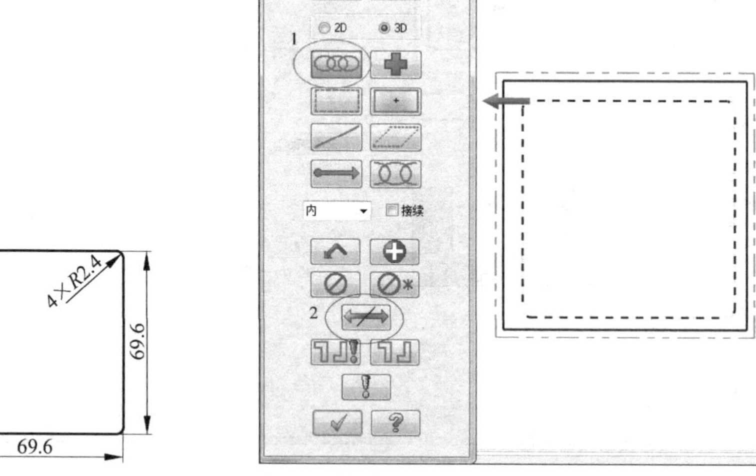

图 1-31　“串连选项”对话框

系统弹出“2D 刀路-外形铣削”对话框，与图 1-24 相同，单击选定加工上表面的直径 ϕ16mm 的平面底刀。

步骤 1-3-4：选择“切削参数”。

刀具在毛坯的外侧进刀，要考虑补正。选中“切削参数”节点，选择“补正方式”为“电脑”，“补正方向”设置为“右”，“刀具在拐角处走圆角”设置为“无”，“壁边预留量”设置为 0.3。设置完成的参数同图 1-25。

步骤 1-3-5：选择“Z 分层切削”。

轮廓要加工的总深度为 9mm，要进行 Z 轴分层切削。选中“切削参数”下的“Z 分层切削”，选中“深度分层切削”复选框，“最大粗切步进量”设置为 2，“精修次数”设置为 0，选中“不提刀”复选框，设置完成的“Z 分层切削”参数同图 1-26。

步骤 1-3-6：选择“进/退刀参数”。

由于刀具不能在毛坯内垂直下刀，为保证工件侧面的垂直，刀具必须从毛坯外面进刀。合理的进退刀方式是在工件侧面采用圆弧切入进刀和圆弧切出退刀。图 1-32 所示为设置完成的“进/退刀参数”。

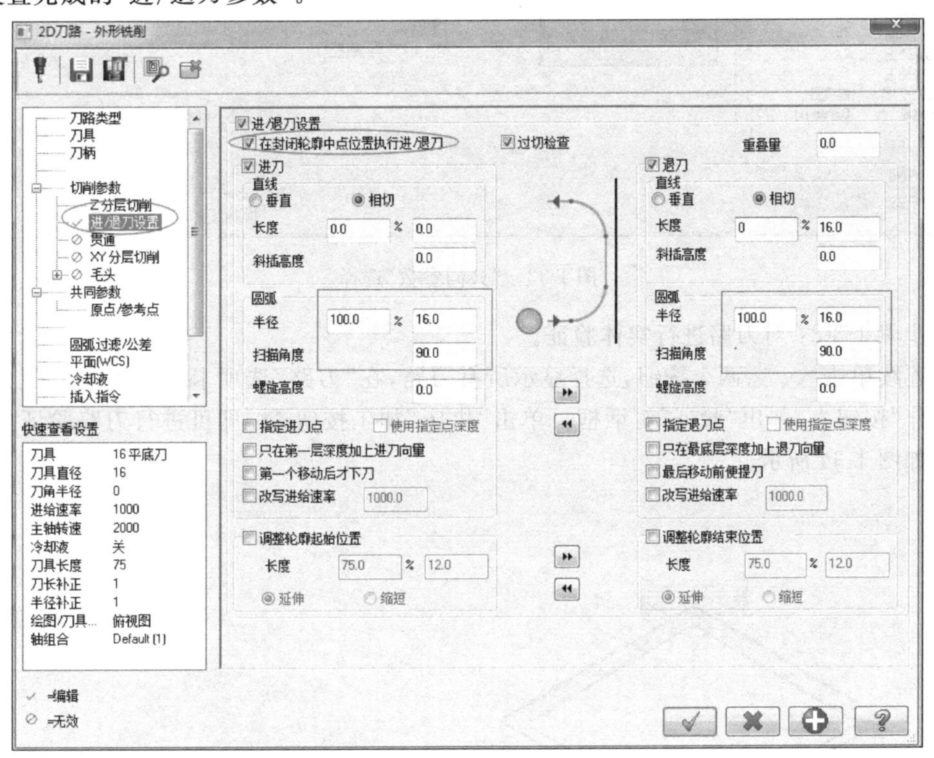

图 1-32　“进/退刀设置”选择

步骤 1-3-7：选择“共同参数”。

由于毛坯在铣上表面平面时铣去了 0.5mm，而零件台阶要求总高度是 9mm，所以工件“深度”设置为−9，图 1-33 所示为设置完成的“共同参数”。单击确定按钮 ✓ 完成刀具及加工参数的设置。

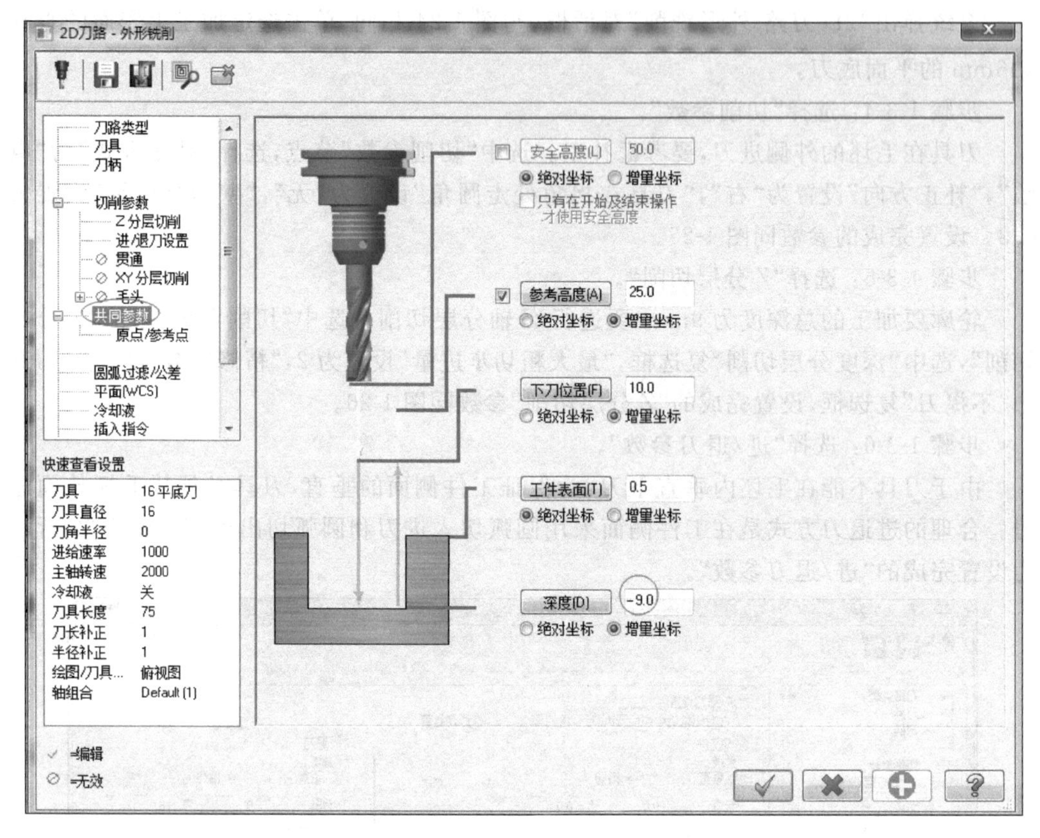

图 1-33 “共同参数”选择

步骤 1-3-8：对刀路进行实体验证。

连续单击、两个按钮，选择显示所有刀路，在“刀路”选项卡中单击“验证已选择的操作”按钮，弹出“验证”对话框。单击“机床”加工按钮，即可进行刀路验证操作，结果如图 1-34 所示。

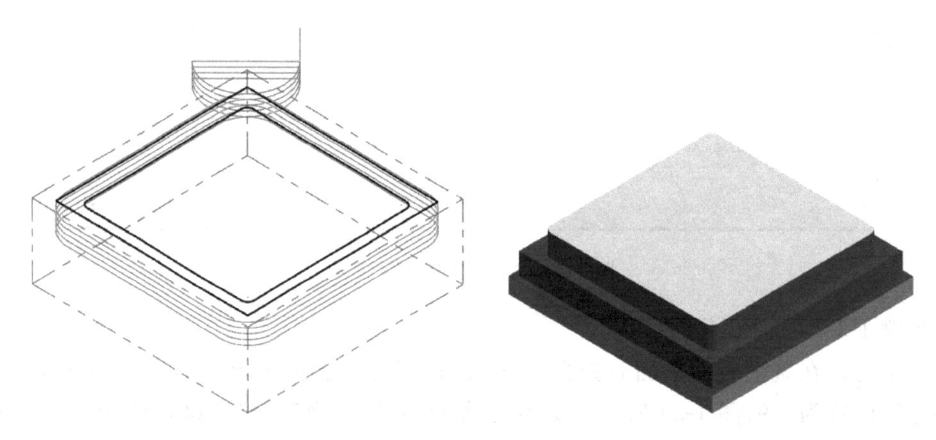

图 1-34 刀路及验证结果

项目 1 工步 1-4：粗铣正五边形

工步 1-4：粗铣正五边形。

步骤 1-4-1：隐藏刀路。

单击按钮，再单击≋按钮，隐藏所有工步刀路。

步骤 1-4-2：绘图。

根据图 1-1 所示的尺寸，按下 F9 键，显示绘图坐标，在俯视图中绘出如图 1-35 所示正五边形线框，图形的中心如图 1-1 所示往下、往右偏离 1.2mm，即在 69.6mm×69.6mm 矩形的中心。

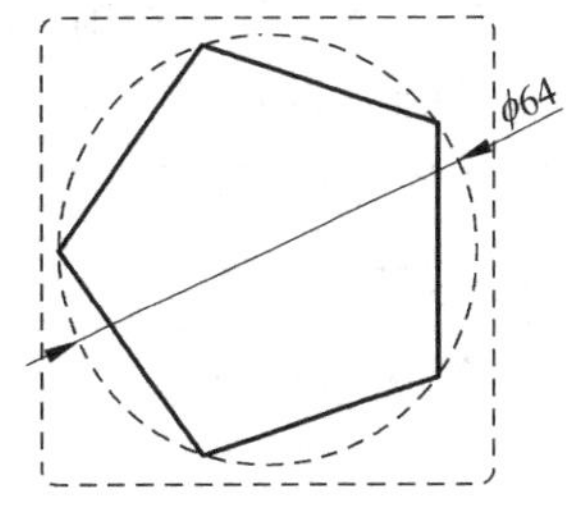

图 1-35 正五边形线框

步骤 1-4-3：选择加工刀路与刀具。

选择主菜单中的“刀路”→“外形”命令，选择串连方式，选择图 1-35 所示的正五边形线框，通过切换按钮，使正五边形线框产生逆时针箭头，然后单击确定按钮，如图 1-36 所示。弹出“2D 刀路-外形铣削”对话框，同图 1-24 所示，单击选定加工上表面的直径 ϕ16mm 的平底刀。

步骤 1-4-4：选择“切削参数”。

刀具在毛坯的外侧进刀，要考虑补正。选中“切削参数”节点，选择“补正方式”为“电脑”，“补正方向”设置为“右”，“刀具在拐角处走圆角”设置为“无”，“壁边预留量”设置为 0.3。设置完成的参数同图 1-25 所示。

步骤 1-4-5：选择“Z 分层切削”。

轮廓要加工的总深度为 5mm，要进行 Z 轴分层切削。选中“切削参数”下的“Z 分层切削”，选中“深度分层切削”复选框，“最大粗切步进量”设置为 2，“精修次数”设置为 0，选中“不提刀”复选框。设置完成的“Z 分层切削”参数同图 1-26。

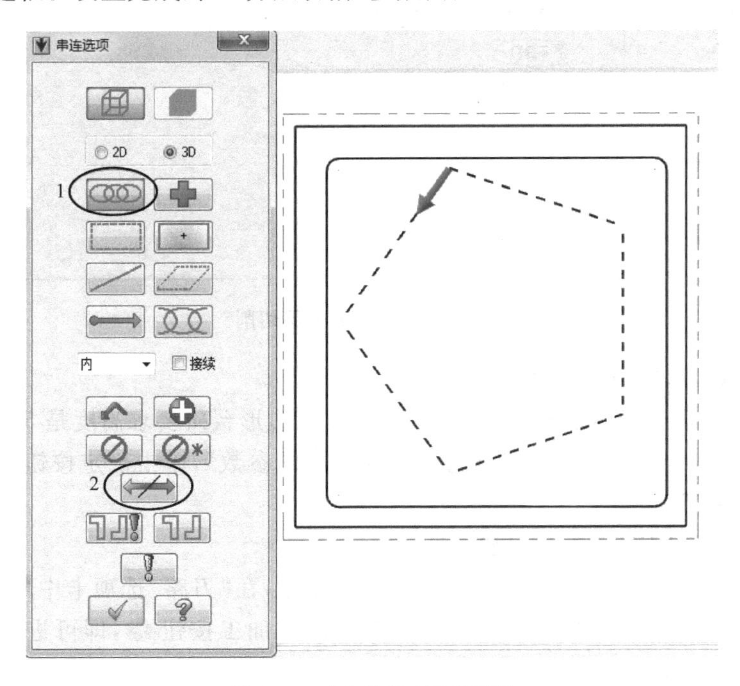

图 1-36 “串连选项”对话框

步骤 1-4-6：选择“进/退刀参数”。

由于刀具不能在毛坯内垂直下刀，为保证工件侧面的垂直，刀具必须从毛坯外面进刀。合理的进退刀方式是在工件侧面采用直线切入进刀和直线切出退刀。图 1-37 所示设置完成的“进/退刀参数”同图 1-27。

步骤 1-4-7：选择“XY 分层切削”。

由于零件侧面余量较大，*XY* 方向须分两层铣削。选中“切削参数”下的“XY 分层切削”，选中“XY 分层切削”复选框，粗切“次数”设置为 2，“间距”设置为 8，“精修次数”设置为 1，“间距”设置为 5，执行精修在“最后深度”，选中“不提刀”复选框。图 1-37 为设置完成的“XY 分层切削”参数。

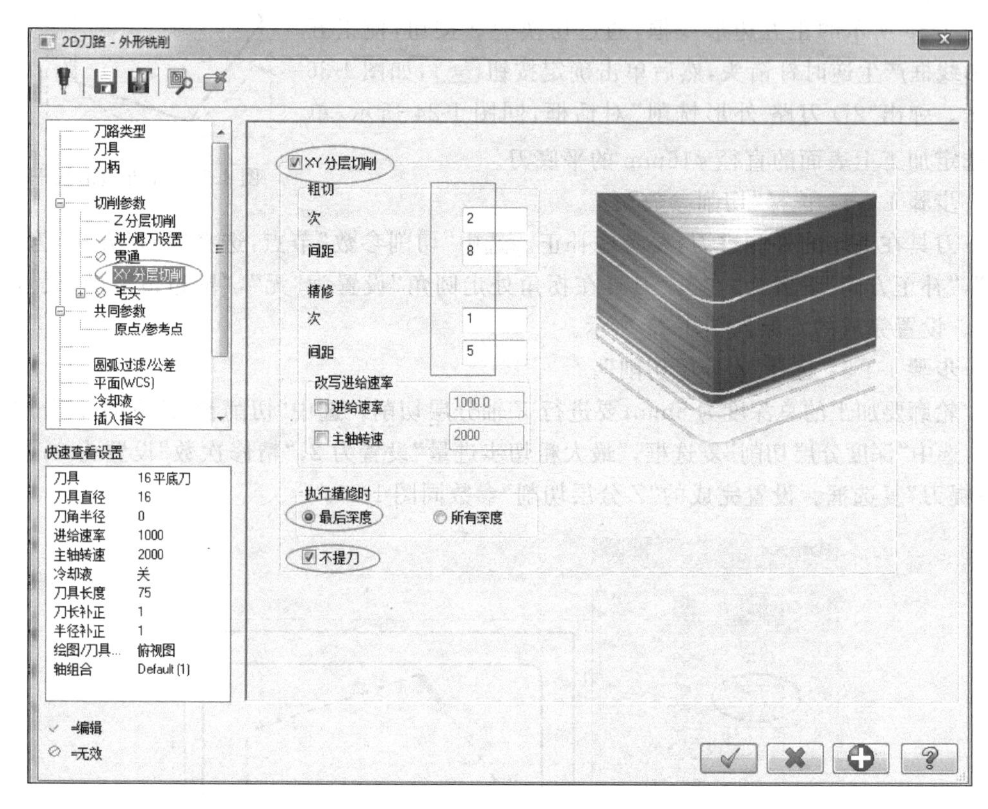

图 1-37 设置“XY 分层切削”

步骤 1-4-8：选择“共同参数”。

由于毛坯在铣上表面平面时铣去了 0.5mm，五边形台阶要求高度是 5mm，所以工件“深度”设置为−5。图 1-38 所示为设置完成的“共同参数”，单击确定按钮完成刀具及加工参数的设置。

步骤 1-4-9：对刀路进行实体验证。

单击按钮，再单击按钮，选择显示所有刀路，在“刀路”选项卡中单击“验证已选择的操作”按钮，弹出“验证”对话框。单击“机床”加工按钮，即可进行刀路验证操作，结果如图 1-39 所示。

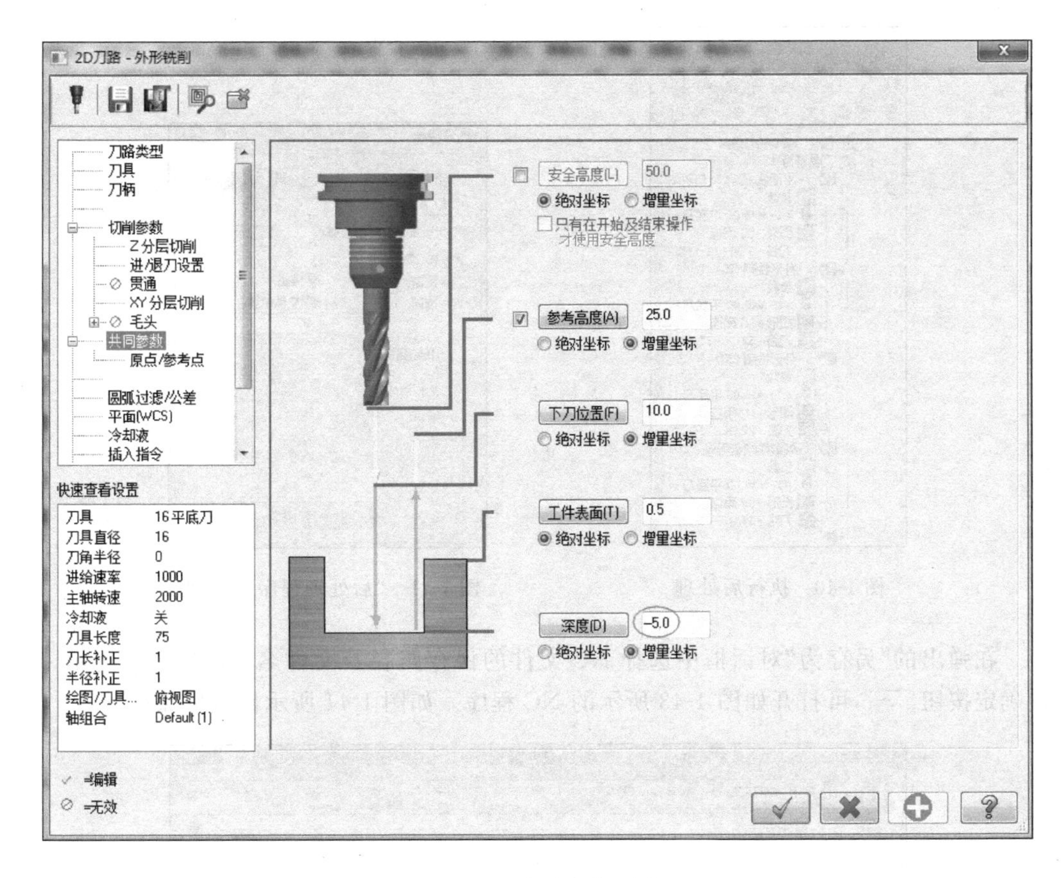

图 1-38　“共同参数”选择

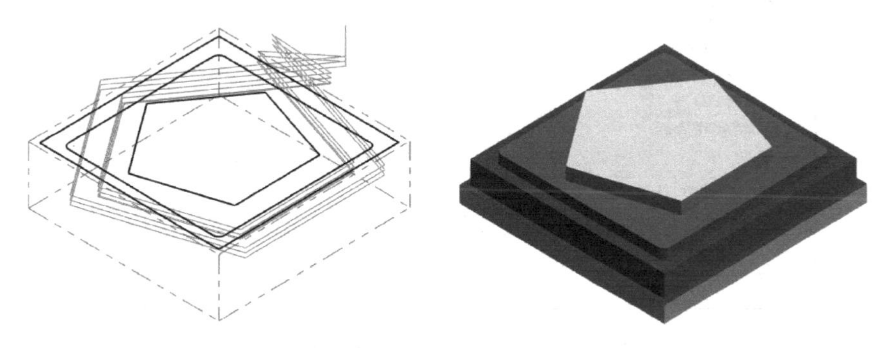

图 1-39　刀路及验证结果

步骤 1-4-10：执行后处理，生成加工程序。

实体验证完成后进行后处理。关闭实体验证的播放器，退回到“刀路”界面。单击按钮，再单击按钮，显示选择前面 4 个工步刀路，在“刀路”选项卡中单击“锁定选择的操作后处理”按钮G1，如图 1-40 所示。弹出“后处理程序”对话框，采用默认选项，如图 1-41 所示，单击确定按钮。

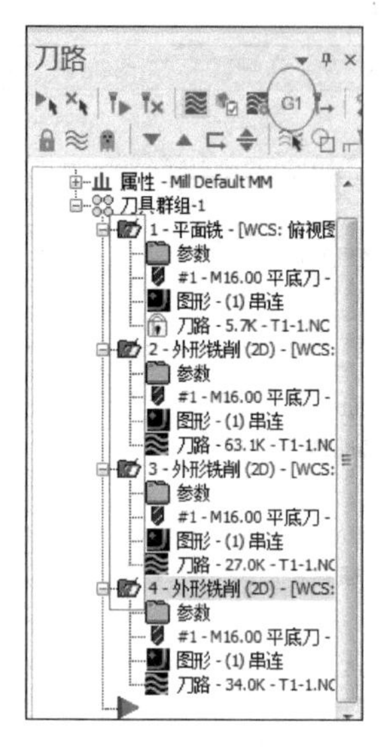

图 1-40　执行后处理

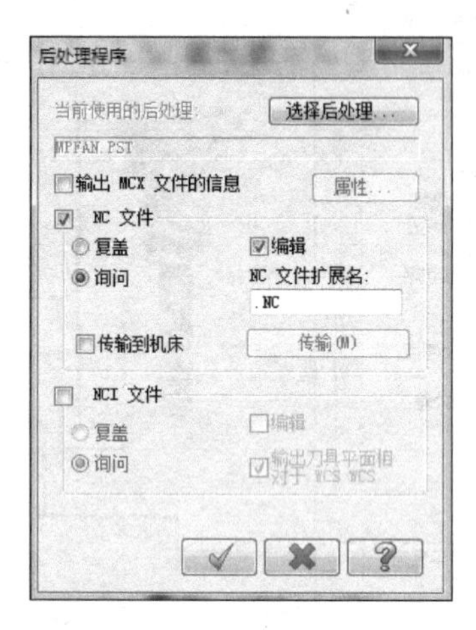

图 1-41　“后处理程序”对话框

在弹出的“另存为”对话框中选择 NC 文件的保存路径及文件名，如图 1-42 所示，单击确定按钮，可打开如图 1-43 所示的 NC 程序。如图 1-44 所示修改后保存。

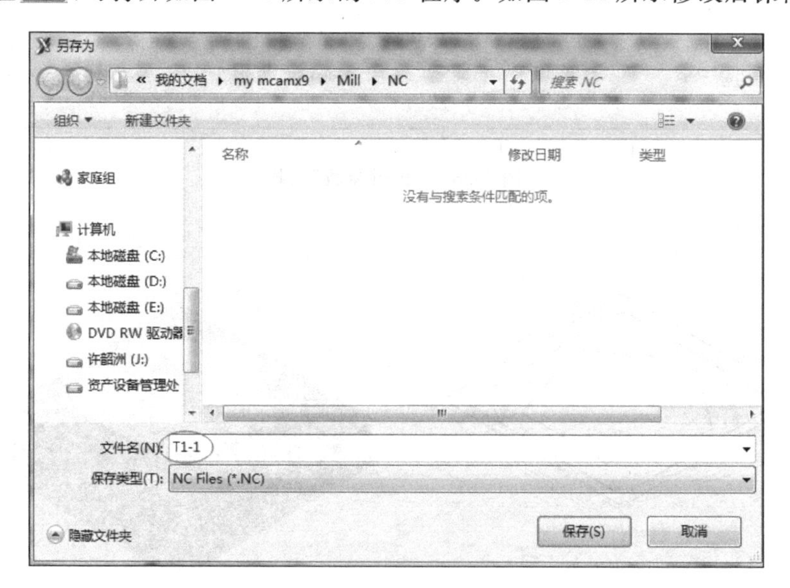

图 1-42　程序保存路径及文件名

步骤 1-4-11：传输加工。

机床对好刀后，按接收按钮，就可以进行加工了。

工步 1-5：粗铣 ϕ32mm 圆孔。

步骤 1-5-1：隐藏刀路。

单击按钮，再单击按钮，隐藏所有工步刀路。

项目 1 工步 1-5：粗铣 ϕ32mm 圆孔

```
1    %
2    O0000(T1-1)
3    (DATE=DD-MM-YY - 02-07-18 TIME=HH:MM - 18:48)
4    (MCX FILE - T)
5    (NC FILE - C:\USERS\FUTURE\DOCUMENTS\MY MCAMX9\MILL\NC\T1-1.NC)
6    (MATERIAL - ALUMINUM MM - 2024)
7    ( T1 | 16 ъ�□� | H1 )
8    N100 G21
9    N110 G0 G17 G40 G49 G80 G90
10   N120 T1 M6
11   N130 G0 G90 G54 X-57.6 Y39.998 A0. S2000 M3
12   N140 G43 H1 Z26.
13   N150 Z11.
14   N160 G1 Z0. F1000.
15   N170 X49.6
16   N180 Y28.57
17   N190 X-49.6
18   N200 Y17.142
19   N210 X49.6
20   N220 Y5.714
21   N230 X-49.6
22   N240 Y-5.714
23   N250 X49.6
24   N260 Y-17.142
25   N270 X-49.6
26   N280 Y-28.57
27   N290 X49.6
28   N300 Y-39.998
29   N310 X-57.6
30   N320 G0 Z25.
283  N2850 Y27.345
284  N2860 X-13.807 Y44.986
285  N2870 X-29.024 Y49.931
286  N2880 X-2.492 Y52.053
287  N2890 X-11.897 Y39.109
288  N2900 X-41.183 Y-1.2
289  N2910 X-11.897 Y-41.509
290  N2920 X35.489 Y-26.112
291  N2930 Y23.712
292  N2940 X-11.897 Y39.109
293  N2950 X-27.114 Y44.053
294  N2960 G0 Z26.
295  N2970 M5
296  N2980 G91 G28 Z0.
297  N2990 G28 X0. Y0. A0.
298  N3000 M30
299  %
```

图 1-43　修改前部分程序

```
1    %
2    O0000(T1-1)
3    N100 G21
4    N110 G0 G17 G40 G49 G80 G90
5    N130 G0 G90 G54 X-57.6 Y39.998  S2000 M3
6    N140 Z26.
7    N150 Z11.
8    N160 G1 Z0. F1000.
9    N170 X49.6
10   N180 Y28.57
11   N190 X-49.6
12   N200 Y17.142
13   N210 X49.6
14   N220 Y5.714
15   N230 X-49.6
16   N240 Y-5.714
17   N250 X49.6
18   N260 Y-17.142
19   N270 X-49.6
20   N280 Y-28.57
21   N290 X49.6
22   N300 Y-39.998
23   N310 X-57.6
24   N320 G0 Z25.
25   N330 X-48.4 Y64.4 Z26.
26   N340 Z11.
27   N350 G1 Z-.885
28   N360 Y48.4
29   N370 Y-48.4
283  N2850 Y27.345
284  N2860 X-13.807 Y44.986
285  N2870 X-29.024 Y49.931
286  N2880 X-2.492 Y52.053
287  N2890 X-11.897 Y39.109
288  N2900 X-41.183 Y-1.2
289  N2910 X-11.897 Y-41.509
290  N2920 X35.489 Y-26.112
291  N2930 Y23.712
292  N2940 X-11.897 Y39.109
293  N2950 X-27.114 Y44.053
294  N2960 G0 Z26.
295  N2970 M5
296  N2980 G91 G28 Z0.
297  N2990 G28 X0. Y0.
298  N3000 M30
299  %
```

图 1-44　修改后部分程序

步骤 1-5-2：绘图。

根据图 1-1 所示的尺寸，按下 F9 键，显示绘图坐标。在俯视图中绘出如图 1-45 所示的零件 ϕ32mm 圆孔线框，图形的中心如图 1-1 所示往下偏离 1.2mm、往右偏离 10.4mm。

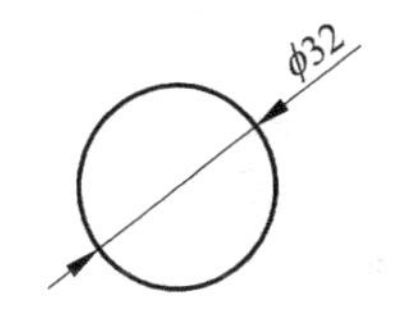

图 1-45　ϕ32mm 圆孔线框

步骤 1-5-3：选择加工刀路与刀具。

选择主菜单中的“刀路”→“2D 挖槽”命令，选择串连方式，选择如图 1-45 所示的圆孔线框，通过切换按钮，使圆孔线框产生逆时针的箭头，然后单击确定按钮，如图 1-46 所示。弹出“2D 刀路-2D 挖槽”对话框，如图 1-47 所示，单击选定直径为 ϕ16mm 的平底刀，同图 1-24。

步骤 1-5-4：选择“切削参数”。

选中“切削参数”节点，具体如图 1-47～图 1-49 所示。加工方向选择“逆铣”，“挖槽加工方式”选择“标准”，“壁边预留量”设置为 0.3，“粗切”方式选择“等距环切”，“进刀方式”选择“螺旋”方式。

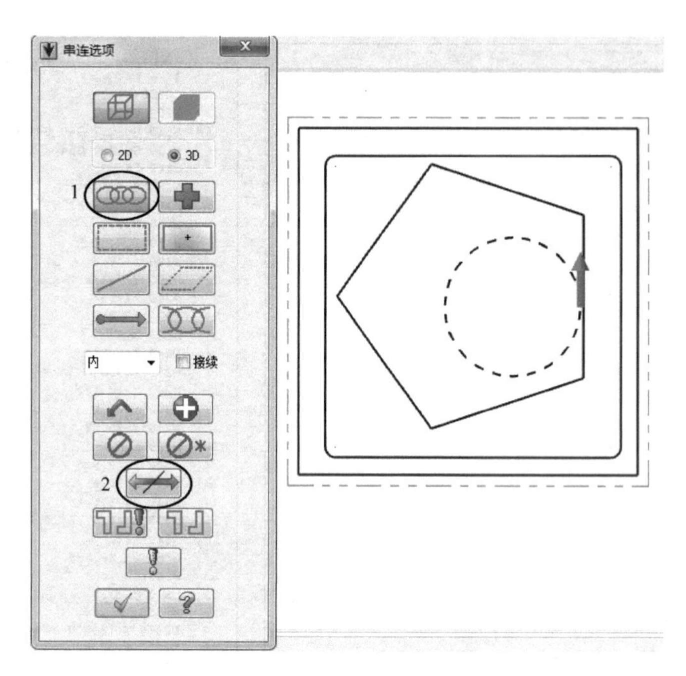

图 1-46 “串连选项”对话框

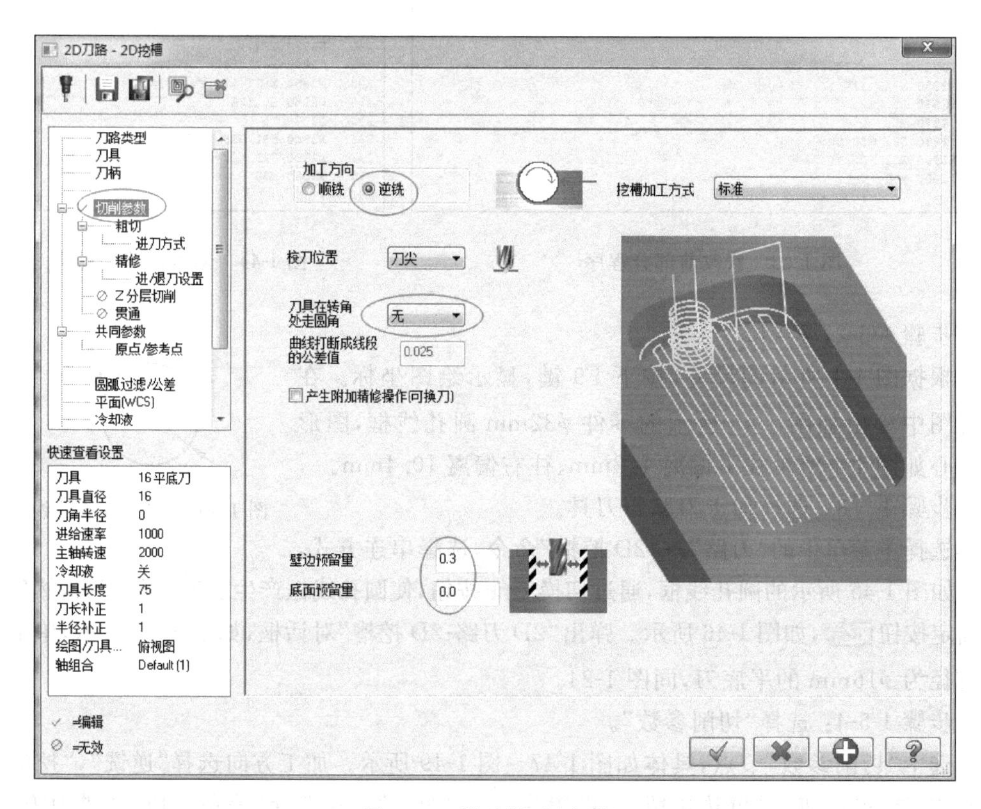

图 1-47 设置“切削参数”

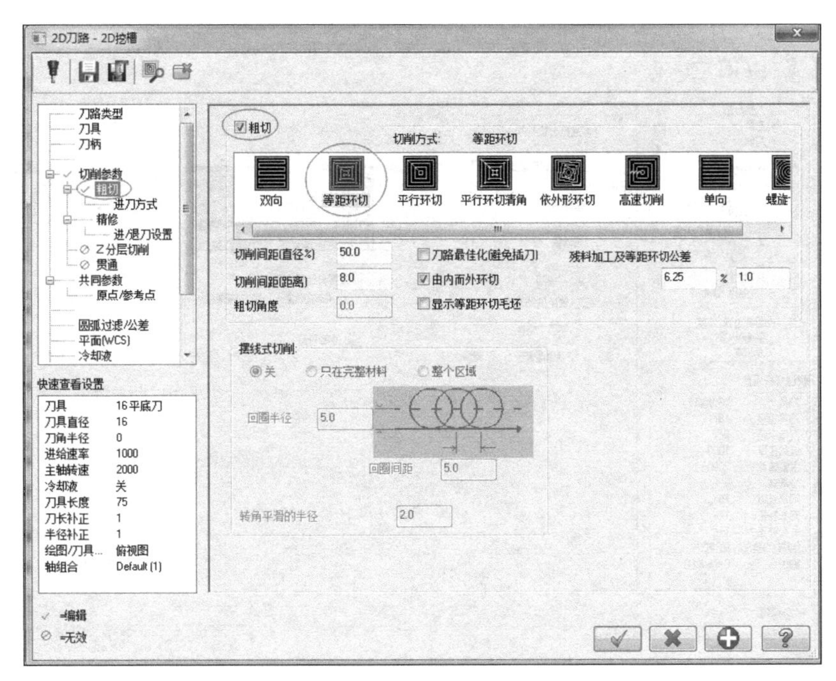

图 1-48　“粗切”选择

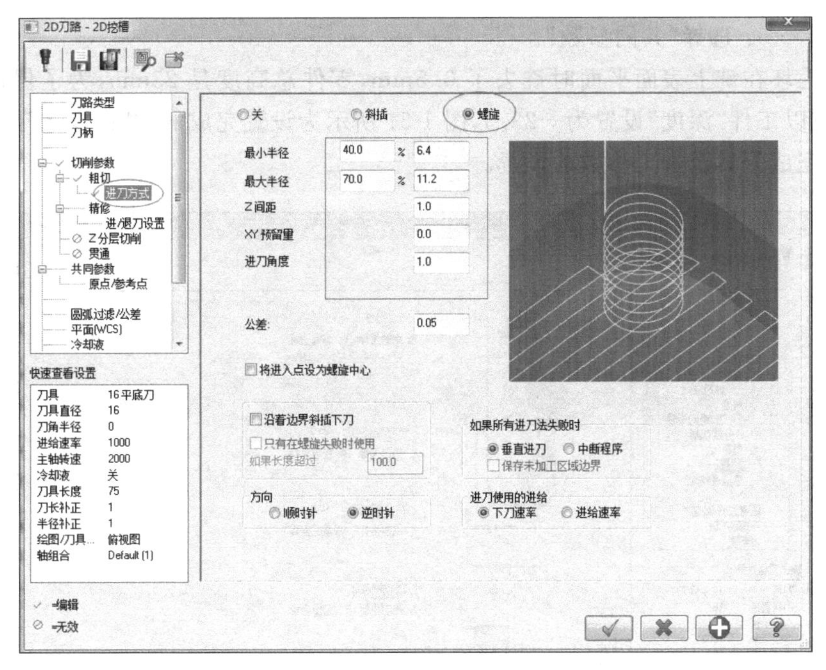

图 1-49　“进刀方式”选择

步骤 1-5-5：选择“Z 分层切削”。

轮廓要加工的总深度为 23.5mm，要进行 Z 轴分层切深。选中“切削参数”下的“Z 分层切削”，选中“深度分层切削”复选框，“最大粗切步进量”设置为 1，选中“不提刀”复选框，图 1-50 所示为设置完成的“Z 分层切削”参数。

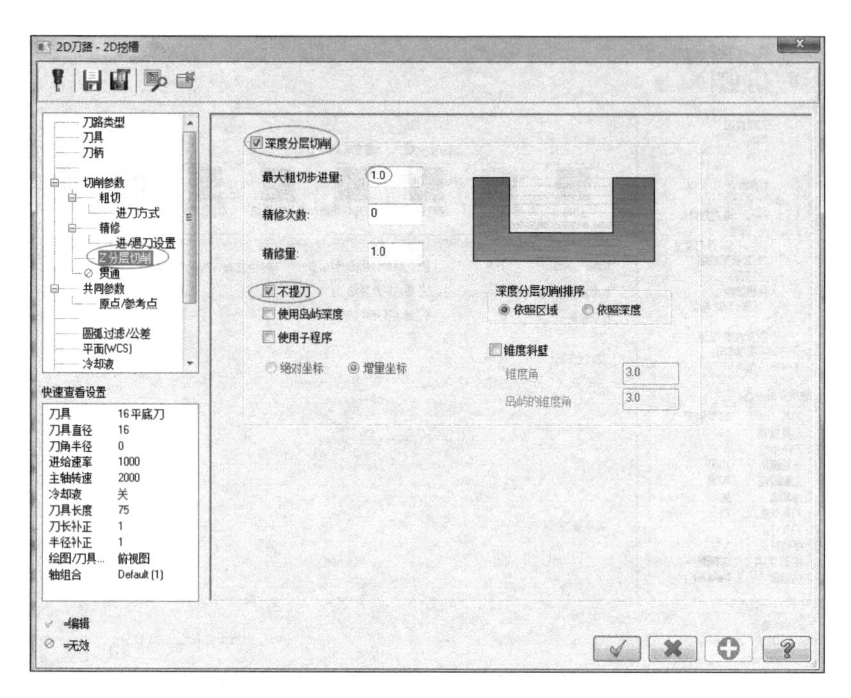

图 1-50 设置“Z 分层切削”参数

步骤 1-5-6：选择“共同参数”。

由于毛坯在铣上表面平面时铣去了 0.5mm，零件总高度是 23mm，为了保证孔侧面的平整，所以工件“深度”设置为－23.5，图 1-51 所示为设置完成的“共同参数”，单击确定按钮 完成刀具及加工参数的设置。

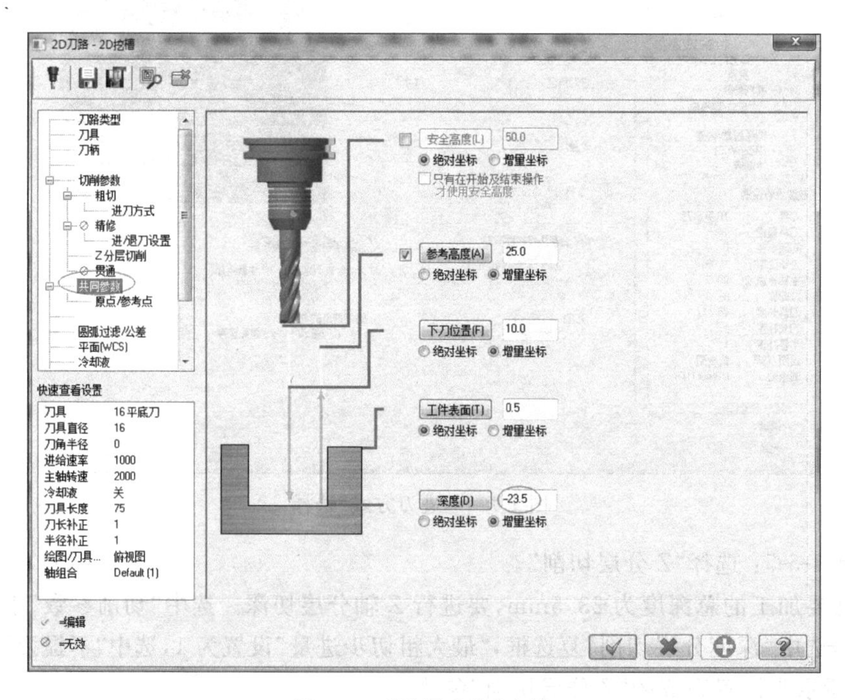

图 1-51 “共同参数”选择

步骤 1-5-7：对刀路进行实体验证。

连续单击、两个按钮，选择显示所有刀路，在“刀路”选项卡中单击“验证已选择的操作”按钮，弹出“验证”对话框。单击“机床”加工按钮，即可进行刀路验证操作，结果如图 1-52 所示。

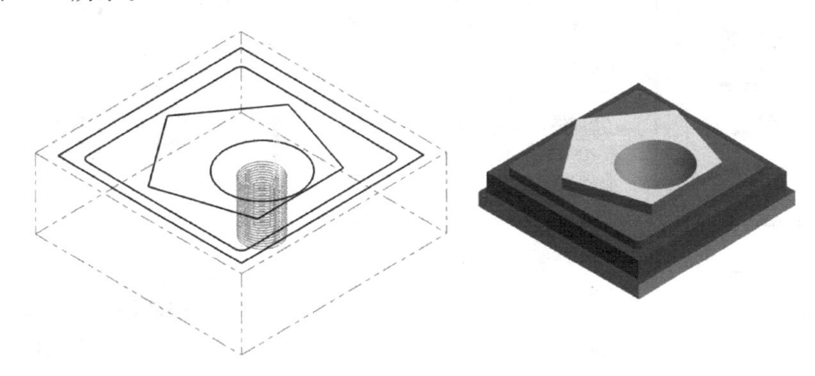

图 1-52　刀路及验证结果

步骤 1-5-8：执行后处理，生成加工程序。

实体验证完成后进行后处理。关闭实体验证的播放器，退回到“刀路”界面，选择工步 1-5 刀路。在“刀路”选项卡中单击“锁定选择的操作后处理”按钮，弹出“后处理程序”对话框，采用默认选项，单击确定按钮。在弹出的“另存为”对话框中选择 NC 文件的保存路径及文件名，单击确定按钮，修改后即可以传输加工。

项目 1 工步 1-6：精铣 80mm × 80mm 侧面

工步 1-6：精铣 80mm×80mm 侧面。

步骤 1-6-1：隐藏前工步刀路及复制刀路。

连续单击、两个按钮，隐藏所有加工工步刀路。选择工步 1-2 粗铣 80mm×80mm 侧面刀路，把光标放置在工步 1-2 刀路上，右击选择复制，在刀路页面空白处粘贴，然后在新建的精铣刀路中修改参数。图 1-53 所示刀路 6 就是复制出来的精铣 80mm×80mm 侧面刀路。

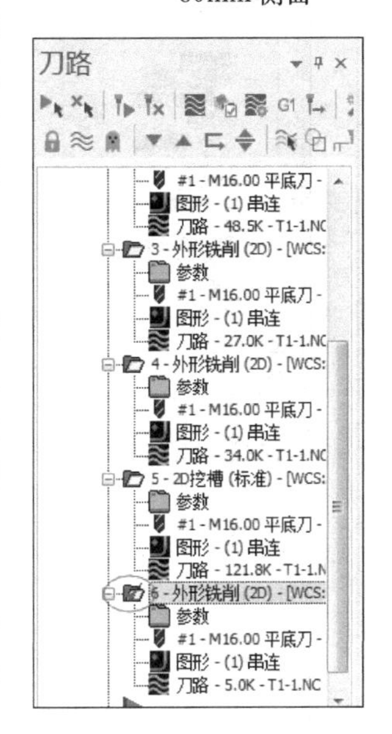

图 1-53　复制刀路

步骤 1-6-2：修改“切削参数”。

单击工步 1-6 刀路“参数”文件，把“切削参数”中的“壁边预留量”0.3 修改为 0，从而控制矩形槽 X、Y 方向的尺寸(有时根据机床的精度或操作者的加工能力，需多次修改壁边预留量进行精加工)，图 1-54 所示为修改完成“切削参数”。

步骤 1-6-3：修改“Z 分层切削”。

切换到“Z 分层切削”复选框，取消选中“深度分层切削”复选框，让刀具在 Z 方向一刀切至总深，从而保证侧面的平整。图 1-55 所示为修改完成的“Z 分层切削”。

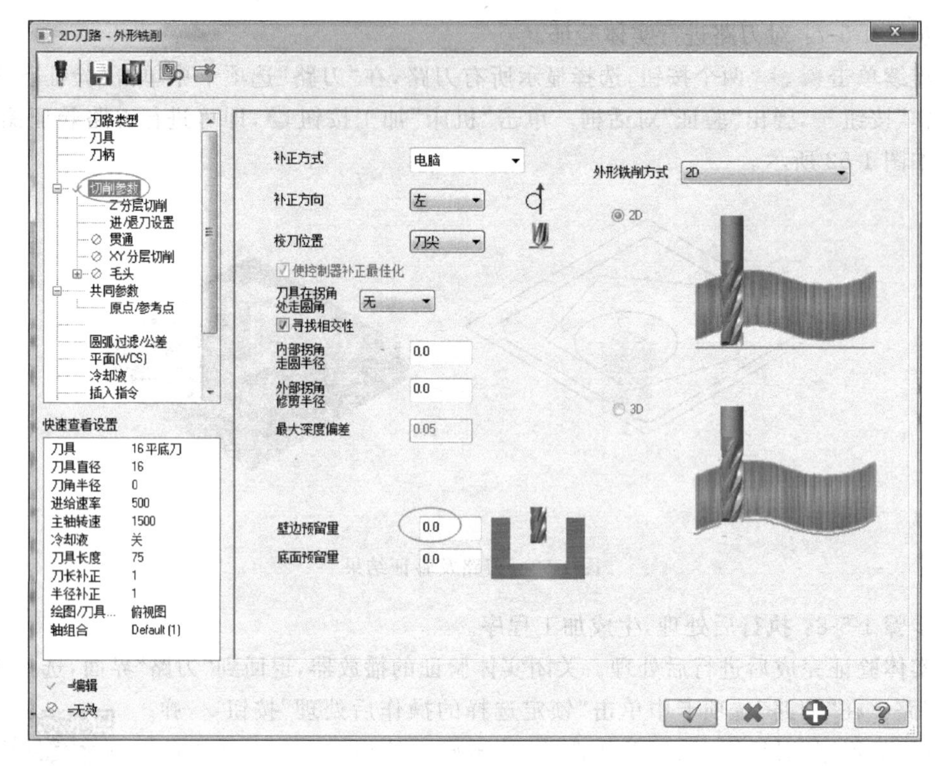

图 1-54 修改“切削参数”

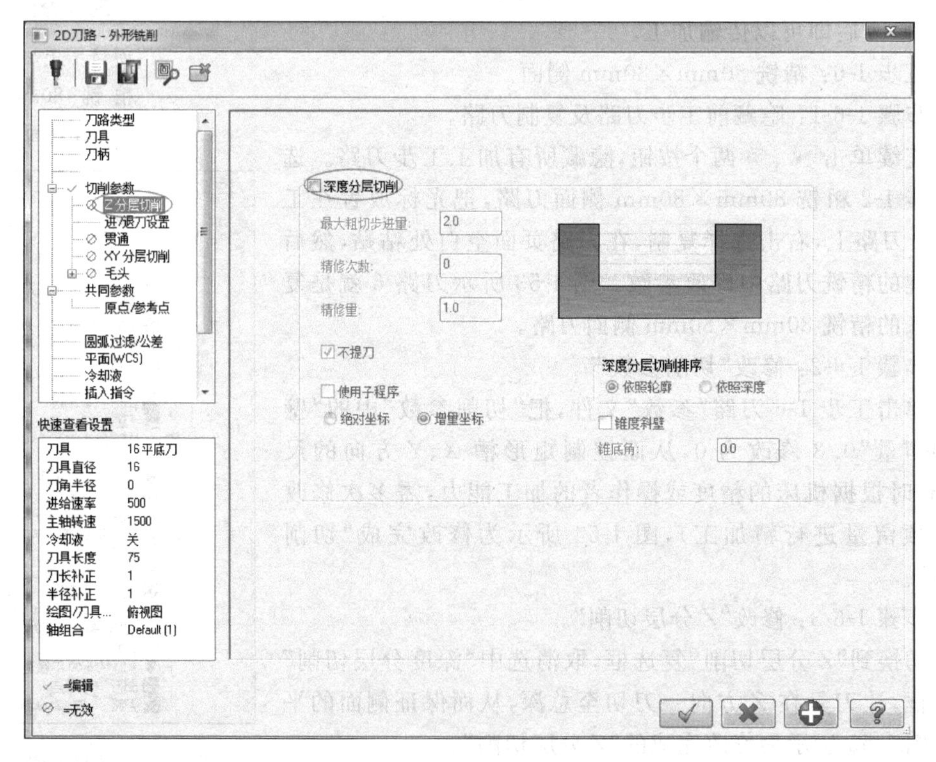

图 1-55 修改“Z 分层切削”参数

步骤 1-6-4：重新计算刀路。

修改工步 1-6 的参数后，单击确定按钮 完成刀路参数的修改。这时刀路需要重新计算，选择工步 1-6，单击如图 1-56 所示按钮 进行刀路的重新计算。

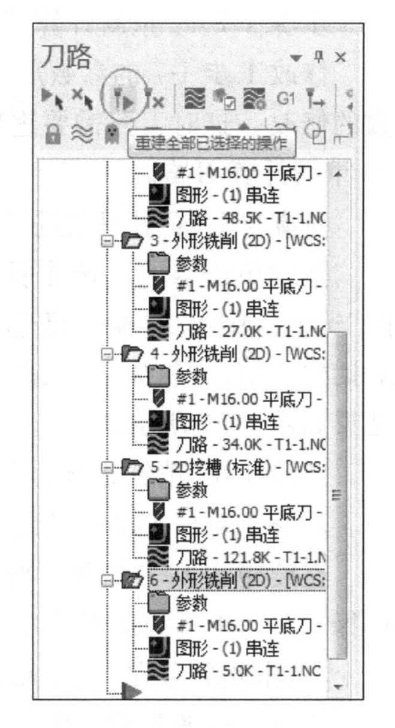

图 1-56 重新计算刀路

步骤 1-6-5：对刀路进行实体验证。

连续单击 、 两个按钮，选择显示所有刀路，在"刀路"选项卡中单击"验证已选择的操作"按钮 ，弹出"验证"对话框，单击"机床"加工按钮 即可进行刀路验证操作，结果如图 1-57 所示。

步骤 1-6-6：执行后处理，生成加工程序。

实体验证完成后进行后处理。关闭实体验证的播放器，退回到"刀路"界面。选择工步 1-6 刀路，在"刀路"选项卡中单击"锁定选择的操作后处理"按钮 ，弹出"后处理程序"对话框。采用默认选项，单击确定按钮 。在弹出的"另存为"对话框中选择 NC 文件的保存路径及文件名，单击确定按钮 ，修改后即可以传输加工。

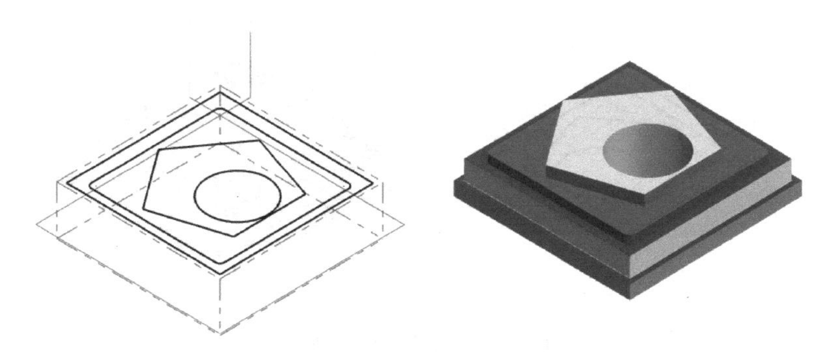

图 1-57 刀路及验证结果

工步 1-7：精铣 69.6mm×69.6mm 侧面。

步骤 1-7-1：隐藏前工步刀路及复制刀路。

连续单击 、 两个按钮，隐藏所有的加工工步刀路。选择工步 1-3 粗铣 69.6mm×69.6mm 侧面刀路，把光标放置在工步 1-3 刀路上，右击选择复制，在刀路页面空白处粘贴，然后在新建的精铣刀路中修改参数。如图 1-58 所示刀路 7 就是复制出来的精铣 69.6mm×69.6mm 侧面刀路。

项目 1 工步 1-7：精铣 69.6mm×69.6mm 侧面

步骤 1-7-2：修改"切削参数"。

单击工步 1-7 刀路"参数"文件，"切削参数"中的"壁边预留量"为 0，从而控制矩形槽 *X*、*Y* 方向尺寸，修改完成的"切削参数"同图 1-54。

步骤 1-7-3：修改"Z 分层切削"。

切换到"Z 分层切削"复选框，不选中"深度分层切削"复选框，让刀具在 *Z* 方向一刀切至总深，从而保证侧面的平整。修改完成的"Z 分层切削"同图 1-55。

步骤 1-7-4：重新计算刀路。

修改工步 1-7 的参数后，单击确定按钮完成刀路参数的修改。这时刀路需要重新计算，选择工步 1-7，单击按钮重新计算刀路。

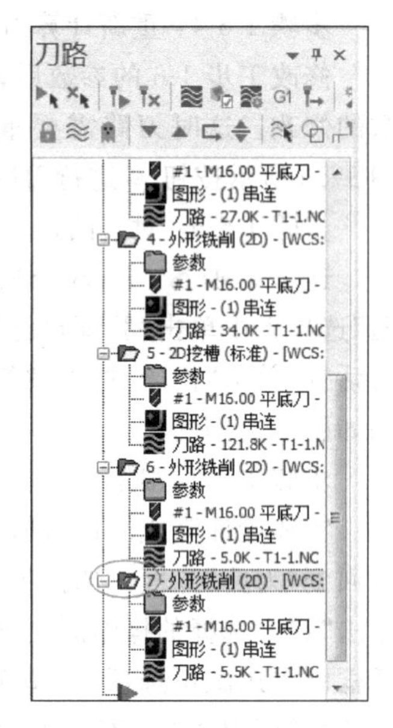

图 1-58　复制刀路

步骤 1-7-5：对刀路进行实体验证。

连续单击、两个按钮，选择显示所有刀路，在“刀路”选项卡中单击“验证已选择的操作”按钮，弹出“验证”对话框。单击“机床”加工按钮，即可进行刀路验证操作，结果如图 1-59 所示。

工步 1-8：精铣正五边形。

步骤 1-8-1：隐藏前工步刀路及复制刀路。

连续单击、两个按钮，隐藏所有的加工工步刀路。选择工步 1-4 粗铣正五边形刀路，把光标放置在工步 1-4 刀路上，右击选择复制，在刀路页面空白处粘贴，然后在新建的精铣刀路中修改参数。图 1-60 所示刀路 8 就是复制出来的精铣正五边形刀路。

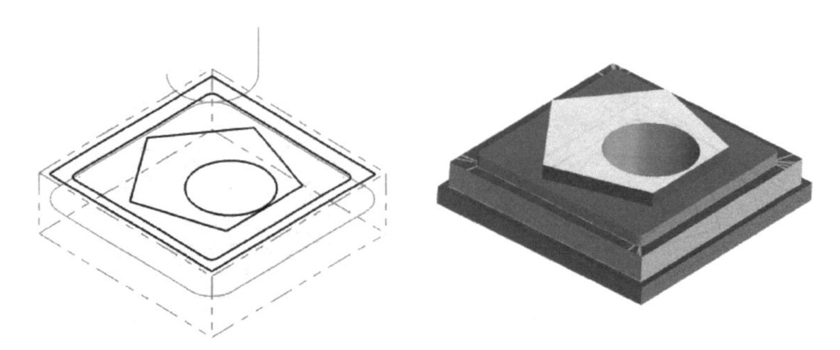

图 1-59　刀路及验证结果

项目 1 工步 1-8：精铣正五边形

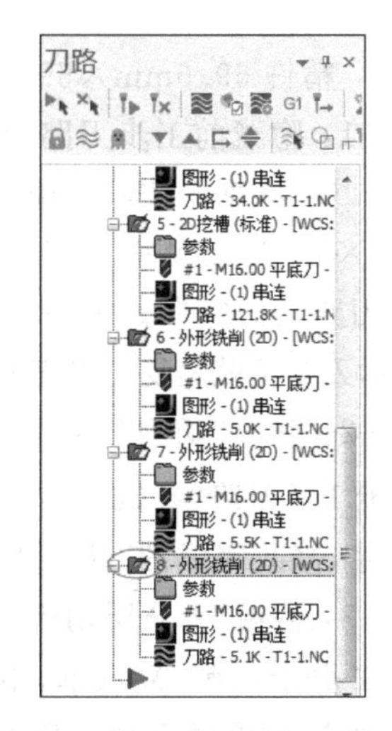

图 1-60　复制刀路

步骤 1-8-2：修改“切削参数”。

单击工步 1-8 刀路“参数”文件，“切削参数”中的“壁边预留量”为 0，从而控制矩形槽 *X*、*Y* 的方向尺寸。修改完成的“切削参数”同图 1-54。

步骤 1-8-3：修改“Z 分层切削”。

切换到“Z 分层切削”复选框，取消选中“深度分层切削”复选框，让刀具在 *Z* 方向一刀切至总深，从而保证侧面的平整。修改完成的“Z 分层切削”同图 1-55。

步骤 1-8-4：修改“XY 分层切削”。

切换到“XY 分层切削”复选框，取消选中“XY 分层切削”复选框。图 1-61 所示为修改完成的“XY 分层铣削”。

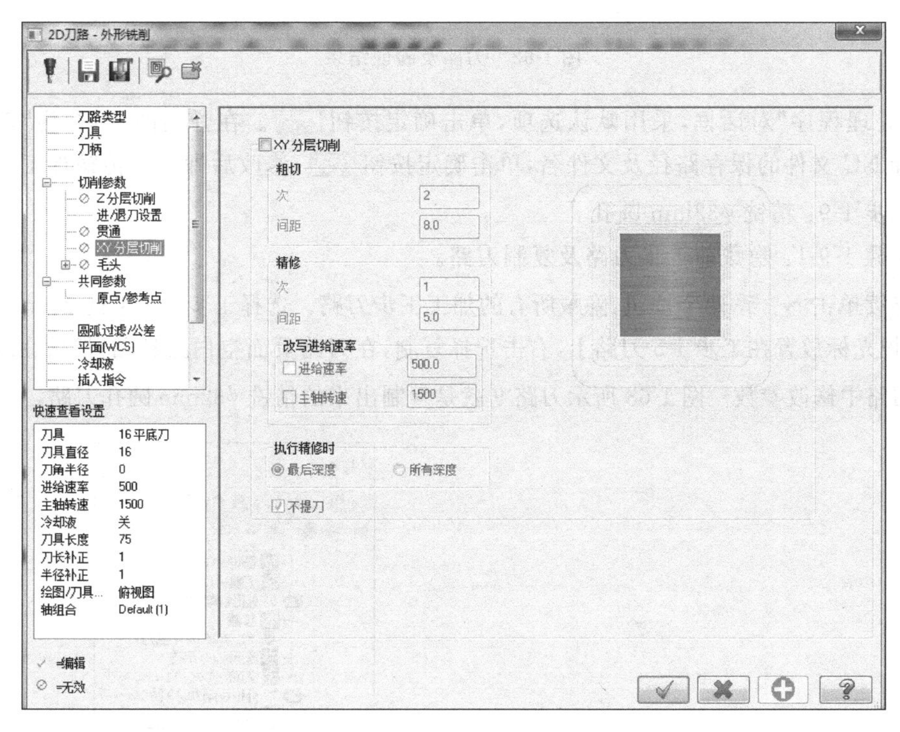

图 1-61 修改“XY 分层切削”选项

步骤 1-8-5：重新计算刀路。

修改工步 1-8 的参数后，单击确定按钮 完成刀路参数的修改。这时刀路需要重新计算，选择工步 1-8，单击按钮 重新计算刀路。

步骤 1-8-6：对刀路进行实体验证。

连续单击 、≋ 两个按钮，选择显示所有刀路，在“刀路”选项卡中单击“验证已选择的操作”按钮 ，弹出“验证”对话框，单击“机床”加工按钮 ，即可进行刀路验证操作，结果如图 1-62 所示。

步骤 1-8-7：执行后处理，生成加工程序。

实体验证完成后进行后处理。关闭实体验证的播放器，退回到“刀路”界面。同时选择工步 1-7 和工步 1-8 刀路，在“刀路”选项卡中单击“锁定选择的操作后处理”按钮 G1，弹

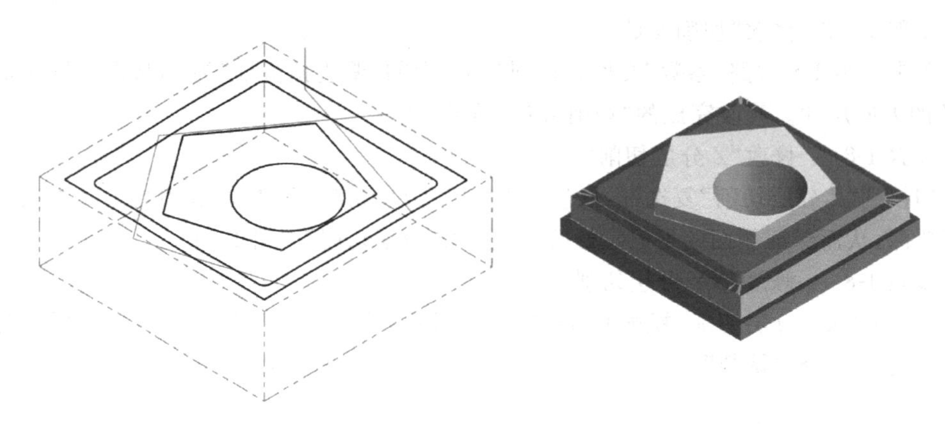

图 1-62 刀路及验证结果

出“后处理程序”对话框，采用默认选项，单击确定按钮 。在弹出的“另存为”对话框中选择 NC 文件的保存路径及文件名，单击确定按钮 ，修改后即可以传输加工。

工步 1-9：精铣 ϕ32mm 圆孔。

步骤 1-9-1：隐藏前工步刀路及复制刀路。

连续单击 、 两个按钮，隐藏所有的加工工步刀路。选择工步 1-5 粗铣 ϕ32mm 圆孔刀路，把光标放置在工步 1-5 刀路上，右击选择复制，在刀路页面空白处粘贴，然后在新建的精铣刀路中修改参数。图 1-63 所示刀路 9 就是复制出来的精铣 ϕ32mm 圆孔刀路。

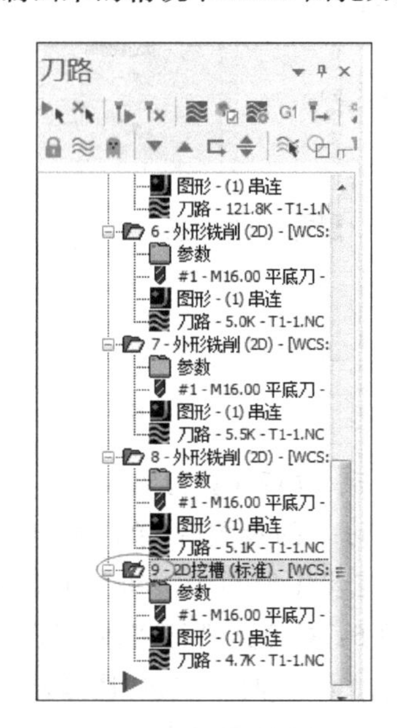

图 1-63 复制刀路

项目 1 工步 1-9：精铣 ϕ32mm 圆孔

步骤 1-9-2：修改“切削参数”。

单击工步 1-9 刀路“参数”文件，“切削参数”中的“壁边预留量”设置为 0，从而控制矩形槽 X、Y 的方向尺寸，如图 1-64 所示。

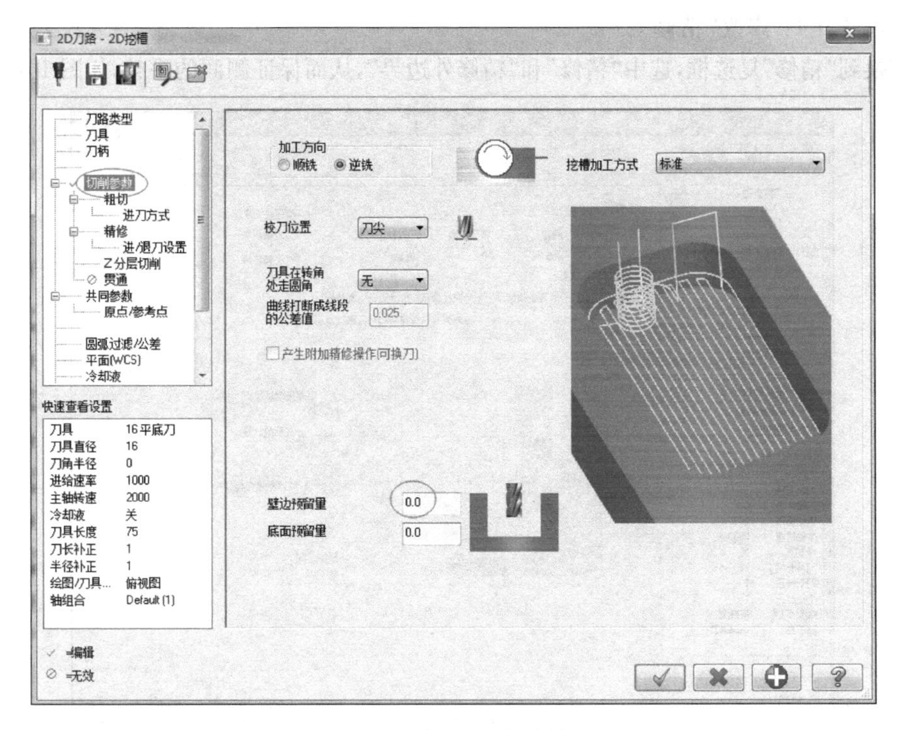

图 1-64　修改“切削参数”

步骤 1-9-3：修改“粗切”。

取消选中“粗切”复选框，如图 1-65 所示。

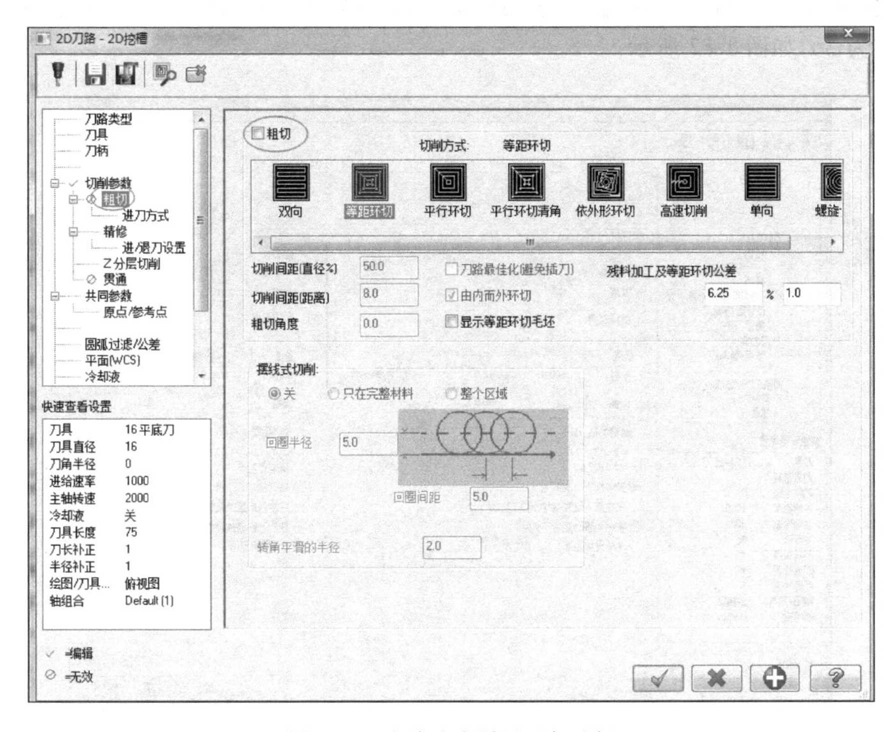

图 1-65　取消选中“粗切”复选框

步骤 1-9-4：修改“精修”。

切换到“精修”复选框，选中“精修”和“精修外边界”，从而保证侧面的平整，如图 1-66 所示。

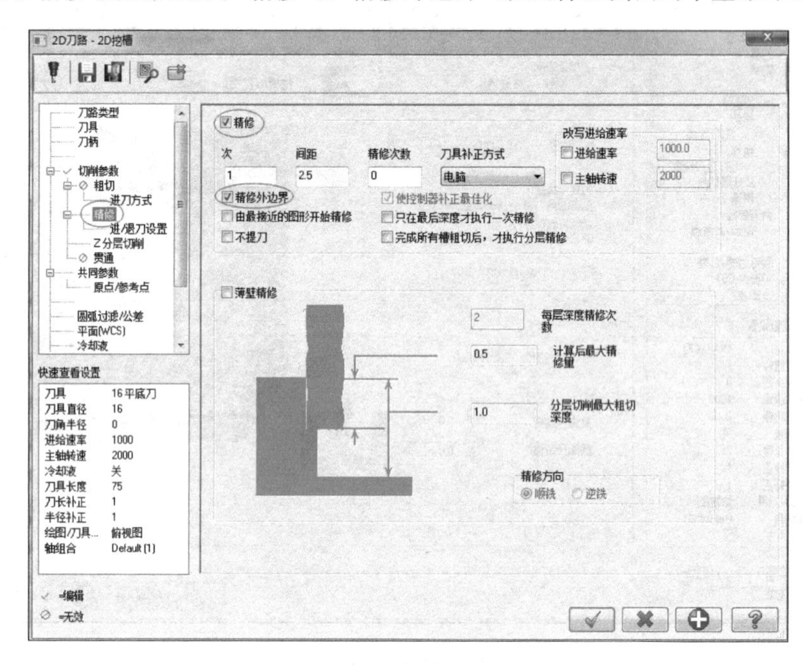

图 1-66　修改“精修”选项

步骤 1-9-5：修改“进/退刀设置”。

切换到“进/退刀设置”复选框，采用圆弧切入和切出。为保证轮廓的完整，把“重叠量”修改为 30，如图 1-67 所示。

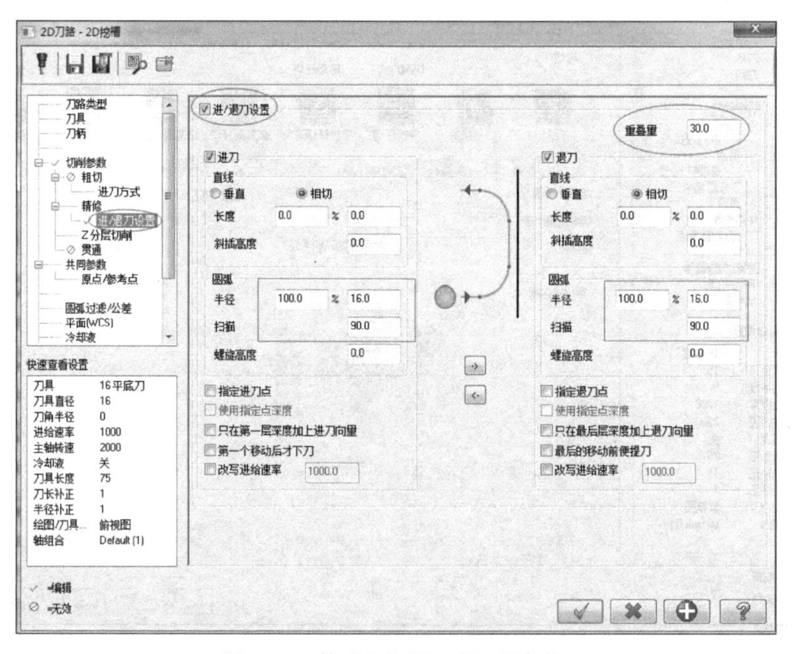

图 1-67　修改“进/退刀设置”参数

步骤 1-9-6：修改“Z 分层切削”。

切换到“Z 分层切削”复选框，取消选中“深度分层切削”复选框，如图 1-68 所示。

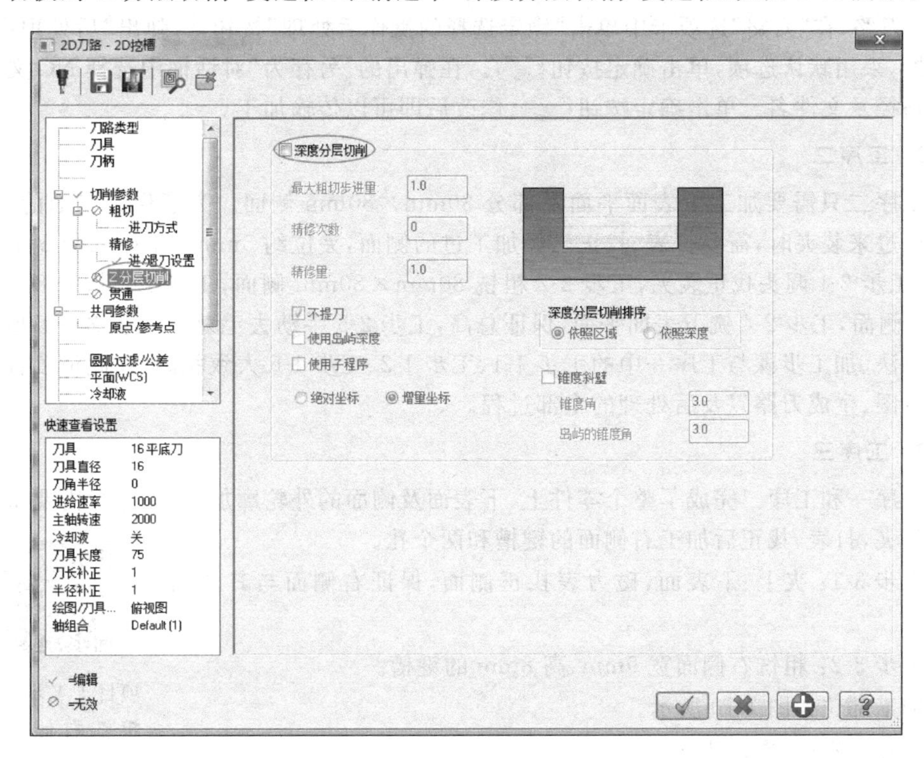

图 1-68 修改“Z 分层切削”参数

步骤 1-9-7：重新计算刀路。

修改工步 1-9 的参数后，单击确定按钮 完成刀路参数的修改。这时刀路需要重新计算，选择工步 1-9，单击按钮 重新计算刀路。

步骤 1-9-8：对刀路进行实体验证。

连续单击 、 两个按钮，选择显示所有刀路，在“刀路”选项卡中单击“验证已选择的操作”按钮 ，弹出“验证”对话框，单击“机床”加工按钮 ，即可进行刀路验证操作，结果如图 1-69 所示。

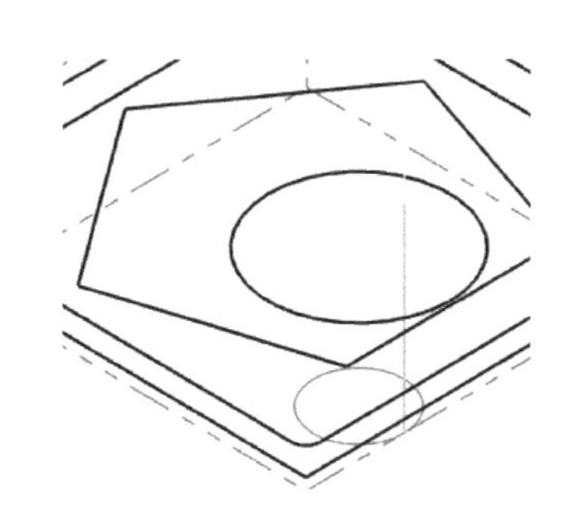

图 1-69 重新计算结果

步骤 1-9-9：执行后处理，生成加工程序。

实体验证完成后进行后处理。关闭实体验证的播放器，退回到“刀路”界面。选择工步 1-9 刀路，在“刀路”选项卡中单击“锁定选择的操作后处理”按钮，弹出“后处理程序”对话框，采用默认选项，单击确定按钮。在弹出的“另存为”对话框中选择 NC 文件的保存路径及文件名。单击确定按钮，修改后即可以传输加工。

2. 工序二

工序二只需要加工下表面平面及部分 80mm×80mm 侧面。为了保证侧面的平整，工件反过来装夹时，需要打表、找正已经加工过的侧面，夹位约 5mm。工序二分 5 个工步进行，工步 2-1 调头找正装夹，工步 2-2 粗铣 80mm×80mm 侧面，工步 2-3 精铣 80mm×80mm 侧面，工步 2-4 铣下表面平面，保证总高，工步 2-5 手动去毛刺。工步 2～工步 4 的加工方法、加工步骤与工序一中的工步 1-1、工步 1-2、工步 1-6 大致相同，在此请读者自行完成绘图、生成刀路以及后处理的全部过程。

3. 工序三

工序一和工序二完成了整个零件上、下表面及侧面的外轮廓加工，工序三需要将零件竖起装夹，打表、找正后加工右侧面的键槽和两个孔。

工步 3-1：夹上、下表面，磁力表找正侧面，保证右侧面与其他面垂直。

项目 1 工步 3-2：粗铣右侧面宽 9mm、高 8mm 的键槽

工步 3-2：粗铣右侧面宽 9mm、高 8mm 的键槽。

加工部位如图 1-70 所示。

步骤 3-2-1：隐藏刀路。

连续单击、两个按钮，隐藏以上所有工步刀路。

步骤 3-2-2：新建图层。

单击图 1-71 所示的“层别”按钮，出现如图 1-72 所示的“层别管理”对话框，把“层别号码”改为 2，单击方框上方的 号码 突显 中的 X，把图层 1 隐藏。同时单击层别 2，变为绿色，如图 1-73 所示，单击确定按钮，即建立了图层 2。

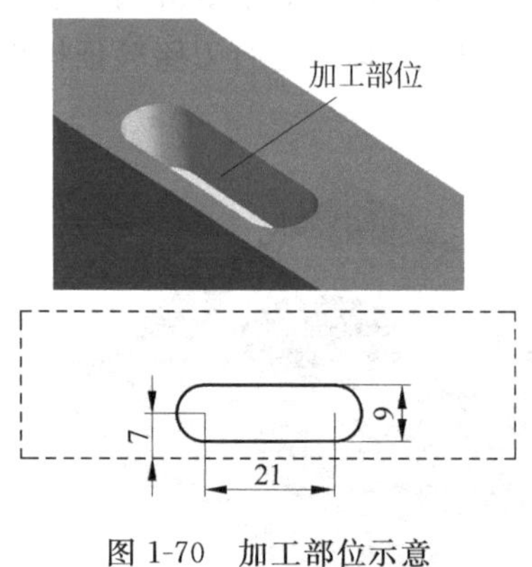

图 1-70 加工部位示意

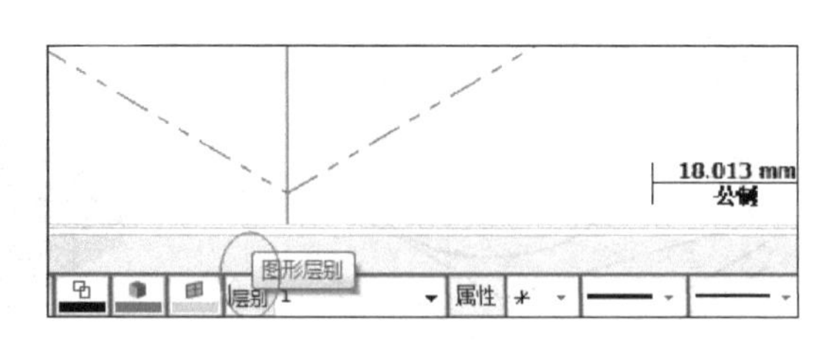

图 1-71 “层别”按钮

步骤 3-2-3：绘图。

根据图 1-1 所示的尺寸，按下 F9 键，在图层 2 俯视图中绘出如图 1-74 所示的宽 9mm、

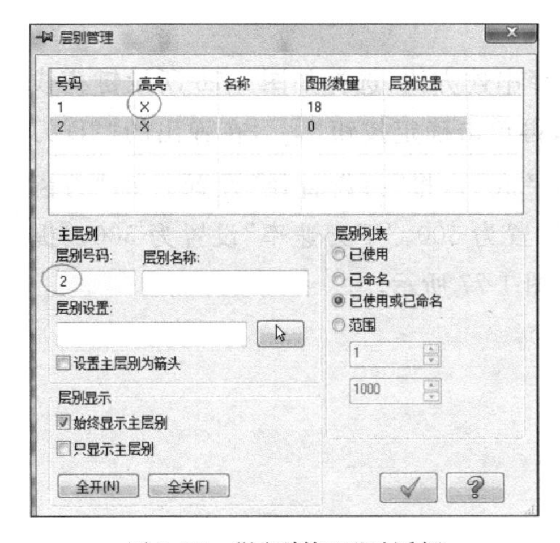

图 1-72　“层别管理”对话框

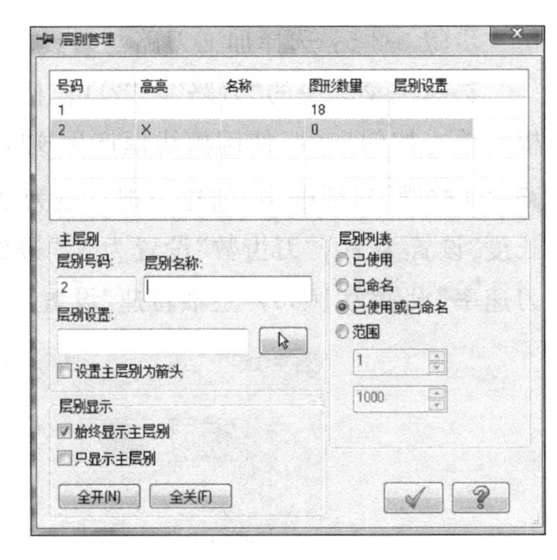

图 1-73　“层别管理”对话框

高 8mm 键槽线框，虚线为侧面外轮廓，80mm×23mm 侧面外轮廓图形的中心落在坐标原点。

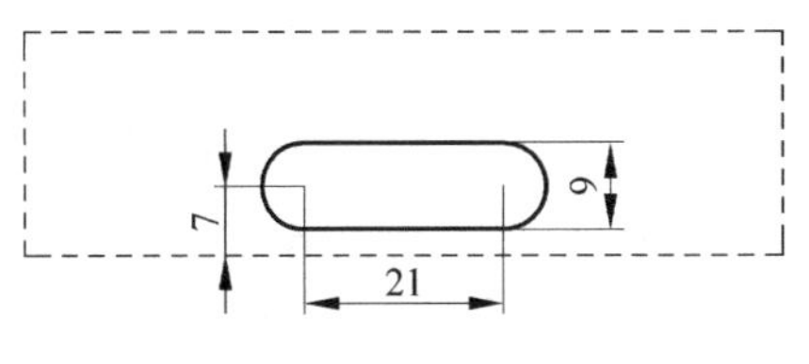

图 1-74　键槽线框

步骤 3-2-4：设置毛坯。

选择主菜单中的“机床类型”→“铣床”→“默认”命令，此时“刀路”选项卡中新增了一个机床群组。在新增的“刀路”选项卡中展开“属性”节点，单击“毛坯设置”子节点，弹出“机床群组属性”对话框，然后切换到“毛坯设置”选项卡。选择毛坯的形状为“立方体”，在工件尺寸中 X 方向输入 80，Y 方向输入 23，Z 方向输入 80，选中“显示”复选框，其余采用默认值，如图 1-75 所示。单击确定按钮完成毛坯设置。

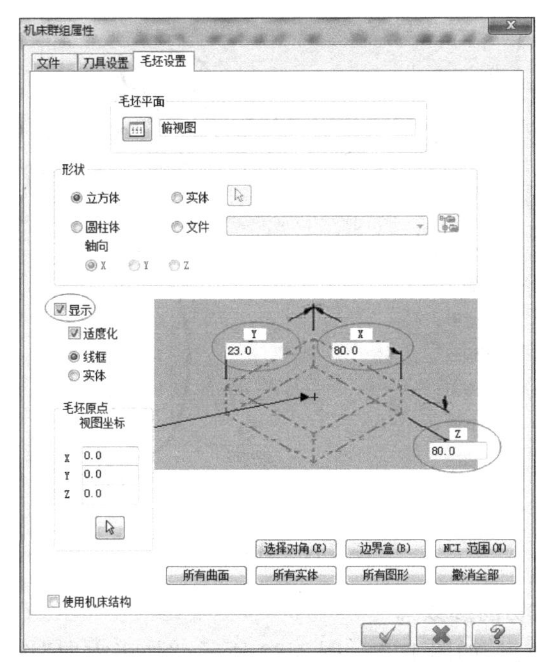

图 1-75　设置毛坯

步骤 3-2-5：选择加工刀路与刀具。

选择主菜单中的"刀路"→"2D 挖槽"命令，选择串连方式，选择如图 1-76 所示键槽线框。单击按钮，使键槽线框产生逆时针箭头，再单击确定按钮，在弹出的"2D 刀路-2D 挖槽"对话框中，创建一把直径为 ϕ8mm 的平底刀，将"刀齿直径"设置为 8，"刀齿长度"设置为 20，"刀齿数"设置为 3，"进给速率"设置为 500，"下刀速率"设置为 500，"提刀速率"设置为 1000，"主轴转速"设置为 2000，如图 1-77 所示。

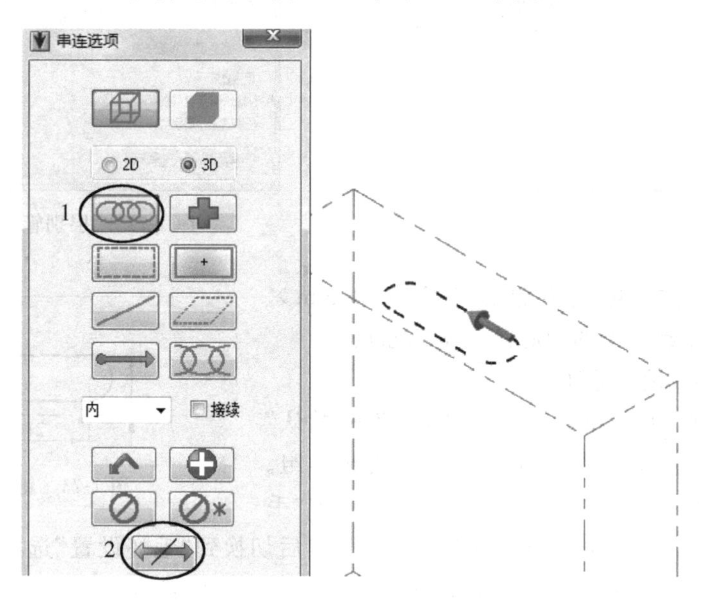

图 1-76 "串连选项"对话框

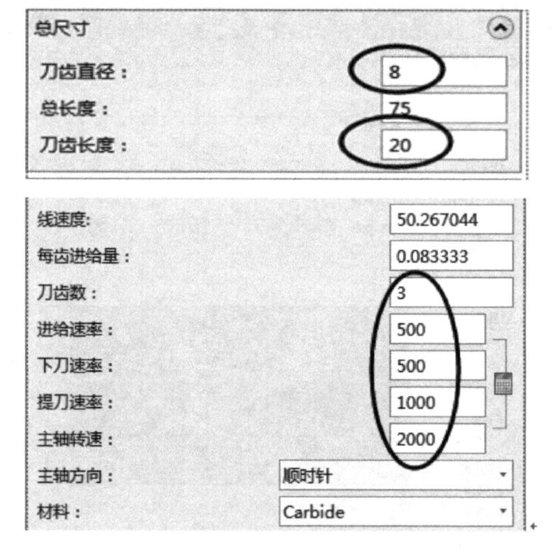

图 1-77 选择刀具

步骤 3-2-6：选择"切削参数"。

选中"切削参数"节点，如图 1-78～图 1-80 所示，"加工方向"选择"顺铣"，"挖槽加工方式”选择“标准”，“壁边预留量”设置为 0.3，“粗加工”方式选择“等距环切”，“进刀方式”选择“螺旋”。

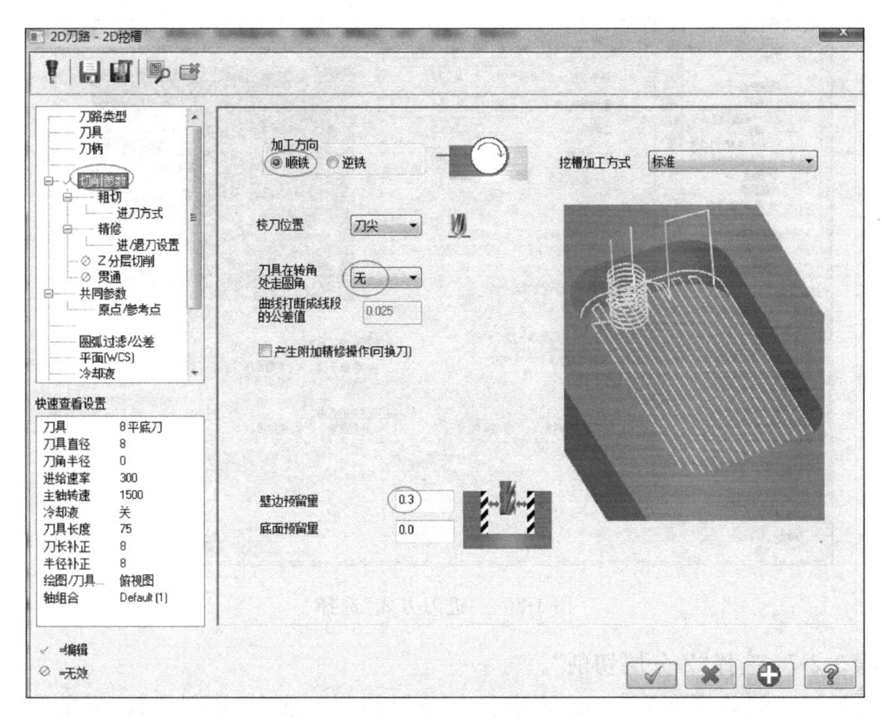

图 1-78　设置“切削参数”

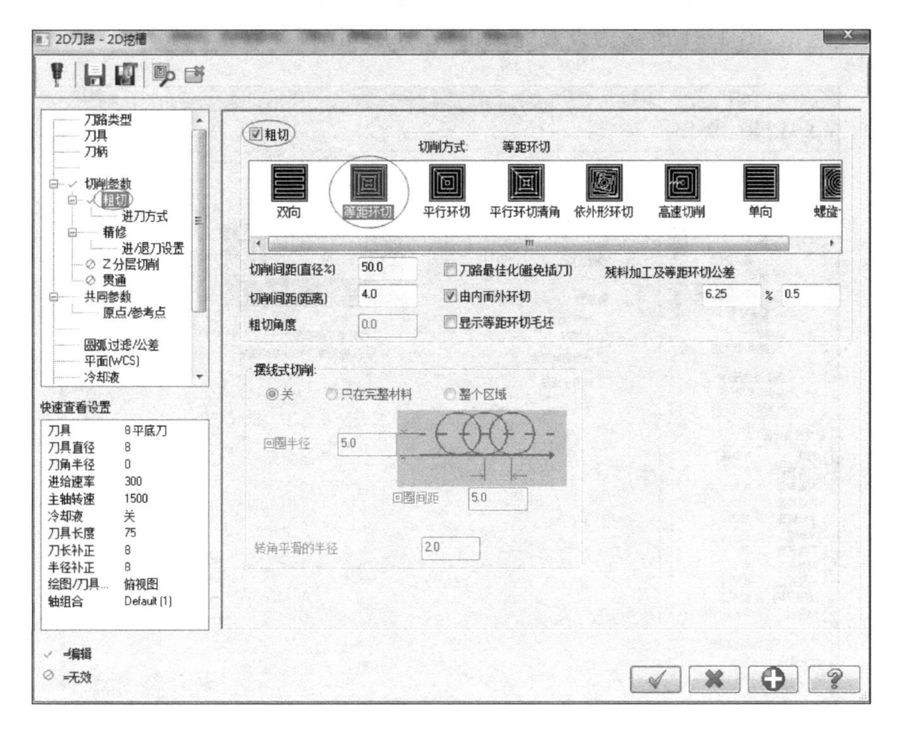

图 1-79　选择“粗切”

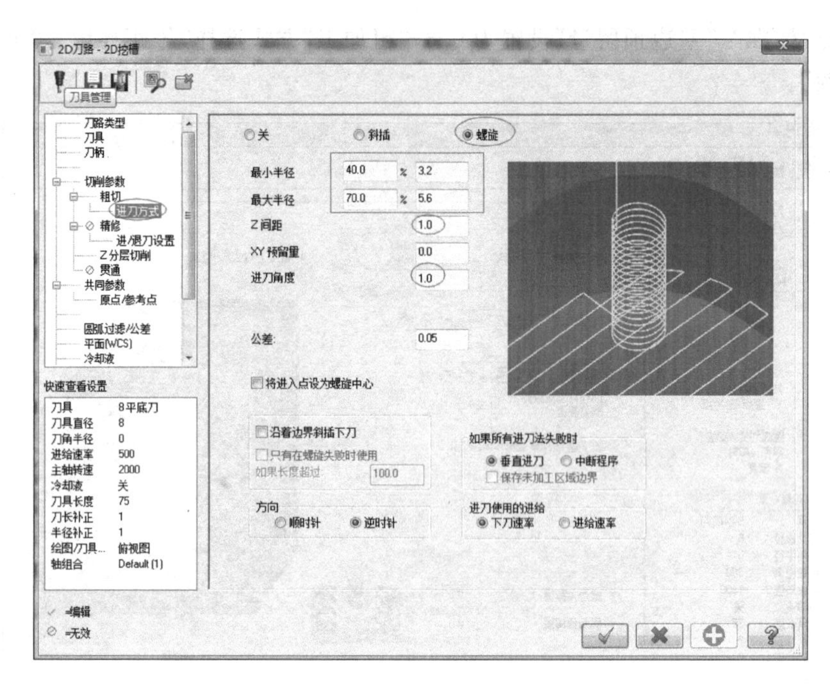

图 1-80　“进刀方式”选择

步骤 3-2-7：选择“Z 分层切削”。

轮廓要加工的总深度为 8mm，要进行 Z 分层切削。选中“切削参数”下的“Z 分层切削”，选中“深度分层切削”复选框，“最大粗切步进量”设置为 1，“精修次数”设置为 0，选中“不提刀”复选框，图 1-81 所示为设置完成的“Z 分层切削”参数。

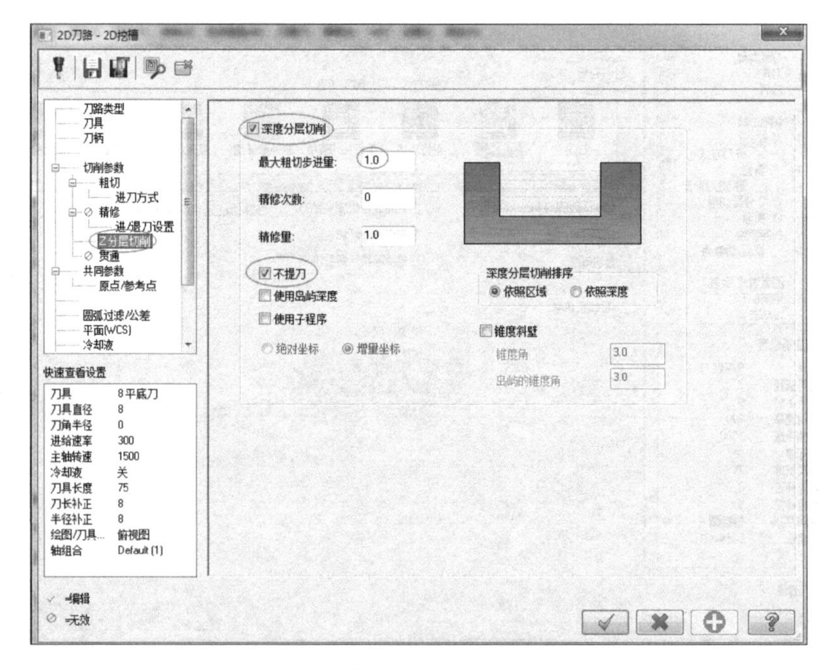

图 1-81　修改“Z 分层切削”参数

步骤 3-2-8：选择"共同参数"。

零件侧面已精铣至要求尺寸，所以"深度"设置为－8。图 1-82 所示为设置完成的"共同参数"。单击确定按钮 完成刀具及加工参数的设置。

步骤 3-2-9：对刀路实体进行验证。

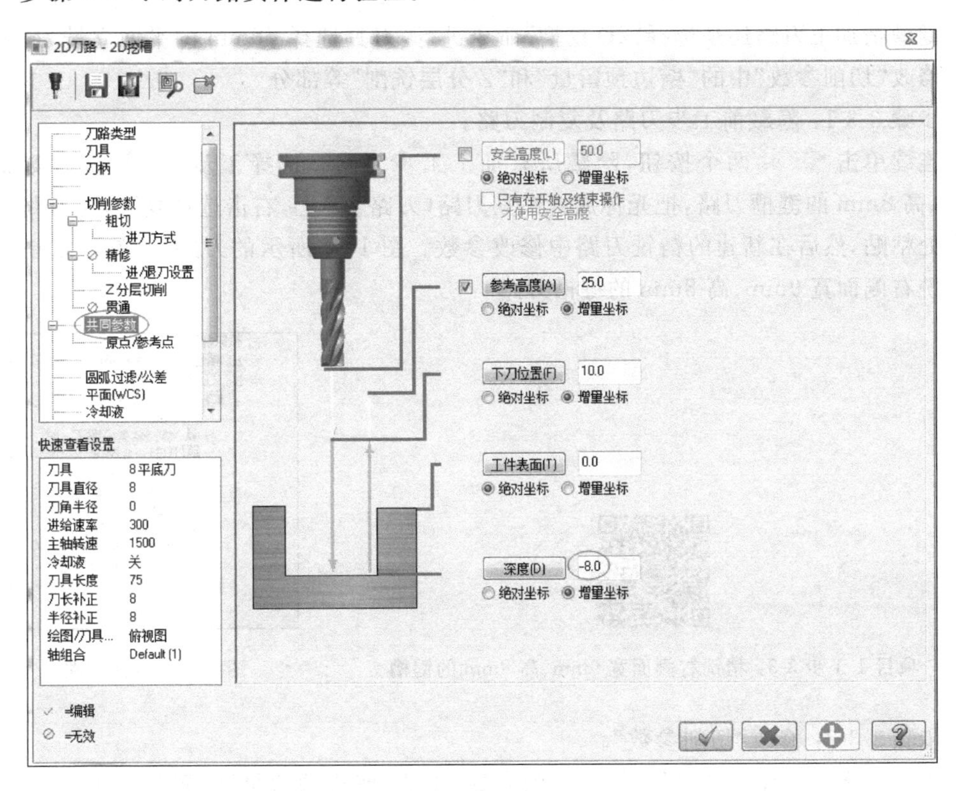

图 1-82　"共同参数"选择

连续单击 、 两个按钮，选择显示工步 3-2 刀路。在"刀路"选项卡中单击"验证已选择的操作"按钮 ，弹出"验证"对话框，单击"机床"加工按钮 ，即可进行刀路验证操作，结果如图 1-83 所示。

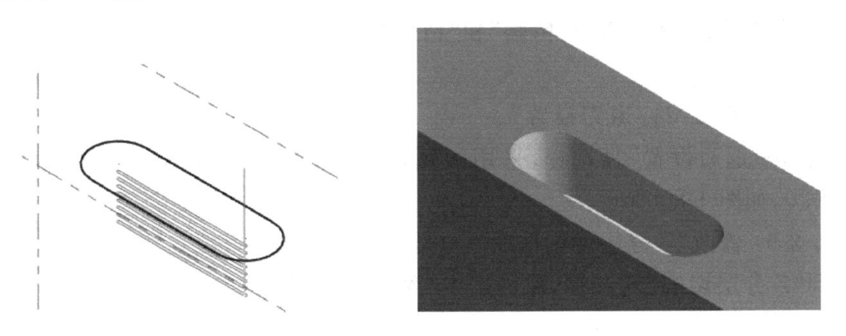

图 1-83　刀路及验证结果

步骤 3-2-10：执行后处理，生成加工程序。

实体验证完成后进行后处理。关闭实体验证的播放器，退回到"刀路"界面。选择工步3-2刀路，在“刀路”选项卡中单击“锁定选择的操作后处理”按钮 ，弹出“后处理程序”对话框，采用默认选项，单击确定按钮 。在弹出的“另存为”对话框中选择NC文件的保存路径及文件名，单击确定按钮 ，修改后即可以传输加工。

工步3-3：精铣右侧面宽9mm、高8mm的键槽。

键槽精加工刀路还是选择“2D挖槽”命令进行，刀具选择ϕ8mm的平面立铣刀，参数只需修改“切削参数”中的“壁边预留量”和“Z分层铣削”等部分。

步骤3-3-1：隐藏前工步刀路及复制刀路。

连续单击 、 两个按钮，隐藏所有加工工步刀路。选择工步3-2粗铣右侧面宽9mm、高8mm的键槽刀路，把光标放置在其刀路（刀路10）上，右击选择复制，在刀路页面空白处粘贴，然后在新建的精铣刀路中修改参数。图1-84所示的刀路11就是复制出来的精铣右侧面宽9mm、高8mm的键槽刀路。

项目1工步3-3：精铣右侧面宽9mm、高8mm的键槽

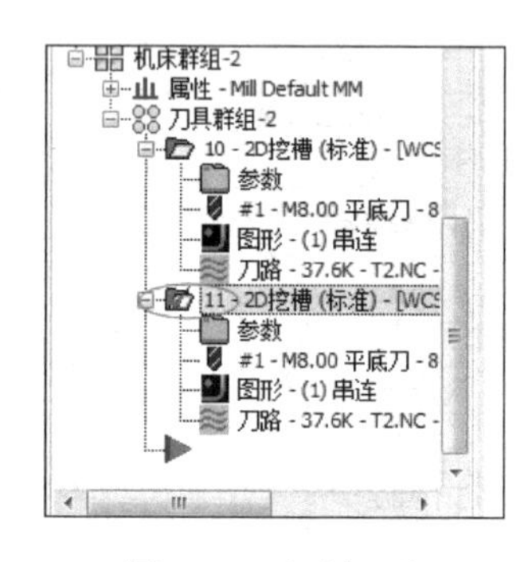

图1-84 复制刀路

步骤3-3-2：修改“切削参数”。

单击刀路11中的“参数”文件，“切削参数”中的“壁边预留量”设置为0，从而控制矩形槽X、Y的方向尺寸。

步骤3-3-3：修改“粗切”。

取消选中“粗切”复选框。

步骤3-3-4：修改“精修”。

切换到“精修”复选框，选中“精修”和“精修外边”，从而保证侧面的平整，其余采用默认值。

步骤3-3-5：修改“进/退刀设置”。

切换到“进/退刀设置”复选框，采用圆弧切入和切出。为保证轮廓的完整，把“重叠量”修改为30，如图1-85所示。

步骤3-3-6：修改“Z分层切削”。

切换到“Z分层切削”复选框，取消选中“深度分层切削”。

步骤3-3-7：重新计算刀路。

修改工步3-3的参数后，单击确定按钮 完成刀路参数的修改。这时刀路需要重新计算，选择工步3-3，单击按钮 重新计算刀路。

步骤3-3-8：对刀路进行实体验证。

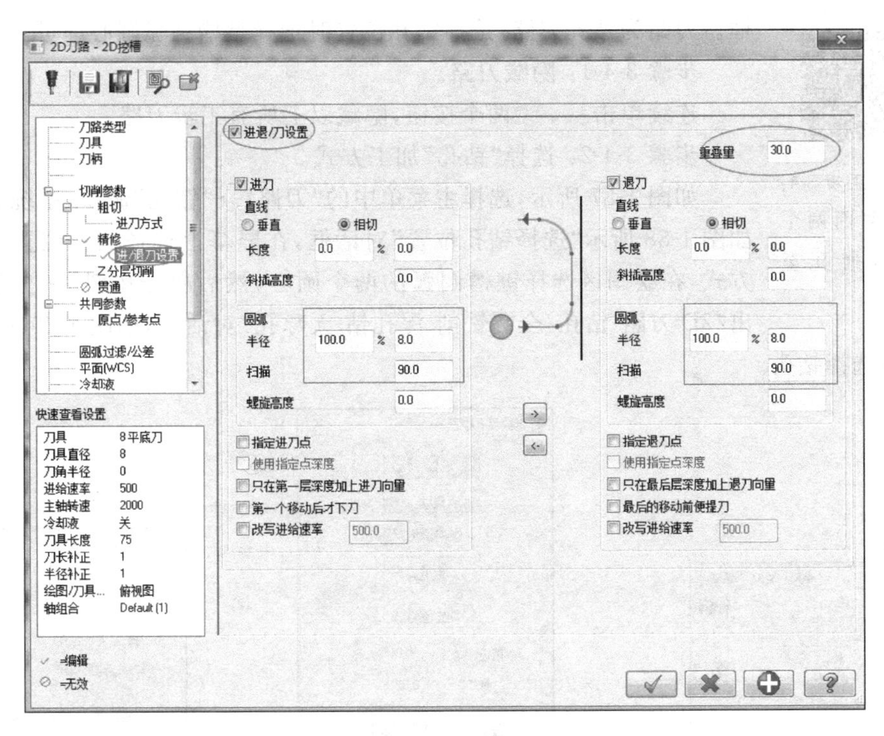

图 1-85 修改“进退/刀设置”参数

连续单击、两个按钮，选择显示工步 3-3 刀路，在“刀路”选项卡中单击“验证已选择的操作”按钮，弹出“验证”对话框，单击“机床”加工按钮，即可进行刀路验证操作，结果如图 1-86 所示。

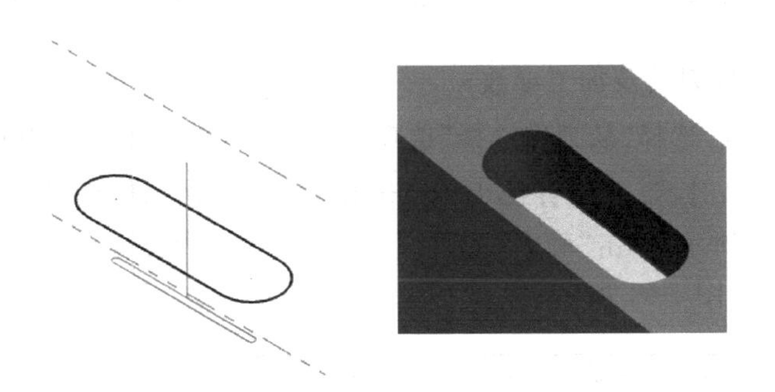

图 1-86 重新计算结果

步骤 3-3-9：执行后处理，生成加工程序。

实体验证完成后进行后处理。关闭实体验证的播放器，退回到“刀路”界面。选择工步 3-3 刀路，在“刀路”选项卡中单击“锁定选择的操作后处理”按钮，弹出“后处理程序”对话框，采用默认选项，单击确定按钮。在弹出的“另存为”对话框中选择 NC 文件的保存路径及文件名，单击确定按钮，修改后即可以传输加工。

工步 3-4：钻右侧面两个 ϕ6mm 通孔至尺寸。

由于两个 ϕ6mm 通孔与右侧面键槽圆弧同心，所以可以不用绘制两个 ϕ6mm 通孔线

项目1工步3-4：钻右侧面两个ϕ6mm通孔至尺寸

框。刀路为钻孔刀路，选择钻孔位置时选择键槽圆弧圆心即可。

步骤3-4-1：隐藏刀路。

连续单击 、 两个按钮，隐藏以上所有工步刀路。

步骤3-4-2：选择“钻孔”加工方式。

如图1-87所示，选择主菜单中的“刀路”→“钻孔”命令，系统会弹出如图1-88所示“选择钻孔位置”对话框，在屏幕上选择钻孔位置和选择方式，在绘图区选择键槽圆弧的两个圆心，然后单击按钮 ，系统弹出“2D刀路-钻孔/全圆铣削 深孔钻-无啄孔”对话框，如图1-89所示，从刀库中选择钻头。

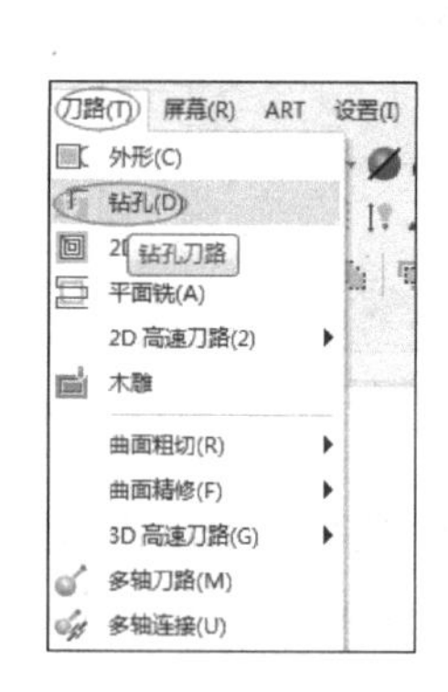

图1-87 选择“钻孔”命令

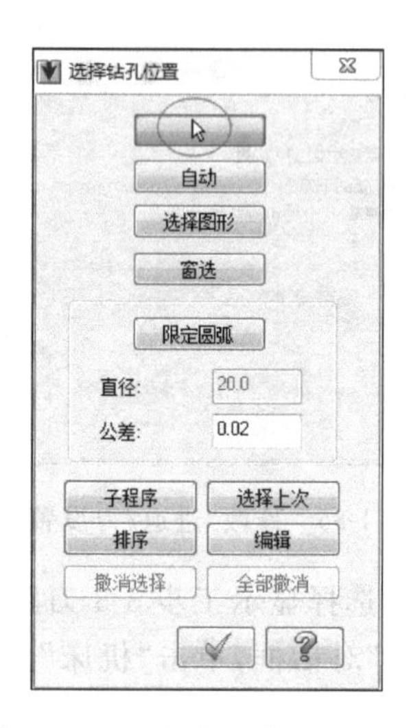

图1-88 “选择钻孔位置”对话框

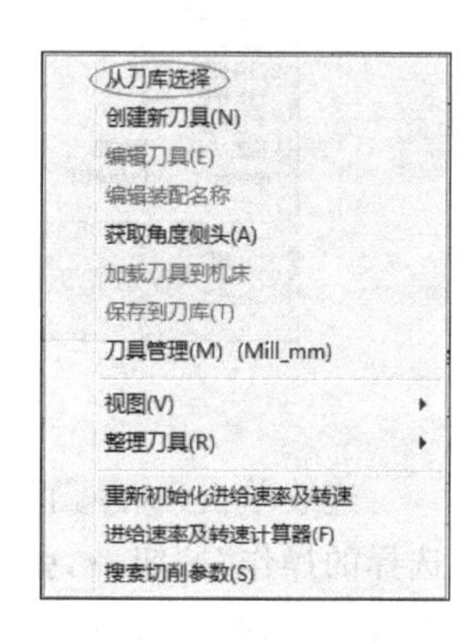

图1-89 从刀库选择钻头

步骤3-4-3：选择刀具及加工参数。

选中“刀具”节点，选择“从刀库选择”选项，从刀库中选择直径是ϕ6mm的钻头（当孔的加工精度要求较高时，要选用直径小于ϕ6mm的钻头进行钻削，然后再进行精加工孔内表面），如图1-90所示，单击“确定”按钮 选定刀具。修改进给速率为100，主轴转速为3000，设置完成如图1-91所示。

选择刀具 - D:\users\public\documents\shared mcamx9\Mill\Tools\Mill_mm.tooldb

D:\users\public\docu...\Mill_mm.tooldb

编号	装配名称	刀具名称	刀柄名称	直径	刀角半径	长度	类型	刀齿数	半...
108	--	5.7 DRI...	--	5.7	0.0	50.0	钻...	2	无
109	--	5.75 D...	--	5.75	0.0	50.0	钻...	2	无
110	--	5.8 DRI...	--	5.8	0.0	50.0	钻...	2	无
111	--	5.9 DRI...	--	5.9	0.0	50.0	钻...	2	无
112	--	6. DRILL	--	6.0	0.0	50.0	钻...	2	无
113	--	6.1 DRI...	--	6.1	0.0	50.0	钻...	2	无
114	--	6.2 DRI...	--	6.2	0.0	50.0	钻...	2	无
115	--	6.25 D...	--	6.25	0.0	50.0	钻...	2	无

图1-90 选择钻头

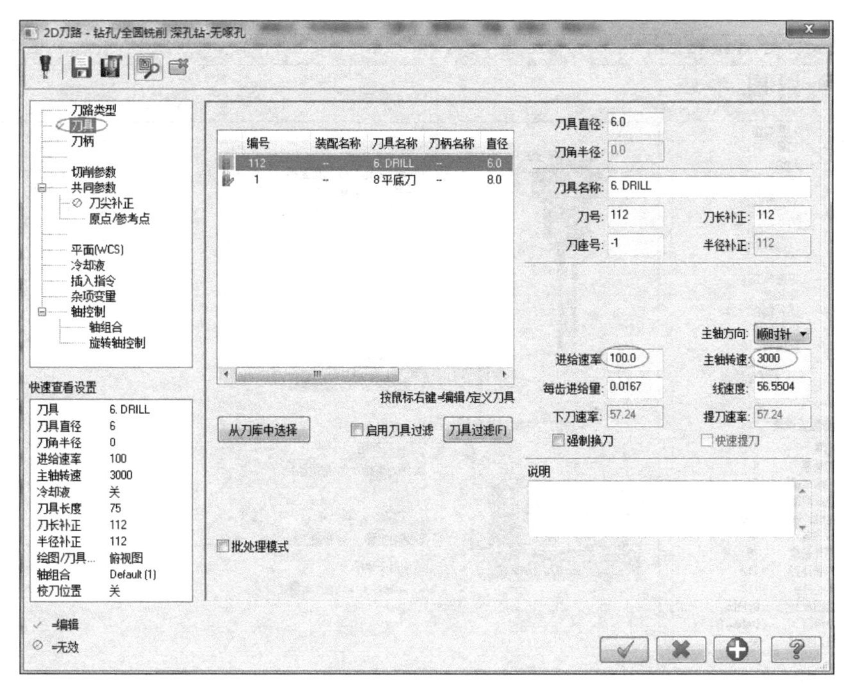

图 1-91 选择刀具

步骤 3-4-4：设置“切削参数”。

因为钻削的是通孔，钻削要求深度约为 20mm，钻削要求直径超过刀具直径 3 倍，所以采用深孔啄钻(G83)指令。设置 Peck 为 0.5(回退长度)，具体设置如图 1-92 所示。

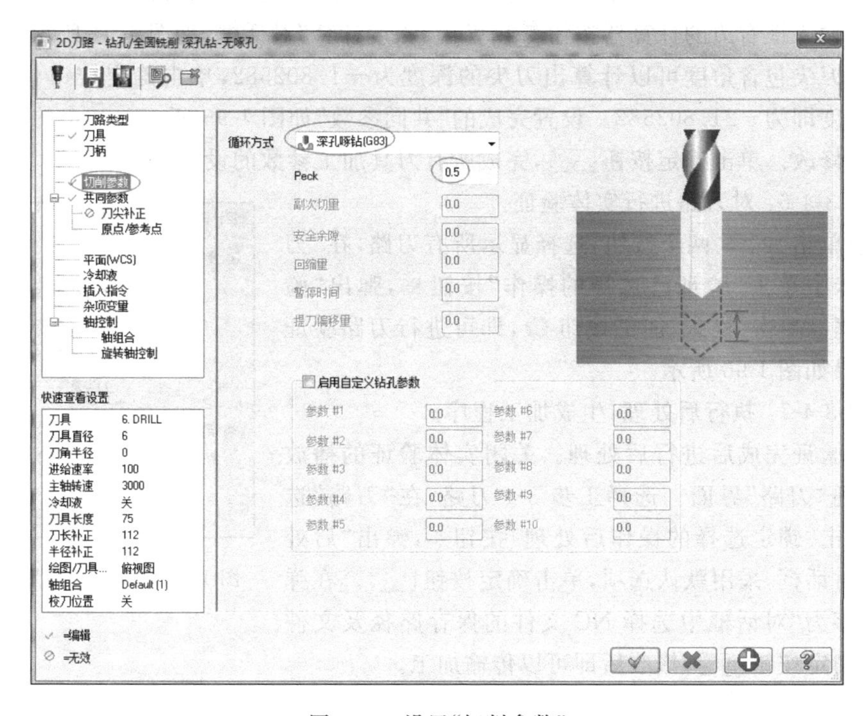

图 1-92 设置“切削参数”

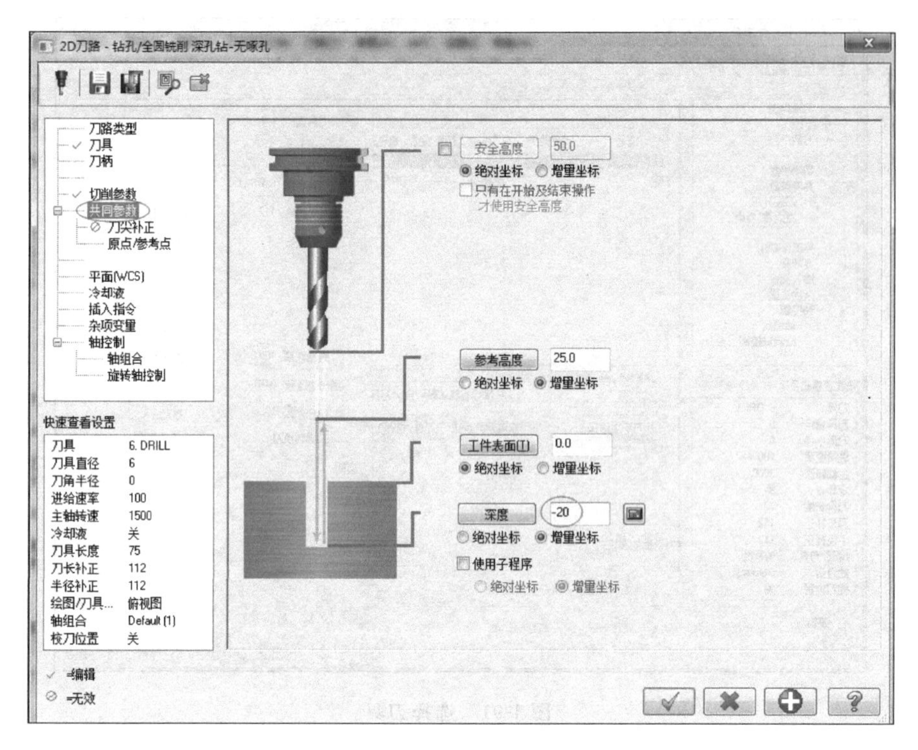

图 1-93　设置“共同参数”

步骤 3-4-5：设置“共同参数”。

如图 1-93 所示，选中“共同参数”节点，由于是通孔，所以将“深度”值设置为－20。再单击深度输入框右边的计算器按钮，弹出“深度计算”对话框，如图 1-94 所示。通过刀具直径和刀尖包含角度可以计算出刀尖的深度为－1.802582，单击确定按钮，系统的钻孔深度即为－21.802582。设置完成的“共同参数”如图 1-95 所示。其余的一些节点参数不作修改。单击确定按钮，完成所有刀具加工参数的设定。

步骤 3-4-6：对刀路进行实体验证。

连续单击、两个按钮，选择显示所有刀路，在“刀路”选项卡中单击“验证已选择的操作”按钮，弹出“验证”对话框。单击“机床”加工按钮，即可进行刀路验证操作，结果如图 1-96 所示。

步骤 3-4-7：执行后处理，生成加工程序。

实体验证完成后进行后处理。关闭实体验证的播放器，退回到“刀路”界面。选择工步 3-4 刀路，在“刀路”选项卡中单击“锁定选择的操作后处理”按钮，弹出“后处理程序”对话框，采用默认选项，单击确定按钮。在弹出的“另存为”对话框中选择 NC 文件的保存路径及文件名，单击确定按钮，修改后即可以传输加工。

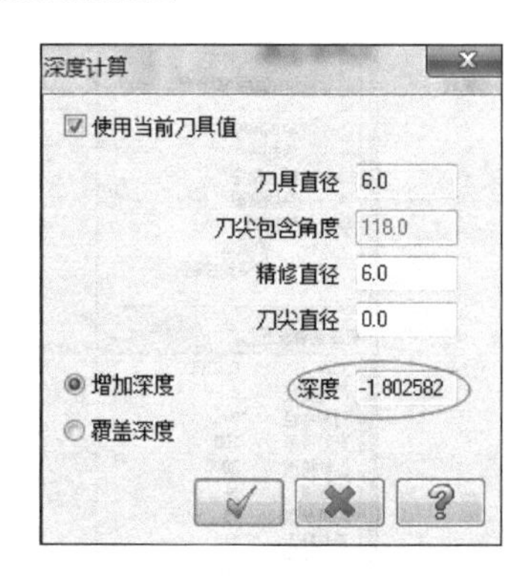

图 1-94　“深度计算”对话框

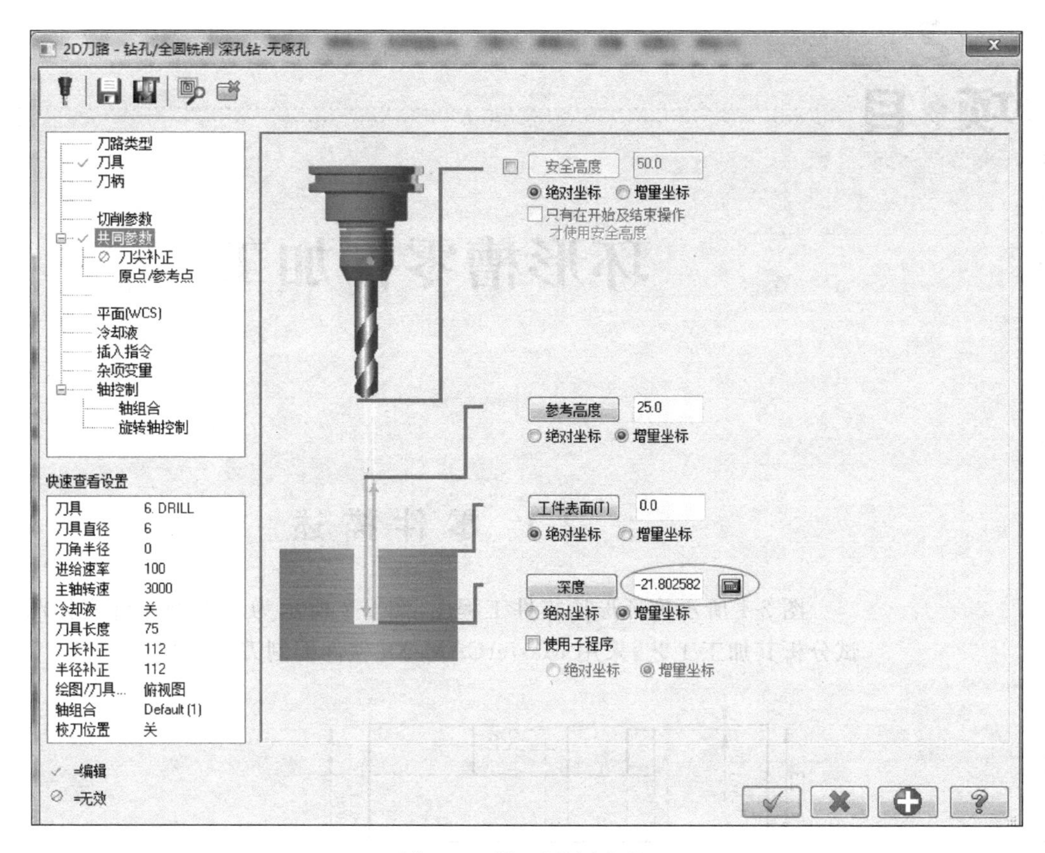

图 1-95　设置“共同参数”

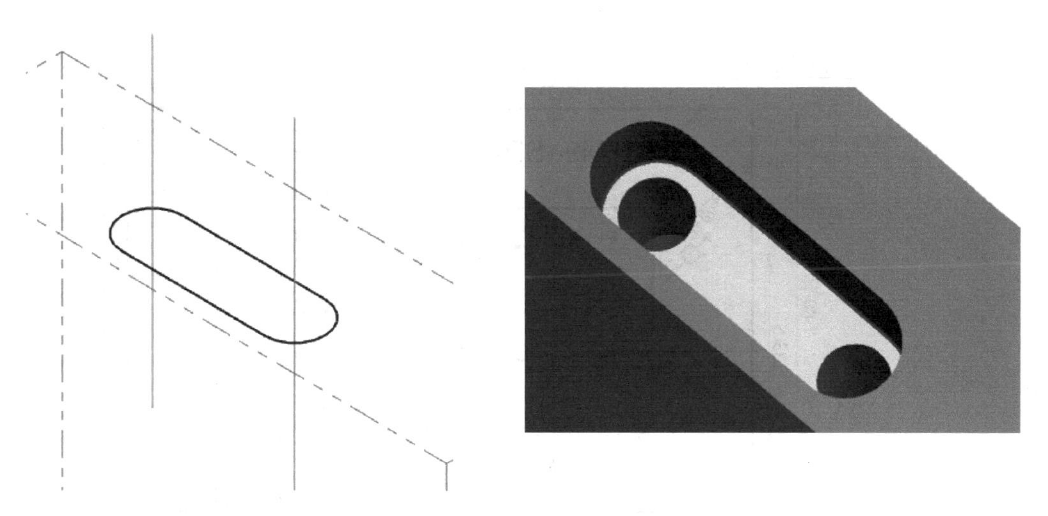

图 1-96　刀路及验证结果

项目 2

环形槽零件加工

2.1 零件描述

图 2-1 所示为环形槽零件工程图，图 2-2 所示为环形槽零件实体图，试分析其加工工艺，采用 MasterCAM X9 软件编制刀路并加工。

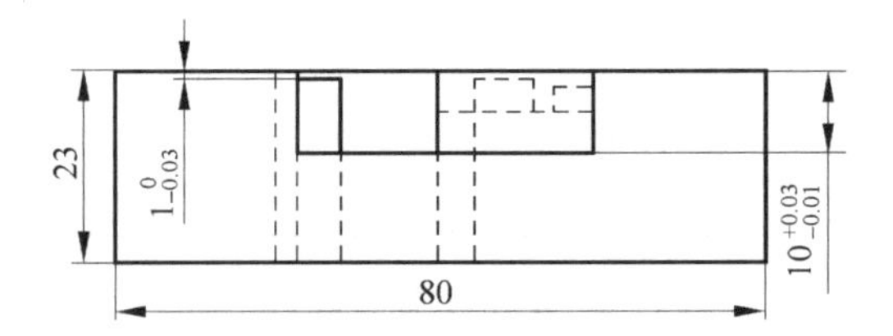

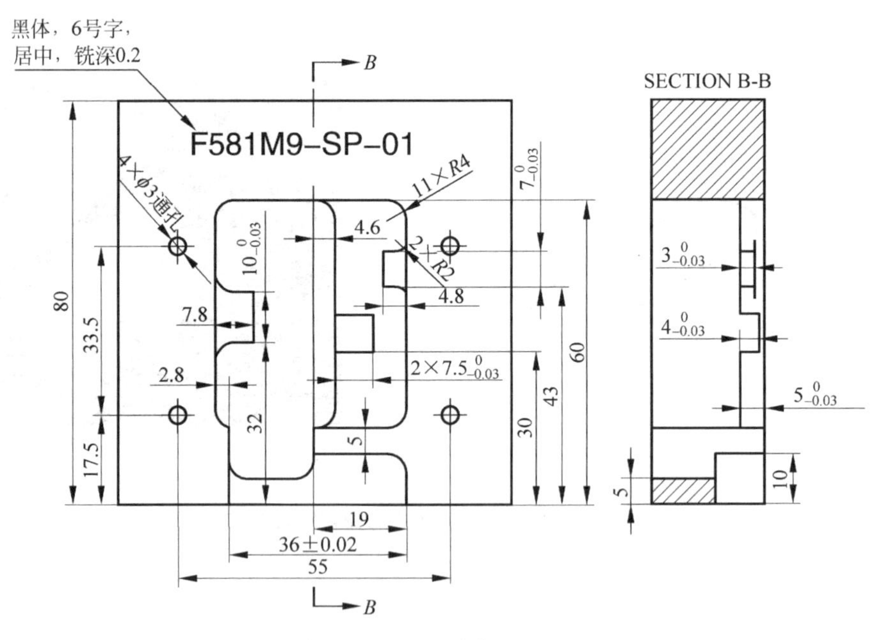

图 2-1 环形槽零件工程图

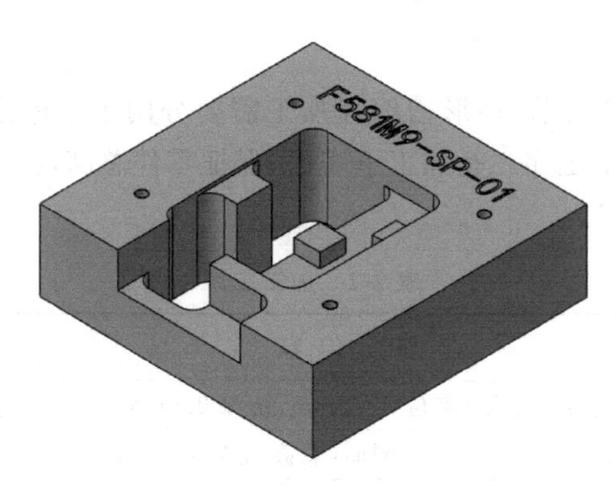

图 2-2　环形槽零件实体图

2.2　加工准备

1. 材料

硬铝：毛坯规格为 81mm×81mm×25mm。

2. 设备

数控铣床系统：FANUC 0i-MB。

3. 刀具

(1) 平底刀：ϕ16、ϕ8、ϕ4。

(2) 球刀：R0.5。

(3) 麻花钻：ϕ3。

(4) 中心钻：ϕ3。

4. 工具、夹具、量具准备

工具、夹具、量具清单见表 2-1。

表 2-1　工具、夹具、量具清单

类　型	型　号	规　格	数　量
量具	钢直尺	0～300mm	1 把
	两用游标卡尺	0～150mm	1 把
	外径千分尺	0～25mm、25～50mm、50～75mm、75～100mm	各 1 把
	内径千分尺	5～30mm	各 1 把
	深度千分尺	0～25mm	1 把
	分中棒	自选	1 把
	磁力表座及表	0.01	1 套
工具、夹具	扳手、木锤	自选	各 1 把
	平行垫块、薄铜皮等	自选	若干

5. 数控加工工序

根据图 2-1 和图 2-2 所示，环形槽编程加工需要分两个工序进行。工序一是加工上表面，由 15 个工步组成；工序二是加工下表面，保证零件总高，由 5 个工步组成。该零件数控加工工序表见表 2-2。

表 2-2 加工工序

工 序	工 步	加 工 内 容	切削用量
一	1-1	铣上表面平面(夹位 3～5mm，铣深 0.5mm)	ap：1，s：2000，F：1000
	1-2	粗铣 80mm×80mm 侧面(总高铣至 18mm)	ap：2，s：2000，F：1000
	1-3	精铣 80mm×80mm 侧面	ap：18，s：2000，F：500
	1-4	粗铣 1mm 深槽	ap：1，s：2000，F：1000
	1-5	粗铣 23mm 深槽	ap：1，s：2000，F：1000
	1-6	粗铣开口矩形槽	ap：2，s：2000，F：1000
	1-7	精铣 23mm 深槽	ap：23，s：2000，F：500
	1-8	精铣开口矩形槽	ap：10，s：2000，F：500
	1-9	铣深 5mm 右台阶	ap：1，s：2000，F：500
	1-10	精铣深 5mm 右台阶	ap：5，s：2000，F：500
	1-11	铣 4.8mm×7mm 台阶平面	ap：2，s：2000，F：500
	1-12	钻 4 个 ϕ3mm 通孔中心孔	ap：1，s：3000，F：200
	1-13	钻 4 个 ϕ3mm 通孔	ap：1.5，s：3000，F：100
	1-14	铣字母及数字	ap：0.2，s：3000，F：100
	1-15	手动去毛刺	
二	2-1	调头找正装夹	
	2-2	粗铣 80mm×80mm 侧面	ap：2，s：2000，F：1000
	2-3	精铣 80mm×80mm 侧面	ap：11.5，s：2000，F：500
	2-4	铣下表面平面，经多次铣削保证总厚度为 30mm	ap：2，s：2000，F：1000
	2-5	手动去毛刺	

2.3 加工刀路的编制

由于图 2-1 零件是个二维模型，加工选择的刀具路径多为二维刀具路径，只需绘制二维线框即可加工。为了提高加工效率和加工精度，还需画一些辅助线，零件加工的外形及效果见表 2-3。下面分工序、分工步、分步骤进行具体介绍。

2.3.1 MasterCAM X9 刀路的选择及加工效果

加工外形及效果见表 2-3。

表 2-3 加工外形及效果

工序	工 步	加工刀路	选 择 外 形	加 工 效 果
一	1-1 铣上表面平面	平面铣	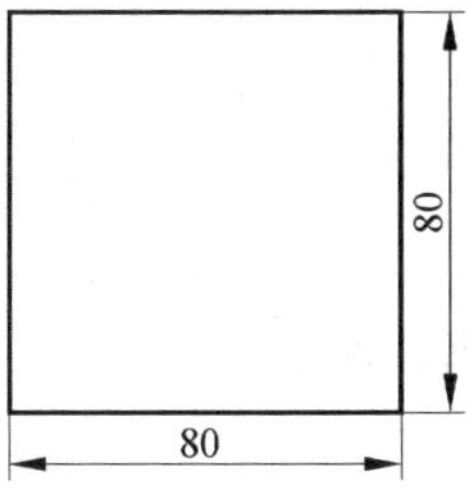	
	1-2 粗铣 80mm×80mm 侧面	外形铣削	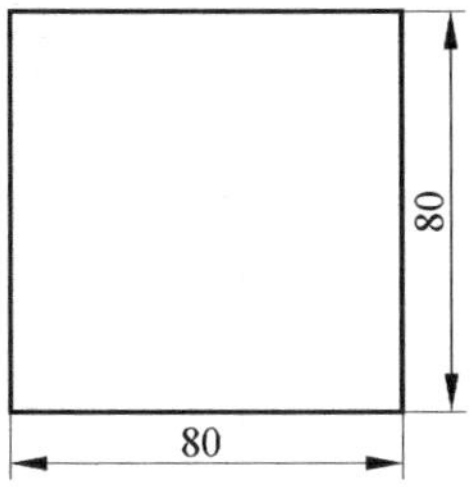	
	1-3 精铣 80mm×80mm 侧面	外形铣削	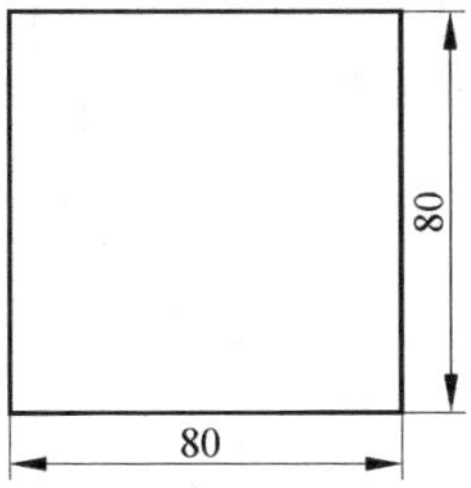	
	1-4 粗铣 1mm 深槽	2D 高速刀路-区域	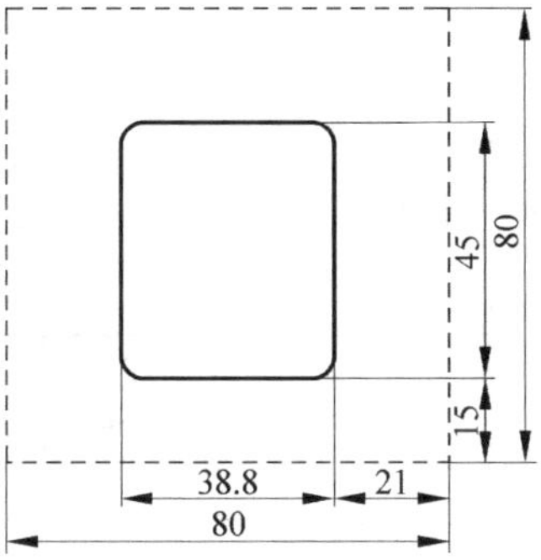	
	1-5 粗铣 23mm 深槽	2D 高速刀路-区域	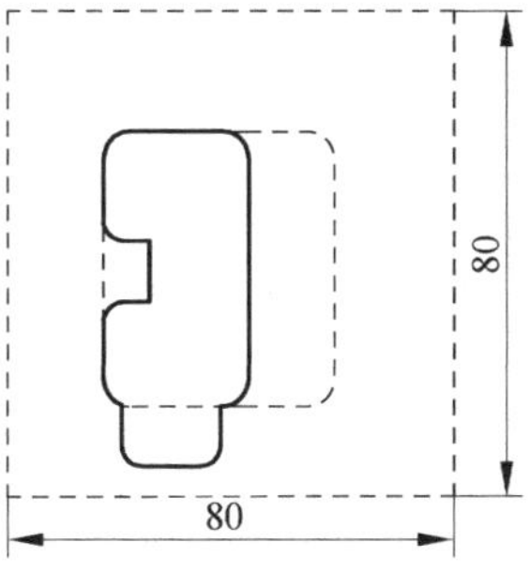	

续表

工序	工　步	加工刀路	选择外形	加工效果
一	1-6　粗铣开口矩形槽	外形铣削	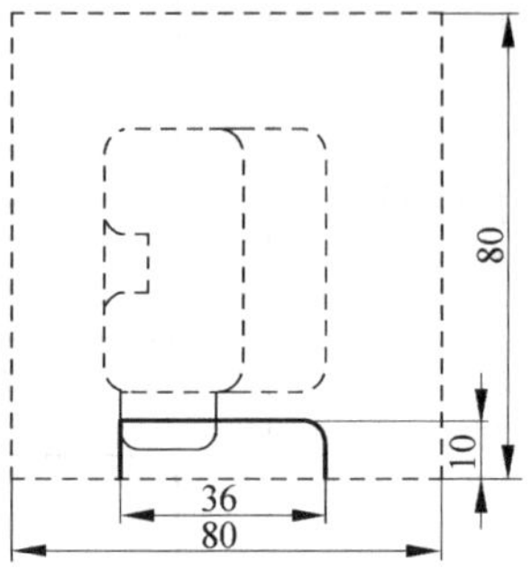 80 10 36 80	
	1-7　精铣 23mm 深槽	2D 高速刀路-区域	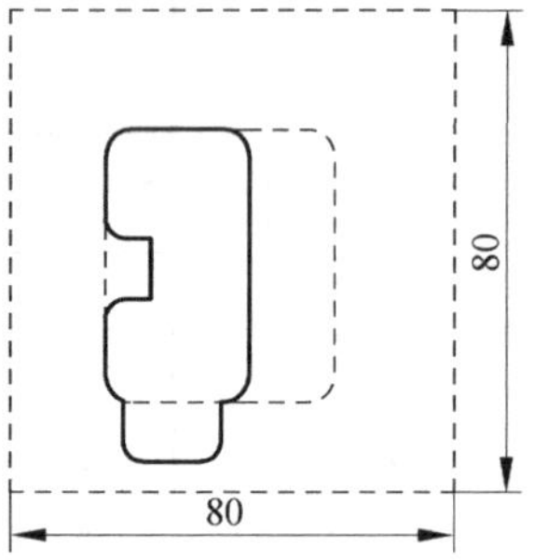 80 80	
	1-8　精铣开口矩形槽	外形铣削	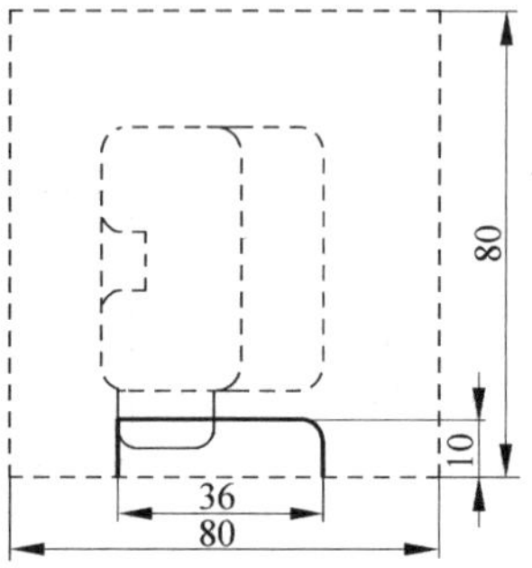 80 10 36 80	
	1-9　铣深 5mm 右台阶	2D 高速刀路-区域	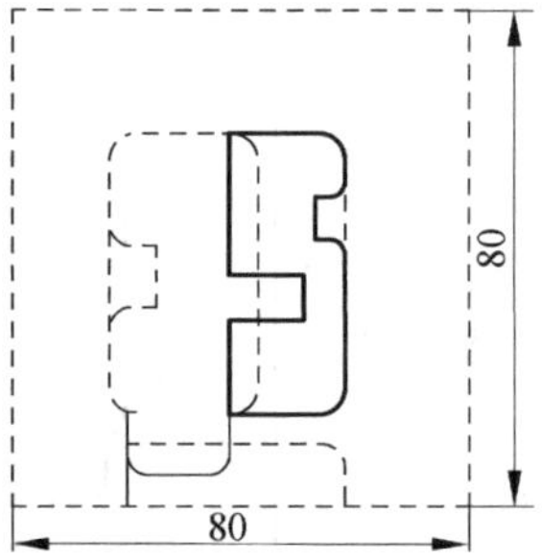 80 80	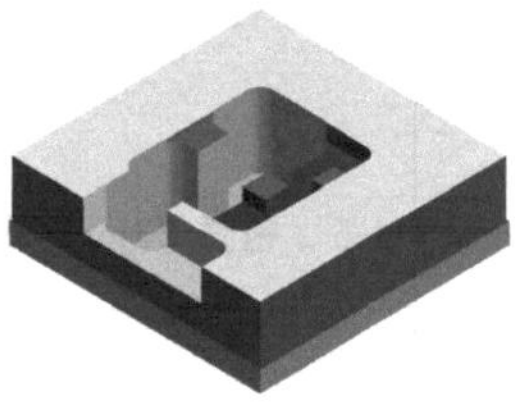

续表

工序	工　步	加工刀路	选择外形	加工效果
一	1-10　精铣深 5mm 右台阶	2D 高速刀路-区域	80 80	
	1-11　铣 4.8mm×7mm 台阶平面	外形铣削	40 15 80 80	
	1-12　钻 4 个 ϕ3mm 通孔中心孔	钻孔	ϕ3 45 17.5 55	
	1-13　钻 4 个 ϕ3mm 通孔	钻孔	ϕ3 45 17.5 55	

续表

工序	工　步	加工刀路	选择外形	加工效果
一	1-14　铣字母及数字	外形铣削	51.75 F581M9-SP-1 6.98	F581M9-SP-01
二	2-2　粗铣 80mm×80mm 侧面	平面铣	80 80	
	2-3　精铣 80mm×80mm 侧面	外形铣削	80 80	
	2-4　铣下表面平面	平面铣	80 80	

2.3.2　刀路编制

1. 工序一

工步 1-1：铣上表面平面。

步骤 1-1-1：选择铣削加工模块。

项目 2 工步 1-1：铣上表面平面

打开 MasterCAM X9 软件，选择主菜单中的“机床类型”→“铣床”→“默认”命令，系统进入铣削加工模块，并自动初始化加工环境。此时“刀路”选项卡中新增了一个机床群组。

步骤 1-1-2：绘图。

根据图 2-1 所示的尺寸，按下 F9 键，在俯视图中绘出如图 2-3 所示 80mm×80mm 零件正方形线框，图形的中心落在坐标原点。

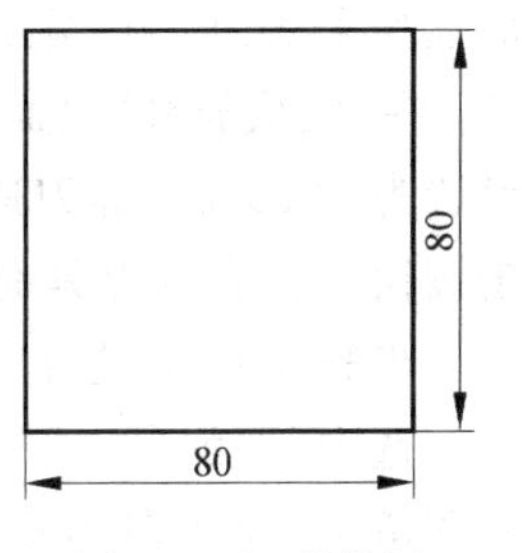

图 2-3 矩形线框

步骤 1-1-3：设置毛坯。

在“刀路”选项卡中展开“属性”节点，单击“毛坯设置”子节点，弹出“机床群组属性”对话框，然后切换到“毛坯设置”选项卡。选择毛坯的形状为“立方体”，在工件尺寸中的 X 方向输入 81，Y 方向输入 81，Z 方向输入 25，“毛坯原点视图坐标”Z 方向输入 0.5，选中“显示”复选框，其余采用默认值，如图 2-4 所示，单击确定按钮完成毛坯的设置。

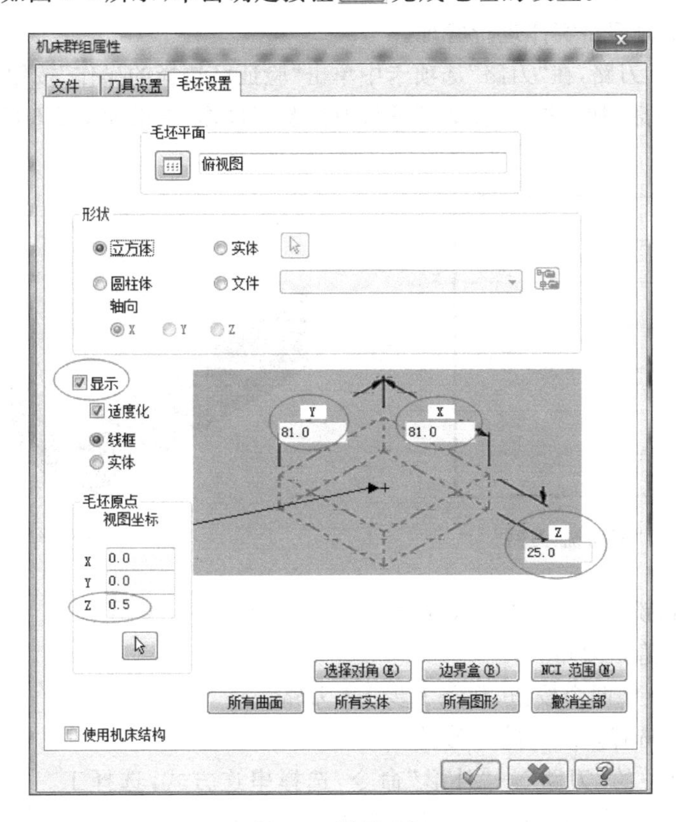

图 2-4 设置毛坯

步骤 1-1-4：选择“平面铣”加工方式。

选择主菜单中的“刀路”→“平面铣”命令，系统弹出“输入新 NC 名称”对话框，输入 T2-1 为刀路的新名称（也可以采用默认名称），单击确定按钮。

NC 文件的名称取好之后，系统会弹出“串连选项”对话框，选择串连方式，选择绘制的矩形，然后单击确定按钮，弹出“2D 刀路-平面铣削”对话框。

步骤 1-1-5：设置刀具加工参数。

选中“刀具”节点，在对话框空白处右击选择“创建新刀具”选项，在“选择刀具类型”页面选择平底刀；在“定义刀具图形”页面中将“刀齿直径”设置为16,将“刀齿长度”设置为30；在“完成属性”页面中将“刀齿数”设置为3,将“进给速率”设置为1000,将“下刀速率”设置为1000,将“提刀速率”设置为1000,将“主轴转速”设置为2000,其余采用默认值,单击按钮完成刀具的设置。

步骤1-1-6：选择“切削参数”。

选中“切削参数”节点,将“类型”选为“双向”,将“刀具在拐角处走圆角”选为“无”,“底面预留量”为0,其他选项均采用默认值。

步骤1-1-7：选择“共同参数”。

选中“共同参数”节点,将“深度”值设为0,其余采用默认值。单击确定按钮完成加工参数的设定。上表面加工刀路如图2-5所示。

步骤1-1-8：对刀路实体进行验证。

选择工步1-1刀路,在“刀路”选项卡中单击“验证已选择的操作”按钮,弹出“验证”对话框。单击“机床”加工按钮即可进行刀路验证操作,结果如图2-6所示。

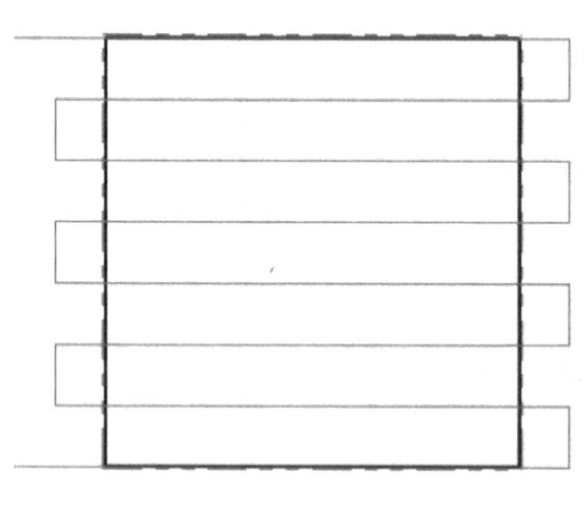

图2-5 “平面铣”刀路

图2-6 验证结果

工步1-2：粗铣80mm×80mm侧面。

项目2 工步1-2：粗铣80mm×80mm侧面

步骤1-2-1：隐藏刀路。

连续单击、两个按钮,隐藏工步1-1刀路。

步骤1-2-2：选择加工刀路与刀具。

选择主菜单中的“刀路”→“外形”命令,选择串连方式,选择工步1-1绘制的矩形,单击按钮,使矩形产生逆时针箭头,然后单击确定按钮,弹出“2D刀路-外形铣削”对话框,单击选定直径为ϕ16mm的平底刀。

步骤1-2-3：选择“切削参数”。

选择“补正方式”为“电脑”,“补正方向”设置为“右”,“刀具在拐角处走圆角”设置为“无”,“壁边预留量”为0.3,其余采用默认值。

步骤1-2-4：选择“Z分层切削”。

80mm×80mm侧面轮廓加工的总深度为18mm,要进行Z轴分层切削。选中“切削参数”下的“Z分层切削”,选中“深度分层切削”复选框,“最大粗切步进量”设置为2,“精修次数”设置为 0,“精修量”设置为 0,选中“不提刀”复选框,其余采用默认值。

步骤 1-2-5：选择“进/退刀设置”。

由于刀具不能在毛坯内垂直下刀为保证工件侧面的垂直,刀具必须从毛坯外面进刀。合理的进/退刀方式是在工件侧面采用直线切入进刀和直线切出退刀。图 2-7 所示为设置完成的“进/退刀设置”。

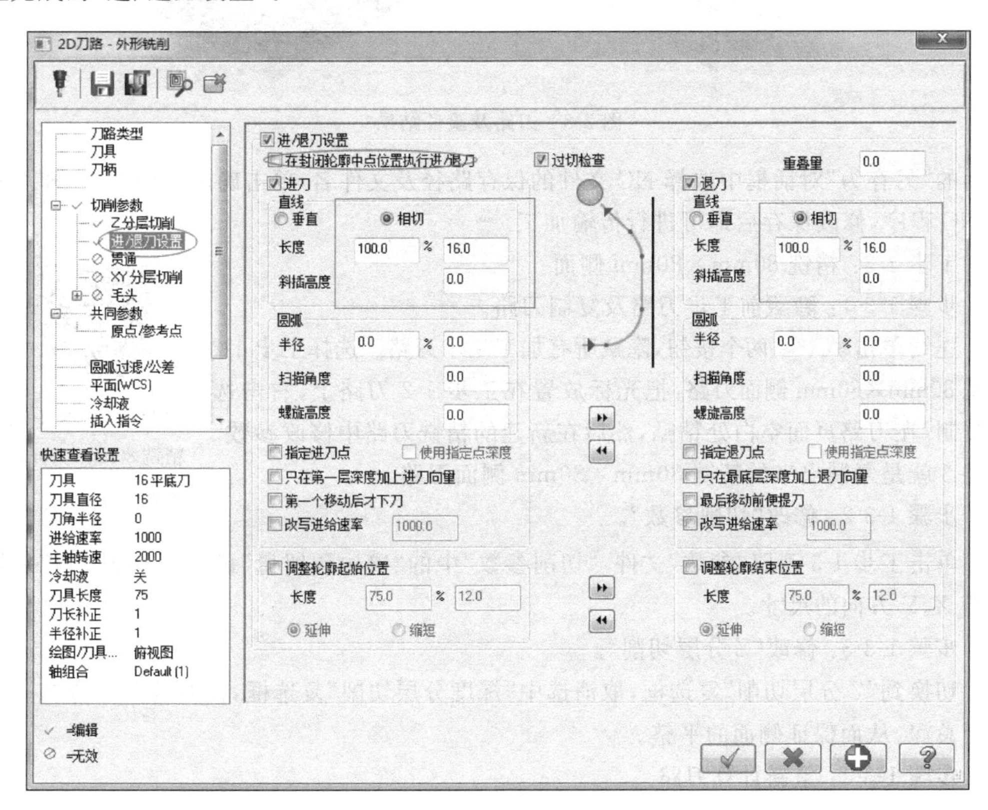

图 2-7 “进/退刀设置”选择

步骤 1-2-6：选择“共同参数”。

由于毛坯在铣上表面平面时铣去了 0.5mm,目前毛坯剩下的厚度约 24.5mm,而零件要求总厚度是 23mm,为了方便调头找正,侧面总高铣至 18mm,所以工件“深度”设置为−18,单击确定按钮完成刀具及加工参数的设置。

步骤 1-2-7：对刀路实体进行验证。

连续单击、≋ 两个按钮,选择显示所有刀路,在“刀路”选项卡中单击“验证已选择的操作”按钮,弹出“验证”对话框。单击“机床”加工按钮即可进行刀路验证操作,结果如图 2-8 所示。

步骤 1-2-8：执行后处理,生成加工程序。

实体验证完成后进行后处理。关闭实体验证的播放器,退回到“刀路”界面。连续单击、≋ 两个按钮,选择显示工步 1-1 和工步 1-2 刀路,在“刀路”选项卡中单击“锁定选择的操作后处理”按钮 G1,弹出“后处理程序”对话框,采用默认选项,单击确定按钮。在

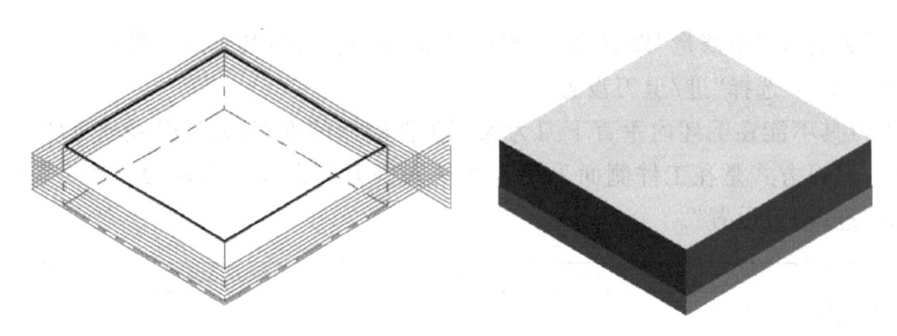

图 2-8 刀路及验证结果

弹出的“另存为”对话框中选择 NC 文件的保存路径及文件名，单击确定按钮 ，即可打开 NC 程序，修改保存后即可进行传输加工。

工步 1-3：精铣 80mm×80mm 侧面。

项目 2 工步 1-3：精铣 80mm×80mm 侧面

步骤 1-3-1：隐藏前工步刀路及复制刀路。

连续单击 、 两个按钮，隐藏所有加工工步刀路。选择工步 1-2 粗铣 80mm×80mm 侧面刀路，把光标放置在工步 1-2 刀路上，右击选择复制，在刀路页面空白处粘贴，然后在新建的精铣刀路中修改参数。刀路 3 就是复制出来的精铣 80mm×80mm 侧面刀路。

步骤 1-3-2：修改“切削参数”。

单击工步 1-3 刀路“参数”文件，“切削参数”中的“壁边预留量”设置为 0，从而控制矩形槽 X、Y 方向的尺寸。

步骤 1-3-3：修改“Z 分层切削”。

切换到“Z 分层切削”复选框，取消选中“深度分层切削”复选框，让刀具在 Z 方向一刀切至总深，从而保证侧面的平整。

步骤 1-3-4：重新计算刀路。

修改工步 1-3 的参数后，单击确定按钮 完成刀路参数的修改。这时刀路需要重新计算，选择工步 1-3，单击按钮 重新计算刀路。

步骤 1-3-5：对刀路进行实体验证。

连续单击 、 两个按钮，选择显示所有刀路，在“刀路”选项卡中单击“验证已选择的操作”按钮 ，弹出“验证”对话框，单击“机床”加工按钮 即可进行刀路验证操作，结果如图 2-9 所示。

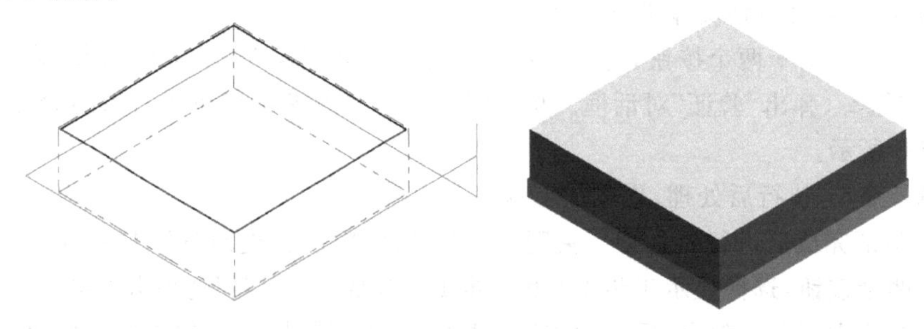

图 2-9 刀路及验证结果

步骤 1-3-6：执行后处理，生成加工程序。

实体验证完成后进行后处理。关闭实体验证的播放器，退回到“刀路”界面。选择工步 1-3 刀路，在“刀路”选项卡中单击“锁定选择的操作后处理”按钮 G1，弹出“后处理程序”对话框，采用默认选项，单击确定按钮 ✓。在弹出的“另存为”对话框中选择 NC 文件的保存路径及文件名，单击确定按钮 ✓，修改后即可进行传输加工。

工步 1-4：粗铣 1mm 深槽。

本工步加工部位如图 2-10 所示。

项目 2 工步 1-4：粗铣 1mm 深槽

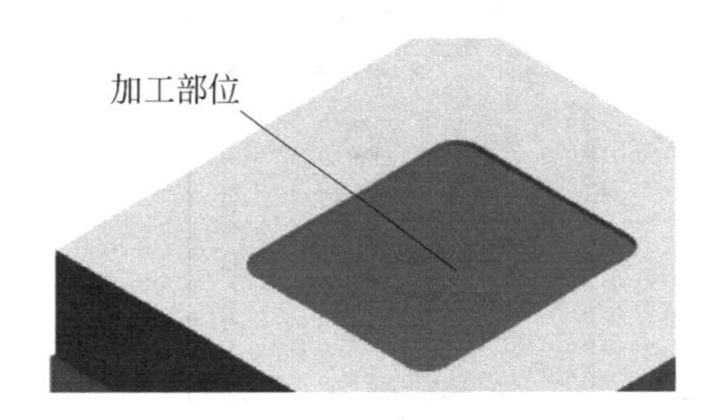

图 2-10 加工部位示意

步骤 1-4-1：隐藏刀路。

连续单击 、≋ 两个按钮，隐藏所有工步刀路。

步骤 1-4-2：绘图。

根据图 2-1 所示的尺寸，按下 F9 键，新建图层 2，并在图层 2 俯视图中绘出如图 2-11 所示 1mm 深槽线框。

步骤 1-4-3：选择加工刀路与刀具。

选择主菜单中的“刀路”→“2D 高速刀路”→“区域”命令，出现“串连选项”对话框，单击如图 2-12 所示按钮，采用串连方式，选择图 2-13 所示 1mm 深槽线框。单击按钮 ，使线框产生逆时针箭头，然后两次单击确定按钮 ✓。在弹出的“2D 高速刀路-区域”对话框中，选中对话框中的“刀具”节点，在对话框空白处右击选择“创建新刀具”按钮，创建 ϕ8mm 的平底刀，将“刀齿长度”设置为 28；“刀齿数”设置为 3，“进给速率”设置为 1000，“下刀速率”设置为 1000，“提刀速率”设置为 1000，“主轴转速”设置为 2000。单击按钮 完成 完成刀具的设置。

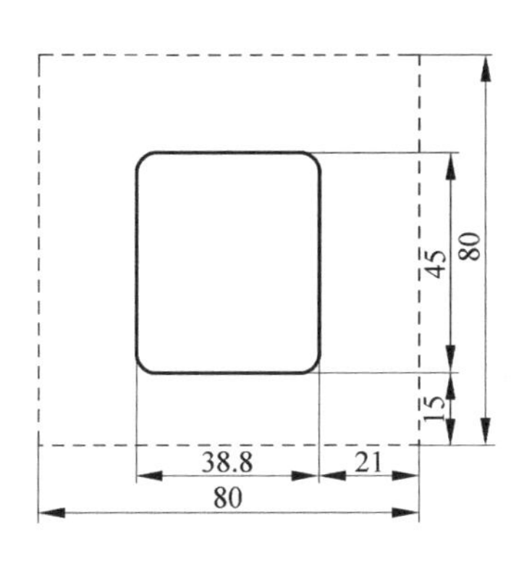

图 2-11 1mm 深槽线框

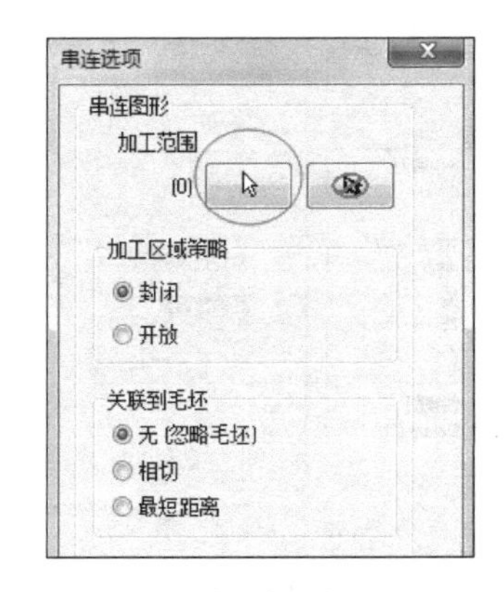

图 2-12 “串连选项”对话框

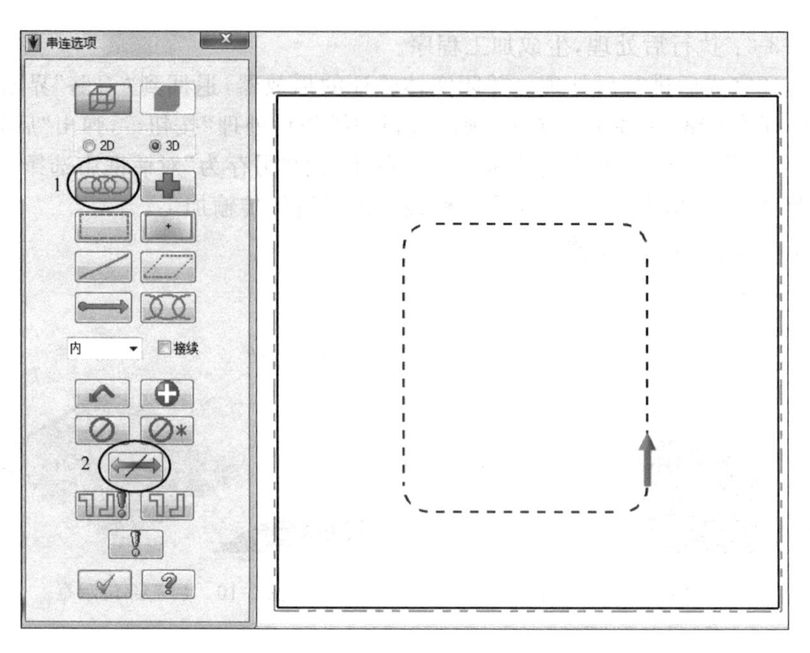

图 2-13 “串连选项”选择

步骤 1-4-4：选择“切削参数”。

选中“切削参数”节点，“切削方向”为“逆铣”，“壁边预留量”为 0.3，其余采用默认值，设置完成的参数如图 2-14 所示。

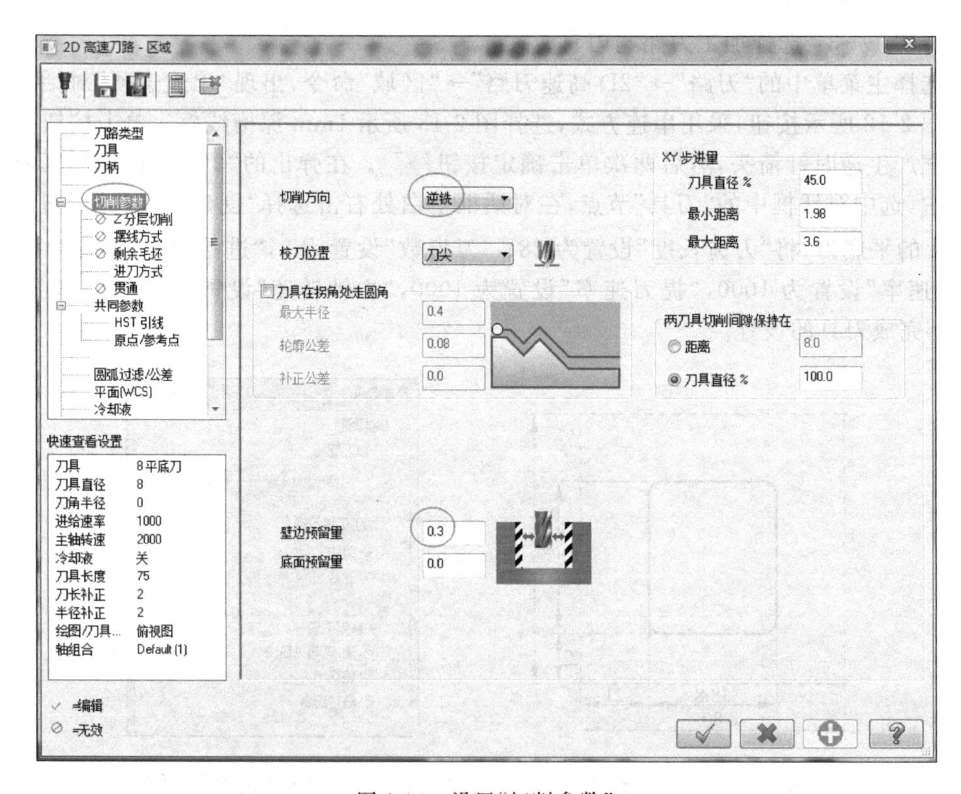

图 2-14 设置“切削参数”

步骤 1-4-5：选择“进刀方式”。

选中“切削参数”下的“进刀方式”，“进刀方式”采用“螺旋进刀”，“半径”设置为 3，“Z 高度”设置为 1，“进刀角度”设置为 1，“忽略区域小于”设置为 0。图 2-15 所示为设置完成的“进刀方式”参数。

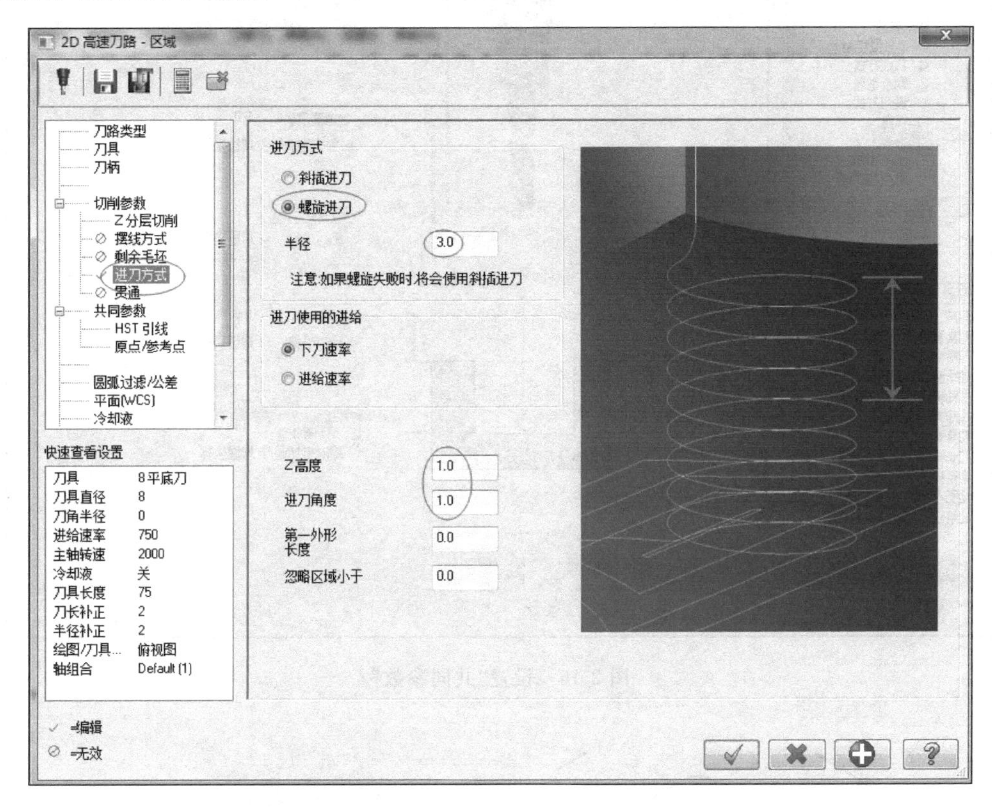

图 2-15　设置“进刀方式”

步骤 1-4-6：选择“共同参数”。

由于毛坯在铣上表面平面时铣去了 0.5mm，而槽深度需要铣深 1mm，所以工件“深度”设置为−1。图 2-16 所示为设置完成的“共同参数”。单击确定按钮完成刀具及加工参数的设置。

步骤 1-4-7：对刀路进行实体验证。

连续单击、两个按钮，选择显示所有刀路，在“刀路”选项卡中单击“验证已选择的操作”按钮，弹出“验证”对话框。单击“机床”加工按钮即可进行刀路验证操作，结果如图 2-17 所示。

项目 2 工步 1-5：粗铣 23mm 深槽

工步 1-5：粗铣 23mm 深槽。

本工步加工部位如图 2-18 所示。

步骤 1-5-1：隐藏刀路。

连续单击、两个按钮，隐藏所有工步刀路。

步骤 1-5-2：新建图层，复制图层 2 线框。

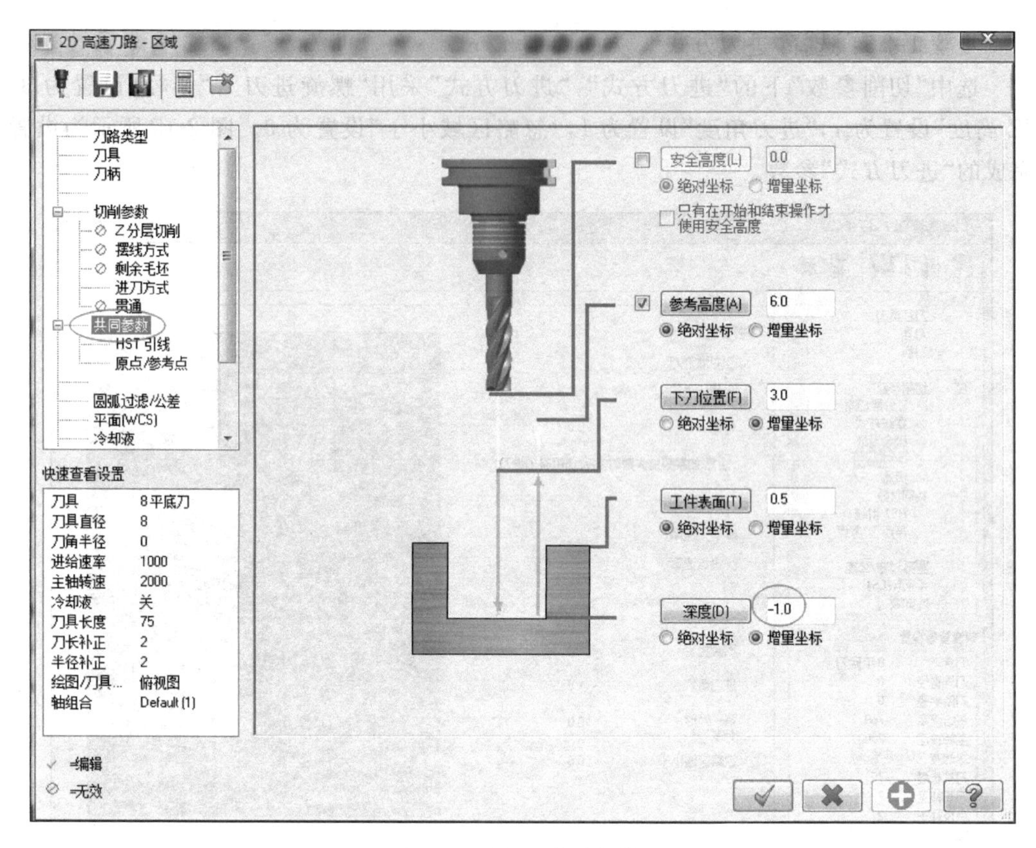

图 2-16 设置“共同参数”

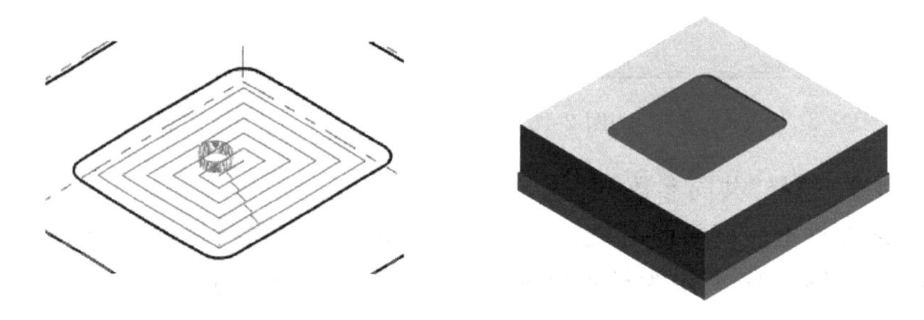

图 2-17 刀路及验证结果

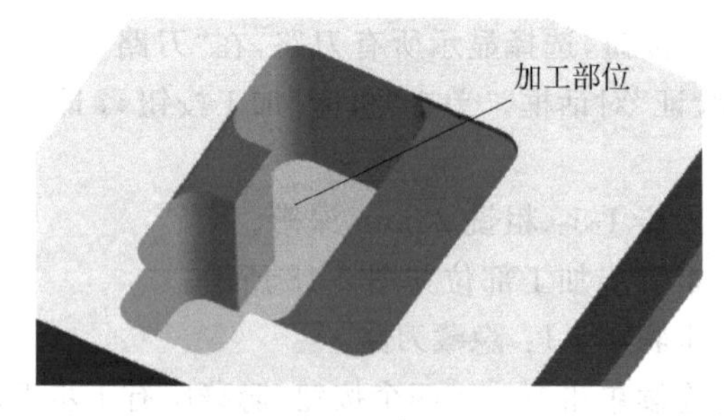

图 2-18 加工部位示意

如图 2-19 所示，建立图层 3，单击图层 2，把光标放置在图层 2 上，右击选择复制命令。接着如图 2-20 所示单击图层 3，把光标放置在图层 3 上，右击选择粘贴命令。这样就把图层 2 的线框复制到了图层 3 上，这时把图层 2 线框隐藏，结果如图 2-21 所示。

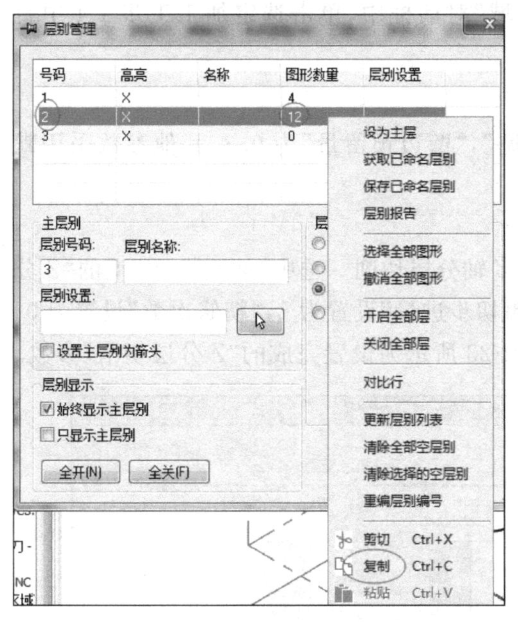

图 2-19 复制图层

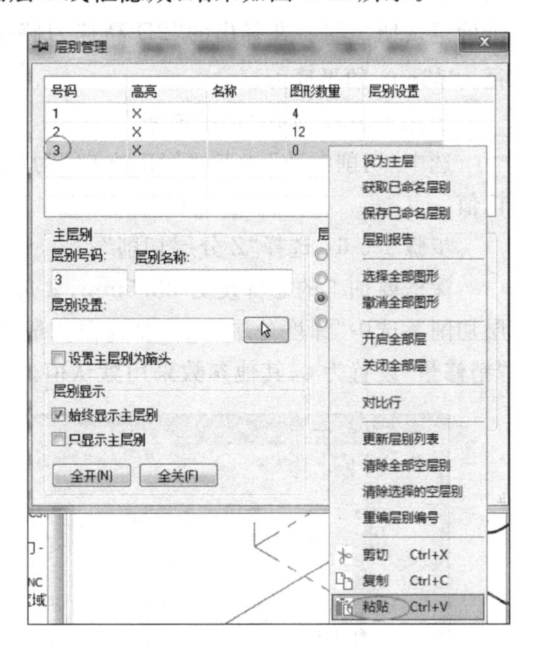

图 2-20 粘贴图层

步骤 1-5-3：绘图。

根据图 2-1 所示的尺寸，按下 F9 键，在图层 3 俯视图中修改成如图 2-22 所示 23mm 深槽线框。

图 2-21 图层复制结果

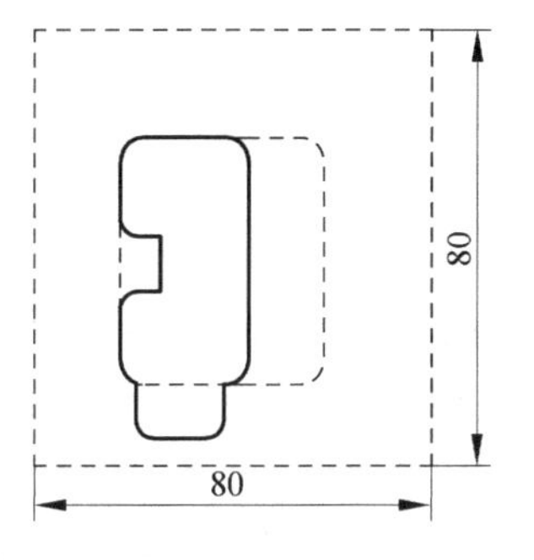

图 2-22 23mm 深槽线框

步骤 1-5-4：选择加工刀路与刀具。

选择主菜单中的“刀路”→“2D 高速刀路”→“区域”命令，弹出“串连选项”对话框，采用串连方式，选择 23mm 深槽线框，单击按钮 ，使线框产生逆时针箭头，然后两次单击确定按钮 。在弹出的“2D 高速刀路-区域”对话框中，单击选定加工工步 1-4 中直径为 ϕ8mm 的平底刀。

步骤 1-5-5：选择“切削参数”。

选中“切削参数”节点，“切削方向”为“逆铣”，“壁边预留量”为 0.3，其他参数采用默认值。

步骤 1-5-6：选择“Z 分层切削”。

深槽要加工的总深度为 23.5mm，要进行 Z 轴分层切削。选中“切削参数”下的“Z 分层切削”，选中“深度分层切削”复选框，“最大粗切步进量”设置为 1，“精修次数”设置为 0，“精修量”设置为 0，其他参数采用默认值。图 2-23 所示为设置完成的“Z 分层切削”参数。

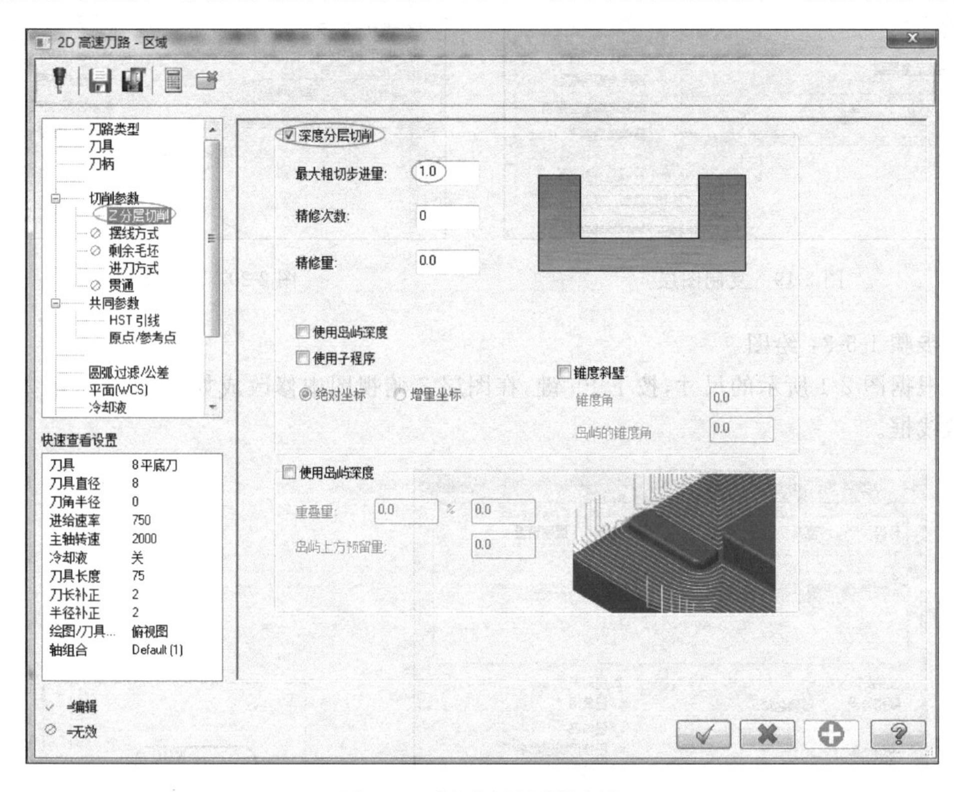

图 2-23 “Z 分层切削”选择

步骤 1-5-7：选择“进刀方式”。

选中“切削参数”下的“进刀方式”，“进刀方式”采用“螺旋进刀”，“半径”设置为 3，“Z 高度”设置为 1，“进刀角度”设置为 1，“忽略区域小于”设置为 0，其他参数采用默认值。

步骤 1-5-8：选择“共同参数”。

由于毛坯在铣上表面平面时铣去了 0.5mm，而槽深度需要铣到 23.5mm 才能保证槽侧面平整，所以工件“深度”设置为 −23.5，其他参数采用默认值。单击确定按钮 完成刀具及加工参数的设置。

步骤 1-5-9：对刀路实体进行验证。

连续单击 、 两个按钮，选择显示所有刀路，在“刀路”选项卡中单击“验证已选择的操作”按钮 ，弹出“验证”对话框。单击“机床”加工按钮 即可进行刀路验证操作，结果如图 2-24 所示。

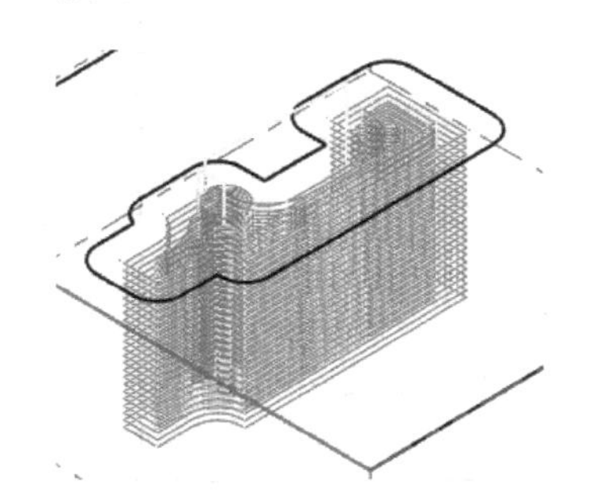

图 2-24 刀路及验证结果

工步 1-6：粗铣开口矩形槽。

项目 2 工步 1-6：粗铣开口矩形槽

本工步的加工部位如图 2-25 所示。

步骤 1-6-1：隐藏刀路。

连续单击 、 两个按钮，隐藏以上工步所有刀路。

步骤 1-6-2：绘图。

根据图 2-1 所示的尺寸，按下 F9 键，在图层 3 俯视图中绘出如图 2-26 所示开口矩形槽线框(粗实线部分)。

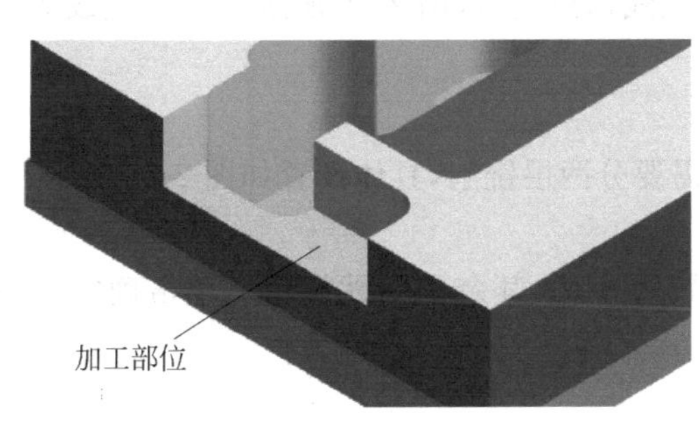

图 2-25 加工部位示意

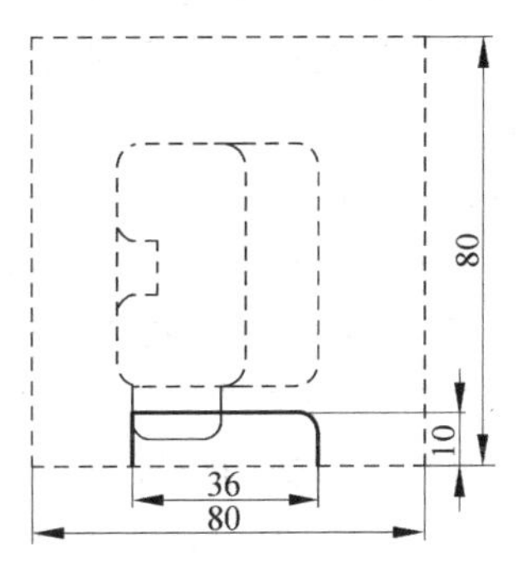

图 2-26 开口矩形槽线框

步骤 1-6-3：选择加工路径与刀具。

选择主菜单中的“刀路”→“外形”命令，选择串连方式，选取已经绘制的开口矩形线框，通过切换 按钮，使线框产生逆时针箭头，如图 2-27 所示。单击确定按钮 ，弹出“2D 刀路-外形铣削”对话框，单击选定直径为 ϕ8mm 的平面立铣刀。

步骤 1-6-4：选择“切削参数”。

选中“切削参数”节点，选择“补正方式”为“电脑”，“补正方向”为“左”，“刀具在拐角处走圆角”设置为“无”，“壁边预留量”为 0.3，其他参数采用默认值。

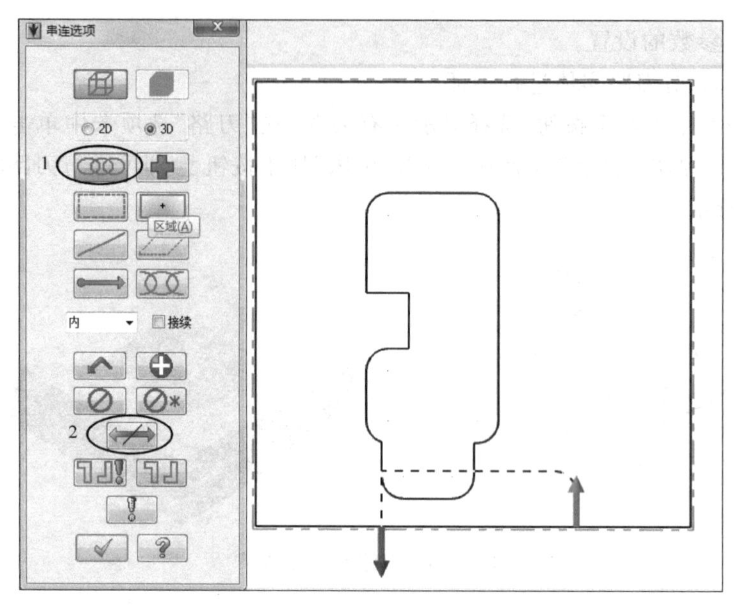

图 2-27 “串连选项”选择

步骤 1-6-5：选择“Z 分层切削”。

轮廓要加工的总深度为 10mm，要进行 Z 轴分层切削。选中“切削参数”下的“Z 分层切削”，选中“深度分层切削”复选框，“最大粗切步进量”设置为 2，选中“不提刀”复选框，其余采用默认值。

步骤 1-6-6：选择“进/退刀设置”。

由于刀具不能垂直下刀，为保证工件侧面的质量，必须从毛坯外面进刀。合理的进刀方式是在工件侧面采用直线切入进刀和直线切出退刀，图 2-28 所示为设置完成的“进/退刀设置”。

步骤 1-6-7：选择“XY 分层切削”。

由于铣刀直径小于槽宽，X、Y 方向需要分两层铣削，具体设置如图 2-29 所示。

步骤 1-6-8：选择“共同参数”。

选中“共同参数”节点，将“深度”设置为－10，其余采用默认值。单击确定按钮 完成刀具加工参数的设置。

步骤 1-6-9：对刀路实体进行验证。

连续单击 、 两个按钮，选择显示所有刀路，在“刀路”选项卡中单击“验证已选择的操作”按钮 ，弹出“验证”对话框。单击“机床”加工按钮 即可进行刀路验证操作，结果如图 2-30 所示。

步骤 1-6-10：执行后处理，生成加工程序。

实体验证完成后进行后处理。关闭实体验证的播放器，退回到“刀路”界面。连续单击 、 两个按钮，显示选择前面工步 1-4、工步 1-5、工步 1-6 刀路，在“刀路”选项卡中单击“锁定选择的操作后处理”按钮 ，弹出“后处理程序”对话框，采用默认选项，单击确定按钮 。在弹出的“另存为”对话框中选择 NC 文件的保存路径及文件名，单击确定按钮 ，修改后即可以传输加工。

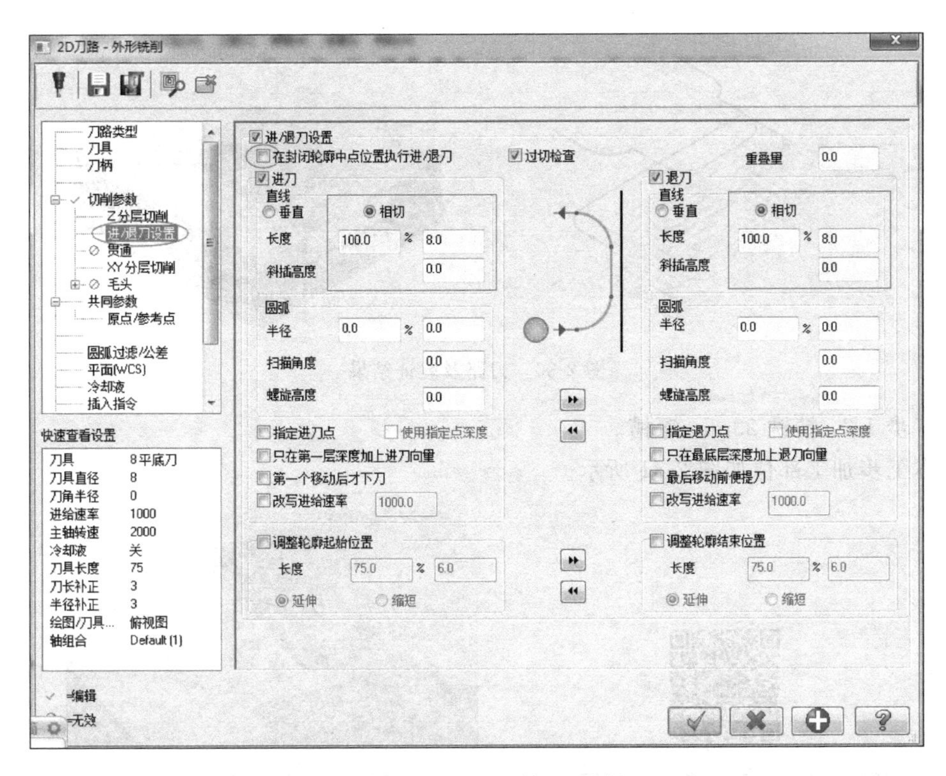

图 2-28　“进/退刀设置”选择

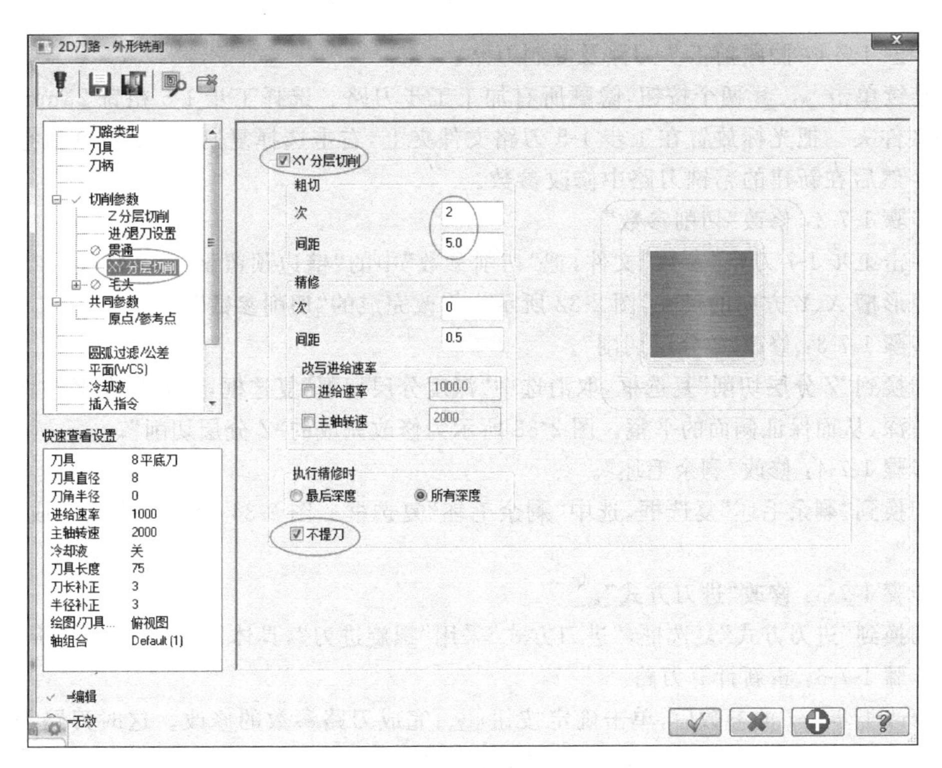

图 2-29　“XY 分层切削”选择

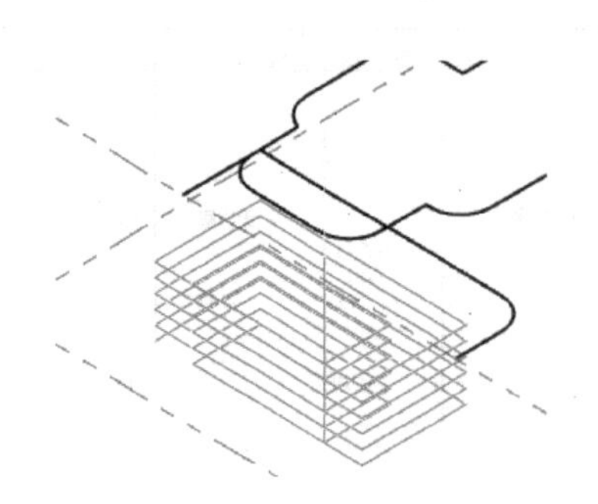
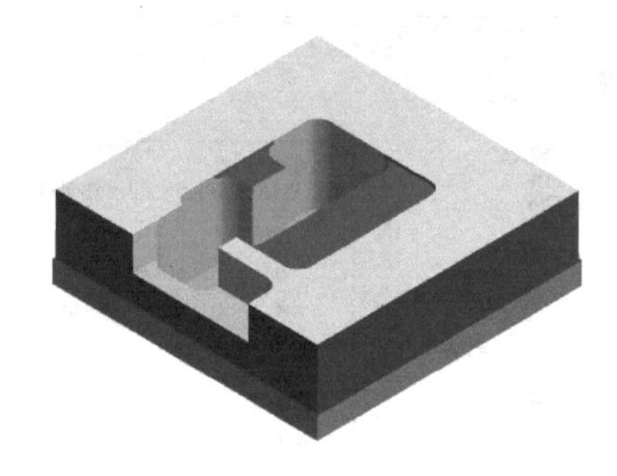

图 2-30　刀路及验证结果

工步 1-7：精铣 23mm 深槽。

本工步加工部位如图 2-31 所示。

项目 2 工步 1-7：精铣 23mm 深槽

图 2-31　加工部位示意

步骤 1-7-1：隐藏前工步刀路及复制刀路。

连续单击 、 两个按钮，隐藏所有加工工步刀路。选择工步 1-5 粗铣 23mm 深槽刀路文件夹。把光标放置在工步 1-5 刀路文件夹上，右击选择复制，在刀路页面空白处粘贴。然后在新建的精铣刀路中修改参数。

步骤 1-7-2：修改“切削参数”。

单击工步 1-7 刀路“参数”文件，把“切削参数”中的“壁边预留量”0.3 修改为 0，从而控制矩形槽 X、Y 方向的尺寸，图 2-32 所示为修改完成的“切削参数”。

步骤 1-7-3：修改“Z 分层切削”。

切换到“Z 分层切削”复选框，取消选中“深度分层切削”复选框，让刀具在 Z 方向一刀切至总深，从而保证侧面的平整。图 2-33 所示为修改完成的“Z 分层切削”。

步骤 1-7-4：修改“剩余毛坯”。

切换到“剩余毛坯”复选框，选中“剩余毛坯”复选框。图 2-34 所示为修改完成的“剩余毛坯”。

步骤 1-7-5：修改“进刀方式”。

切换到“进刀方式”复选框，“进刀方式”采用“螺旋进刀”，具体修改如图 2-35 所示。

步骤 1-7-6：重新计算刀路。

修改工步 1-7 的参数后，单击确定按钮 完成刀路参数的修改。这时刀路需要重新计算。选择工步 1-7，单击按钮 重新计算刀路。

步骤 1-7-7：对刀路进行实体验证。

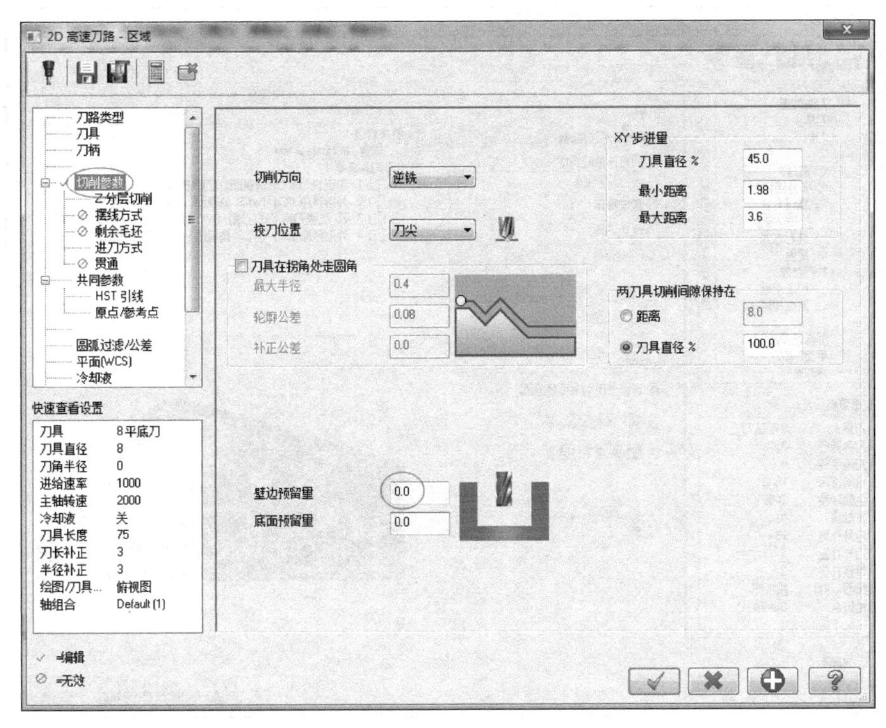

图 2-32 修改“切削参数”

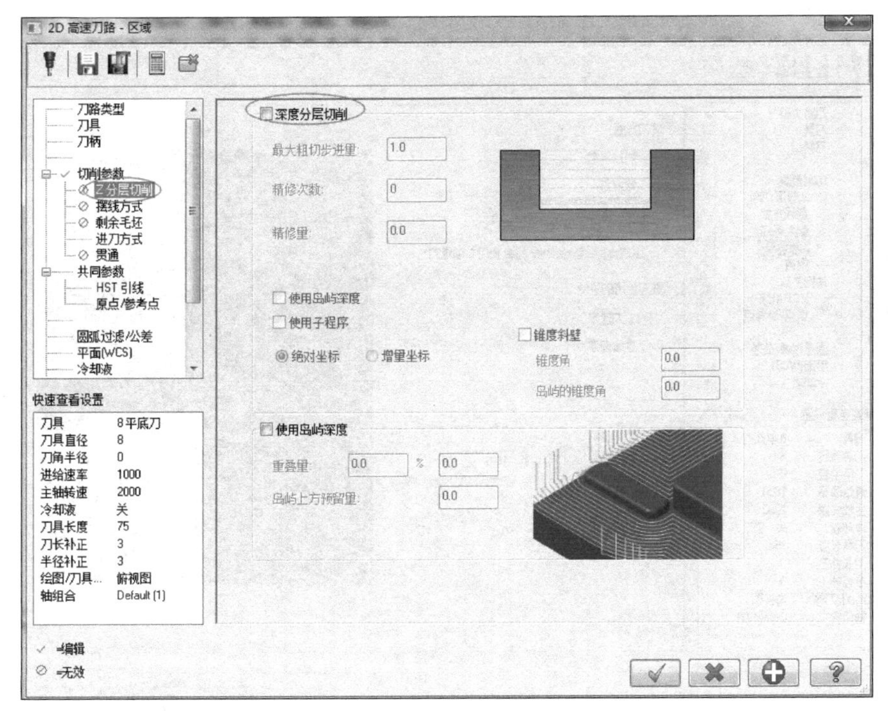

图 2-33 修改“Z 分层切削”

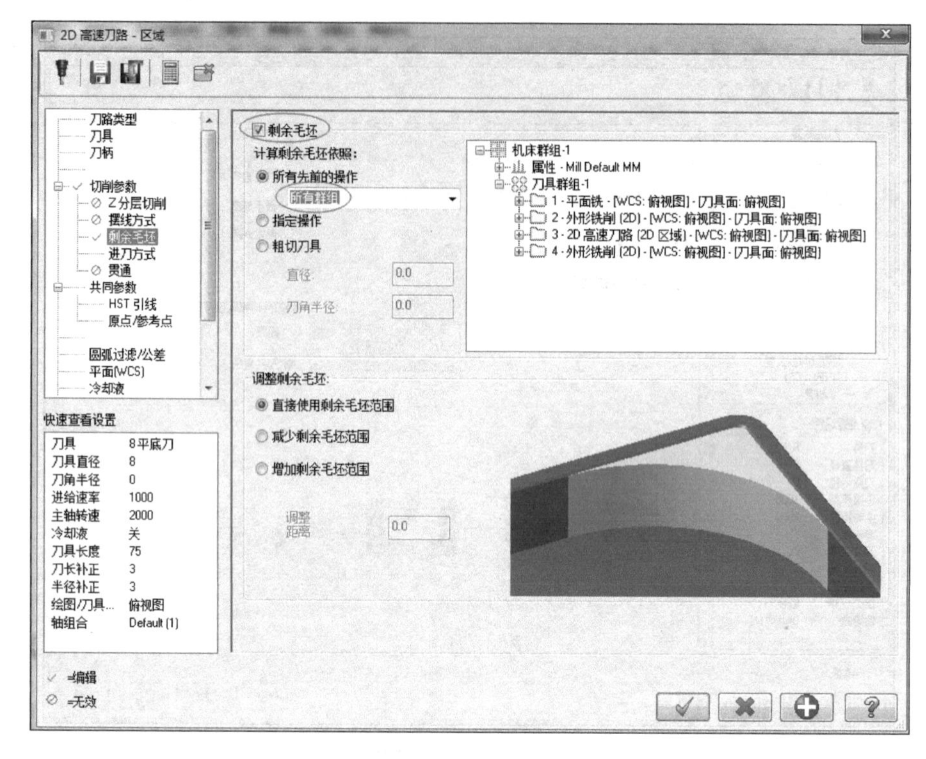

图 2-34 修改“剩余毛坯”

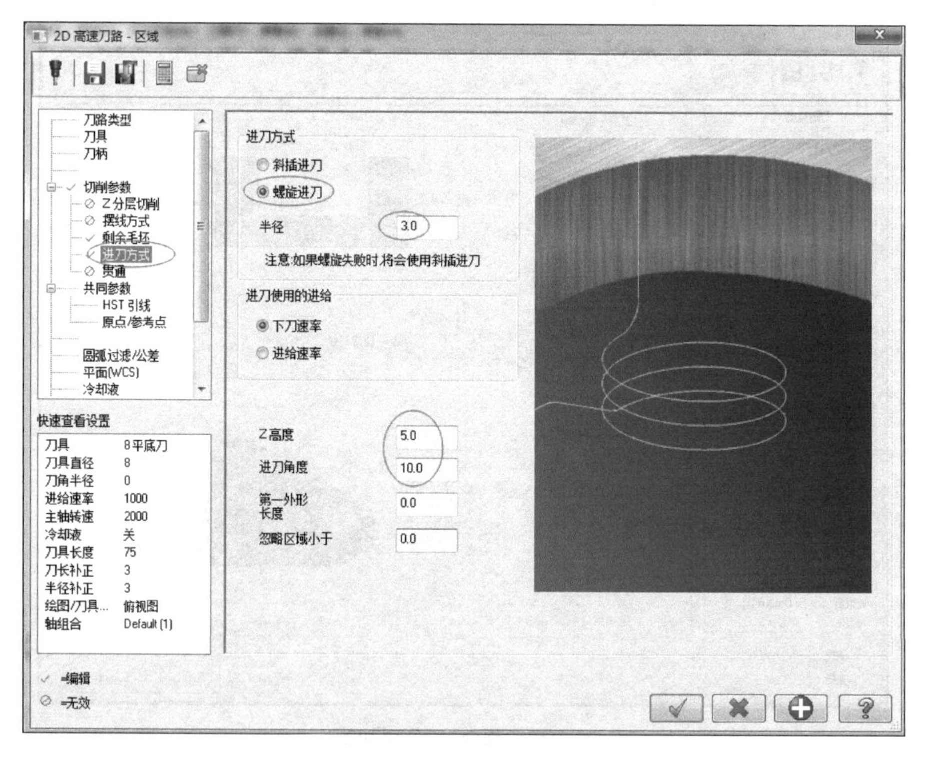

图 2-35 “进刀方式”选择

连续单击 、≋ 两个按钮，选择显示所有刀路，在"刀路"选项卡中单击"验证已选择的操作"按钮 ，弹出"验证"对话框。单击"机床"加工按钮 即可进行刀路验证操作，结果如图 2-36 所示。

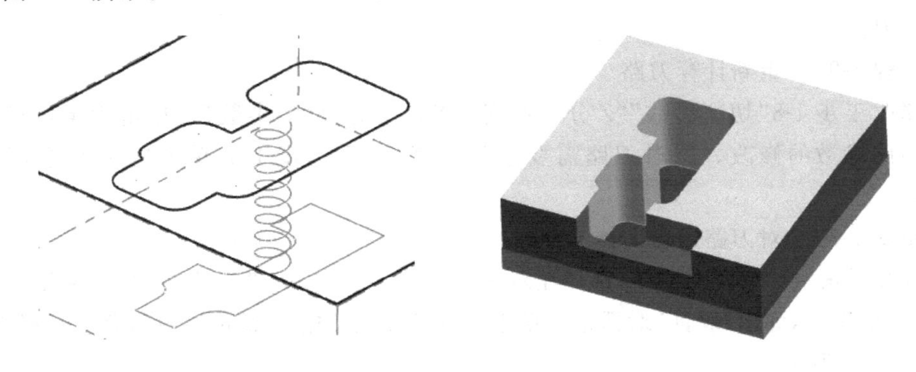

图 2-36 刀路及验证结果

步骤 1-7-8：执行后处理，生成加工程序。

实体验证完成后进行后处理。关闭实体验证的播放器，退回到"刀路"界面。选择工步 1-7 刀路，在"刀路"选项卡中单击"锁定选择的操作后处理"按钮 G1，弹出"后处理程序"对话框，采用默认选项，单击确定按钮 。在弹出的"另存为"对话框中选择 NC 文件的保存路径及文件名，单击确定按钮 ，修改后即可以传输加工。

工步 1-8：精铣开口矩形槽。

本工步加工部位如图 2-37 所示。

项目 2 工步 1-8：精铣开口矩形槽

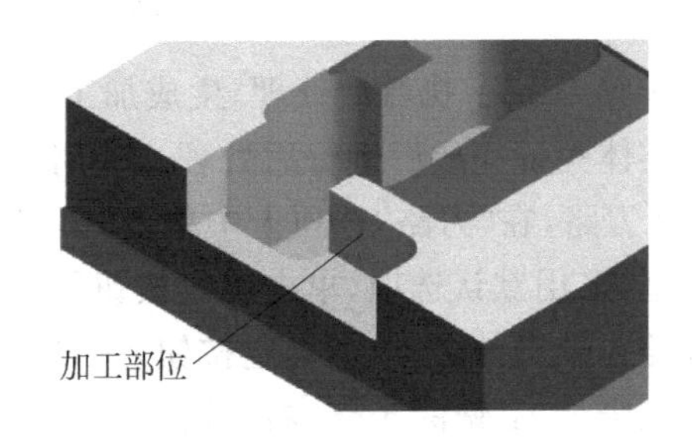

图 2-37 加工部位示意

步骤 1-8-1：隐藏前工步刀路及复制刀路。

连续单击 、≋ 两个按钮，隐藏加工工步刀路。选择工步 1-6 文件夹粗铣开口矩形槽刀路。把光标放置在工步 1-6 文件夹上，右击选择复制，在刀路页面空白处粘贴。然后在复制出来的精铣开口矩形槽刀路中修改参数。刀路 8 就是精铣开口矩形槽刀路。

步骤 1-8-2：修改"切削参数"。

单击工步 1-8 刀路"参数"文件，"切削参数"中的"壁边预留量"设置为 0，从而控制矩形槽 X、Y 方向的尺寸。

步骤 1-8-3：修改"Z 分层切削"。

切换到"Z 分层切削"复选框，取消选中"深度分层切削"复选框，让刀具在 Z 方向一刀切至总深，从而保证侧面的平整。

步骤 1-8-4：修改“XY 分层切削”。

切换到“XY 分层切削”复选框，取消选中“XY 分层切削”复选框，让刀具在水平方向只切一刀。

步骤 1-8-5：重新计算刀路。

修改工步 1-8“切削参数”“Z 分层切削”“XY 分层切削”参数后，单击确定按钮完成刀路参数的修改。这时刀路需要重新计算，选择工步 1-8，单击按钮重新计算刀路。

步骤 1-8-6：对刀路进行实体验证。

连续单击、两个按钮，选择显示所有刀路，在“刀路”选项卡中单击“验证已选择的操作”按钮，弹出“验证”对话框。单击“机床”加工按钮即可进行刀路验证操作，结果如图 2-38 所示。

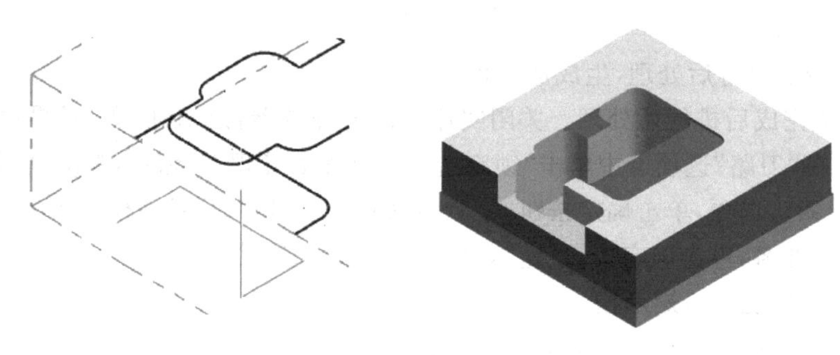

图 2-38 刀路及验证结果

步骤 1-8-7：执行后处理，生成加工程序。

实体验证完成后进行后处理。关闭实体验证的播放器，退回到“刀路”界面。选择工步 1-8 刀路，在“刀路”选项卡中单击“锁定选择的操作后处理”按钮，弹出“后处理程序”对话框，采用默认选项，单击确定按钮。在弹出的“另存为”对话框中选择 NC 文件的保存路径及文件名，单击确定按钮，修改后即可以传输加工。

工步 1-9：铣深 5mm 右台阶。

本工步加工部位如图 2-39 所示。

项目 2 工步 1-9：铣深 5mm 右台阶

步骤 1-9-1：隐藏刀路。

连续单击、两个按钮，隐藏工步所有刀路。

步骤 1-9-2：绘图。

根据图 2-1 所示的尺寸，按下 F9 键，建立图层 4。把图层 2 和图层 3 的线框复制到图层 4 上，然后隐藏图层 2、图层 3 的线框。在图层 4 俯视图上绘出如图 2-40 所示的深 5mm 右台阶线框（粗实线部分）。

步骤 1-9-3：选择加工路径与刀具。

选择主菜单中的“刀路”→“2D 高速刀路”→“区域”命令，弹出“串连选项”对话框。采用串连方式，选择深 5mm 右台阶线框。单击按钮使线框产生逆时针箭头，然后两次单击确定按钮。弹出“2D 高速刀路-区域”对话框，创建一把直径为 ϕ4mm 的平底刀，将“刀齿长度”设置为10,“刀齿数”设置为3,“进给速率”设置为500,“下刀速率”设置为500,“提刀速率”设置为1000,“主轴转速”设置为2000。

图2-39　加工部位示意

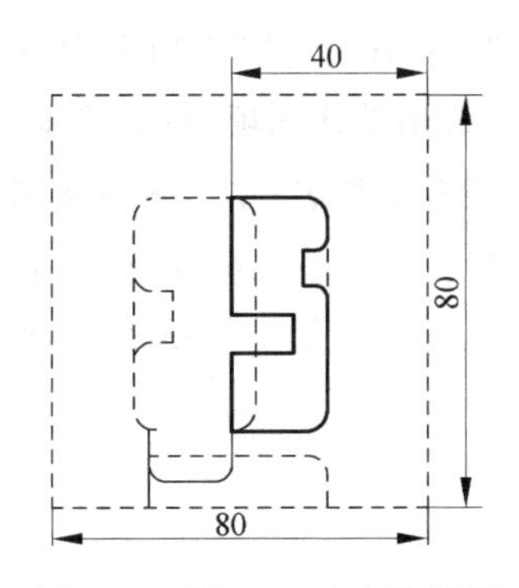

图2-40　深5mm右台阶线框

步骤1-9-4：选择“切削参数”。

选中“切削参数”节点,“切削方向”为“逆铣”,“壁边预留量”为0.2,其他参数采用默认值。

步骤1-9-5：选择“Z分层切削”。

槽要加工的总深度为5mm,要进行Z轴分层切削。选中“切削参数”下的“Z分层切削”,选中“深度分层切削”复选框,“最大粗切步进量”设置为1,其他参数采用默值值。

步骤1-9-6：选择“进刀方式”。

选中“切削参数”下的“进刀方式”,“进刀方式”采用“螺旋进刀”,“半径”设置为2,“Z高度”设置为1,“进刀角度”设置为1,其他参数采用默认值。

步骤1-9-7：选择“共同参数”。

由于毛坯在铣上表面时铣去了0.5mm,而槽深度需要铣到5mm。将工件“深度”设置为−5,其他参数采用默认值。单击确定按钮完成刀具及加工参数的设置。

步骤1-9-8：对刀路实体进行验证。

连续单击、两个按钮,选择显示所有刀路,在“刀路”选项卡中单击“验证已选择的操作”按钮,弹出“验证”对话框。单击“机床”加工按钮即可进行刀路验证操作,结果如图2-41所示。

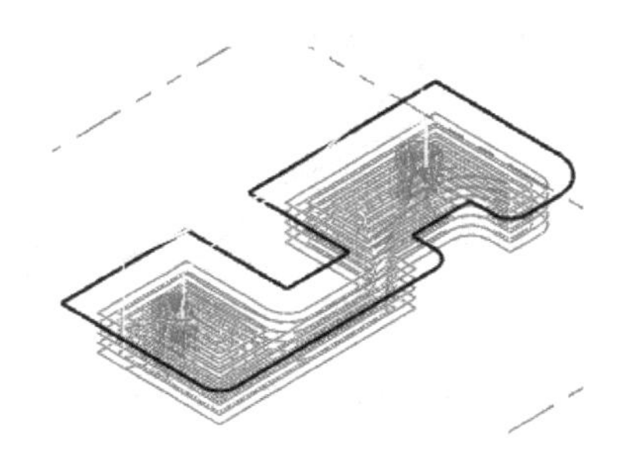

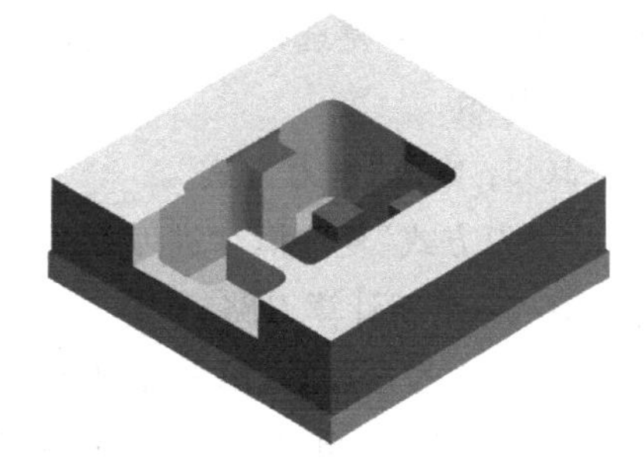

图2-41　刀路及验证结果

步骤 1-9-9：执行后处理，生成加工程序。

实体验证完成后进行后处理。关闭实体验证的播放器，退回到“刀路”界面。选择工步 1-9 刀路，在“刀路”选项卡中单击“锁定选择的操作后处理”按钮，弹出“后处理程序”对话框，采用默认选项，单击确定按钮。在弹出的“另存为”对话框中选择 NC 文件的保存路径及文件名，单击确定按钮，修改后即可以传输加工。

工步 1-10：精铣深 5mm 右台阶。

本工步加工部位如图 2-42 所示。

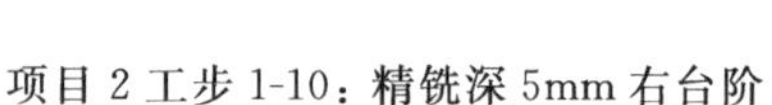

项目 2 工步 1-10：精铣深 5mm 右台阶

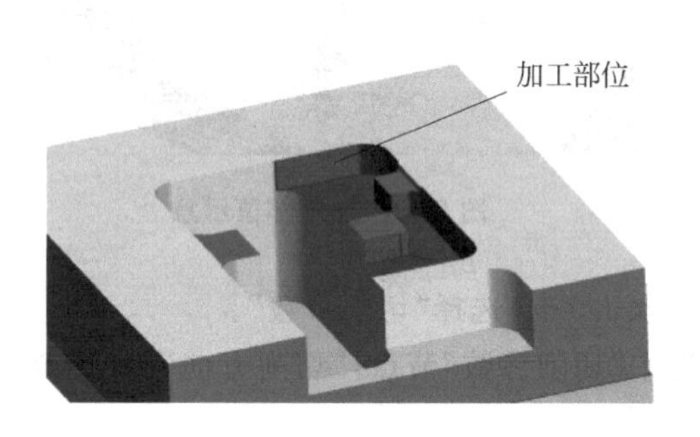

图 2-42 加工部位示意

步骤 1-10-1：隐藏前工步刀路及复制刀路。

连续单击、≋ 两个按钮，隐藏所有加工工步刀路。选择工步 1-9 粗铣深 5mm 右台阶刀路。把光标放置在工步 1-9 刀路文件夹上，右击选择复制，在刀路页面空白处粘贴。然后在新建的精铣刀路中修改参数。

步骤 1-10-2：修改“切削参数”。

单击工步 1-10 刀路“参数”文件，“切削参数”中的“壁边预留量”设置为 0，从而控制矩形槽 X、Y 方向的尺寸。

步骤 1-10-3：修改“Z 分层切削”。

切换到“Z 分层切削”复选框，取消选中“深度分层切削”复选框，让刀具在 Z 方向一刀切至总深，从而保证侧面的平整。

步骤 1-10-4：修改“剩余毛坯”。

切换到“剩余毛坯”复选框，选中“剩余毛坯”，选择“指定操作”，并选择右边框的工步 1-9，如图 2-43 所示。

步骤 1-10-5：修改“进刀方式”。

切换到“进刀方式”复选框，“进刀方式”采用“螺旋进刀”，具体修改如图 2-44 所示。

步骤 1-10-6：重新计算刀路。

修改工步 1-10 的参数后，单击确定按钮完成刀路参数的修改。这时刀路需要重新计算。选择工步 1-10，单击按钮，重新计算刀路。

步骤 1-10-7：对刀路进行实体验证。

连续单击、≋ 两个按钮，选择显示所有刀路，在“刀路”选项卡中单击“验证已选择

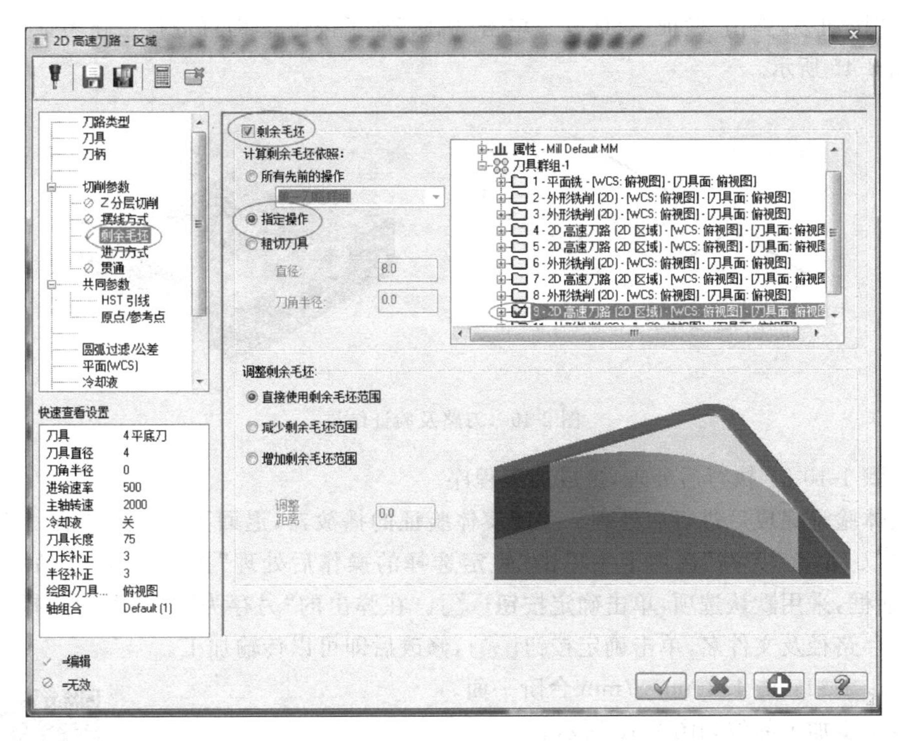

图 2-43　“剩余毛坯”选择

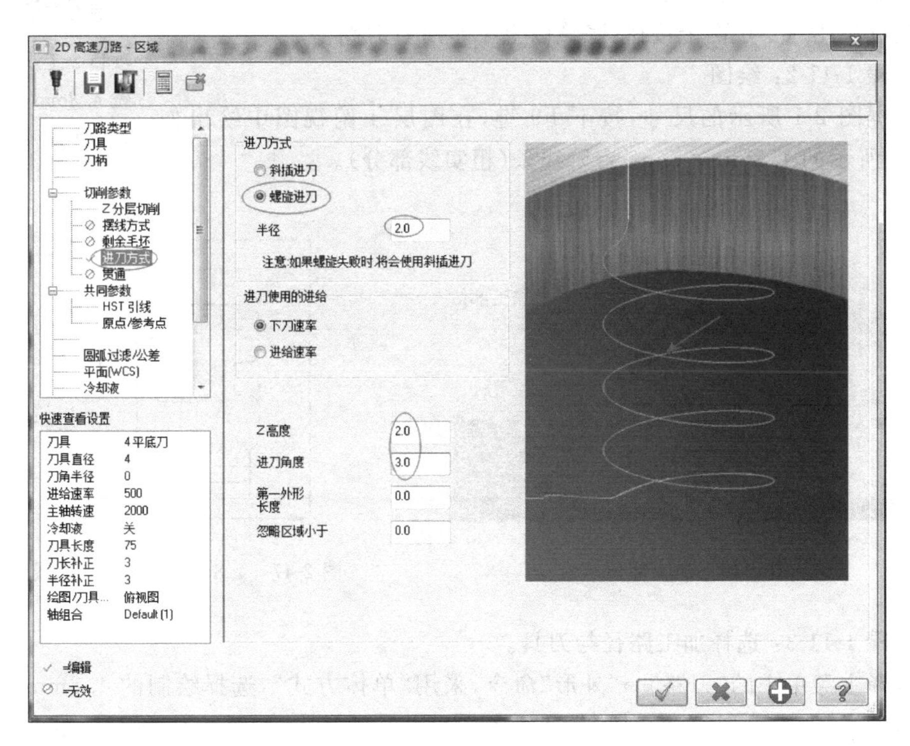

图 2-44　“进刀方式”选择

的操作"按钮，弹出"验证"对话框。单击"机床"加工按钮即可进行刀路验证操作，结果如图 2-45 所示。

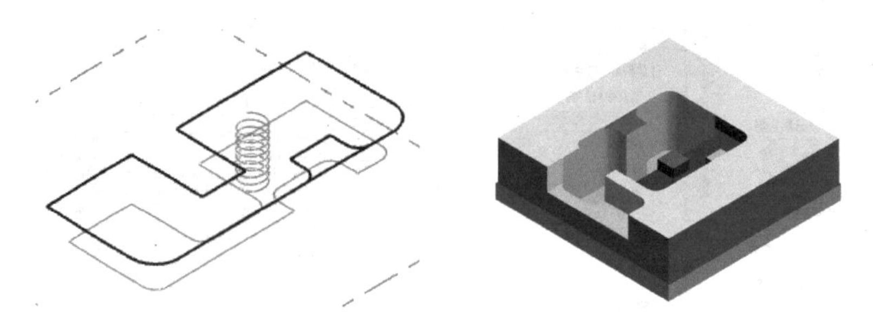

图 2-45　刀路及验证结果

步骤 1-10-8：执行后处理，生成加工程序。

实体验证完成后进行后处理。关闭实体验证的播放器，退回到"刀路"界面。选择工步 1-10 刀路，在"刀路"选项卡中单击"锁定选择的操作后处理"按钮，弹出"后处理程序"对话框，采用默认选项，单击确定按钮。在弹出的"另存为"对话框中选择 NC 文件的保存路径及文件名，单击确定按钮，修改后即可以传输加工。

工步 1-11：铣 4.8mm×7mm 台阶平面。

项目 2 工步 1-11：铣 4.8mm×7mm 台阶平面

本工步加工部位如图 2-46 所示。

步骤 1-11-1：隐藏刀路。

连续单击、两个按钮，隐藏以上工步所有刀路。

步骤 1-11-2：绘图。

根据图 2-1 所示的尺寸，按下 F9 键，在图层 4 俯视图中绘出如图 2-47 所示的 4.8mm×7mm 台阶线条(粗实线部分)。

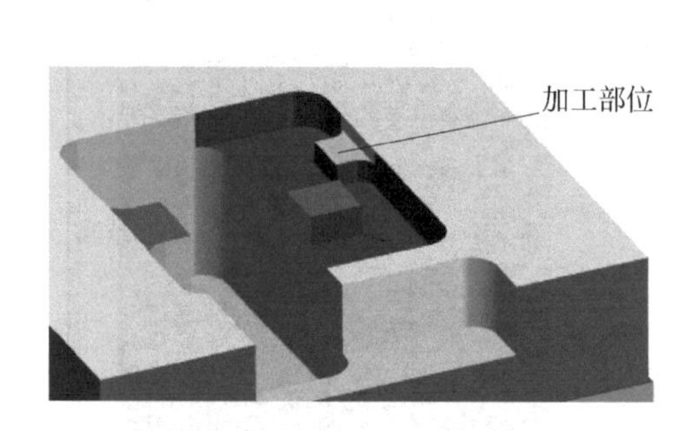

图 2-46　加工部位示意

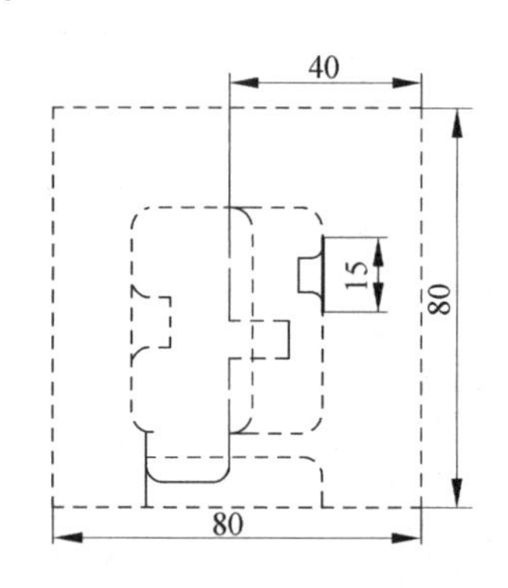

图 2-47　4.8mm×7mm 台阶线条

步骤 1-11-3：选择加工路径与刀具。

选择主菜单中的"刀路"→"外形"命令，采用"单体方式"，选择绘制的 4.8mm×7mm 台阶辅助线条，通过切换按钮，使线条产生逆时针箭头，如图 2-48 所示。单击确定按钮，弹出"2D 刀路-外形铣削"对话框，单击选定直径为 ϕ4mm 的平底刀。

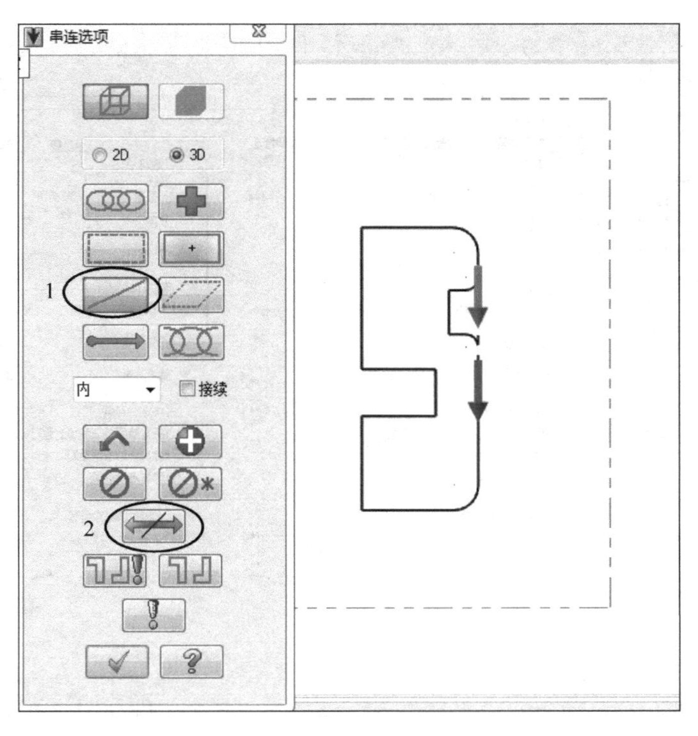

图 2-48 采用“单体方式”

步骤 1-11-4：选择“切削参数”。

选中“切削参数”节点，选择“补正方式”为“电脑”，“补正方向”为“右”，“刀具在拐角处走圆角”设置为“无”，“壁边预留量”为 0，其他参数采用默认值。

步骤 1-11-5：选择“进/退刀参数”。

由于刀具不能垂直下刀，为保证工件侧面的质量，必须从毛坯外面进刀，合理的进刀方式是在工件侧面采用圆弧切入进刀和圆弧切出退刀，图 2-49 所示为设置好完成“进/退刀参数”。

步骤 1-11-6：选择“XY 分层切削”。

由于铣刀直径小于台阶宽，*XY* 方向需要分两层铣削，具体设置如图 2-50 所示。

步骤 1-11-7：选择“共同参数”。

选中“共同参数”节点，将“深度”设置为－2，其余采用默认值。单击确定按钮，完成刀具与加工参数设置。

步骤 1-11-8：对刀路实体进行验证。

连续单击、两个按钮，选择显示所有刀路，在“刀路”选项卡中单击“验证已选择的操作”按钮，弹出“验证”对话框。单击“机床”加工按钮即可进行刀路验证操作，结果如图 2-51 所示。

步骤 1-11-9：执行后处理，生成加工程序。

实体验证完成后进行后处理。关闭实体验证的播放器，退回到“刀路”界面。选择工步 1-11 刀路，在“刀路”选项卡中单击“锁定选择的操作后处理”按钮，弹出“后处理程

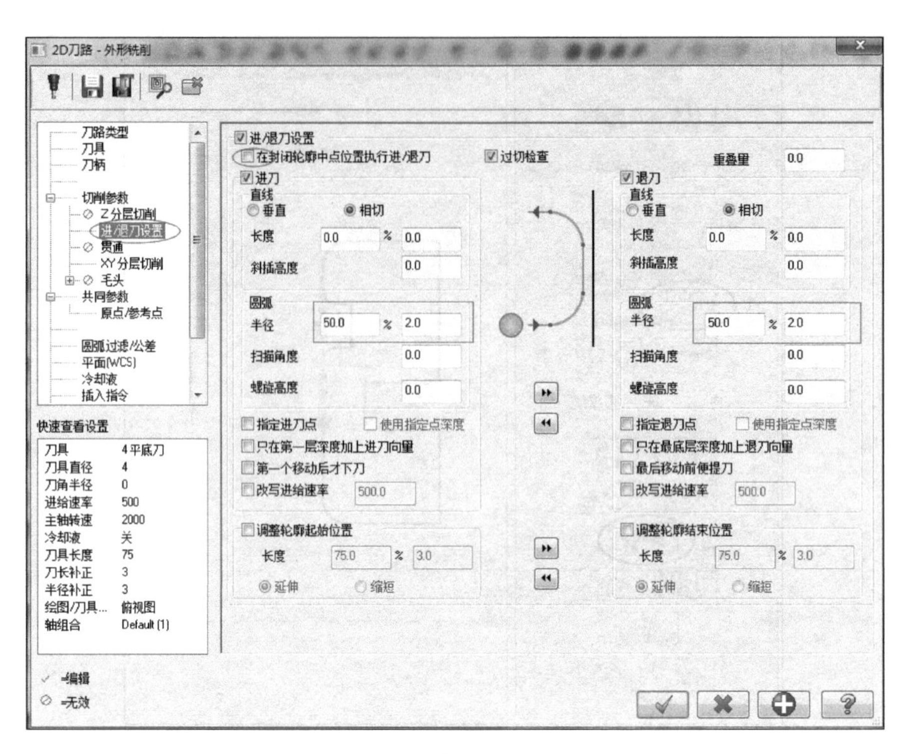

图 2-49 “进/退刀参数”选择

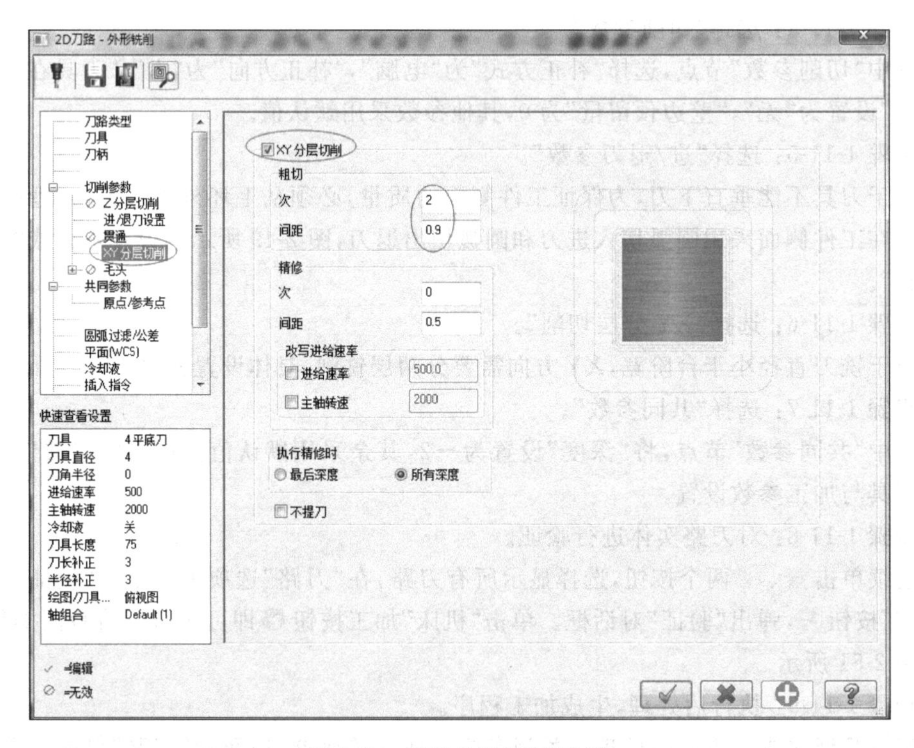

图 2-50 “XY 分层切削”选择

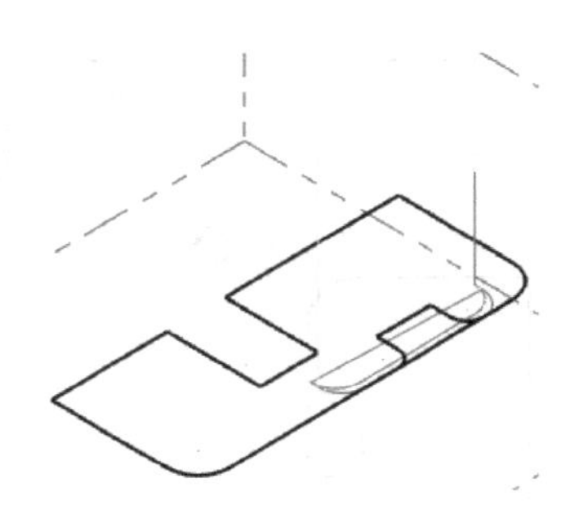
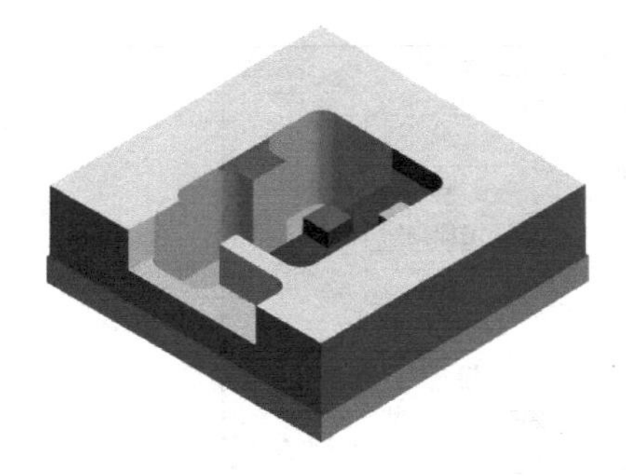

图 2-51 刀路及验证结果

序”对话框，采用默认选项，单击确定按钮 ✓ 。在弹出的“另存为”对话框中选择 NC 文件的保存路径及文件名，单击确定按钮 ✓ ，修改后即可以传输加工。

工步 1-12：钻 4 个 ϕ3mm 通孔中心孔。

步骤 1-12-1：隐藏刀路。

连续单击 、≋ 两个按钮，隐藏以上所有工步刀路。

步骤 1-12-2：绘图。

根据图 2-1 所示的尺寸，按下 F9 键，在图层 4 俯视图中绘出如图 2-52 所示的 4 个 ϕ3mm 通孔线框(粗实线部分)。

项目 2 工步 1-12：钻 4 个 ϕ3mm 通孔中心孔

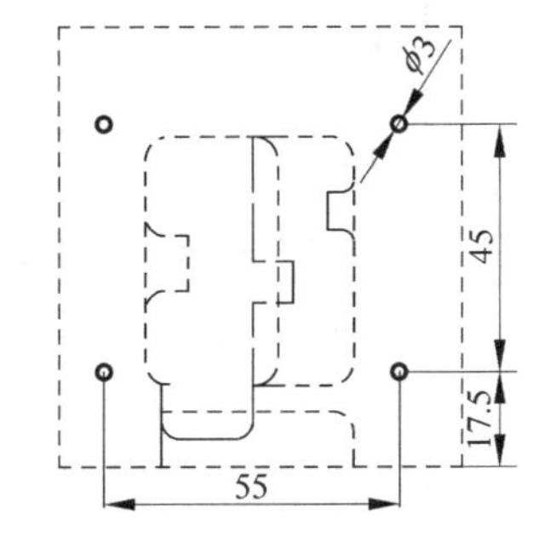

图 2-52 4 个 ϕ3mm 通孔线框

步骤 1-12-3：选择“钻孔”加工方式。

选择主菜单中的“刀路”→“钻孔”命令，系统会弹出“选择钻孔位置”对话框。对话框不作修改，如图 2-53 所示，选择 4 个 ϕ3mm 通孔圆心，然后单击确定按钮 ✓ ，系统弹出“2D 刀路-钻孔/全圆铣削深孔钻无啄孔”对话框。

步骤 1-12-4：选择刀具及加工参数。

选中“刀具”节点，创建一把直径是 ϕ2mm 的标准中心钻(由于孔直径较小，需先选用直径为 ϕ2mm 的中心钻头进行钻削，用作定心，然后选用 ϕ3mm 的麻花钻钻孔)如图 2-54 所示。中心钻切削用量如图 2-55 所示，选择后单击完成按钮，系统返回“2D 刀路-钻孔/全圆铣削深孔钻无啄孔”对话框。

步骤 1-12-5：选择“切削参数”。

中心钻钻削深度约为 4mm，循环方式可以采用 Drill/Counterbore 其余采用默认值。

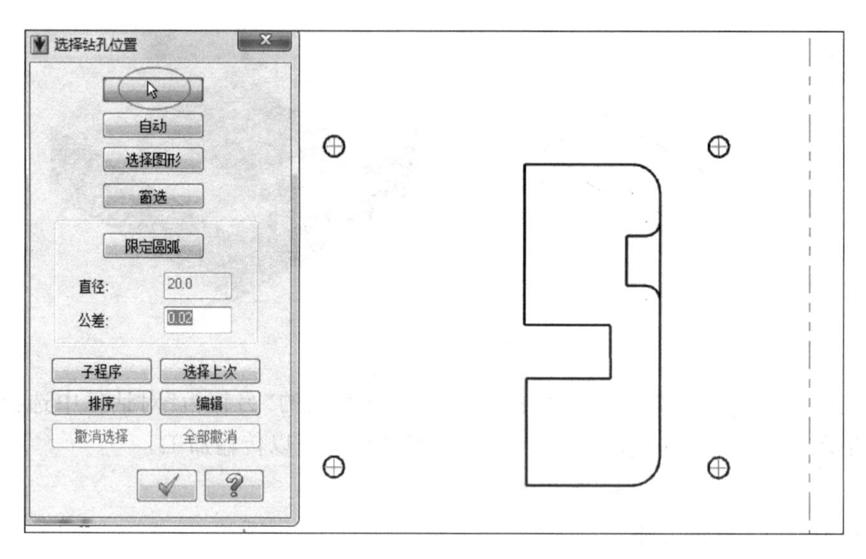

图 2-53 “选择钻孔位置”对话框

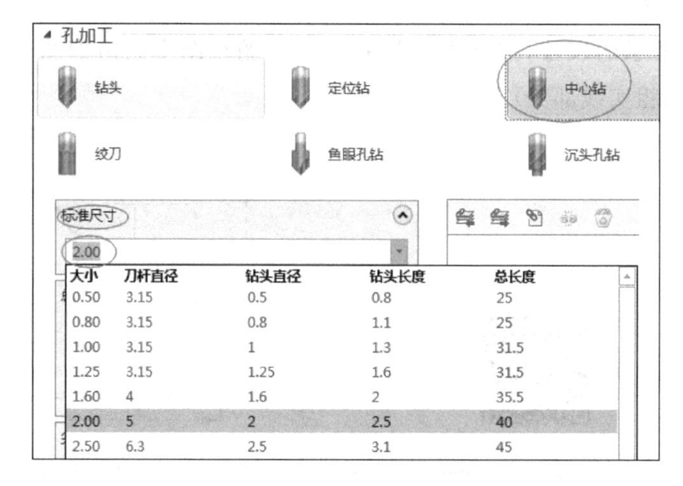

大小	刀杆直径	钻头直径	钻头长度	总长度
0.50	3.15	0.5	0.8	25
0.80	3.15	0.8	1.1	25
1.00	3.15	1	1.3	31.5
1.25	3.15	1.25	1.6	31.5
1.60	4	1.6	2	35.5
2.00	5	2	2.5	40
2.50	6.3	2.5	3.1	45

图 2-54 创建中心钻

线速度: 24.94502
每齿进给量: 0.062972
刀齿数: 2
进给速率: 200
下刀速率: 200
提刀速率: 1000
主轴转速: 3000

图 2-55 设置中心钻切削用量

步骤 1-12-6：选择“共同参数”。

选中“共同参数”节点，将“深度”值设为－4，其余采用默认值。单击确定按钮 完成刀具与加工参数的设定。

步骤 1-12-7：对刀具路径进行实体验证。

连续单击 、 两个按钮，选择显示所有刀具路径，在“刀具操作管理器”的“刀具路径”选项卡中单击“验证已选择的操作”按钮 ，弹出“验证”对话框。单击“机床”加工按钮 即可进行刀路模拟验证操作，结果如图 2-56 所示。

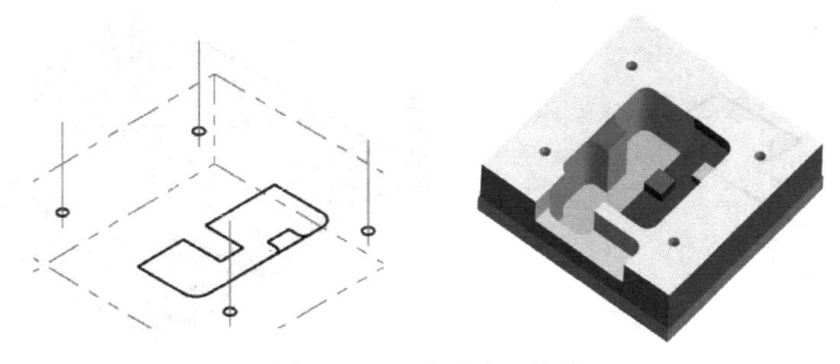

图 2-56 刀路及验证结果

步骤 1-12-8：执行后处理，生成加工程序。

实体验证完成后进行后处理。关闭实体验证的播放器，退回到“刀路”界面。选择工步 1-12 刀路，在“刀路”选项卡中单击“锁定选择的操作后处理”按钮 ，弹出“后处理程序”对话框。采用默认选项，单击确定按钮 。在弹出的“另存为”对话框中选择 NC 文件的保存路径及文件名，单击确定按钮 ，修改后即可以传输加工。

工步 1-13：钻 4 个 ϕ3mm 通孔。

项目 2 工步 1-13：钻 4 个 ϕ3mm 通孔

步骤 1-13-1：隐藏刀路。

连续单击 、 两个按钮，隐藏以上所有工步刀路。

步骤 1-13-2：选择“钻孔”加工方式。

选择主菜单中的“刀路”→“钻孔”命令，系统弹出“选择钻孔位置”对话框，在屏幕上选取 4 个 ϕ3mm 通孔圆心，然后单击确定按钮 ，系统弹出“2D 刀路-钻孔/全圆铣削深孔钻无啄孔”对话框。

步骤 1-13-3：选择刀具及加工参数。

选中“刀具”节点，单击“从刀库选择”选项，从刀库中选择直径是 ϕ3mm 的钻头，单击“确定”按钮 选定刀具。修改钻头进给率为 100，主轴转速为 3000。

步骤 1-13-4：修改“切削参数”。

因钻削的是通孔，钻削深度应大于 23mm，超过刀具直径 3 倍，所以应采用“深孔啄钻(G83)”选项。设置 Peck 为 0.5(回退长度)，其余采用默认值。

步骤 1-13-5：修改“共同参数”。

选中“共同参数”节点，由于是通孔，将“深度”设置为－23.5，再单击“深度”输入框右侧的计算器按钮 ，弹出“深度计算”对话框。通过刀具直径和刀具尖部包含角度，可以计算出刀具尖角的深度为－1.502152，单击确定按钮 ，系统的钻孔深度为－25.002152。其余的节点参数不作修改。单击确定按钮 完成刀具及加工参数的设定。

步骤 1-13-6：对刀具路径进行实体验证。

连续单击 、 两个按钮，选择显示所有刀路，在“刀路”选项卡中单击“验证已选择的操作”按钮，弹出“验证”对话框。单击“机床”加工按钮即可进行刀路验证操作，结果如图 2-57 所示。

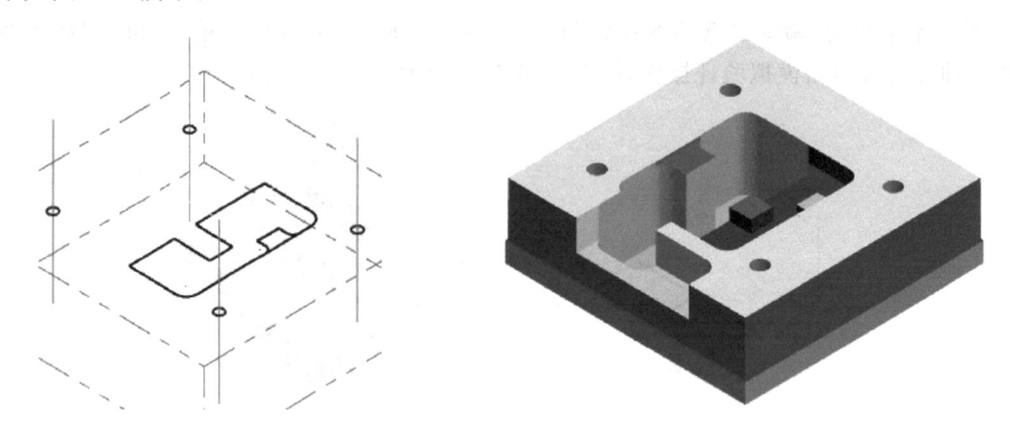

图 2-57　刀路及验证结果

步骤 1-13-7：执行后处理，生成加工程序。

实体验证完成后进行后处理。关闭实体验证的播放器，退回到“刀路”界面。选择工步 1-13 刀路，在“刀路”选项卡中单击“锁定选择的操作后处理”按钮，弹出“后处理程序”对话框。采用默认选项，单击确定按钮。在弹出的“另存为”对话框中选择 NC 文件的保存路径及文件名，单击确定按钮，修改后即可以传输加工。

工步 1-14：铣字母及数字。

步骤 1-14-1：隐藏刀路。

连续单击、两个按钮，隐藏以上所有工步刀路。

步骤 1-14-2：绘图。

根据图 2-1 所示的尺寸，按下 F9 键，在图层 4 俯视图中绘出如图 2-58 所示的字母及数字。

项目 2 工步 1-14：铣字母及数字

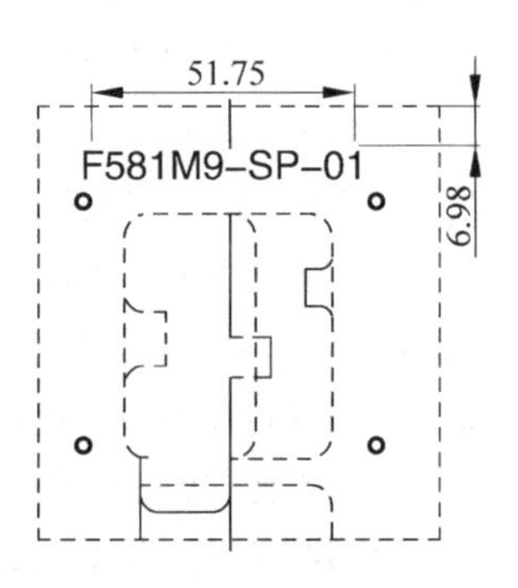

图 2-58　字母及数字线框

步骤 1-14-3：选择加工刀路与刀具。

按零件字体加工要求，选择 2D 挖槽刀路较合理，但由于单个字本身的槽内宽度不足 1mm，很难找到合适的刀具，即使找到直径小于 1mm 的刀具，也很容易折断，所以这里采用外形铣削刀路，用 R0.5mm 球刀进行加工。

选择主菜单中的“刀路”→“外形”命令，系统弹出“串连选项”对话框，采用“窗选方式”，选取如图 2-59 所示的字母及数字线框。然后在其中的一个字母上单击，作为“草绘起始点”。单击“串连选项”对话框确定按钮，弹出“2D 刀路-外形铣削”对话框，创建一把 R0.5mm 球刀(雕刻刀也可以)，将“刀齿长度”设置为 5，“刀齿数”设置为 2，“进给速率”设置为 100，“下刀速率”设置为 100，“提刀速率”设置为 1000，“主轴转速”设置为 3000。

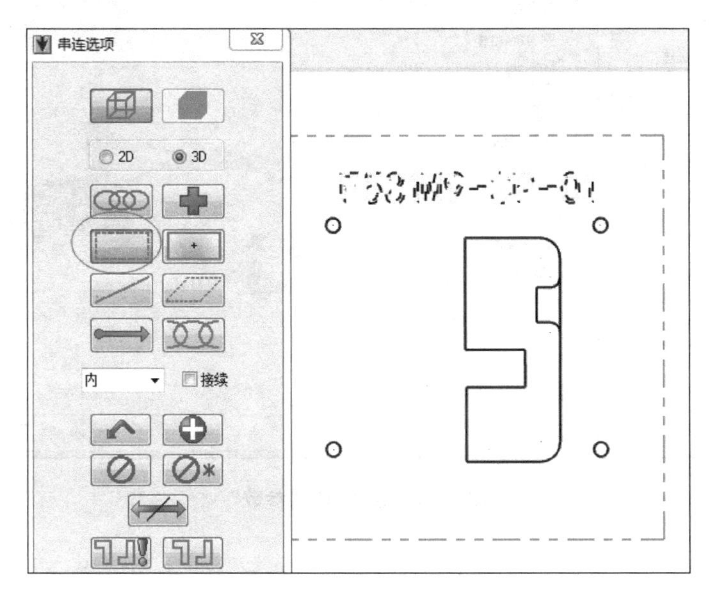

图 2-59 “串连选项”选择

步骤 1-14-4：选择“切削参数”。

选择“补正方式”为“关”，“刀具在拐角处走圆角”设置为“无”，其余采用默认值，图 2-60 所示为设置完成的“切削参数”。

步骤 1-14-5：选择“共同参数”。

由于毛坯在铣上表面平面时铣去了 0.5mm，因此设置“参考高度”为 10，“深度”设置为－0.2。单击确定按钮完成刀具及加工参数的设置。

步骤 1-14-6：对刀路实体进行验证。

连续单击、≋ 两个按钮，选择显示所有刀路，在“刀路”选项卡中单击“验证已选择的操作”按钮，弹出“验证”对话框。单击“机床”加工按钮即可进行刀路验证操作，结果如图 2-61 所示。

步骤 1-14-7：执行后处理，生成加工程序。

实体验证完成后进行后处理。关闭实体验证的播放器，退回到“刀路”界面。连续单击、≋ 两个按钮，选择工步 1-14，在“刀路”选项卡中单击“锁定选择的操作后处理”按钮 G1，弹出“后处理程序”对话框。采用默认选项，单击确定按钮。在弹出的“另存为”对话框中选择 NC 文件的保存路径及文件名，单击确定按钮，修改后即可以传输加工。

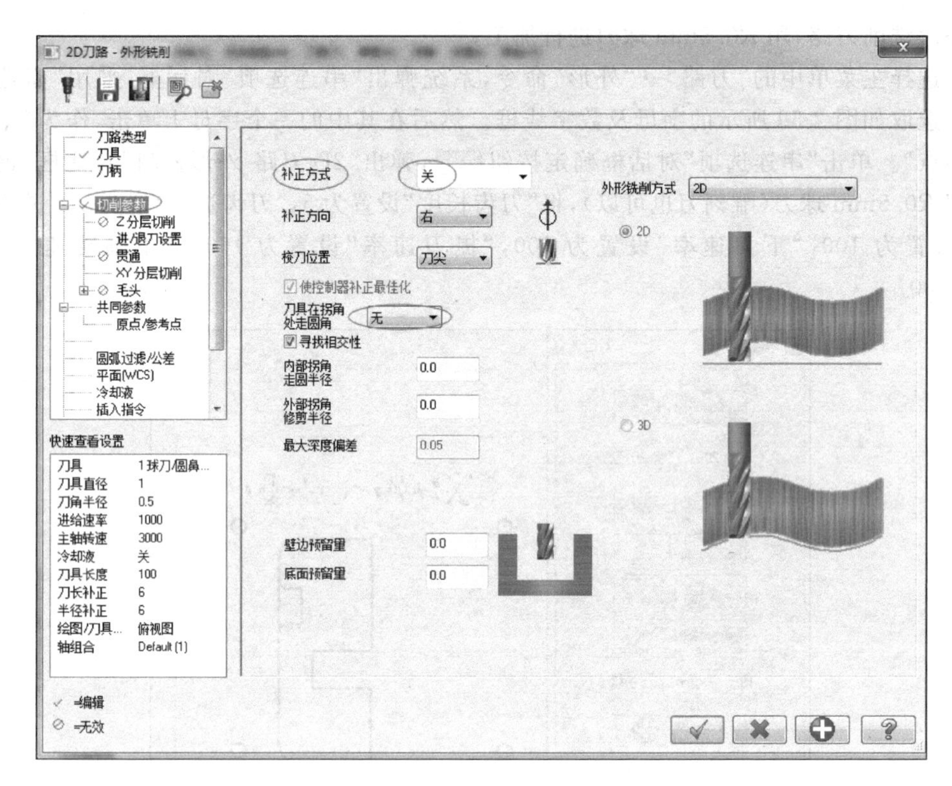

图 2-60　选择“切削参数”

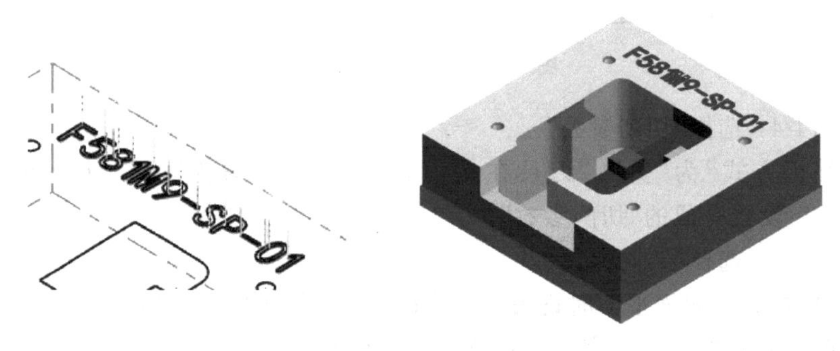

图 2-61　刀路及验证结果

2. 工序二

工序二只需要加工下表面平面及部分 80mm×80mm 侧面。为了保证侧面的平整，工件反过来装夹时，需要打表、找正已经加工过的侧面，夹位约 5mm。

工序二主要分 5 个工步进行：工步 2-2 为铣粗 80mm×80mm 侧面，工步 2-3 为精铣 80mm×80mm 侧面，工步 2-4 为铣上表面平面，保证总高。工序二的加工方法、加工步骤与加工工序一中的工步 1-2、工步 1-3、工步 1-1 大致相同，请读者自行完成绘图、生成刀路以及后处理的全部过程。

3

项目

凹凸模配合件加工

3.1 零件描述

图 3-1 所示为凹凸模配合件件一(凸模)、件二(凹模)的工程图和实体图,图 3-2 所示为凹凸模配合件件一(凸模)、件二(凹模)的配合工程图,试分析其加工工艺,采用 MasterCAM X9 软件编制刀路并加工。

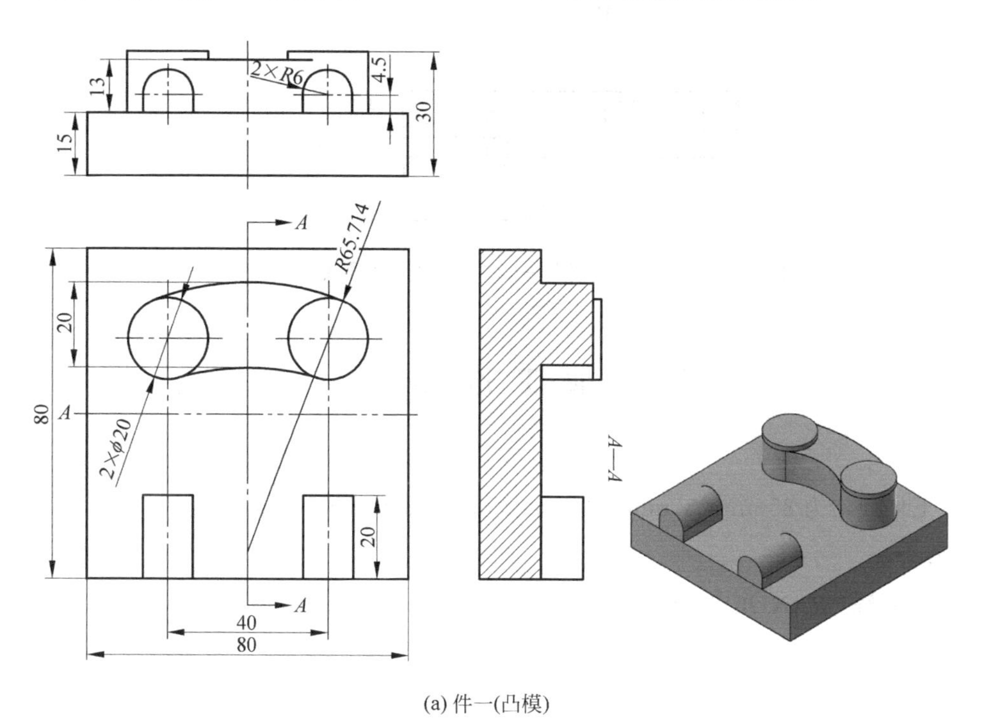

(a) 件一(凸模)

图 3-1 凹凸模配合件件一、件二的工程图和实体图

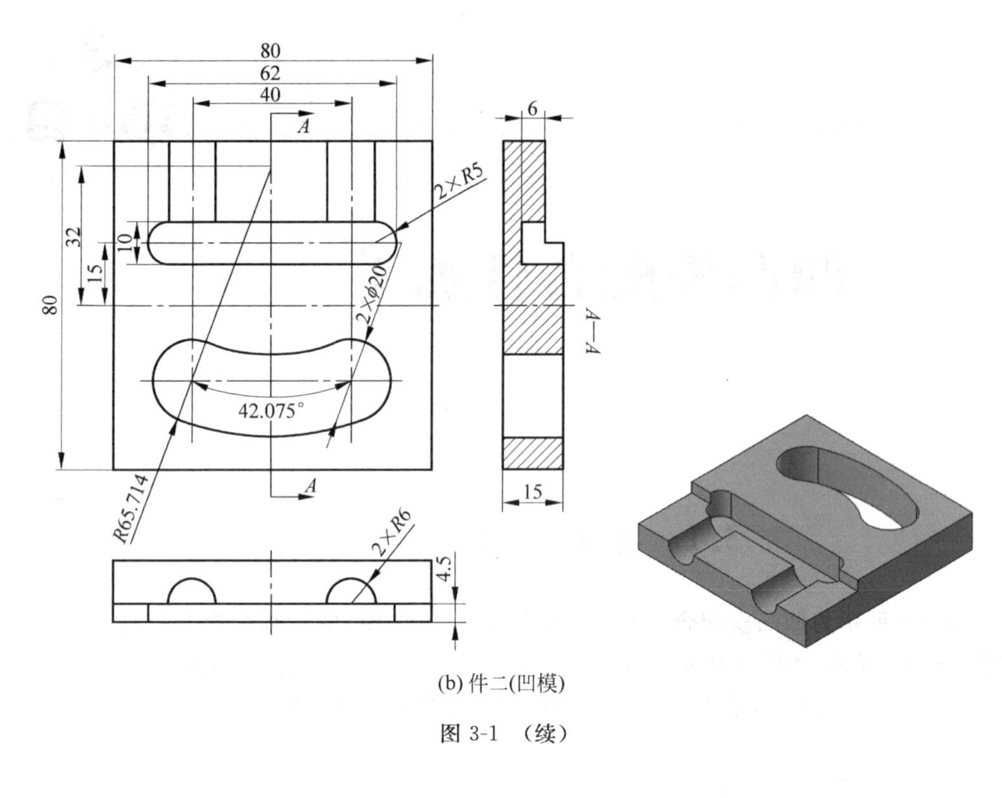

(b) 件二(凹模)

图 3-1 （续）

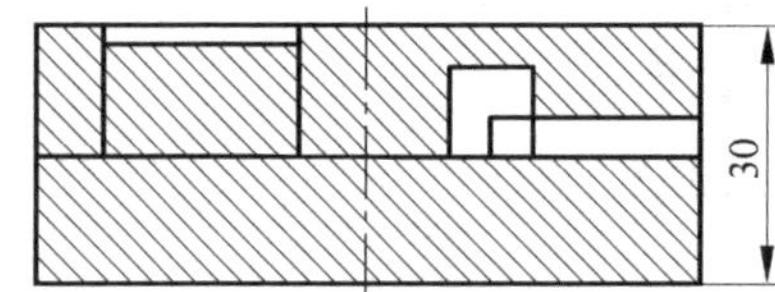

图 3-2 凹凸模配合件件一、件二的配合工程图

3.2 加 工 准 备

1. 材料

硬铝：毛坯规格为 85mm×85mm×35mm、85mm×85mm×20mm 各 1 件。

2. 设备

数控铣床系统：FANUC 0i-MB。

3. 刀具

(1) 平底刀：ϕ16、ϕ8、ϕ6。

(2) 球刀：R2。

4. 工具、夹具、量具准备

工具、夹具、量具清单见表 3-1。

表 3-1 工具、夹具、量具清单

类 型	型 号	规 格	数 量
量具	钢直尺	0～300mm	1把
	两用游标卡尺	0～150mm	1把
	外径千分尺	0～25mm、25～50mm、50～75mm、75～100mm	各1把
	内径千分尺	5～30mm	各1把
	深度千分尺	0～25mm	1把
	百分表	0.01	1把
	分中棒	自选	1把
	磁力表座及表	自选	1套
工具、夹具	扳手、木锤	自选	各1把
	平行垫块、薄铜皮等	自选	若干

5. 数控加工工序

根据图 3-1 和图 3-2 所示，凸模零件加工需要分两个工序进行。工序一是加工上表面，由 9 个工步组成；工序二是加工下表面，保证零件总高，由 3 个工步组成。

凹模零件加工需要分两个工序进行(为方便与凸模零件排序，用工序三和工序四表示)。工序三是加工上表面，由 12 个工步组成；工序四是加工下表面，保证零件总高，由 3 个工步组成。

凸模零件的数控加工工序见表 3-2，凹模零件的数控加工工序见表 3-3。

表 3-2 凸模零件的数控加工工序

工序	工步	加 工 内 容	切 削 用 量
一	1-1	铣上表面平面(夹位 3mm，铣深 0.5mm)	ap：0.5，s：2000，F：1000
	1-2	粗铣 80mm×80mm 侧面(总高铣至 30.5mm)	ap：2，s：2000，F：1000
	1-3	粗铣 80mm×80mm 以上台阶	ap：0.8，s：2000，F：1000
	1-4	精铣 80mm×80mm 侧面	ap：30.5，s：2000，F：500
	1-5	精铣上表面 *R*10mm 凸键	ap：15，s：2000，F：500
	1-6	精铣上表面 ϕ20mm 凸台	ap：2，s：2000，F：500
	1-7	精铣上表面两个 *R*6mm 圆弧键两侧	ap：15，s：2000，F：500
	1-8	精铣上表面两个 *R*6mm 圆弧键曲面	ap：0.5，s：2000，F：500
	1-9	手动去毛刺	
二	2-1	调头找正装夹	
	2-2	铣下表面平面，经多次铣削保证总厚度为 30mm	ap：2，s：2000，F：1000
	2-3	手动去毛刺	

表 3-3 凹模零件的数控加工工序

工序	工步	加 工 内 容	切 削 用 量
三	3-1	铣上表面平面(夹位 3mm，铣深 0.5mm)	ap：0.5，s：2000，F：1000
	3-2	粗铣 80mm×80mm 侧面(总高铣至 15.5mm)	ap：2，s：2000，F：1000
	3-3	铣 10.5mm 高台阶轮廓	ap：0.8，s：2000，F：1000
	3-4	粗铣 *R*10mm 键槽	ap：1，s：2000，F：1000

续表

工序	工步	加 工 内 容	切 削 用 量
三	3-5	精铣 80mm×80mm 侧面	ap: 15.5,s: 2000,F: 500
	3-6	精铣 *R*10mm 键槽	ap: 15.5,s: 2000,F: 500
	3-7	铣 *R*5mm 键槽	ap: 1,s: 2000,F: 1000
	3-8	粗铣右边 *R*6mm 圆弧槽	ap: 0.5,s: 2000,F: 500
	3-9	粗铣左边 *R*6mm 圆弧槽	ap: 0.5,s: 2000,F: 500
	3-10	精铣右边 *R*6mm 圆弧槽	ap: 0.3,s: 3000,F: 500
	3-11	精铣左边 *R*6mm 圆弧槽	ap: 0.3,s: 3000,F: 500
	3-12	手动去毛刺	
四	4-1	调头找正装夹	
	4-2	铣下表面平面,经多次铣削保证总厚度为 15mm	ap: 2,s: 2000,F: 1000
	4-3	手动去毛刺	

3.3 加工刀路的编制

3.3.1 MasterCAM X9 刀路的选择及加工效果

图 3-1 所示的凸模、凹模零件的轮廓部分为三维曲面,为了提高加工效率和加工精度,这里采用三维造型,加工刀路为二维刀路结合三维刀路。凸模零件加工外形及效果见表 3-4,凹模零件加工外形及效果见表 3-5。具体加工分工序、分工步、分步骤进行具体介绍。

表 3-4 凸模零件加工外形及效果

工序	工 步	加工刀路	选 择 外 形	加 工 效 果
一	1-1 铣上表面平面	平面铣	选取此面	
	1-2 粗铣 80mm×80mm 侧面	外形铣削	选取此面	
	1-3 粗铣 80mm×80mm 以上台阶	高速曲面刀路-优化动态粗切	选取整个实体模型	

续表

工序	工　步	加工刀路	选择外形	加工效果
一	1-4 精铣 80mm×80mm 侧面	外形铣削	 选取此面	
	1-5 精铣上表面 $R10$mm 凸键	外形铣削	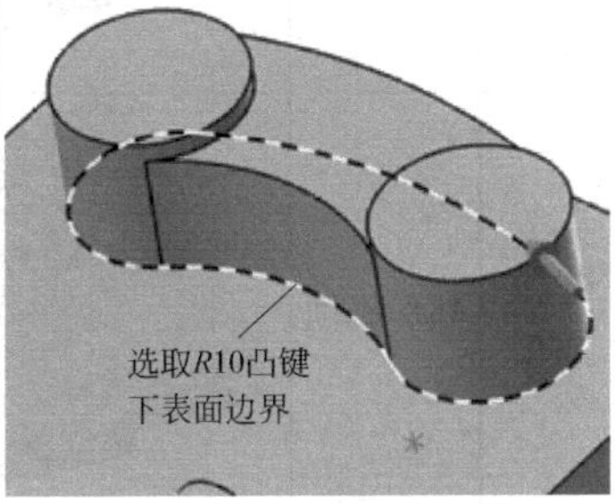 选取$R10$凸键下表面边界	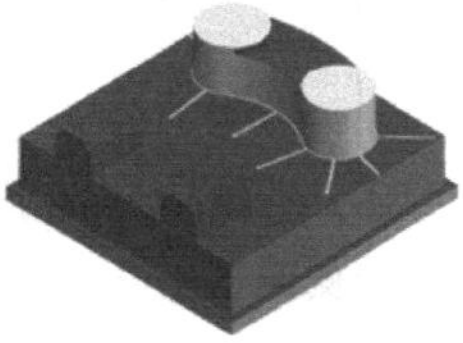
	1-6 精铣上表面 $\phi20$mm 凸台	外形铣削	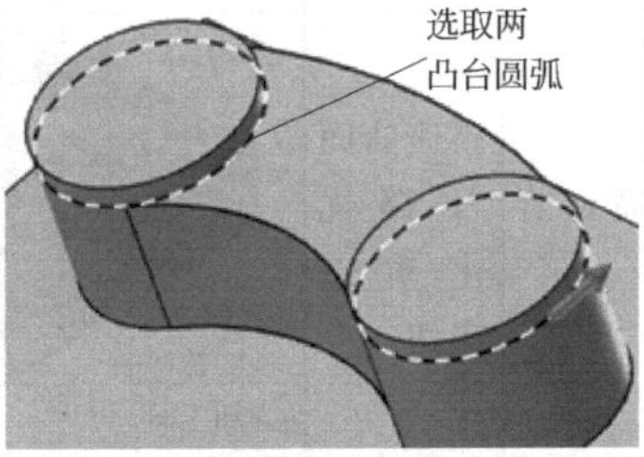 选取两凸台圆弧	
	1-7 精铣上表面两个 $R6$mm 圆弧键两侧	外形铣削	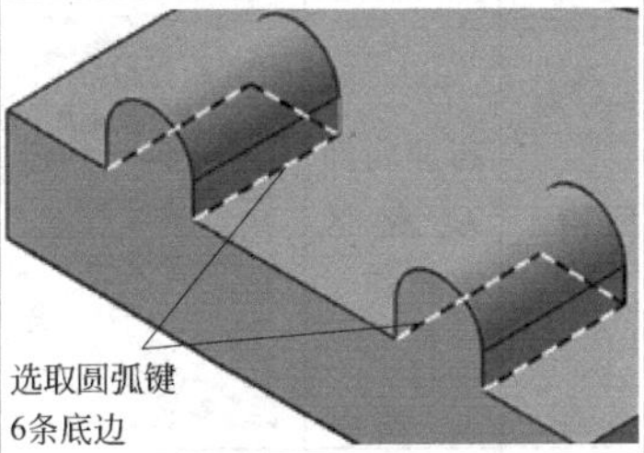 选取圆弧键6条底边	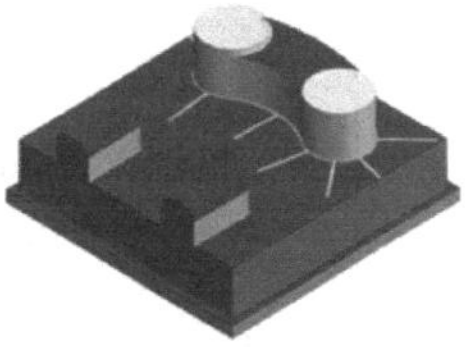
	1-8 精铣上表面两个 $R6$mm 圆弧键曲面	曲面精修平行	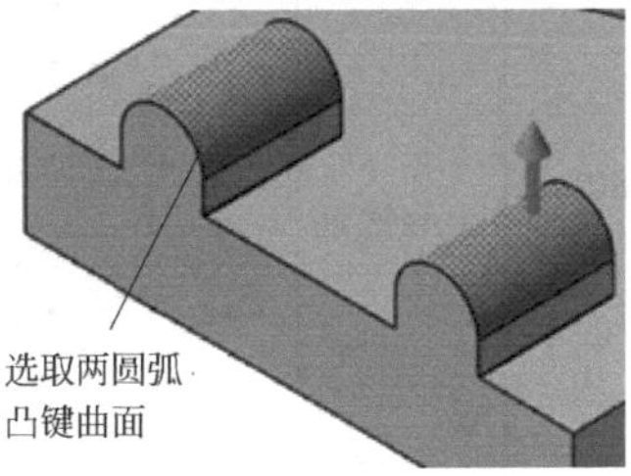 选取两圆弧凸键曲面	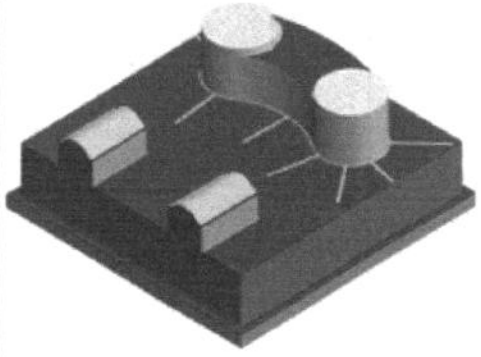
二	2-2 铣下表面平面	平面铣	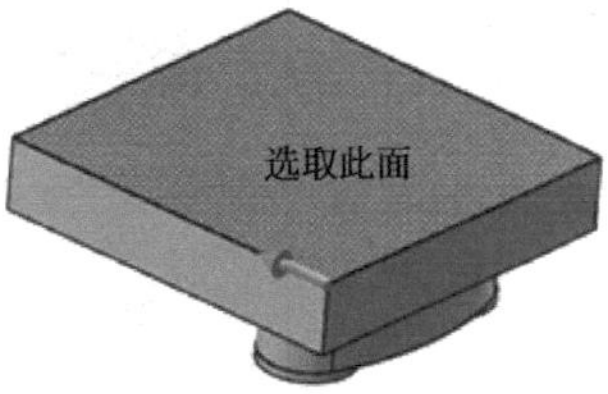 选取此面	

表 3-5 凹模零件加工外形及效果

工序	工步	加工刀路	选择外形	加工效果
三	3-1 铣上表面平面	平面铣	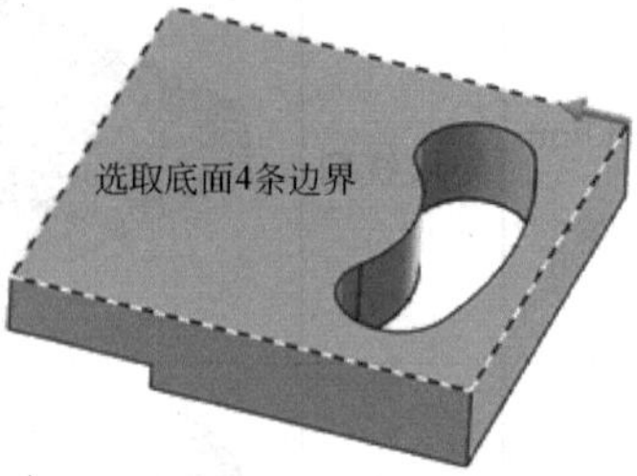 选取底面4条边界	
	3-2 粗铣 80mm×80mm 侧面	外形铣削	 选取底面4条边界	
	3-3 铣 10.5mm 高台阶轮廓	高速曲面刀路-优化动态粗切	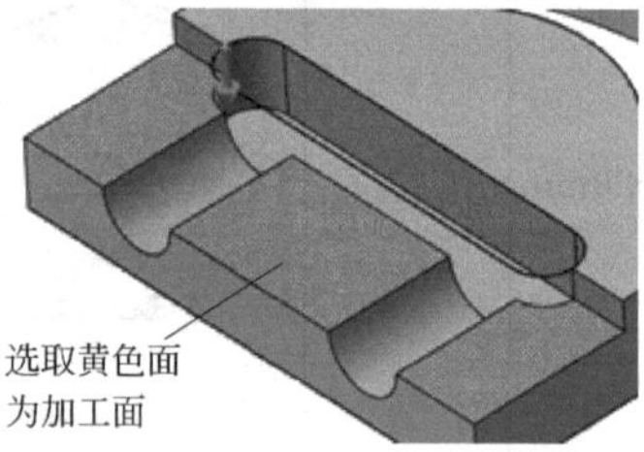 选取黄色面为加工面	
	3-4 粗铣 *R*10mm 键槽	高速曲面刀路-区域粗切	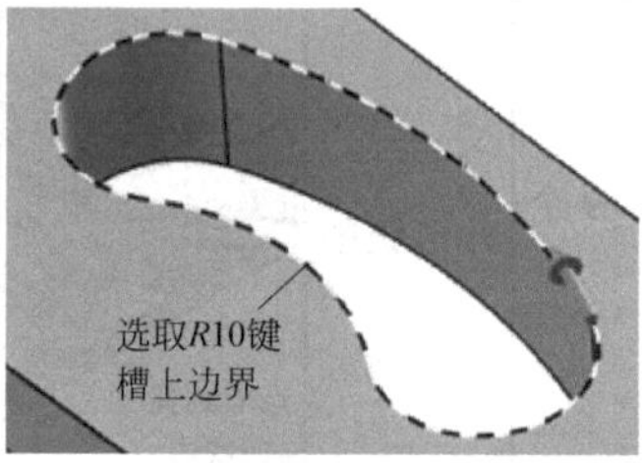 选取*R*10键槽上边界	
	3-5 精铣 80mm×80mm 侧面	外形铣削	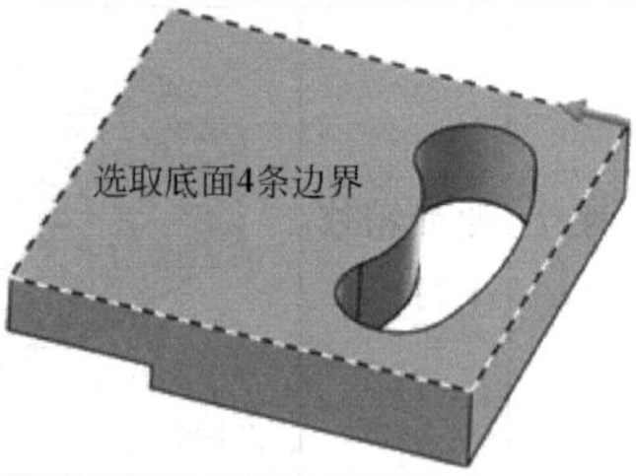 选取底面4条边界	
	3-6 精铣 *R*10mm 键槽	2D 挖槽	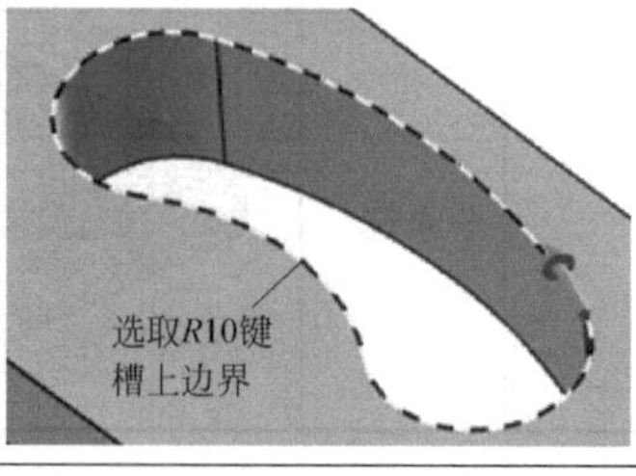 选取*R*10键槽上边界	

续表

工序	工　　步	加工刀路	选择外形	加工效果
三	3-7　铣 R5mm 键槽	高速曲面刀　路-区域粗切		
	3-8　粗铣右边 R6mm 圆弧槽	曲面粗切平行		
	3-9　粗铣左边 R6mm 圆弧槽	曲面粗切平行		
	3-10　精铣右边 R6mm 圆弧槽	曲面精修平行		
	3-11　精铣左边 R6mm 圆弧槽	曲面精修平行		
四	4-2　铣下表面平面	平面铣		

3.3.2 刀路编制

1. 工序一(凸模)

工步 1-1：铣上表面平面。

项目 3 工步 1-1：铣上表面平面

步骤 1-1-1：导入凸模零件模型,选择铣削加工模块。

打开凸模零件模型,选择主菜单中的“机床类型”→“铣床”→“默认”命令,系统进入铣削加工模块,并自动初始化加工环境。此时“刀路”选项卡中新增了一个机床群组。

步骤 1-1-2：设置毛坯。

在“刀路”选项卡中展开“属性”节点,单击“毛坯设置”子节点,弹出“机床群组属性”对话框,然后切换到“毛坯设置”选项卡。选择毛坯的形状为“立方体”,在工件尺寸中的 X 方向输入 85,Y 方向输入 85,Z 方向输入 35,“毛坯原点视图坐标”Z 方向输入 0.5,选中“显示”复选框,其余采用默认值。单击确定按钮 ✓ 完成毛坯的设置。

步骤 1-1-3：选择“平面铣”加工方式。

选择主菜单中的“刀路”→“平面铣”命令,系统弹出“输入新 NC 名称”对话框,输入 T3-1 为刀路的新名称(也可以采用默认名称),单击确定按钮 ✓ 。

NC 文件的名称取好之后,系统会弹出 “串连选项”对话框,如图 3-3 所示,选择“实体”→“实体面”,选取实体模型底面,然后单击确定按钮 ✓ ,弹出“2D 刀路-平面铣削”对话框。

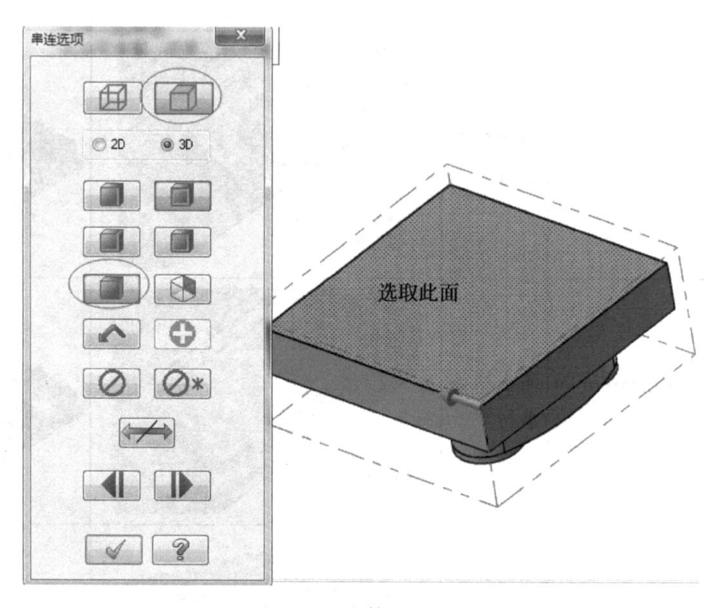

图 3-3 “实体面”方框

步骤 1-1-4：设置刀具加工参数。

选中“2D 刀路-平面铣削”对话框中的“刀具”节点,在对话框空白处右击选择“创建新刀具”选项,在“选择刀具类型”页面选择平底刀；在“定义刀具图形”页面中将“刀齿直径”

设置为 16，将"刀齿长度"设置为 33；在"完成属性"页面中将"刀齿数"设置为 3，将"进给速率"设置为 1000，将"下刀速率"设置为 1000，将"提刀速率"设置为 1000，将"主轴转速"设置为 2000，其余采用默认值，单击按钮 完成 完成刀具的设置。

步骤 1-1-5：选择"切削参数"。

选中"切削参数"节点，将"类型"设置为"双向"，将"刀具在拐角处走圆角"设置为"无"，"底面预留量"设置为 0，其他选项均采用默认值。

步骤 1-1-6：选择"共同参数"。

选中"共同参数"节点，因为模型总高度变为 30mm，原点在模型上方，毛坯原点高度又设置为 0.5，所以这里将"深度"值设为 0，采用"绝对坐标"方式，其余采用默认值。单击确定按钮 完成所有加工参数的设定。设置完成的"共同参数"如图 3-4 所示，上表面刀路如图 3-5 所示。

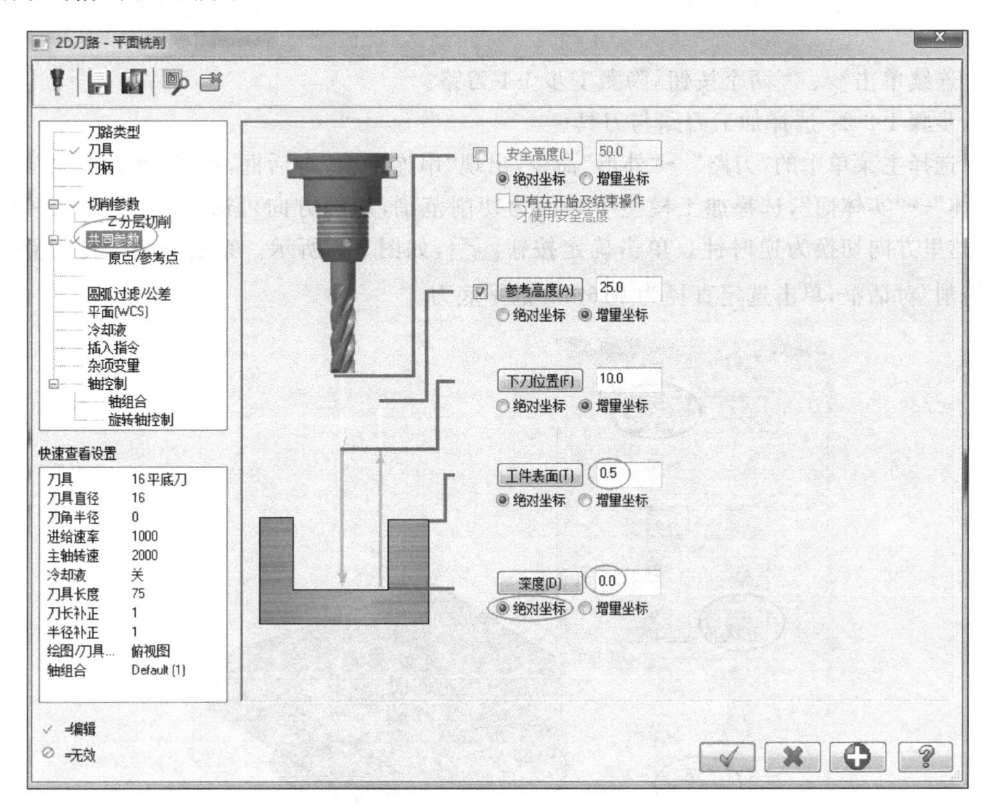

图 3-4 "共同参数"设置

步骤 1-1-7：对刀路实体进行验证。

选择工步 1-1 刀路，在"刀路"选项卡中单击"验证已选择的操作"按钮，在弹出的"验证"对话框中单击"机床"加工按钮即可进行刀路验证操作，结果如图 3-6 所示。

项目 3 工步 1-2：粗铣 80mm × 80mm 侧面

工步 1-2：粗铣 80mm×80mm 侧面。

步骤 1-2-1：隐藏刀路。

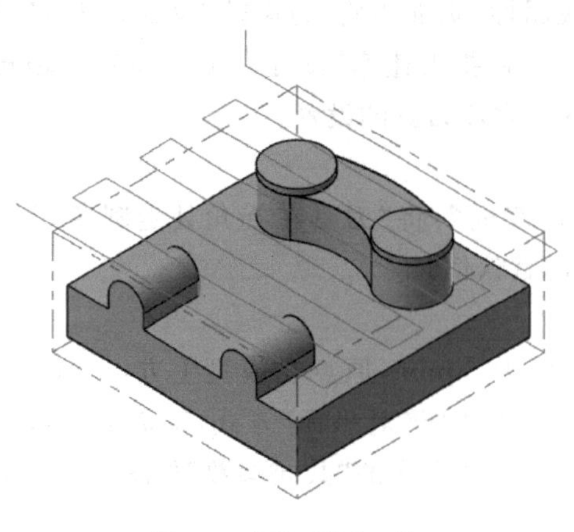

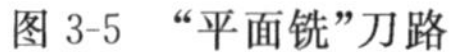

图 3-5 “平面铣”刀路

图 3-6 验证结果

连续单击 、 两个按钮，隐藏工步 1-1 刀路。

步骤 1-2-2：选择加工刀路与刀具。

选择主菜单中的“刀路”→“外形”命令，出现“串连选项”对话框，选择“串连选项”中的“实体”→“实体面”，选择加工模型下表面为切削范围，切削方向可通过切换按钮改变，这里方向切换为逆时针。单击确定按钮，如图 3-7 所示。系统弹出“2D 刀路-外形铣削”对话框，单击选定直径为 $\phi16$mm 的平底刀。

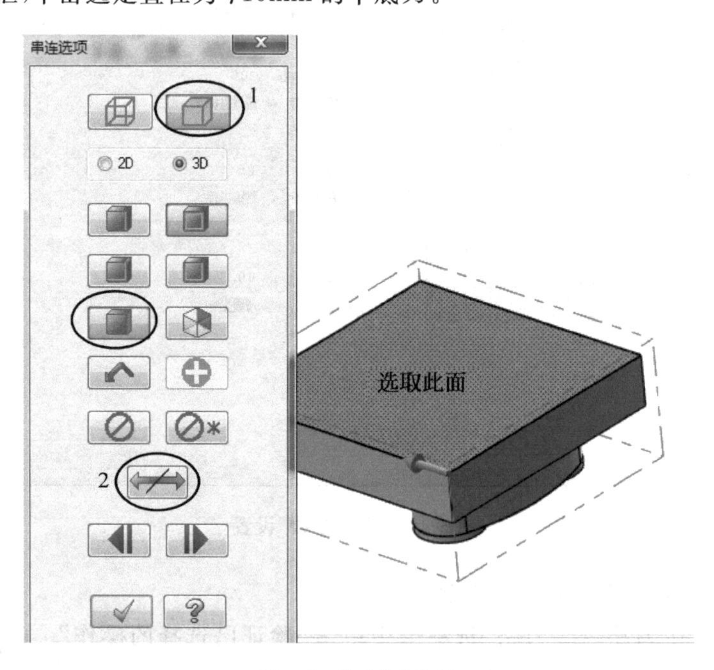

图 3-7 “实体”选择

步骤 1-2-3：选择“切削参数”。

刀具在毛坯的外侧进刀，要考虑补正。选中“切削参数”节点，选择“补正方式”为“电脑,“补正方向”设置为“右”,“刀具在拐角处走圆角”设置为“无”,“壁边预留量”为 0.3,其他参数不作修改。

步骤 1-2-4：选择“Z 分层切削”。

零件上表面高度铣到 30.5mm,要进行 Z 轴分层切削。选中“切削参数”下的“Z 分层切削”,选中“深度分层切削”复选框,“最大粗切步进量”设为 2,选中“不提刀”复选框,其他参数不作修改。

步骤 1-2-5：选择“进/退刀参数”。

由于刀具不能在毛坯内垂直下刀,为保证工件侧面的垂直,刀具必须从毛坯外面进刀。合理的进退刀方式是在工件侧面采用直线切入进刀和直线切出退刀。图 3-8 所示为设置完成的“进/退刀参数”。

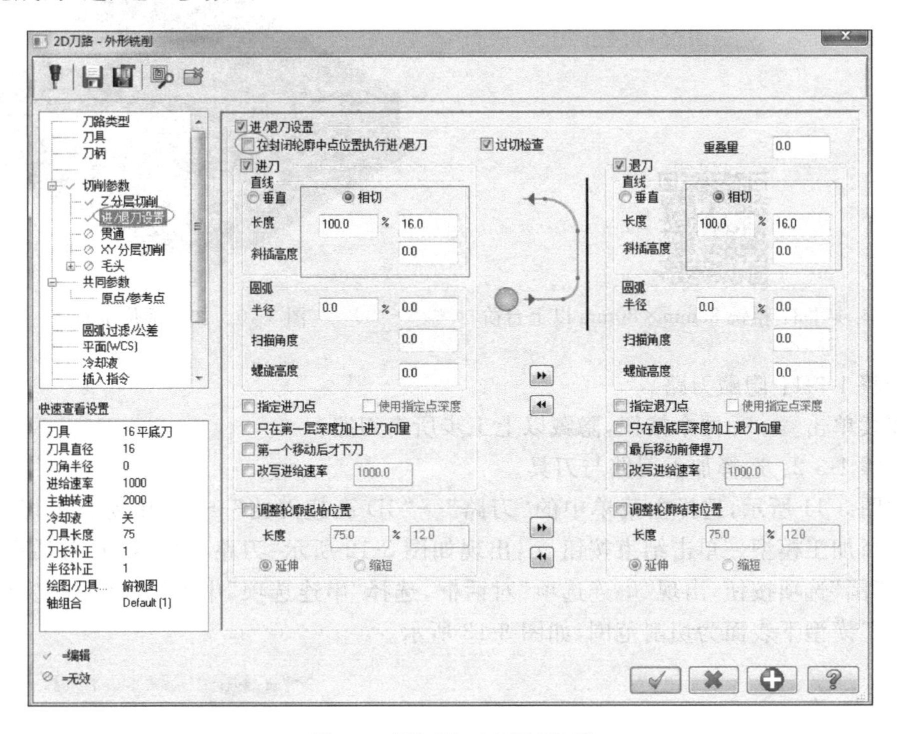

图 3-8　“进/退刀参数”选择

步骤 1-2-6：选择“共同参数”。

为方便调头找正加工,上表面侧面总高铣至 30.5mm,所以“工件表面”参数默认为 0.5,“深度”设置为−30.5,采用“绝对方式”,单击确定按钮 ✓ 完成刀具及加工参数的设置。

步骤 1-2-7：对刀路实体进行验证。

连续单击 、≋ 两个按钮,选择显示所有刀路,在“刀路”选项卡中单击“验证已选择的操作”按钮 ,弹出“验证”对话框,单击“机床”加工按钮 即可进行刀路验证操作,结果如图 3-9 所示。

工步 1-3：粗铣 80mm×80mm 以上台阶。

本工步加工部位如图 3-10 所示。

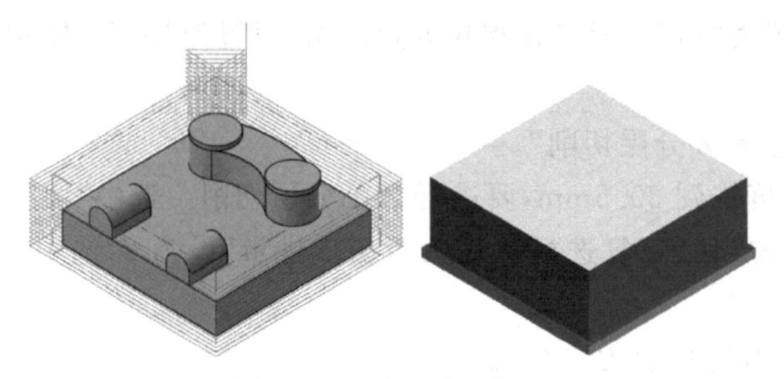

图 3-9　刀路及验证结果

项目 3 工步 1-3：粗铣 80mm×80mm 以上台阶

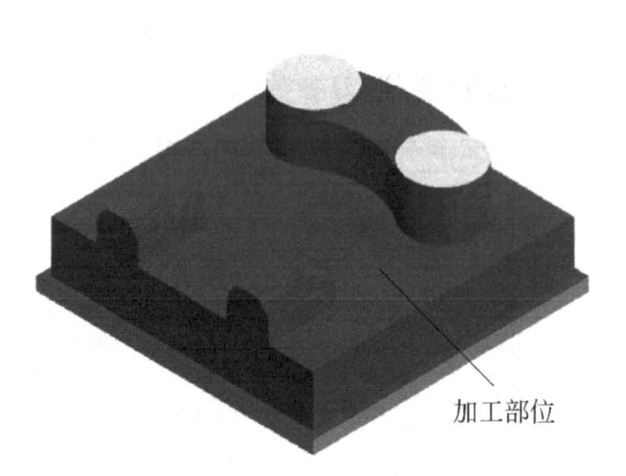

图 3-10　加工部位示意

步骤 1-3-1：隐藏刀路。

连续单击 、 两个按钮，隐藏以上工步所有刀路。

步骤 1-3-2：选择加工刀路与刀具。

如图 3-11 所示，选择主菜单中的“刀路”→“3D 高速刀路”→“优化动态粗切”命令。单击选择加工模型。单击结束按钮 ，出现如图 3-12 所示“刀路曲面选择”对话框，单击“切削范围”选项按钮，出现“串连选项”对话框，选择“串连选项”中的“实体”→“实体面”，选择加工模型下表面为切削范围，如图 3-13 所示。

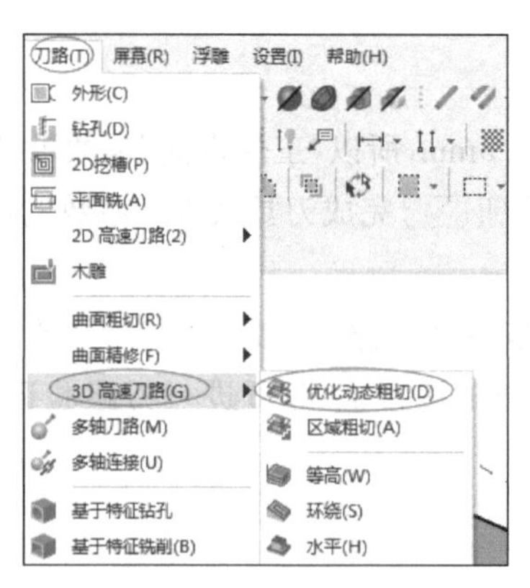

图 3-11　选取刀路

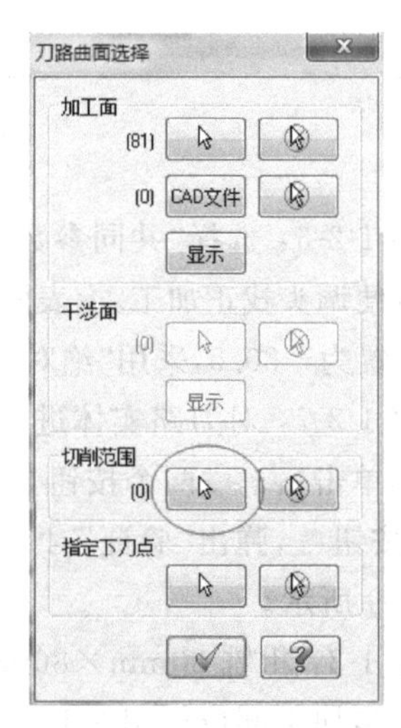

图 3-12　“刀路曲面选择”对话框

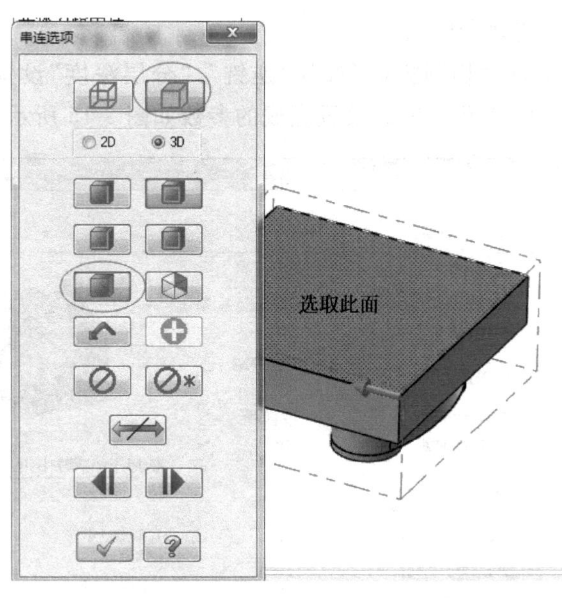

图 3-13 选择“切削范围”

单击按钮 ,使边界产生逆时针箭头,然后单击“串连选项”“刀路曲面选择”。单击确定按钮 ,弹出“高速曲面刀路-优化动态粗切”对话框。选中“优化动态粗切”方式,将对话框右侧的“切削范围”选择为“开放”,如图 3-14 所示,单击选定 ϕ16mm 的平底刀。

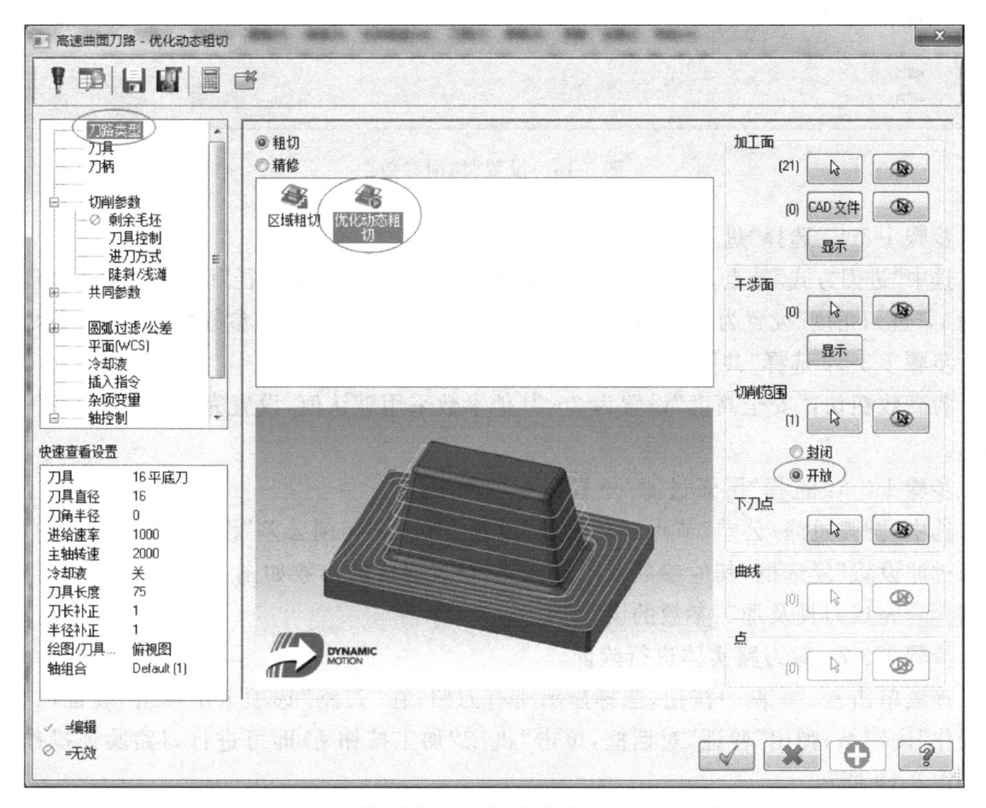

图 3-14 “高速曲面刀路-优化动态粗切”对话框

步骤 1-3-3：选择“切削参数”。

选中“切削参数”节点，“切削方向”选择“逆铣”，“分层深度”设置为 0.8，选中“步进量”并设置为 0.8，“壁边”设置为 0.5，设置完成的参数如图 3-15 所示。

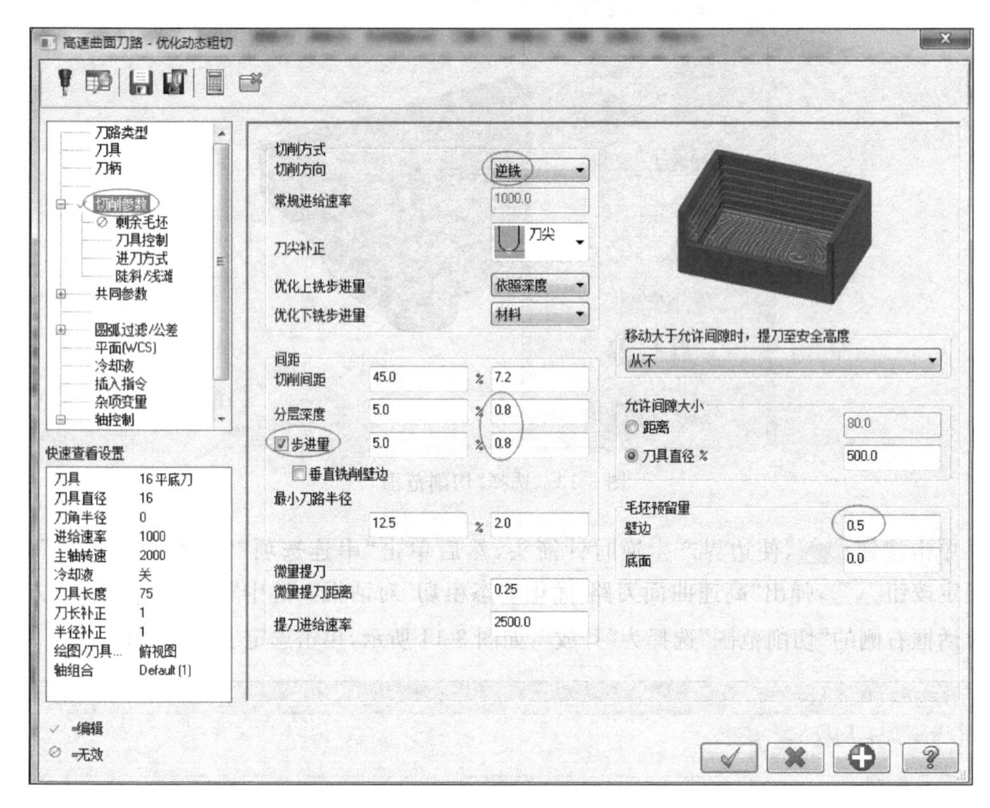

图 3-15 设置“切削参数”

步骤 1-3-4：选择“进刀方式”。

选中“进刀方式”节点，“下刀方式”设置为“单一螺旋”，“螺旋半径”设置为 8，“Z 高度”设置为 1，“进刀角度”设置为 1，“忽略区域小于”设置为 0，设置完成的参数如图 3-16 所示。

步骤 1-3-5：选择“共同参数”。

为高效粗切，“安全高度”设置为 20，其他参数采用默认值，设置完成的参数如图 3-17 所示。

步骤 1-3-6：选择“圆弧过滤/公差”。

选中“圆弧过滤/公差”节点，“总公差”设置为 0.2，“切削公差”设置为 50%，选中“线/圆弧过滤设置”复选框，其他参数采用默认值，设置完成的参数如图 3-18 所示。单击确定按钮 完成刀具及加工参数的设置。

步骤 1-3-7：对刀路实体进行验证。

连续单击 、 两个按钮，选择显示所有刀路，在“刀路”选项卡中单击“验证已选择的操作”按钮 ，弹出“验证”对话框，单击“机床”加工按钮 即可进行刀路验证操作，结果如图 3-19 所示。

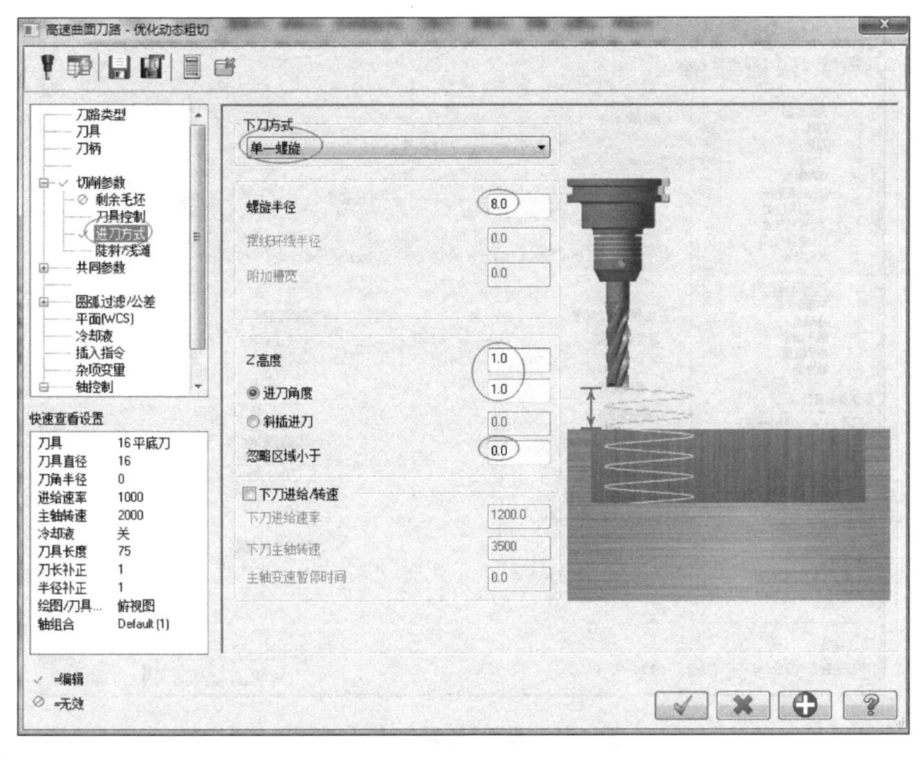

图 3-16　“进刀方式”选择

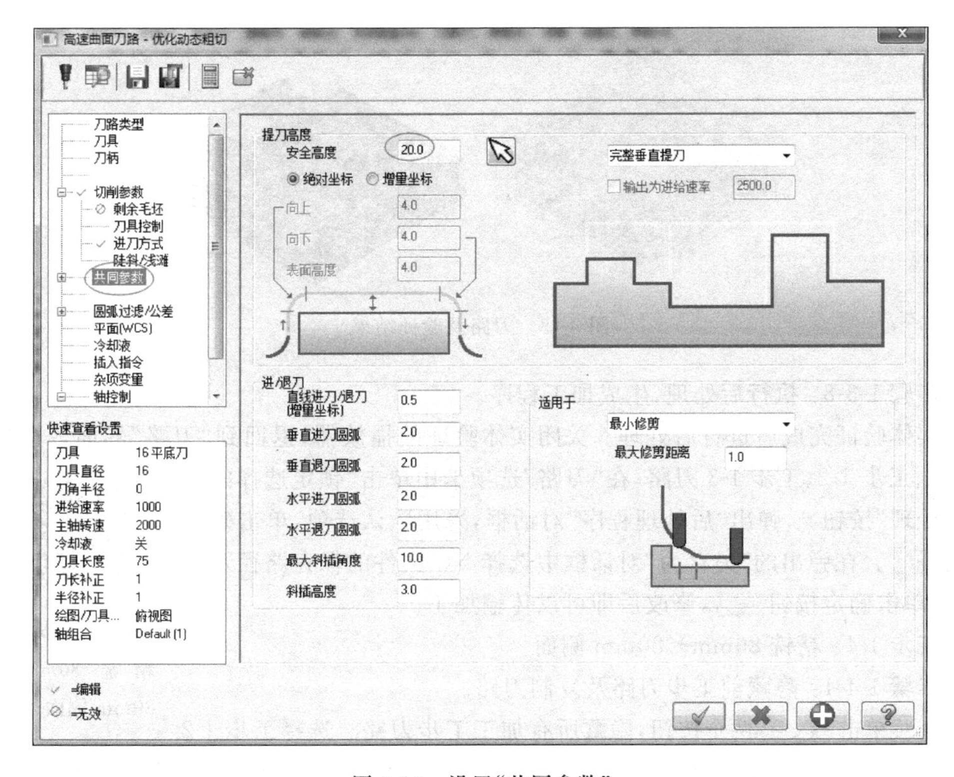

图 3-17　设置“共同参数”

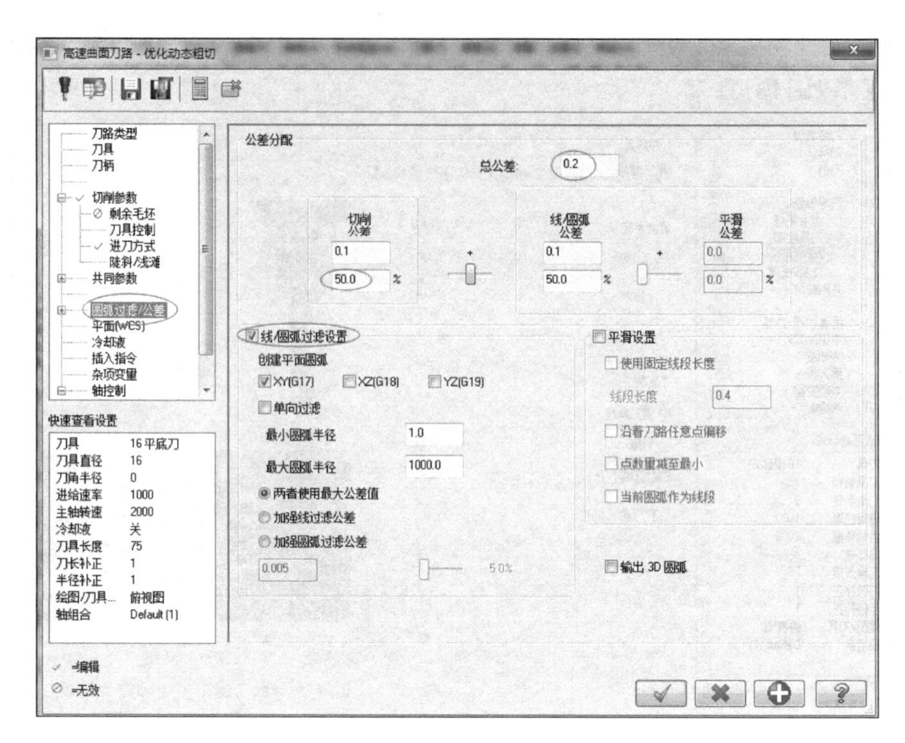

图 3-18 设置“圆弧过滤/公差”

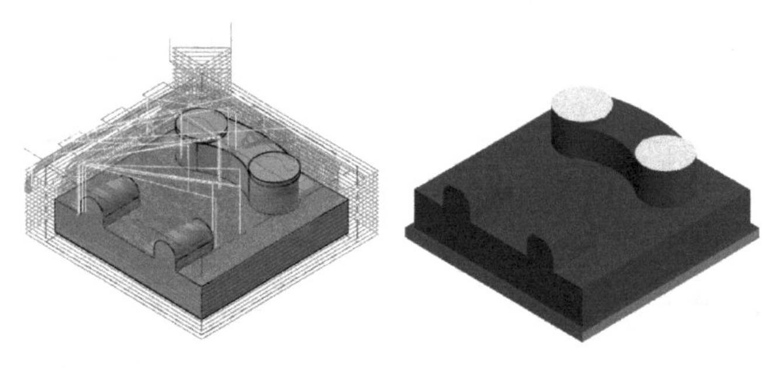

图 3-19 刀路及验证结果

步骤 1-3-8：执行后处理，生成加工程序。

实体验证完成后进行后处理。关闭实体验证的播放器，退回到“刀路”界面。选择工步 1-1、工步 1-2、工步 1-3 刀路，在“刀路”选项卡中单击“锁定选择的操作后处理”按钮，弹出“后处理程序”对话框，采用默认选项，单击确定按钮。在弹出的“另存为”对话框中选择 NC 文件的保存路径及文件名，单击确定按钮，修改后即可以传输加工。

项目 3 工步 1-4：精铣 80mm × 80mm 侧面

工步 1-4：精铣 80mm×80mm 侧面。

步骤 1-4-1：隐藏前工步刀路及复制刀路。

连续单击、两个按钮，隐藏所有加工工步刀路。选择工步 1-2 粗铣 80mm×80mm 侧面刀路。把光标放置在工步 1-2 刀路文件夹上，右击选择复制，在刀路页面空白处粘贴。然后在新建的精铣刀路中修改参数。

步骤 1-4-2：修改“切削参数”。

单击工步 1-4 刀路“参数”文件，“切削参数”中的“壁边预留量”设置为 0，其他参数不作修改。

步骤 1-4-3：修改“Z 分层切削”。

切换到“Z 分层切削”复选框，取消选中“深度分层切削”复选框，让刀具在 Z 方向一刀切至总深，从而保证侧面的平整，其他参数不作修改。

步骤 1-4-4：重新计算刀路。

修改工步 1-4 刀路的参数后，单击确定按钮 完成刀路参数的修改。这时刀路需要重新计算。选择工步 1-4 刀路，单击按钮 重新计算刀路。

步骤 1-4-5：刀路进行实体验证。

连续单击 、 两个按钮，选择显示所有刀路，在“刀路”选项卡中单击“验证已选择的操作”按钮 ，弹出“验证”对话框，单击“机床”加工按钮 即可进行刀路验证操作，结果如图 3-20 所示。

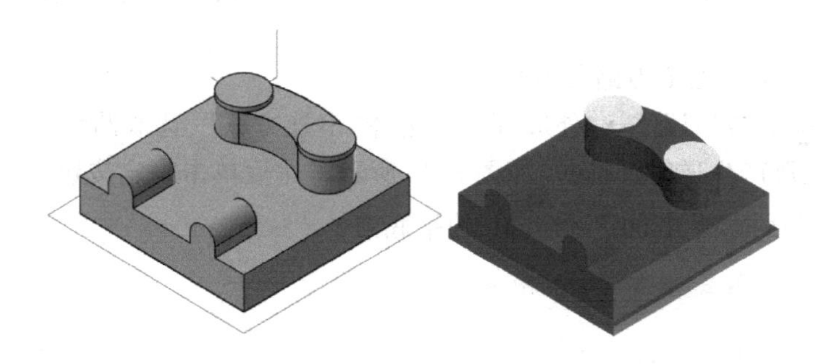

图 3-20 刀路及验证结果

步骤 1-4-6：执行后处理，生成加工程序。

实体验证完成后进行后处理。关闭实体验证的播放器，退回到“刀路”界面。选择工步 1-4 刀路，在“刀路”选项卡中单击“锁定选择的操作后处理”按钮 ，弹出“后处理程序”对话框，采用默认选项，单击确定按钮 。在弹出的“另存为”对话框中选择 NC 文件的保存路径及文件名，单击确定按钮 ，修改后即可进行传输加工。

工步 1-5：精铣上表面 $R10$mm 凸键。

本工步加工部位如图 3-21 所示。

项目 3 工步 1-5：精铣上表面 $R10$mm 凸键

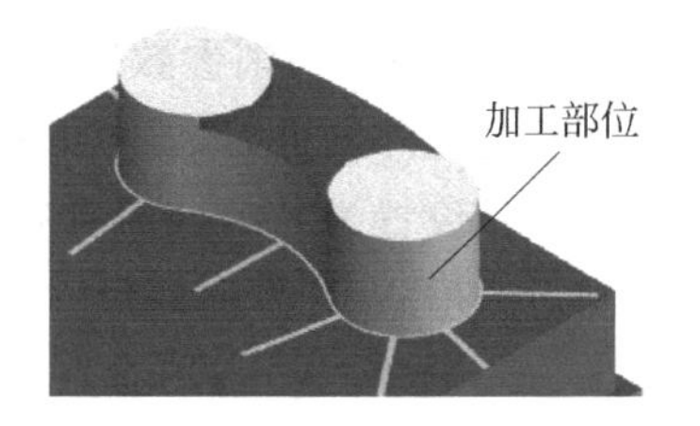

图 3-21 加工部位示意

步骤 1-5-1：隐藏刀路。

连续单击 、 两个按钮，隐藏以上工步所有刀路。

步骤 1-5-2：加工模型处理。

精加工刀路采用外形铣削进行加工，加工之前先抽取需要的曲面线条。如图 3-22 所示，选择主菜单中的“绘图”→“曲面曲线”命令，选择“单一边界”，逐一选中模型凸键下表面边界，如图 3-23 所示。

图 3-22 选择“曲面曲线”命令

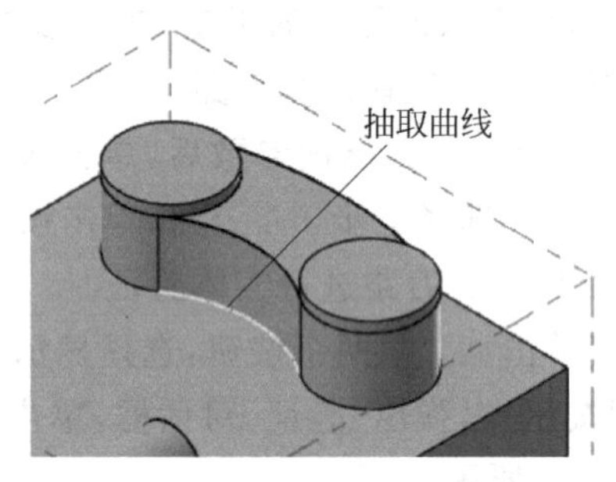

图 3-23 提取线段

步骤 1-5-3：选择加工刀路与刀具。

选择主菜单中的“刀路”→“外形”命令，选择“串连方式”，选取凸键下表面边界，单击按钮 ，使矩形产生逆时针箭头，如图 3-24 所示。然后单击确定按钮 ，弹出“2D 刀路-外形铣削”对话框，单击选定 ϕ16mm 的平底刀。

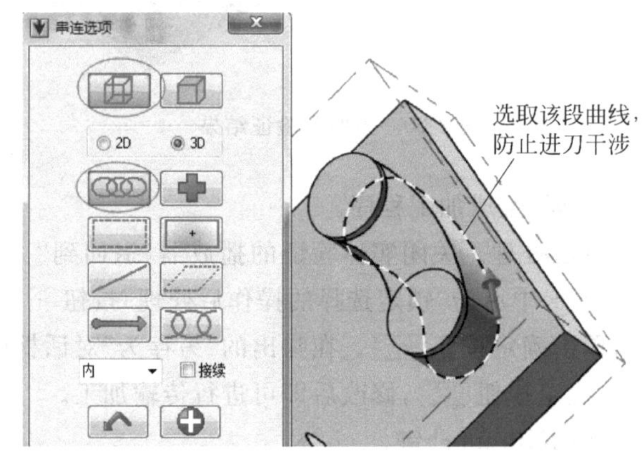

图 3-24 选择“串连”

步骤 1-5-4：选择“切削参数”。

刀具在毛坯的外侧进刀，要考虑补正。选中“切削参数”节点，选择“补正方式”为“电脑”，“补正方向”设置为“右”，“刀具在拐角处走圆角”设置为“无”，“壁边预留量”设置为 0，从而控制矩形槽 X、Y 方向的尺寸，其他参数采用默认值。

步骤 1-5-5：选择“进/退刀参数”。

由于刀具不能在毛坯内垂直下刀，为保证工件侧面的垂直，刀具必须从毛坯外面进刀。合理的进/退刀方式是在工件侧面采用圆弧切入进刀和圆弧切出退刀。“重叠量”设置为 30，具体设置如图 3-25 所示。

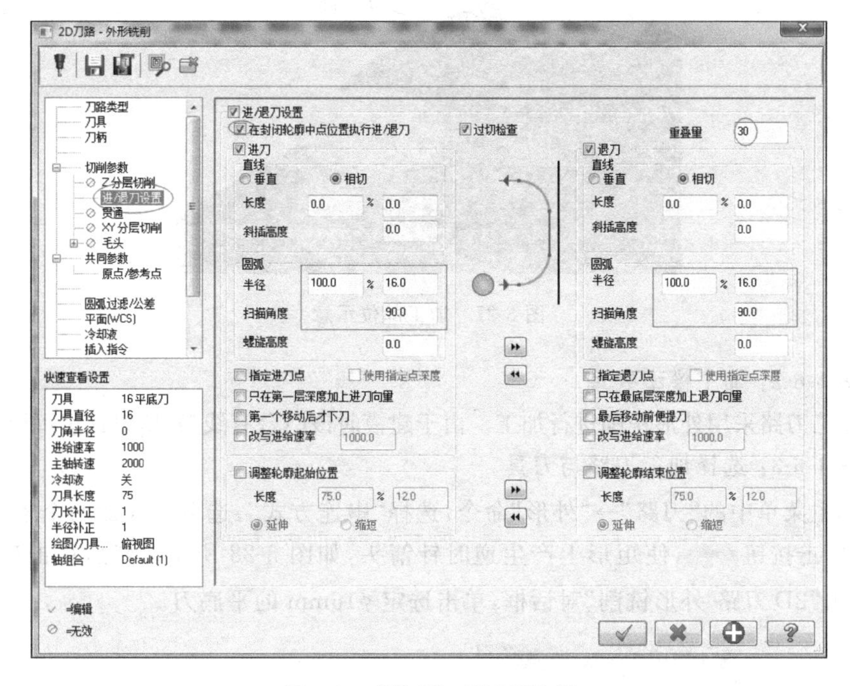

图 3-25 “进/退刀设置”选择

步骤 1-5-6：选择“共同参数”。

凸键总高为 15mm，所以工件“深度”设置为－15，其他参数采用默认值。单击确定按钮 完成刀具及加工参数的设置。

步骤 1-5-7：对刀路实体进行验证。

连续单击 、 两个按钮，选择显示所有刀路，在“刀路”选项卡中单击“验证已选择的操作”按钮 ，在弹出的“验证”对话框中单击“机床”加工按钮 即可进行刀路验证操作，结果如图 3-26 所示。

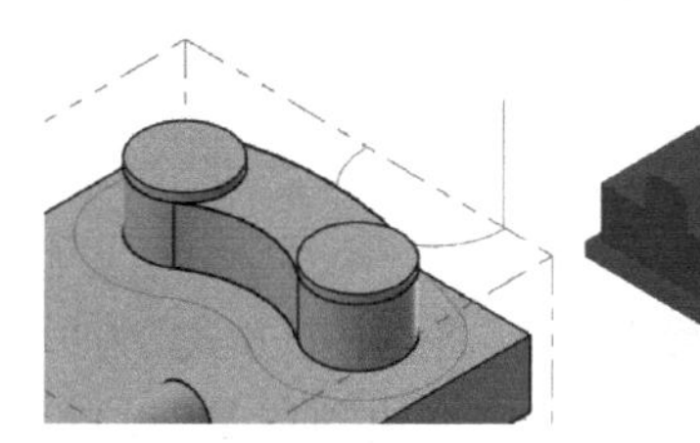

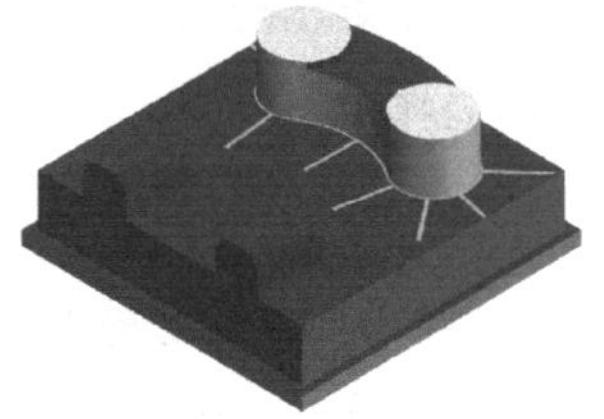

图 3-26 刀路及验证结果

项目 3 工步 1-6：精铣上表面 ϕ20mm 凸台

工步 1-6：精铣上表面 ϕ20mm 凸台。

本工步加工部位如图 3-27 所示。

步骤 1-6-1：隐藏刀路。

连续单击 、 两个按钮，隐藏以上工步所有刀路。

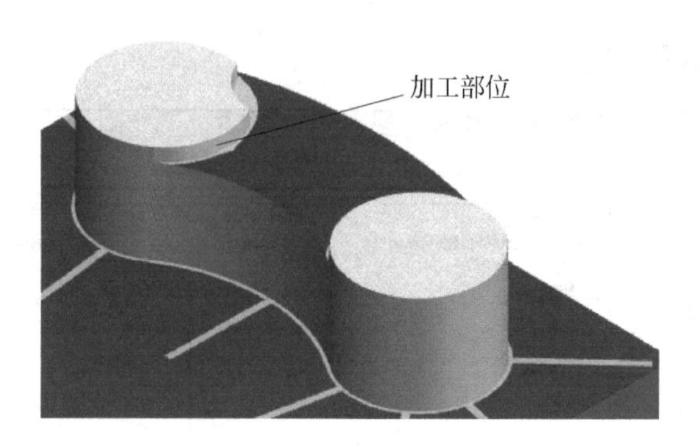

图 3-27　加工部位示意

步骤 1-6-2：加工模型处理。

精加工刀路采用外形铣削进行加工。由于建模时该凸台有线条，所以这里可以不抽取。

步骤 1-6-3：选择加工刀路与刀具。

选择主菜单中的"刀路"→"外形"命令，选择"串连方式"，选取上表面两个 ϕ20mm 凸台边界，单击按钮，使矩形上产生逆时针箭头，如图 3-28 所示。然后单击确定按钮，弹出"2D 刀路-外形铣削"对话框，单击选定 ϕ16mm 的平底刀。

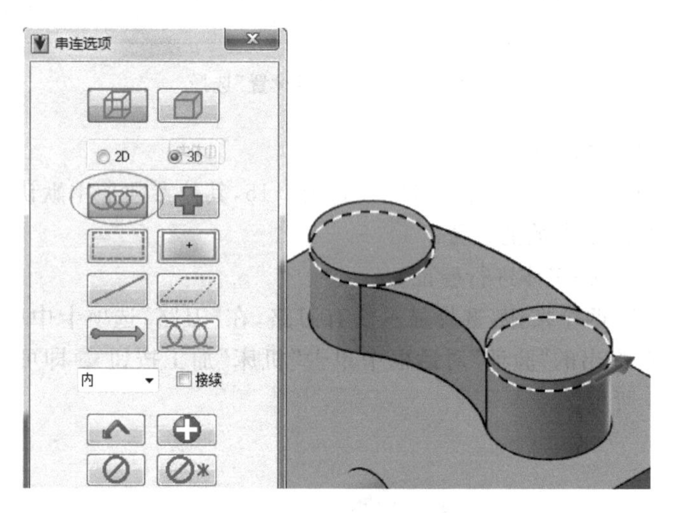

图 3-28　选择"串连"

步骤 1-6-4：选择"切削参数"。

刀具在毛坯的外侧进刀，要考虑补正。选中"切削参数"节点，将"补正方式"为"电脑"，"补正方向"设置为"右"，"刀具在拐角处走圆角"设置为"无"，"壁边预留量"设置为 0，其他参数采用默认值。

步骤 1-6-5：选择"进/退刀设置"。

由于刀具不能在毛坯内垂直下刀，为保证工件侧面的垂直，刀具必须从毛坯外面进刀。合理的进/退刀方式是在工件侧面采用圆弧切入进刀和圆弧切出退刀，"重叠量"设置为 30，具体设置如图 3-29 所示。

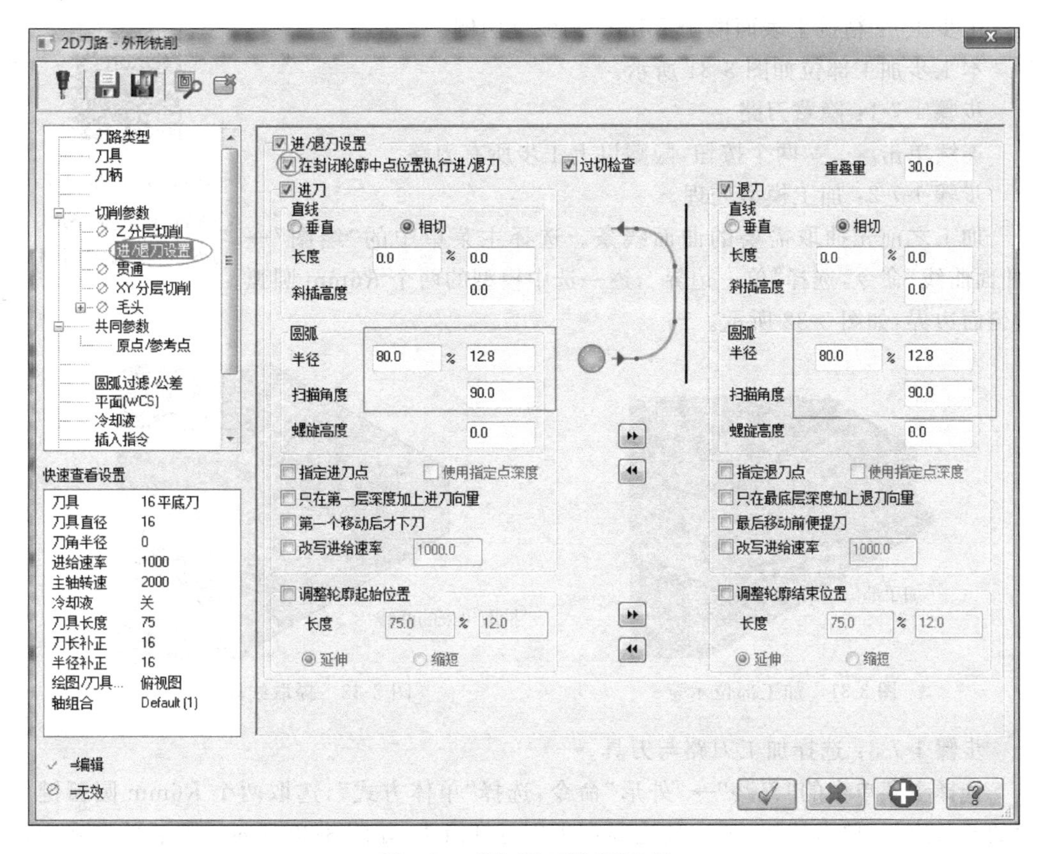

图 3-29 “进/退刀设置”选择

步骤 1-6-6：选择“共同参数”。

凸台总高度为 2mm，所以工件“深度”设置为−2，其他参数采用默认值。单击确定按钮 完成刀具及加工参数的设置。

步骤 1-6-7：对刀路进行实体验证。

连续单击 、 两个按钮，选择显示所有刀路，在“刀路”选项卡中单击“验证已选择的操作”按钮 ，在弹出的“验证”对话框中单击“机床”加工按钮 ，即可进行刀路验证操作，结果如图 3-30 所示。

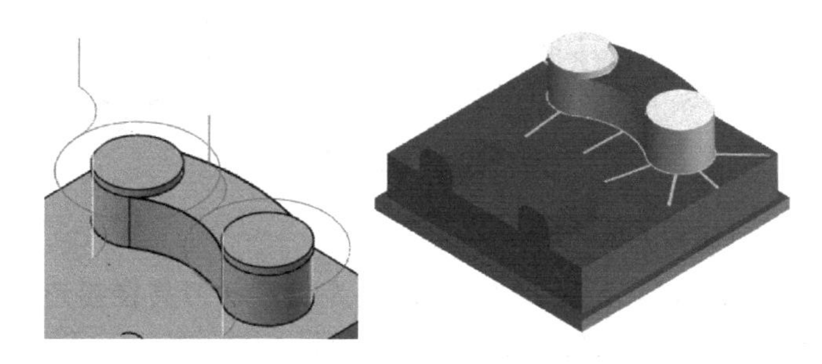

图 3-30 刀路及验证结果

工步 1-7：精铣上表面两个 $R6$mm 圆弧键两侧。

项目 3 工步 1-7：精铣上表面两个 $R6$mm 圆弧键两侧

本工步加工部位如图 3-31 所示。

步骤 1-7-1：隐藏刀路。

连续单击 、 两个按钮，隐藏以上工步所有刀路。

步骤 1-7-2：加工模型处理。

加工之前先抽取需要的曲面线条。选择主菜单中的“绘图”→“曲面曲线”命令，选择“单一边界”，逐一选中模型的两个 $R6$mm 圆弧键侧面边界，如图 3-32 所示。

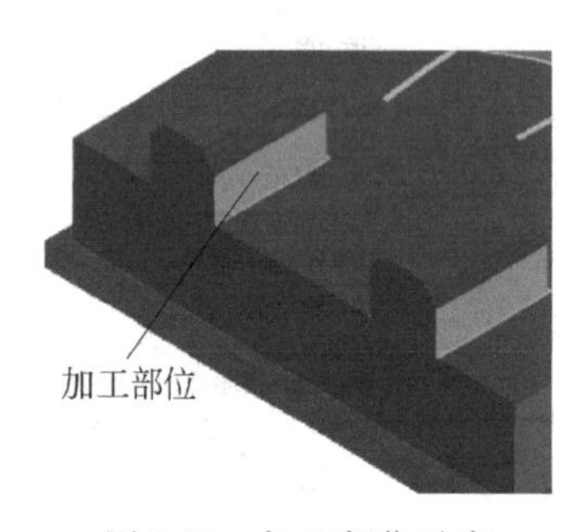

图 3-31 加工部位示意

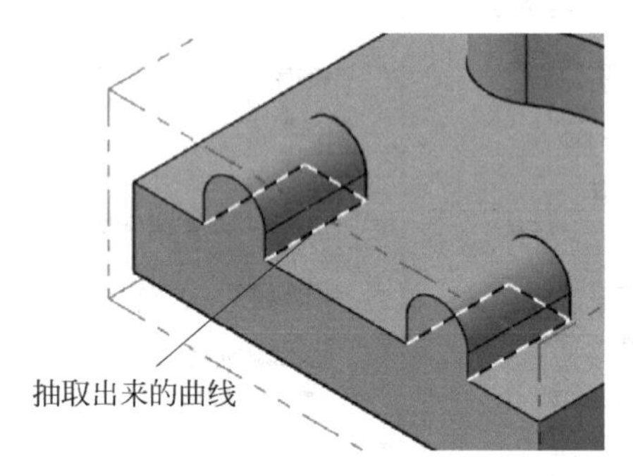

图 3-32 提取线段

步骤 1-7-3：选择加工刀路与刀具。

选择主菜单中的“刀路”→“外形”命令，选择“单体方式”，选取两个 $R6$mm 圆弧键侧面的 6 条边界，单击按钮 ，使边界产生逆时针箭头，如图 3-33 所示。然后单击确定按钮 ，弹出“2D 刀路-外形铣削”对话框，单击选定 $\phi16$mm 的平底刀。

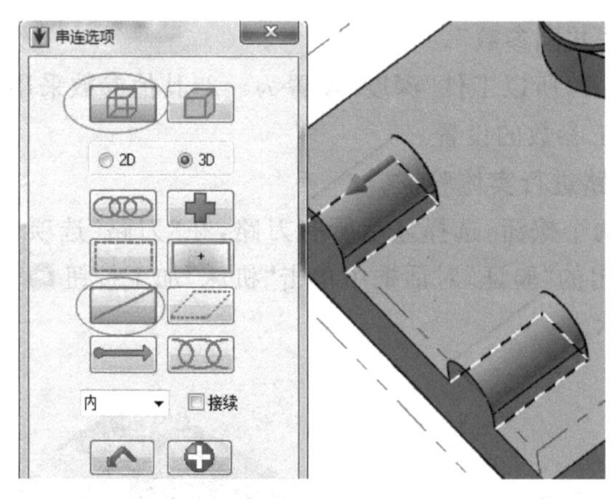

图 3-33 “单体”选择

步骤 1-7-4：选择“切削参数”。

选择“补正方式”为“电脑”，“补正方向”设置为“右”，“刀具在拐角处走圆角”设置为“无”，“壁边预留量”设置为 0，其他参数采用默认值。

步骤 1-7-5：选择“进/退刀设置”。

由于刀具不能在毛坯内垂直下刀，为保证工件侧面的垂直，刀具必须从毛坯外面进刀。合理的进/退刀方式是在工件侧面采用直线切入进刀和直线切出退刀，具体设置如图 3-34 所示。

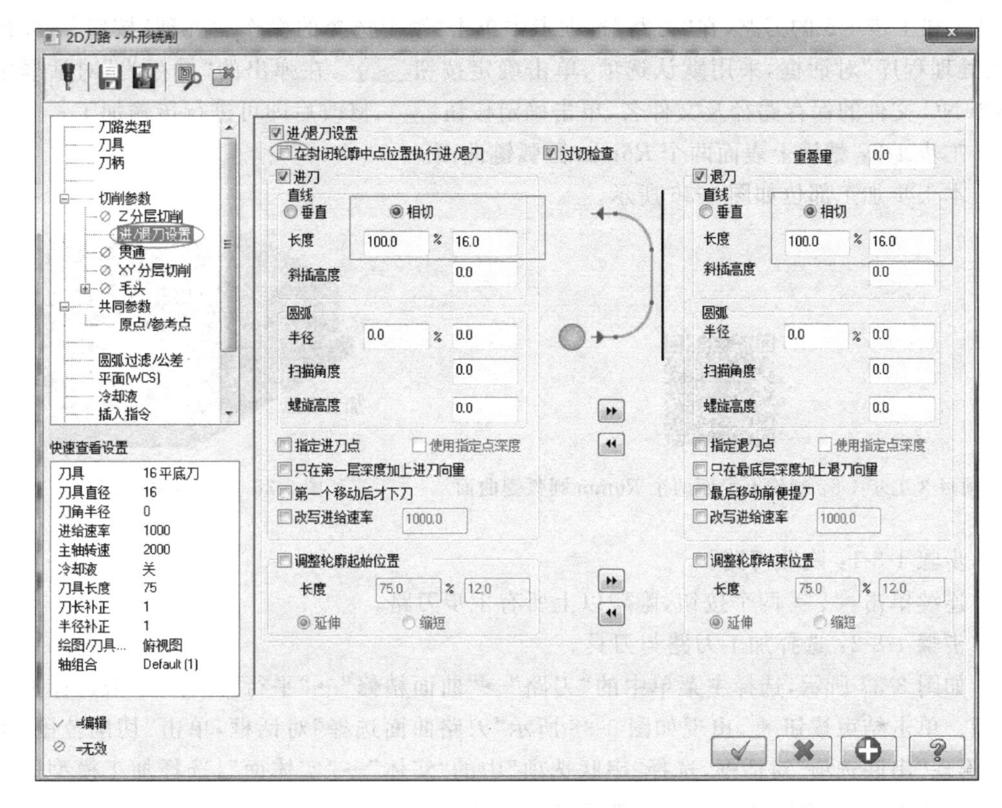

图 3-34 “进/退刀设置”选择

步骤 1-7-6：选择“共同参数”。

圆弧键总高为 15mm，所以工件“深度”设置为－15，其他参数采用默认值。单击确定按钮 完成刀具及加工参数的设置。

步骤 1-7-7：对刀路实体进行验证。

连续单击 、 两个按钮，选择显示所有刀路，在“刀路”选项卡中单击“验证已选择的操作”按钮 ，在弹出的“验证”对话框中单击“机床”加工按钮 即可进行刀路验证操作，结果如图 3-35 所示。

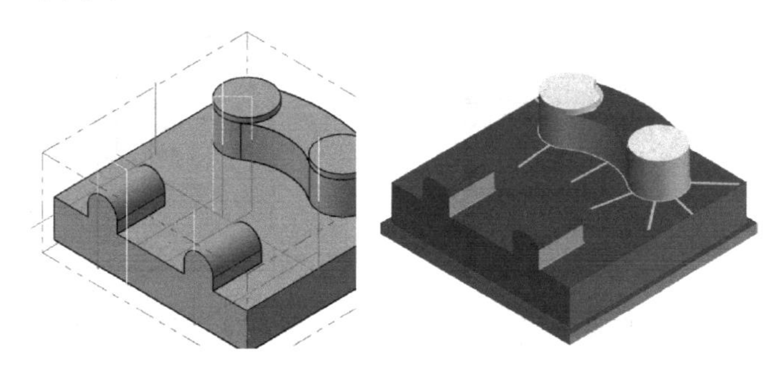

图 3-35 刀路及验证结果

步骤 1-7-8：执行后处理，生成加工程序。

实体验证完成后进行后处理。关闭实体验证的播放器，退回到“刀路”界面。选择工步 1-5 和工步 1-6 的刀路，在“刀路”选项卡中单击“锁定选择的操作后处理”按钮，弹出“后处理程序”对话框，采用默认选项，单击确定按钮。在弹出的“另存为”对话框中选择 NC 文件的保存路径及文件名，单击确定按钮，修改后即可进行传输加工。

工步 1-8：精铣上表面两个 R6mm 圆弧键曲面。

本工步加工部位如图 3-36 所示。

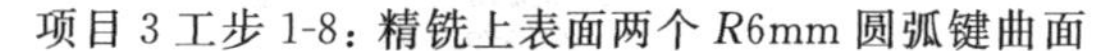

项目 3 工步 1-8：精铣上表面两个 R6mm 圆弧键曲面

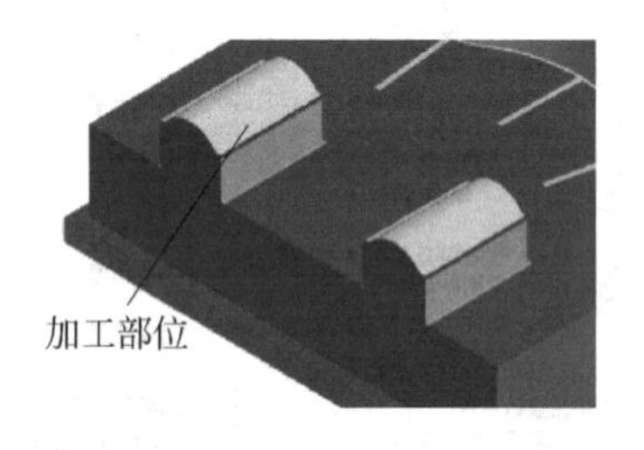

图 3-36　加工部位示意

步骤 1-8-1：隐藏刀路。

连续单击、两个按钮，隐藏以上所有工步刀路。

步骤 1-8-2：选择加工刀路与刀具。

如图 3-37 所示，选择主菜单中的“刀路”→“曲面精修”→“平行”命令，单击选择加工模型。单击结束按钮，出现如图 3-38 所示“刀路曲面选择”对话框，单击“切削范围”按钮，出现“串联选项”对话框，选择“串联选项”中的“实体”→“实体面”，选择加工模型上表面的两个 R6mm 圆弧键曲面为切削范围，如图 3-39 所示。

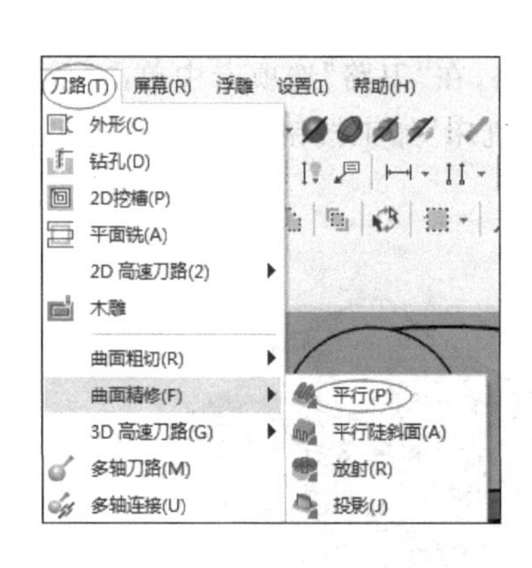

图 3-37　选取刀路

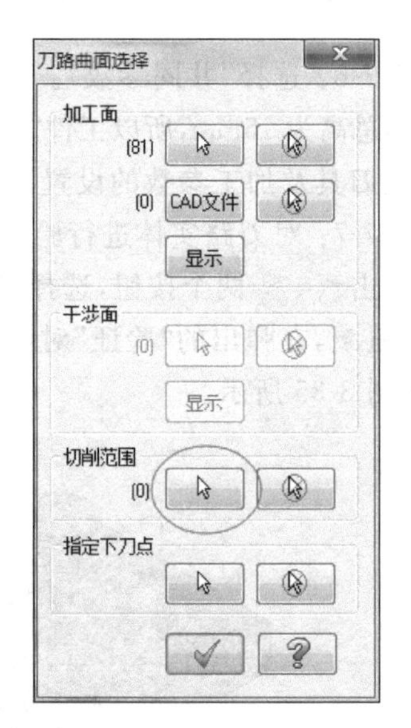

图 3-38　“刀路曲面选择”对话框

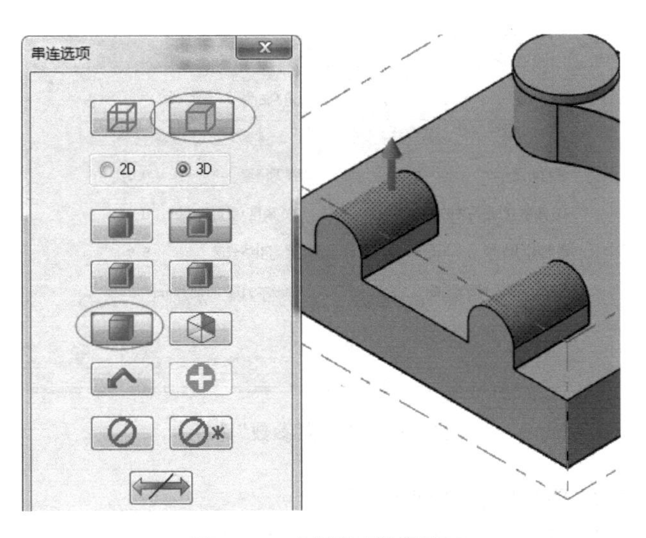

图 3-39 选择“切削范围”

单击“串连选项”“刀路曲面选择”确定按钮，弹出“曲面精修平行”对话框，选中对话框中的“刀具”节点，在对话框空白处右击选择“创建新刀具”选项，在“选择刀具类型”页面选择球铣刀；在“定义刀具图形”页面将“刀齿直径”设置为 4，将“刀齿长度”设置为 10；在“完成属性”页面将“刀齿数”设置为 2，将“进给速率”设置为 500，将“下刀速率”设置为 1000，将“提刀速率”设置为 1000，将“主轴转速”设置为 3000。其余采用默认值。单击完成按钮 完成 完成刀具的设置。

步骤 1-8-3：选择“曲面参数”。

选中对话框中的“曲面参数”节点，如图 3-40 所示。选中“参考高度”并修改为 10，选中“进/退刀”复选框并单击 进/退刀(D) 按钮。系统弹出“方向”对话框，如图 3-41 所示。“进刀角度”设置为 0，“提刀角度”设置为 0，“进刀引线长度”设置为 5，“退刀引线长度”设置为 5，单击确定按钮，返回“曲面参数”对话框。“曲面参数”对话框中的其他参数不作修改。

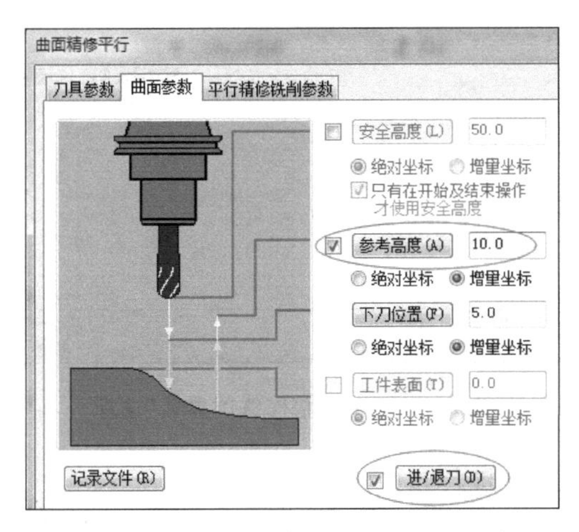

图 3-40 “曲面参数”选择

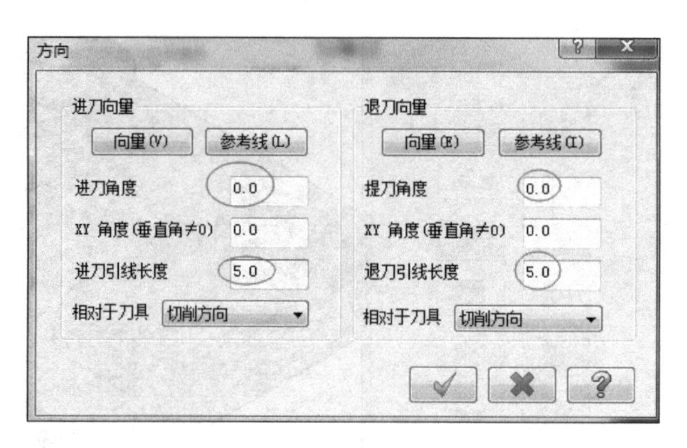

图 3-41 “方向参数”选择

步骤 1-8-4：选择“平行精修铣削参数”。

选中对话框中的“平行精修铣削参数”节点，如图 3-42 所示。“整体公差”设置为 0.025，单击 整体公差(T) 按钮，系统弹出“圆弧过滤公差”对话框，如图 3-43 所示。选中“线/弧过滤设置”复选框，“切削公差”设置为 50%，单击确定按钮，返回“平行精修铣削参数”对话框。“切削方向”设置为“双向”，“最大切削间距”设置为 0.15，“加工角度”设置为 90，其他参数不作修改。单击确定按钮，完成刀具及加工参数的设置。

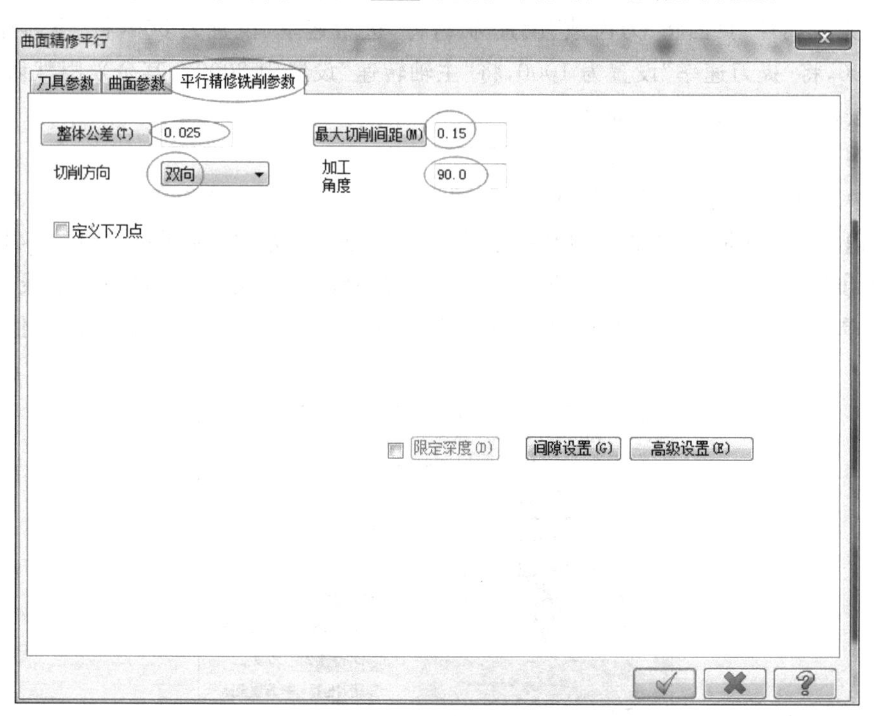

图 3-42 “平行精修铣削参数”选择

步骤 1-8-5：对刀路实体进行验证。

连续单击 、 两个按钮，选择显示所有刀路。在“刀路”选项卡中单击“验证已选择

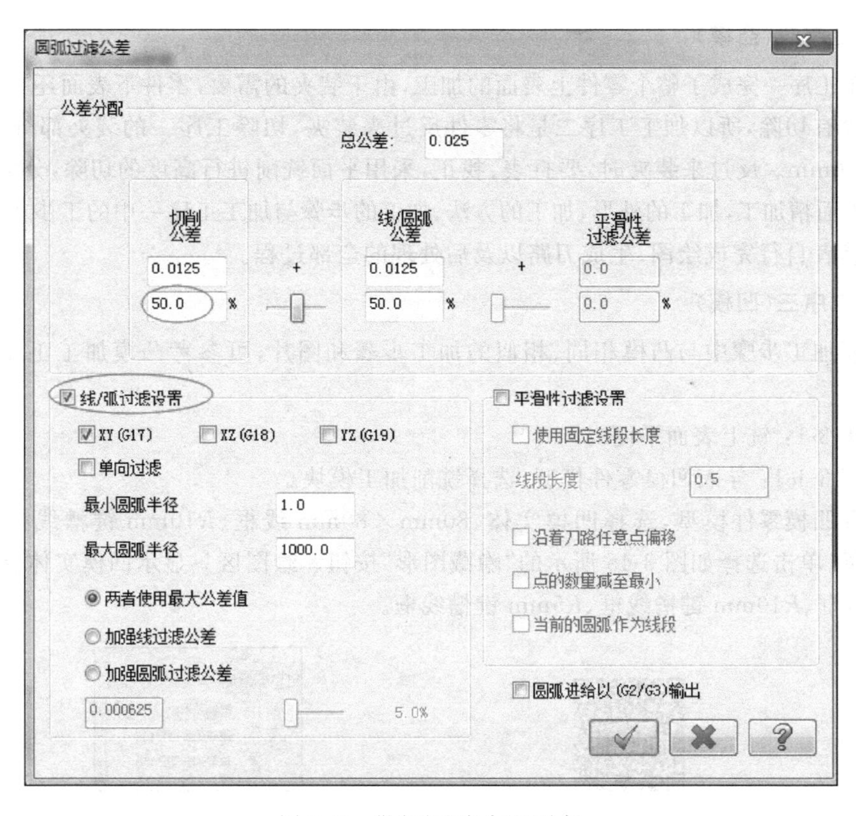

图 3-43 “圆弧过滤公差”选择

的操作”按钮，在弹出的“验证”对话框中单击“机床”加工按钮即可进行刀路验证操作，结果如图 3-44 所示。

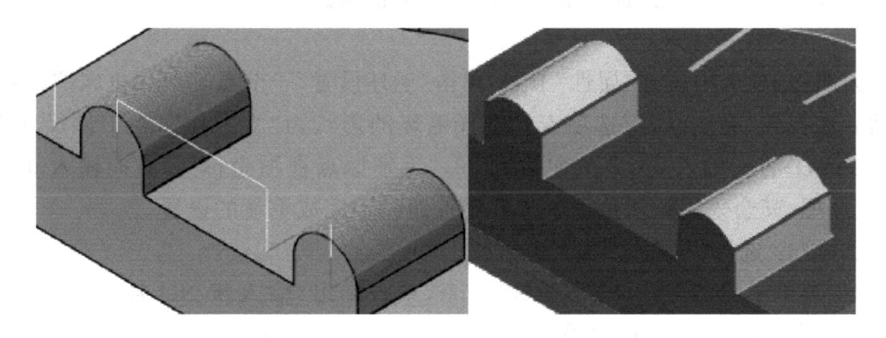

图 3-44 刀路及验证结果

步骤 1-8-6：执行后处理，生成加工程序。

实体验证完成后进行后处理。关闭实体验证的播放器，退回到“刀路”界面。选择工步 1-7 刀路，在“刀路”选项卡中单击“锁定选择的操作后处理”按钮，弹出“后处理程序”对话框，采用默认选项，单击确定按钮。在弹出的“另存为”对话框中选择 NC 文件的保存路径及文件名，单击确定按钮，修改后即可进行传输加工。

2. 工序二(凸模)

加工工序一完成了整个零件上表面的加工,由于装夹的需要,零件下表面还有 4.5mm 的厚度没有切除,所以加工工序二是将零件反过来装夹,切除工序一的装夹部分,并保证厚度是 30mm。反过来装夹时,要打表、找正,采用平面铣削进行高度的切除,分为平面粗加工和平面精加工,加工的外形、加工的方法、加工的步骤与加工工序一中的工步 1-1 类似,在此请读者自行完成绘图、生成刀路以及后处理的全部过程。

3. 工序三(凹模)

凹模加工步骤中与凸模相同、相似的加工步骤和图片,可参考凸模加工工序步骤和图片。

工步 3-1:铣上表面平面。

步骤 3-1-1:导入凹模零件模型,选择铣削加工模块。

打开凹模零件模型,选择凹模实体、80mm×80mm 线框、R10mm 键槽线框、R5mm 键槽线框,单击选择如图 3-45 所示的"隐藏图形"按钮。绘图区只显示凹模实体、80mm×80mm 线框、R10mm 键槽线框、R5mm 键槽线框。

项目 3 工步 3-1:铣上表面平面

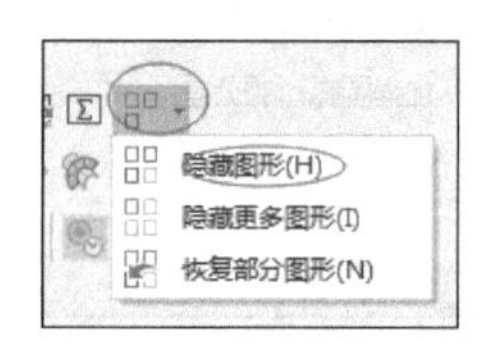

图 3-45 "隐藏图形"按钮

单击菜单中的"机床类型"→"铣床"→"默认"命令,系统进入铣削加工模块,并自动初始化加工环境。此时"刀路"选项卡中新增了一个机床群组。

步骤 3-1-2:设置毛坯。

在"刀路"选项卡中展开"属性"节点,单击"毛坯设置"子节点,弹出"机床群组属性"对话框,然后切换到"毛坯设置"选项卡。选择毛坯的形状为"立方体",在工件尺寸中的 X 方向输入 85,Y 方向输入 85,Z 方向输入 20,"毛坯原点视图坐标"Z 方向输入 0.5,选中"显示"复选框,其余采用默认值。单击确定按钮 ✓ 完成毛坯的设置。

步骤 3-1-3:选择"平面铣"加工方式。

选择主菜单中的"刀路"→"平面铣"命令,系统弹出"输入新 NC 名称"对话框,输入 T3-2 作为刀路的新名称(也可以采用默认名称),单击确定按钮 ✓ 。NC 文件的名称取好之后,系统会弹出"串连选项"对话框,选择"串连"方式,选取 80mm×80mm 线框(如已隐藏,可用抽取曲线的方法抽取),然后单击确定按钮 ✓ 。

步骤 3-1-4:设置刀具加工参数。

选中"2D 刀路-平面铣削"对话框中的"刀具"节点,在对话框空白处右击选择"创建新刀具"选项,在"选择刀具类型"页面中选择平底刀;在"定义刀具图形"页面中将"刀齿直径"设置为 16,将"刀齿长度"设置为 25;在"完成属性"页面将"刀齿数"设置为 3,将"进给速率"设置为 1000,将"下刀速率"设置为 1000,将"提刀速率"设置为 1000,将"主轴转速"设置为2000。其余采用默认值。单击按钮 完成 完成刀具的设置。

步骤3-1-5：选择"切削参数"。

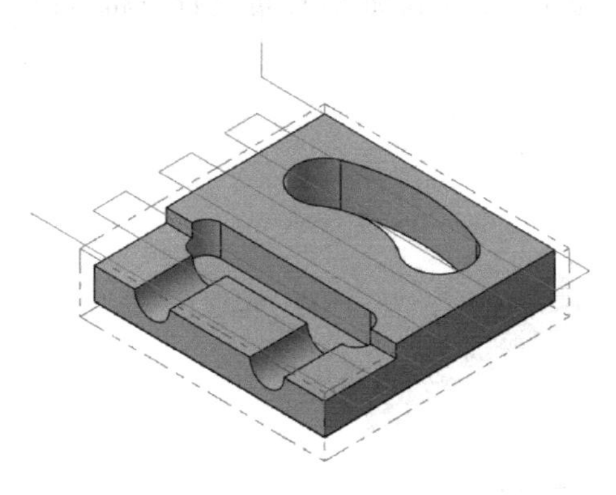
图3-46 上表面刀路

选中"切削参数"节点，将"类型"设置为"双向"，将"刀具在拐角处走圆角"设置为"无"，"底面预留量"设置为0，其他选项均采用默认值。

步骤3-1-6：选择"共同参数"。

选中"共同参数"节点，因为模型总高度为20mm，原点在模型上方，毛坯原点高度又设置为0.5，所以这里将"深度"值设为0，采用"绝对坐标"方式，其余采用默认值。单击确定按钮，完成所有加工参数的设定。上表面刀路如图3-46所示。

步骤3-1-7：对刀路实体进行验证。

选择工步3-1刀路，在"刀路"选项卡中单击"验证已选择的操作"按钮，在弹出的"验证"对话框中单击"机床"加工按钮即可进行刀路验证操作。

工步3-2：粗铣80mm×80mm侧面。

项目3 工步3-2：粗铣80mm×80mm侧面

步骤3-2-1：隐藏刀路。

选择工步3-1刀路文件夹，单击按钮≋，隐藏工步3-1刀路。

步骤3-2-2：选择加工刀路与刀具。

选择主菜单中的"刀路"→"外形"命令。系统会弹出"串连选项"对话框，选择串连方式，选取80mm×80mm线框，切削方向可通过切换按钮改变，这里方向切换为逆时针箭头，然后单击确定按钮。

系统弹出"2D刀路-外形铣削"对话框，单击选定直径为ϕ16mm的平底刀。

步骤3-2-3：选择"切削参数"。

选中"切削参数"节点，选择"补正方式"为"电脑"，"补正方向"设置为"右"，"刀具在拐角处圆角"设置为"无"，"壁边预留量"设置为0.3，其他参数不作修改。

步骤3-2-4：选择"Z分层切削"。

零件上表面高度铣到15.5mm，要进行Z轴分层切削，选中"切削参数"下的"Z分层切削"，选中"深度分层切削"复选框，最大粗切步进量设为2，选中"不提刀"复选框，其他参数不作修改。

步骤3-2-5：选择"进/退刀参数"。

由于刀具不能在毛坯内垂直下刀，为保证工件侧面的垂直，刀具必须从毛坯外面进刀。合理的进/退刀方式是在工件侧面采用直线切入进刀和直线切出退刀。

步骤3-2-6：选择"共同参数"。

为方便调头找正加工，上表面侧面总高度铣至15.5mm，所以"工件表面"参数默认为0.5，"深度"设置为−15.5，选择"绝对方式"。单击确定按钮完成刀具及加工参数的设置。

步骤 3-2-7：对刀路实体进行验证。

连续单击 、≋ 两个按钮，选择显示所有刀路。在“刀路”选项卡中单击“验证已选择的操作”按钮 ，在弹出的“验证”对话框中单击“机床”加工按钮 即可进行刀路验证操作，结果如图 3-47 所示。

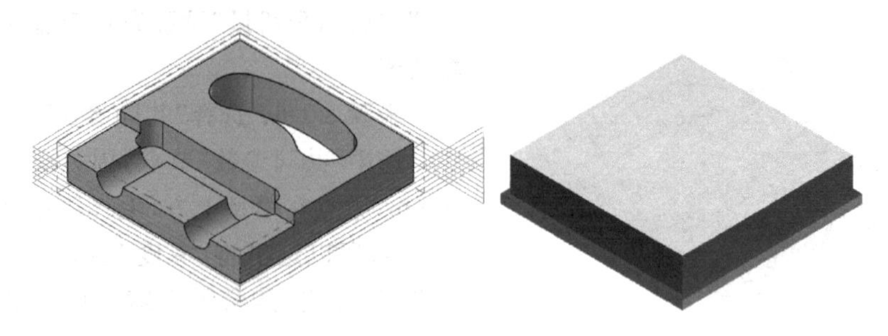

图 3-47 刀路及验证结果

工步 3-3：铣 10.5mm 高台阶轮廓。

本工步加工部位如图 3-48 所示。

项目 3 工步 3-3：铣 10.5mm 高台阶轮廓

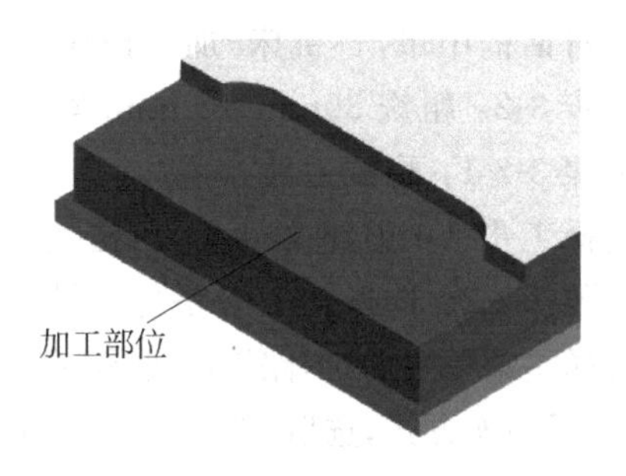

图 3-48 加工部位示意

步骤 3-3-1：隐藏刀路。

连续单击 、≋ 两个按钮，隐藏以上所有工步刀路。

步骤 3-3-2：选择加工刀路与刀具。

选择主菜单中的“刀路”→“3D 高速刀路”→“优化动态粗切”命令，单击选择加工模型。单击结束按钮 ，出现“刀路曲面选择”对话框，单击“切削范围”选项按钮，出现“串连选项”对话框，选择“串连选项”中的“实体”→“实体面”，选择加工模型 10.5mm 高台阶轮廓面为切削范围，如图 3-49 所示。

单击“串连选项”“刀路曲面选择”对话框的确定按钮 ，弹出“高速曲面刀路-优化动态粗切”对话框。选中“优化动态粗切”方式，将对话框右侧的“切削范围”选择为“开放”。单击选定直径 ϕ16mm 的平底刀。

步骤 3-3-3：选择“切削参数”。

选中“切削参数”节点，“切削方向”选择“逆铣”，“分层深度”设置为 0.8，选中“步进量”复选框并设置为 0.8，“壁边”预留量设置为 0，“最小刀路半径”设置为 2，其他参数选择默认值，设置完成的参数如图 3-50 所示。

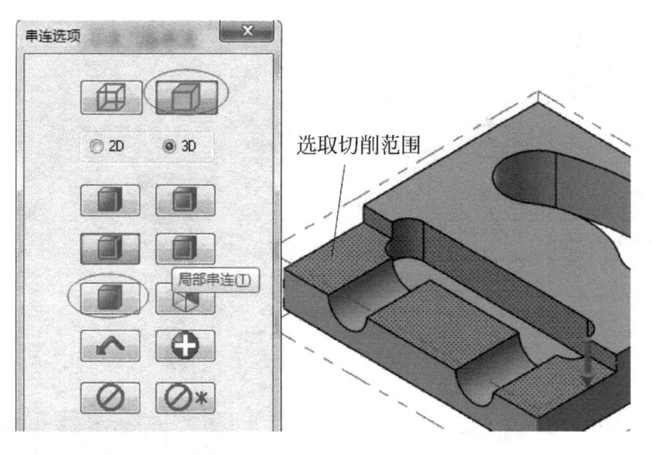

图 3-49 选择“切削范围”

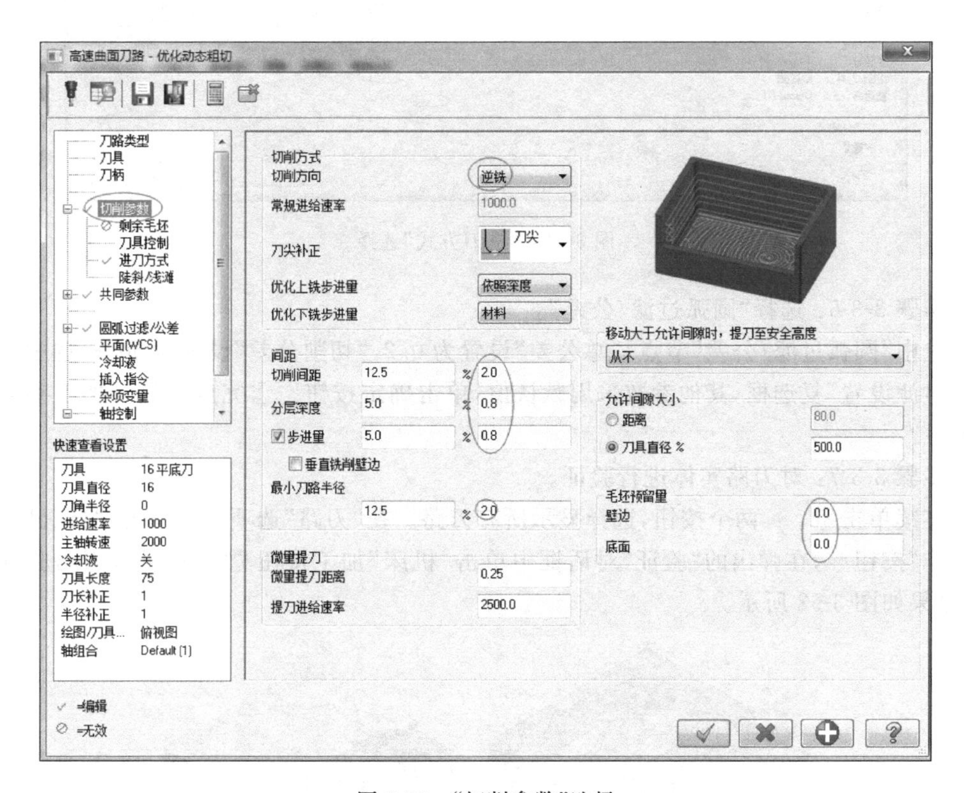

图 3-50 “切削参数”选择

步骤 3-3-4：选择“进刀方式”。

选中“进刀方式”节点，“下刀方式”设置为“单一螺旋”，“螺旋半径”设置为 80，“Z 高度”设置为 1，“进刀角度”设置为 1，“忽略区域小于”设置为 0，其他参数采用默认值，设置完成的参数如图 3-51 所示。

步骤 3-3-5：选择“共同参数”。

为高效粗切，“安全高度”设置为 20，其他参数采用默认值。

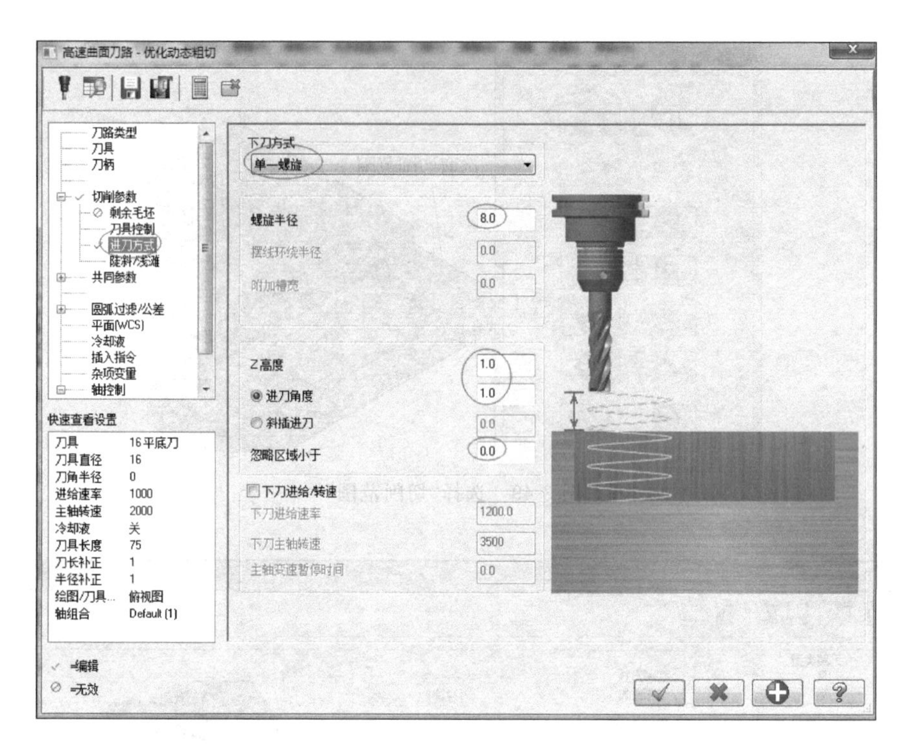

图 3-51 “进刀方式”选择

步骤 3-3-6：选择“圆弧过滤/公差”。

选中“圆弧过滤/公差”节点，“总公差”设置为 0.2，“切削公差”设置为 50%，选中“线/圆弧过滤设置”复选框，其他参数采用默认值，单击确定按钮 完成刀具及加工参数的设置。

步骤 3-3-7：对刀路实体进行验证。

连续单击 、 两个按钮，选择显示所有刀路。在“刀路”选项卡中单击“验证已选择的操作”按钮 ，在弹出的“验证”对话框中单击“机床”加工按钮 即可进行刀路验证操作，结果如图 3-52 所示。

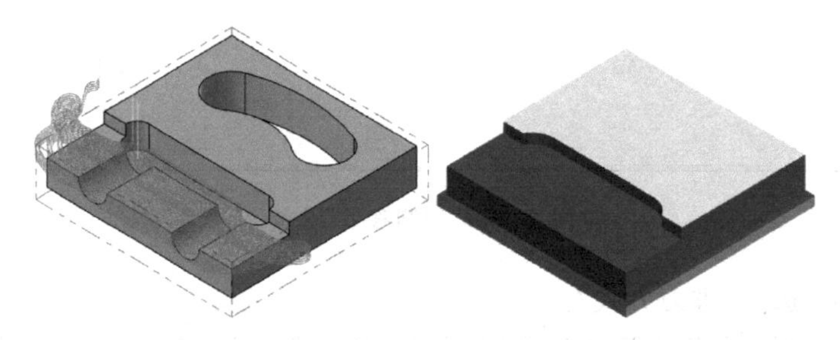

图 3-52 刀路及验证结果

步骤 3-3-8：执行后处理，生成加工程序。

实体验证完成后进行后处理。关闭实体验证的播放器，退回到“刀路”界面。选择工步 3-1、工步 3-2、工步 3-3 刀路，在“刀路”选项卡中单击“锁定选择的操作后处理”按钮 ，弹出“后处理程序”对话框，采用默认选项，单击确定按钮。在弹出的“另存为”对话框中选择 NC 文件的保存路径及文件名，单击确定按钮，修改后即可进行传输加工。

工步 3-4：粗铣 $R10$mm 键槽。

本工步加工部位如图 3-53 所示。

项目 3 工步 3-4：粗铣 $R10$mm 键槽

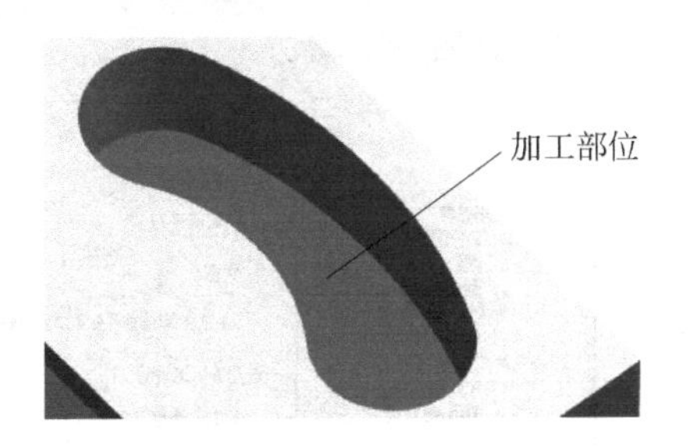

图 3-53　加工部位示意

步骤 3-4-1：隐藏刀路。

连续单击、两个按钮，隐藏以上所有工步刀路。

步骤 3-4-2：选择加工刀路与刀具。

选择主菜单中的“刀路”→“2D 高速刀路”→“区域”命令，出现“串连选项”对话框。单击“加工范围”按钮，出现“串连方式”对话框。采用“串连”方式，选取图 3-54 所示的 $R10$mm 键槽线框，通过切换按钮，使线框产生逆时针箭头。然后两次单击确定按钮，弹出“2D 高速刀路-区域”对话框，单击选定直径为 $\phi16$mm 的平底刀。

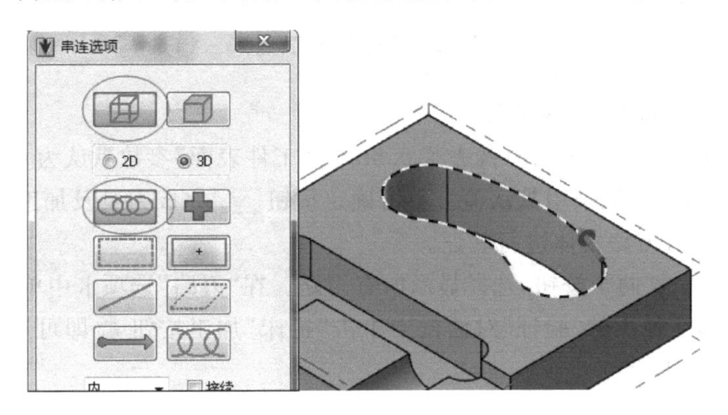

图 3-54　采用“串连”方式

步骤 3-4-3：选择“切削参数”。

选中“切削参数”节点，“切削方向”设置为“逆铣”，“壁边预留量”设置为 0.3，其他参数采用默认值。

步骤 3-4-4：选择“Z 分层切削”。

键槽要加工的总深度为 15.5mm，要进行 Z 轴分层切削。选中“切削参数”下的“Z 分层切削”，选中“深度分层切削”复选框，“最大粗切步进量”设置为 1，其他参数采用默认值。

步骤 3-4-5：选择“进刀方式”。

选中“切削参数”下的“进刀方式”，选中“螺旋进刀”复选框，“半径”设置为 10，“Z 高度”设置为 1，“进刀角度”设置为 1，图 3-55 所示为设置完成的“进刀方式”参数。

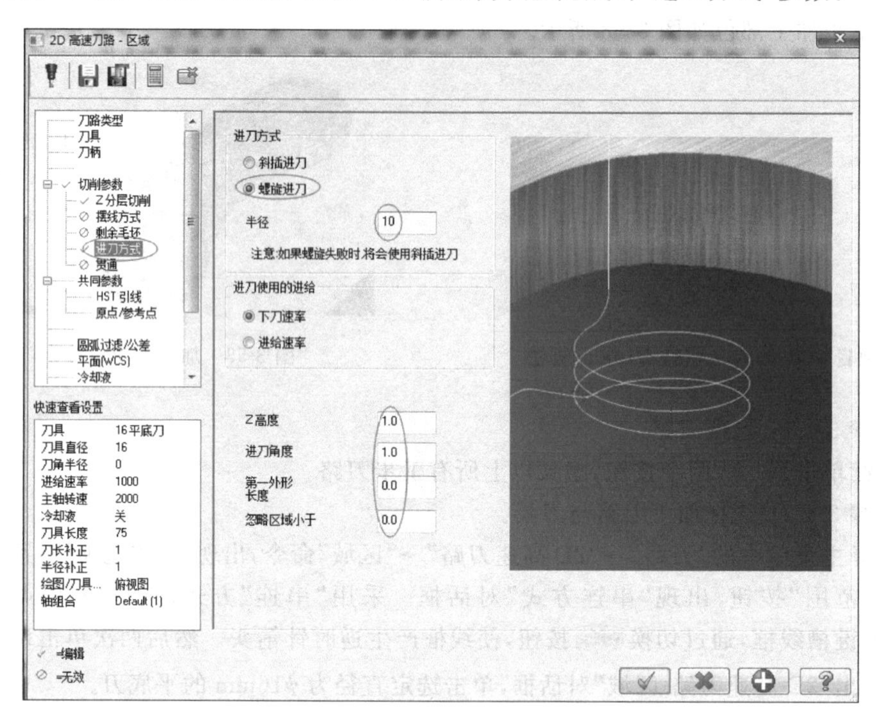

图 3-55 “进刀方式”选择

步骤 3-4-6：选择“共同参数”。

由于毛坯在铣上表面平面时铣去了 0.5mm，“工件表面”参数默认为 0.5，工件“深度”设置为－15.5，其他参数采用默认值。单击确定按钮完成刀具及加工参数的设置。

步骤 3-4-7：对刀路实体进行验证。

连续单击、两个按钮，选择显示所有刀路。在“刀路”选项卡中单击“验证已选择的操作”按钮，在弹出的“验证”对话框中单击“机床”加工按钮即可进行刀路验证操作，结果如图 3-56 所示。

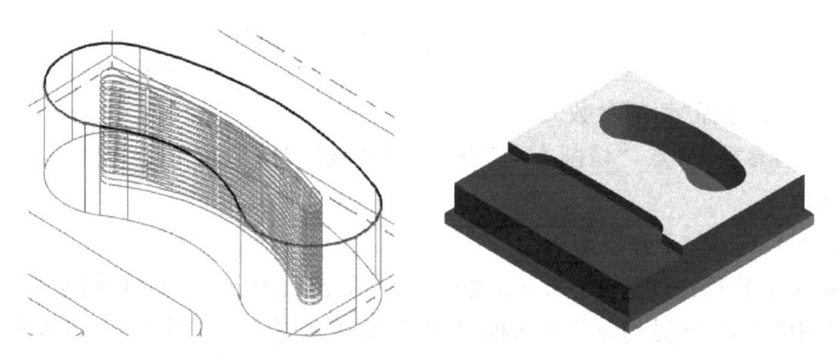

图 3-56 刀路及验证结果

步骤 3-4-8：执行后处理，生成加工程序。

实体验证完成后进行后处理。关闭实体验证的播放器，退回到“刀路”界面。选择工步 3-4 刀路，在“刀路”选项卡中单击“锁定选择的操作后处理”按钮，弹出“后处理程序”对话框，采用默认选项，单击确定按钮。在弹出的“另存为”对话框中选择 NC 文件的保存路径及文件名，单击确定按钮，修改后即可进行传输加工。

工步 3-5：精铣 80mm×80mm 侧面。

项目 3 工步 3-5：精铣 80mm × 80mm 侧面

步骤 3-5-1：隐藏前工步刀路及复制刀路。

连续单击、两个按钮，隐藏所有加工工步刀路。选择工步 3-2 粗铣 80mm×80mm 侧面刀路，把光标放置在工步 3-2 刀路上，右击选择复制，在刀路页面空白处粘贴，然后在新建的精铣刀路中修改参数。刀路 3-5 就是复制出来的精铣 80mm×80mm 侧面刀路。

步骤 3-5-2：修改“切削参数”。

单击工步 3-5 刀路“参数”文件，把“切削参数”中的“壁边预留量”设置为 0，其他参数不作修改。

步骤 3-5-3：修改“Z 分层切削”。

切换到“Z 分层切削”复选框，取消选中“深度分层切削”，让刀具在 Z 方向一刀切至总深，从而保证侧面的平整，其他参数不作修改。

步骤 3-5-4：重新计算刀路。

修改工步 3-5 的参数后，单击确定按钮完成刀路参数的修改。这时刀路需要重新计算。选择工步 3-5，单击按钮重新计算刀路。

步骤 3-5-5：对刀路进行实体验证。

连续单击、两个按钮，选择显示所有刀路。在“刀路”选项卡中单击“验证已选择的操作”按钮，在弹出的“验证”对话框中单击“机床”加工按钮即可进行刀路验证操作，结果如图 3-57 所示。

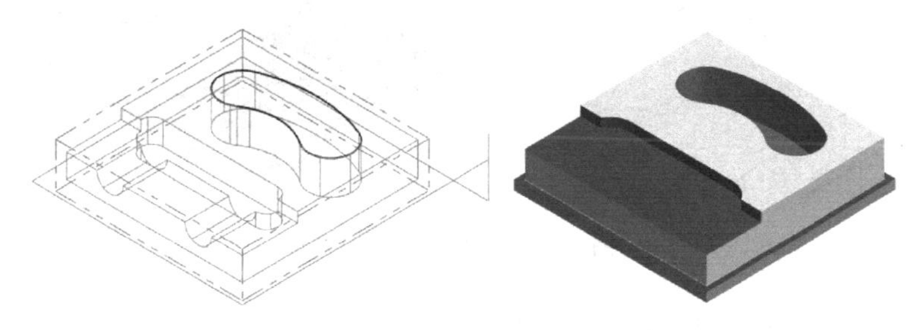

图 3-57　刀路及验证结果

步骤 3-5-6：执行后处理，生成加工程序。

实体验证完成后进行后处理。关闭实体验证的播放器，退回到“刀路”界面。选择工步 3-3 刀路，在“刀路”选项卡中单击“锁定选择的操作后处理”按钮，弹出“后处理程序”对话框，采用默认选项，单击确定按钮。在弹出的“另存为”对话框中选择 NC 文件的保存路径及文件名，单击确定按钮。修改后即可进行传输加工。

项目3工步3-6：
精铣 $R10$mm 键槽

工步 3-6：精铣 $R10$mm 键槽。

键槽精加工刀路还是选择“2D 挖槽”命令，刀具选择 $\phi16$mm 的平底刀。

步骤 3-6-1：隐藏前工步刀路。

连续单击 、 两个按钮，隐藏所有加工工步刀路。

步骤 3-6-2：选择加工刀路与刀具。

选择主菜单中的“刀路”→“2D 挖槽”命令，选择“串连方式”，选取 $R10$mm 键槽线框，通过切换 按钮使线框产生逆时针箭头，然后单击确定按钮 ，弹出“2D 刀路-2D 挖槽”对话框，单击选定直径为 $\phi16$mm 的平底刀。

步骤 3-6-3：选择“切削参数”。

选中“切削参数”节点，“加工方向”选择“逆铣”，“挖槽加工方式”选择“标准”，“刀具在拐角处走圆角”选择“无”，将“壁边预留量”设为 0，其他参数采用默认值。

步骤 3-6-4：选择“精修”。

选中“精修”“精修外边界”，“次数”为 1，其他参数采用默认值。

步骤 3-6-5：选择“共同参数”。

由于毛坯在铣上表面平面时铣去了 0.5mm，因此工件“深度”设置为－15.5，其他参数采用默认值。单击确定按钮 完成刀具及加工参数的设置。

步骤 3-6-6：刀路实体验证。

连续单击 、 两个按钮，选择显示所有刀路。在“刀路”选项卡中单击“验证已选择的操作”按钮 ，在弹出的“验证”对话框中单击“机床”加工按钮 即可进行刀路验证操作，结果如图 3-58 所示。

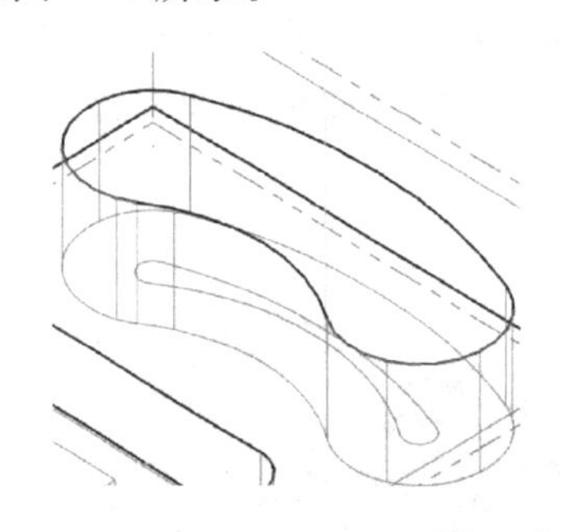

图 3-58　刀路及验证结果

步骤 3-6-7：执行后处理，生成加工程序。

实体验证完成后进行后处理。关闭实体验证的播放器，退回到“刀路”界面。选择工步 3-6 刀路，在“刀路”选项卡中单击“锁定选择的操作后处理”按钮 ，弹出“后处理程序”对话框，采用默认选项，单击确定按钮 。在弹出的“另存为”对话框中选择 NC 文件的保存路径及文件名，单击确定按钮 。修改后即可进行传输加工。

工步 3-7：铣 $R5$mm 键槽。

本工步加工部位如图 3-59 所示。

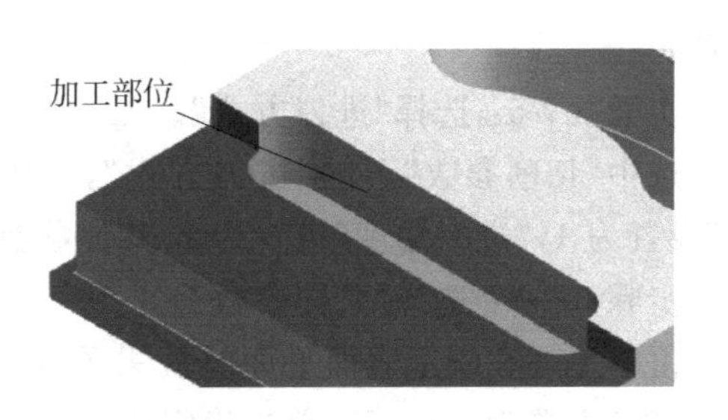

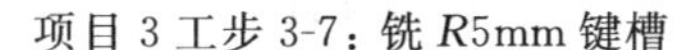

项目 3 工步 3-7：铣 R5mm 键槽

图 3-59 加工部位示意

步骤 3-7-1：隐藏刀路。

连续单击 、 两个按钮，隐藏以上所有工步刀路。

步骤 3-7-2：选择加工刀路与刀具。

选择主菜单中的“刀路”→“2D 高速刀路”→“区域”命令，出现“串连选项”对话框。单击“加工范围”按钮，出现“串连方式”对话框。采用“串连”方式，选取图 3-60 所示的 R5mm 键槽线框，通过切换 按钮使线框产生逆时针箭头。两次单击确定按钮 ，弹出“2D 高速刀路-区域”对话框，选中“2D 刀路-平面铣削”对话框中的“刀具”节点，创建直径为 ϕ8mm 的平底刀，“刀齿直径”设置为 8，“刀齿长度”设置为 20，“刀齿数”设置为 3，“进给速率”设置为 1000，“下刀速率”设置为 1000，“提刀速率”设置为 1000，“主轴转速”设置为 2000。其余采用默认值。单击按钮 完成 完成刀具的设置。

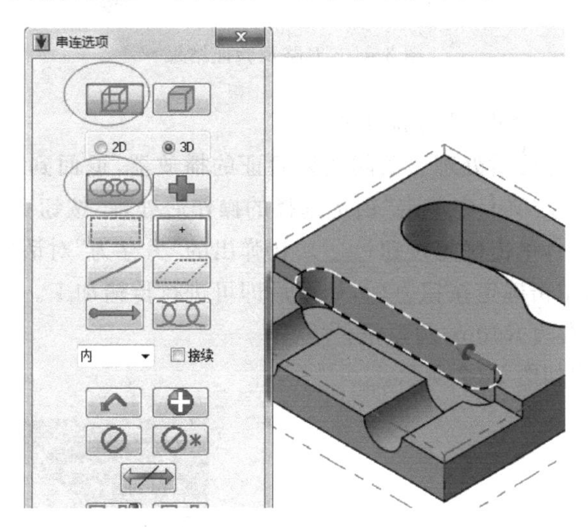

图 3-60 采用“串连”方式选取键槽线框

步骤 3-7-3：选择“切削参数”。

选中“切削参数”节点，“切削方向”设置为“逆铣”，“壁边预留量”设置为 0，其他参数采用默认值。

步骤 3-7-4：选择“Z 分层切削”。

键槽要加工的总深度为 10.5mm，要进行 Z 轴分层切削。选中“切削参数”下的“Z 分层切削”，选中“深度分层切削”复选框，“最大粗切步进量”设置为 1，其他参数采用默认值。

步骤 3-7-5：选择“进刀方式”。

选中“切削参数”下的“进刀方式”，选中“螺旋进刀”复选框，“半径”设置为 3，“Z 高度”设置为 1，“进刀角度”设置为 1，其他参数采用默认值。

步骤 3-7-6：选择“共同参数”。

由于毛坯在铣上表面平面时铣去了 0.5mm，而键槽深度需要铣深 10.5mm，所以工件“深度”设置为－10.5。单击确定按钮 完成刀具及加工参数的设置。

步骤 3-7-7：对刀路实体进行验证。

连续单击 、 两个按钮，选择显示所有刀路。在“刀路”选项卡中单击“验证已选择的操作”按钮 ，在弹出的“验证”对话框中单击“机床”加工按钮 即可进行刀路验证操作，结果如图 3-61 所示。

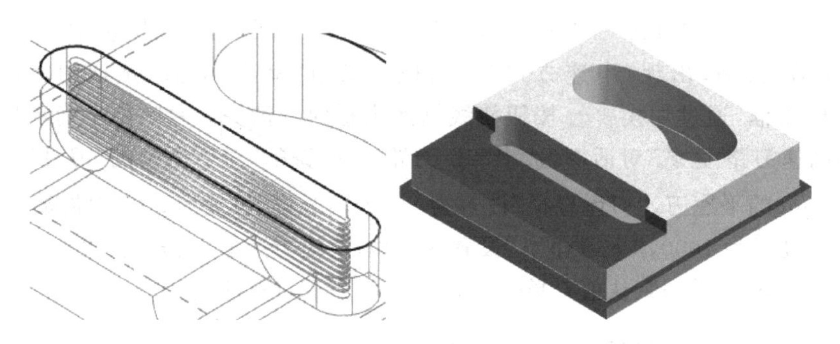

图 3-61　刀路及验证结果

步骤 3-7-8：执行后处理，生成加工程序。

实体验证完成后进行后处理。关闭实体验证的播放器，退回到“刀路”界面。选择工步 3-7 刀路，在“刀路”选项卡中单击“锁定选择的操作后处理”按钮 ，弹出“后处理程序”对话框，采用默认选项，单击确定按钮 。在弹出的“另存为”对话框中选择 NC 文件的保存路径及文件名，单击确定按钮 ，修改后即可进行传输加工。

工步 3-8：粗铣右边 R6mm 圆弧槽。

本工步加工部位如图 3-62 所示。

项目 3 工步 3-8、3-9：粗铣右边、左边 R6mm 圆弧槽

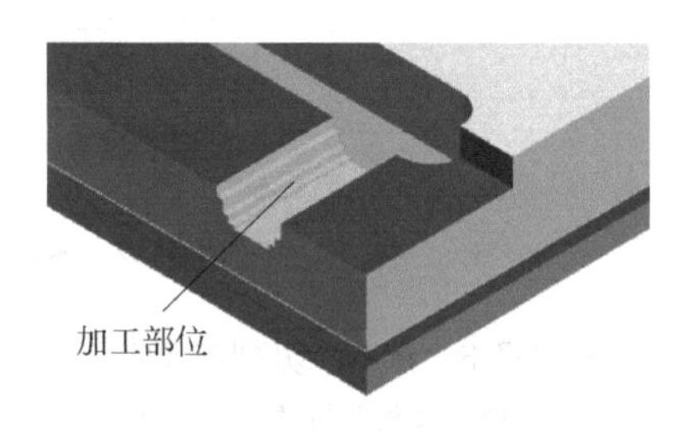

图 3-62　加工部位示意

步骤 3-8-1：隐藏刀路。

连续单击 、 两个按钮，隐藏以上所有工步刀路。

步骤 3-8-2：选择加工刀路与刀具。

如图 3-63 所示，选择主菜单中的“刀路”→“曲面粗切”→“平行”命令，出现如图 3-64 所示的“选择工件形状”对话框，不需选择，直接单击按钮，界面提示选择加工曲面，单击选择加工模型。单击结束按钮，出现如图 3-65 所示“刀路曲面选择”对话框。选择“切削范围”选项，出现“串连选项”对话框，选择“串连选项”中的“实体”→“实体面”，选择加工模型 $R6$mm 右圆弧槽曲面为切削范围，如图 3-66 所示。

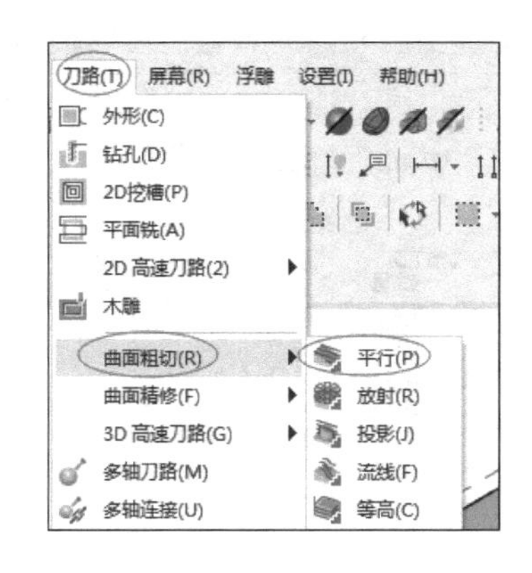

图 3-63 选取刀路

图 3-64 “选择工件形状”对话框

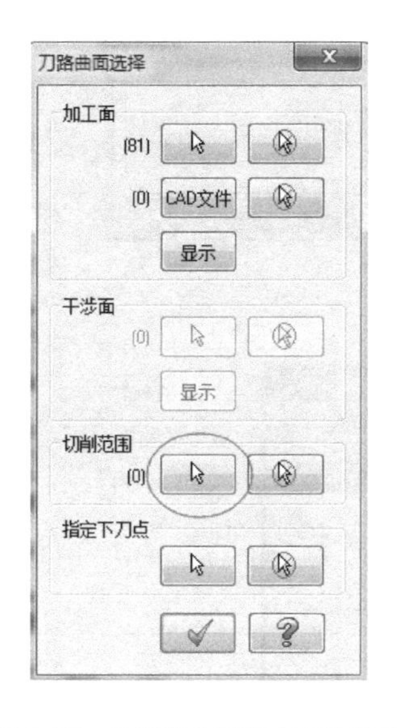

图 3-65 “刀路曲面选择”对话框

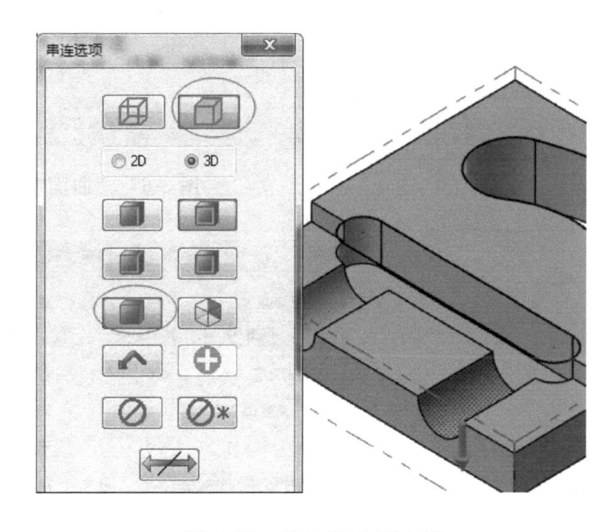

图 3-66 选择“切削范围”

单击“串连选项”“刀路曲面”，选择确定按钮，弹出“曲面粗切平行”对话框，选中对话框中的“刀具”节点，创建直径为 $\phi 6$mm 的平底刀，“刀齿直径”设置为 6，“刀齿长度”设置为 20，“刀齿数”设置为 3，“进给速率”设置为 500，“下刀速率”设置为 500，“提刀速率”设置为 1000，“主轴转速”设置为 2000。其余采用默认值。单击按钮 完成 完成刀具的设置。

步骤 3-8-3：选择“曲面参数”。

选中对话框中的“曲面参数”节点，如图 3-67 所示。选中“参考高度”复选框并修改为10，“加工面预留量”设置为 0.3，选中“进/退刀”复选框并单击 进/退刀(D) 按钮。系统弹出“方向”对话框，如图 3-68 所示，“进刀角度”输入 0，“提刀角度”设置为 0，“进刀引线长度”设置为 5，“退刀引线长度”输入 5，单击确定按钮 ✓ ，返回“曲面参数”对话框，其他参数不作修改。

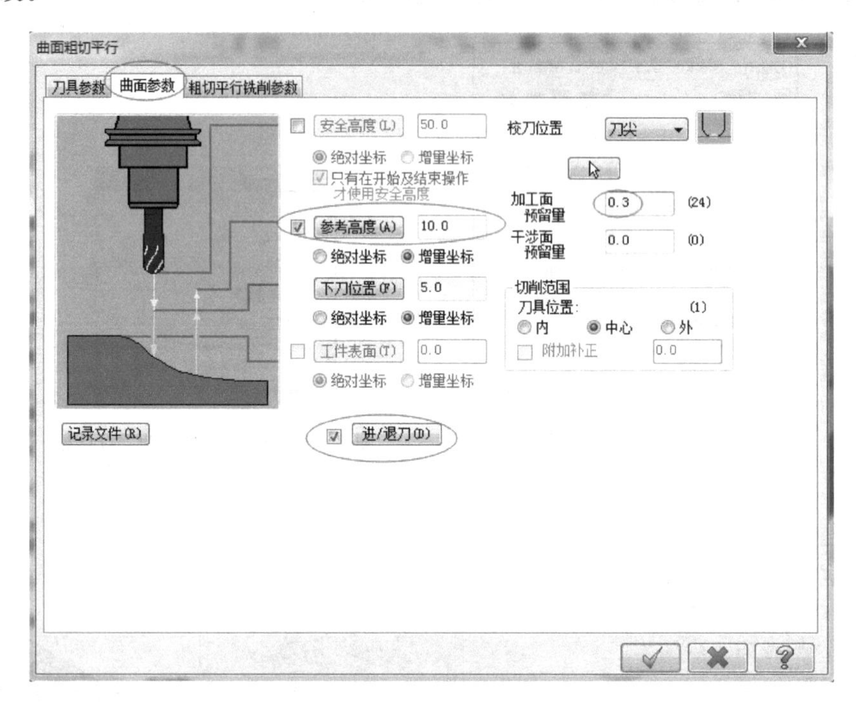

图 3-67 “曲面参数”选择

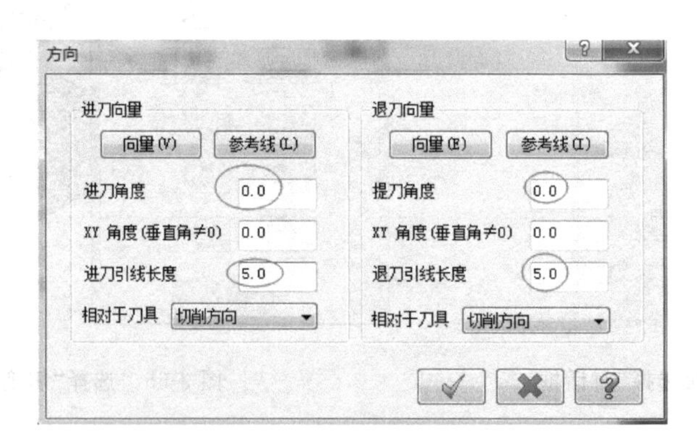

图 3-68 “方向”参数选择

步骤 3-8-4：选择“粗切平行铣削参数”。

选中对话框中的“粗切平行铣削参数”节点，如图 3-69 所示。“整体公差”设置为 0.2，并单击 整体公差(T) 按钮，系统弹出“圆弧过滤公差”对话框，如图 3-70 所示。选中“线/弧过滤设置"复选框,"切削公差"调整为50%,"总公差"设置为0.2,单击确定按钮,返回"曲面粗切平行"对话框。"切削方向"设置为"双向","最大切削间距"设置为1,"加工角度"设置为90,"Z最大步进量"设置为0.5,"下刀控制"选择"单向切削",其他参数不作修改。单击确定按钮完成刀具及加工参数的设置。

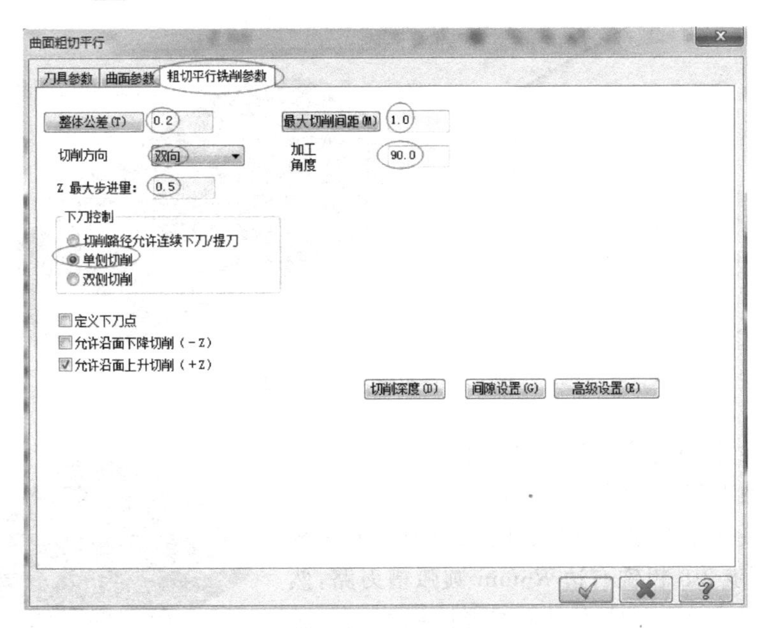

图3-69 "粗切平行铣削参数"选择

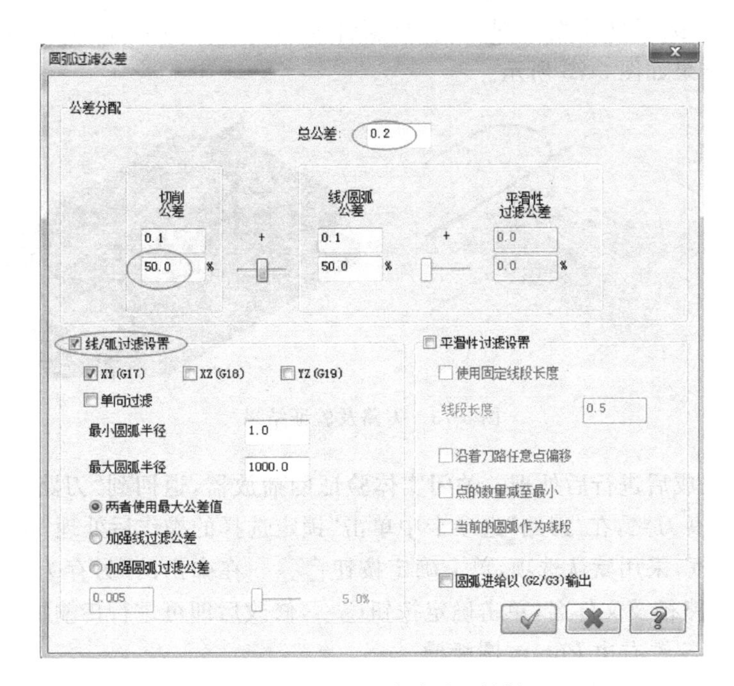

图3-70 "圆弧过滤公差"对话框

步骤 3-8-5：对刀路实体进行验证。

连续单击、两个按钮，选择显示所有刀路。在“刀路”选项卡中单击“验证已选择的操作”按钮，在弹出的“验证”对话框中单击“机床”加工按钮即可进行刀路验证操作，结果如图 3-71 所示。

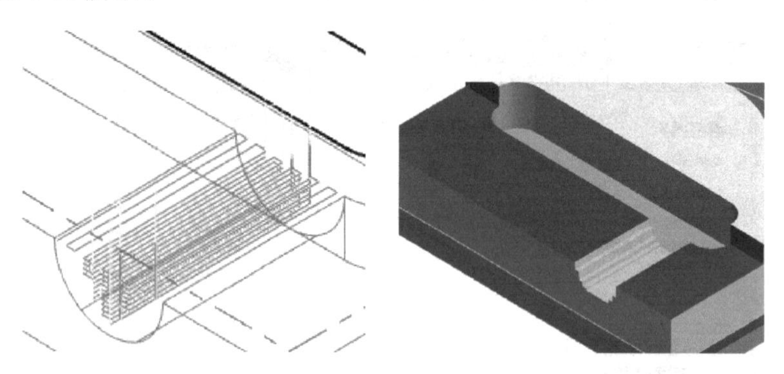

图 3-71　刀路及验证结果

工步 3-9：粗铣左边 R6mm 圆弧槽。

本工步加工部位如图 3-72 所示。

左边圆弧槽加工方法与右边圆弧槽加工方法相同，可复制工步 3-8 粗铣右边 R6mm 圆弧槽刀路，然后在复制的工步 3-9 刀路中单击图形图标 图形，重新选择“串连选项”中的“实体”→“实体面”，选择加工模型 R6mm 左边圆弧槽曲面切削范围，重新计算刀路。刀路验证结果如图 3-73 所示。

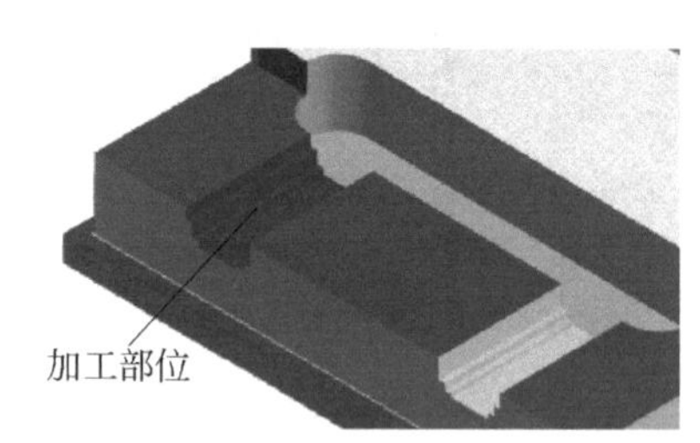

图 3-72　加工部位示意

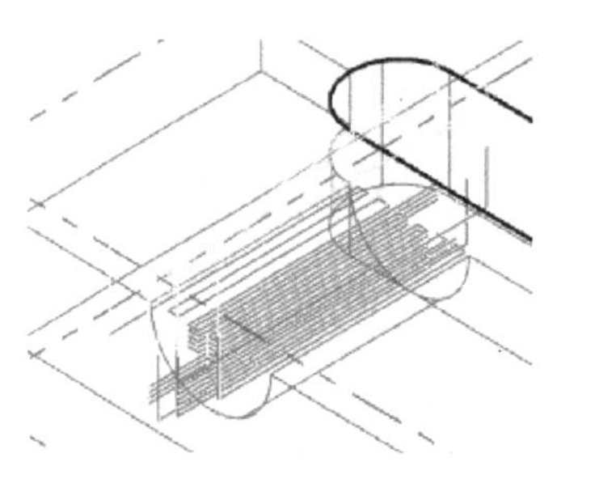

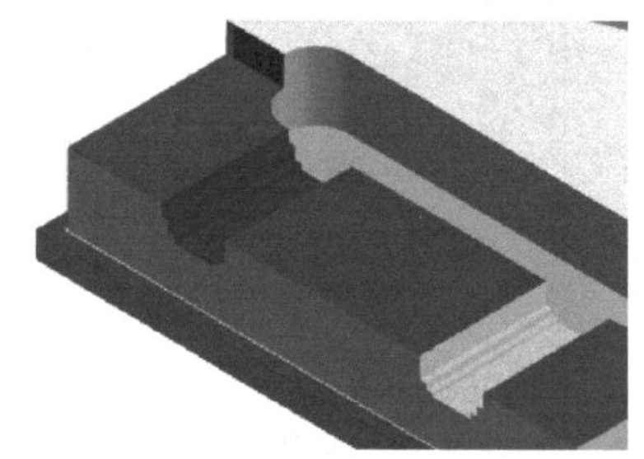

图 3-73　刀路及验证结果

实体验证完成后进行后处理。关闭实体验证的播放器，退回到“刀路”界面。选择工步 3-8 和工步 3-9 刀路，在“刀路”选项卡中单击“锁定选择的操作后处理”按钮，弹出“后处理程序”对话框，采用默认选项，单击确定按钮。在弹出的“另存为”对话框中选择 NC 文件的保存路径及文件名，单击确定按钮，修改后即可进行传输加工。

工步 3-10：精铣右边 R6mm 圆弧槽。

本工步加工部位如图 3-74 所示。

项目 3 工步 3-10、3-11：精铣右边、左边 R6mm 圆弧槽

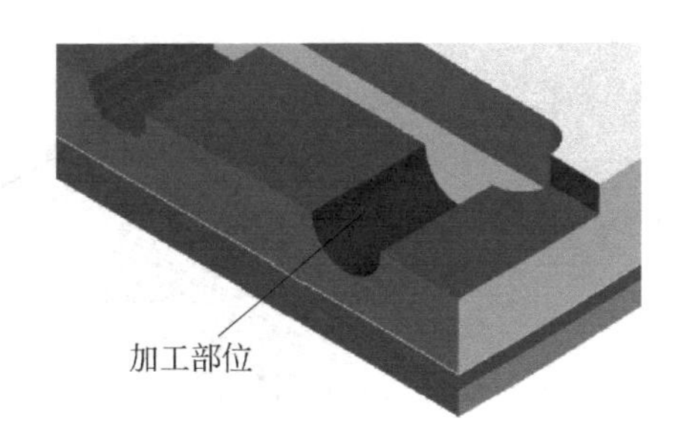

图 3-74 加工部位示意

步骤 3-10-1：隐藏刀路。

连续单击 、 两个按钮，隐藏以上所有工步刀路。

步骤 3-10-2：选择加工刀路与刀具。

选择主菜单中的“刀路”→“曲面精修”→“平行”命令，单击选择加工模型。单击结束按钮 ，出现“刀路曲面选择”对话框，选择“切削范围”选项，出现“串连选项”对话框，选择“串连选项”中的“实体”→“实体面”，选择加工模型右边 R6mm 圆弧槽曲面为切削范围。单击“串连选项”“刀路曲面选择”对话框的确定按钮 ，弹出“曲面精修平行”对话框，创建一把球铣刀，“刀齿直径”设置为 4，“刀齿长度”设置为 10，“刀齿数”设置为 2，“进给速率”设置为 500，“下刀速率”设置为 1000，“提刀速率”设置为 1000，“主轴转速”设置为 3000，其余采用默认值。单击按钮 完成 完成刀具的设置。

步骤 3-10-3：选择“曲面参数”。

选中对话框中的“曲面参数”节点，选中“参考高度”复选框并设置为 10。选中“进/退刀”复选框并单击 进/退刀(I) 按钮，系统弹出“方向”对话框。“进刀角度”设置为 0，“提刀角度”设置为 0，“进刀引线长度”设置为 3，“退刀引线长度”设置为 3，其他参数不作修改。单击确定按钮 返回“曲面参数”对话框，其他参数不作修改。

步骤 3-10-4：选择“平行精修铣削参数”。

选中对话框中的“平行精修铣削参数”节点，“整体公差”设置为 0.005，并单击 整体公差(T) 按钮，系统弹出“圆弧过滤公差”对话框，选中“线/弧过滤设置”复选框，“切削公差”调整为 50%，“总公差”设置为 0.005，其他参数不作修改。单击确定按钮 ，返回“平行精修铣削参数”对话框。“切削方向”设置为“双向”，“最大切削间距”设置为 0.15，“加工角度”设置为 90，其他参数不作修改。单击确定按钮 ，完成刀具及加工参数的设置。

步骤 3-10-5：对刀路实体进行验证。

连续单击 、 两个按钮，选择显示所有刀路，在“刀路”选项卡中单击“验证已选择的操作”按钮 ，在弹出的“验证”对话框中单击“机床”加工按钮 即可进行刀路验证操作，结果如图 3-75 所示。

工步 3-11：精铣左边 R6mm 圆弧槽。

本工步加工部位如图 3-76 所示。

左边圆弧槽加工方法与右边圆弧槽加工方法相同，可复制工步 3-10 精铣右边 R6mm

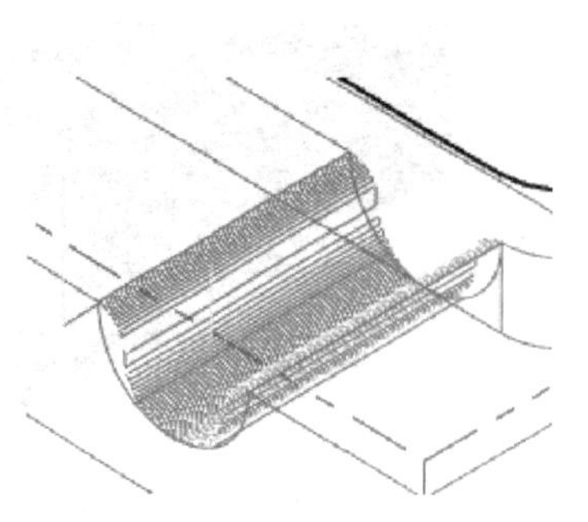

图 3-75 刀路及验证结果

圆弧槽刀路，然后在复制的工步 3-11 刀路中单击图形图标 图形，重新选择“串连选项”中的“实体”→“实体面”，选择加工模型 $R6$mm 左圆弧槽曲面切削范围，重新计算刀路。刀路验证结果如图 3-77 所示。

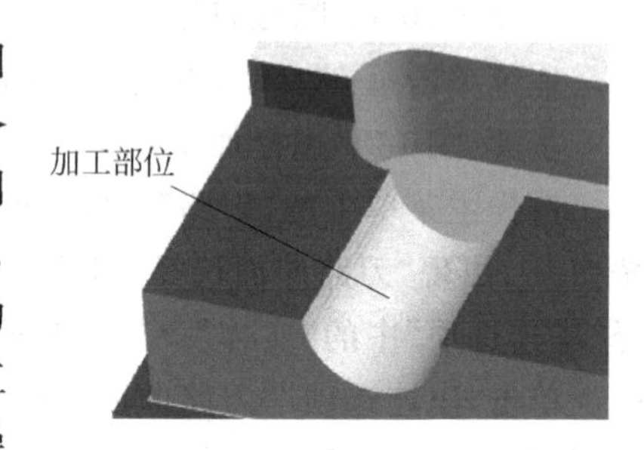

图 3-76 加工部位示意

实体验证完成后进行后处理。关闭实体验证的播放器，退回到“刀路”界面。选择工步 3-10 和工步 3-11 刀路，在“刀路”选项卡中单击“锁定选择的操作后处理”按钮 G1，弹出“后处理程序”对话框，采用默认选项，单击确定按钮 。在弹出的“另存为”对话框中选择 NC 文件的保存路径及文件名，单击确定按钮 ，修改后即可进行传输加工。

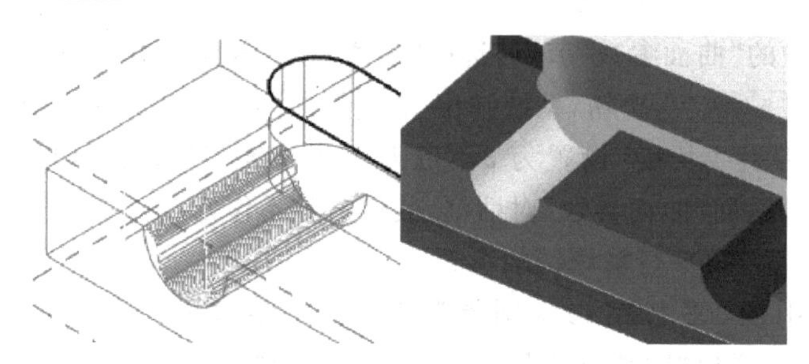

图 3-77 刀路及验证结果

4. 工序四(凹模)

加工工序三完成了整个零件上表面的加工，由于装夹的需要，零件下表面还有 4.5mm 的厚度没有切除，所以加工工序四是将零件反过来装夹，切除工序三的装夹部分，并保证厚度是 15mm。反过来装夹时，要打表、找正，采用平面铣削进行高度的切除，分为平面粗加工和平面精加工，加工的外形、加工的方法、加工的步骤与工序三中的加工工步 3-1 类似，在此请读者自行完成绘图、生成刀路以及后处理的全部过程。

双杆零件加工

4.1 零件描述

图 4-1 所示为双杆零件工程图，图 4-2 所示为双杆零件实体图，试分析其加工工艺，采用 UG10.0 软件编制刀路并加工（不考虑精加工，只需加工出外形即可）。

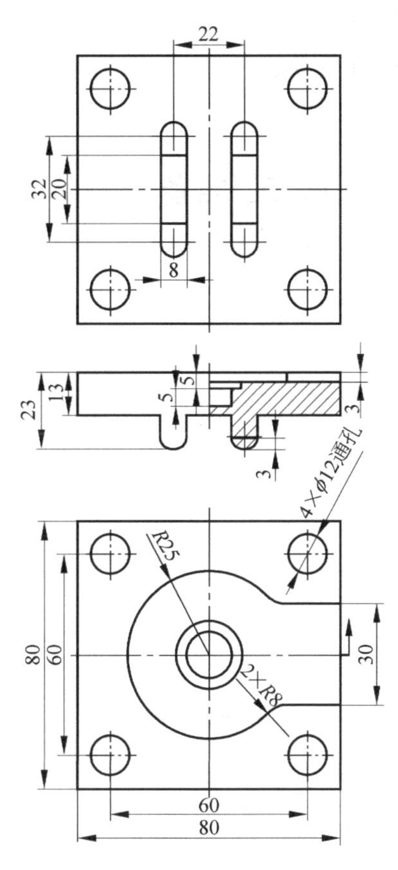

图 4-1　双杆零件工程图

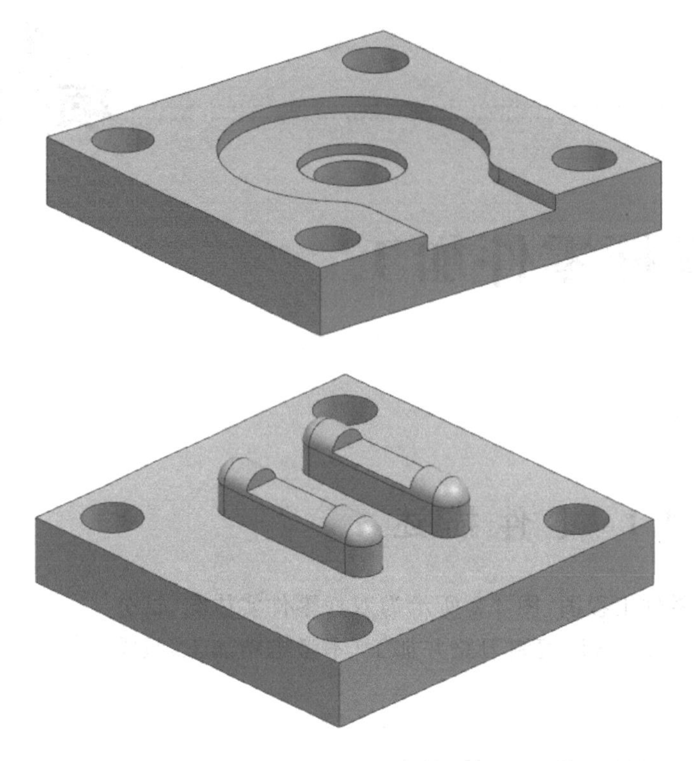

图 4-2 双杆零件实体图

双杆零件造型

4.2 加 工 准备

1. 材料

硬铝：毛坯规格为 81mm×81mm×30mm。

2. 设备

数控铣床系统：FANUC 0i-MB。

3. 刀具

(1) 平底刀：ϕ16mm、ϕ10mm。

(1) 球刀：R3mm。

4. 工具、夹具、量具准备

工具、夹具、量具清单见表 4-1。

表 4-1 工具、夹具、量具清单

类 型	型 号	规 格	数 量
量具	钢直尺	0～300mm	1 把
	两用游标卡尺	0～150mm	1 把

续表

类　型	型　　号	规　　格	数　量
量具	外径千分尺	0～25mm、25～50mm、50～75mm、75～100mm、100～125mm	各1把
	内径千分尺	0～25mm、25～50mm	各1把
	深度千分尺	1～25mm	1把
	万能角度尺	0°～320°	1把
	磁力表座及表	0.01	1套
工具、夹具	扳手、木锤		各1把
	平行垫块、薄铜皮等		若干

5. 数控加工工序

根据图4-1和图4-2所示，双杆零件加工需要分两个工序进行。工序一是加工上表面，由4个工步组成；工序二是加工下表面，保证零件总高度等，由7个工步组成。表4-2是该零件的数控加工工序表。

表4-2　加工工序

工　序	工　步	加工内容	切削用量
一	1-1	铣上表面平面(夹位3～5mm，铣深1mm)	ap：1，S：3000，F：1200
	1-2	轮廓粗铣(深度铣至24mm)	ap：2，S：3000，F：1200
	1-3	铣上表面4个通孔与台阶孔	ap：1，S：3000，F：800
	1-4	手动去毛刺	
二	2-1	调头找正装夹	
	2-2	铣下表面平面	ap：2，S：3000，F：1200
	2-3	铣下表面轮廓	ap：1.5，S：3000，F：1200
	2-4	铣下表面凸键侧面	ap：1，S：3000，F：800
	2-5	铣下表面另一凸键侧面	ap：1，S：3000，F：800
	2-6	下表面 R4mm圆弧曲面精铣	ap：0.5，S：4000，F：800
	2-7	手动去毛刺	

4.3 加工刀路编制

双杆零件的加工刀路及效果见表4-3。具体加工下面分工序、分工步、分步骤进行介绍。

4.3.1 UG10.0 刀路选择及加工效果

加工刀路及效果见表4-3。

表 4-3　加工刀路及效果

工序	工　　步	加工刀路	选 择 外 形	加 工 效 果
一	1-1　铣上表面平面(夹位 3～5mm,铣深 1mm)	面铣	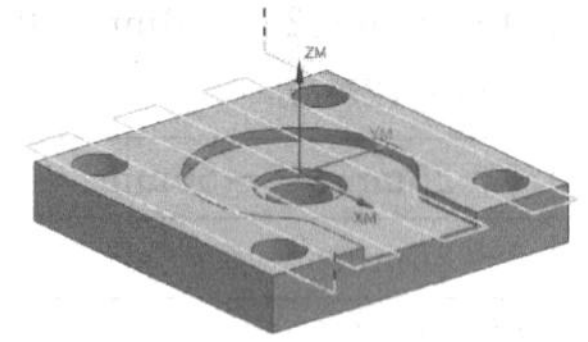	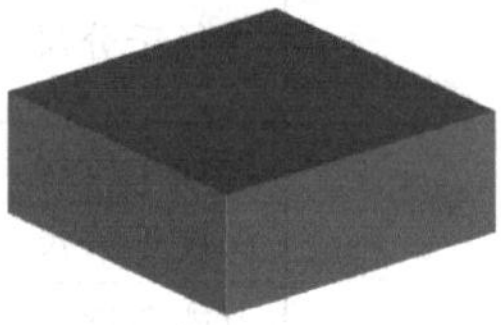
	1-2　轮廓粗铣(深度铣至 24mm)	型腔铣	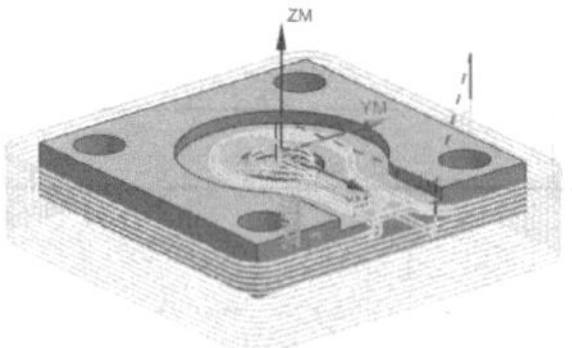	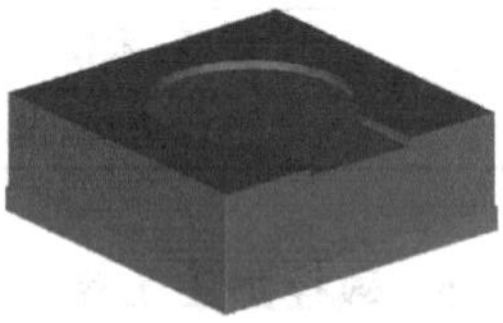
	1-3　铣上表面 4 个通孔与台阶孔	型腔铣	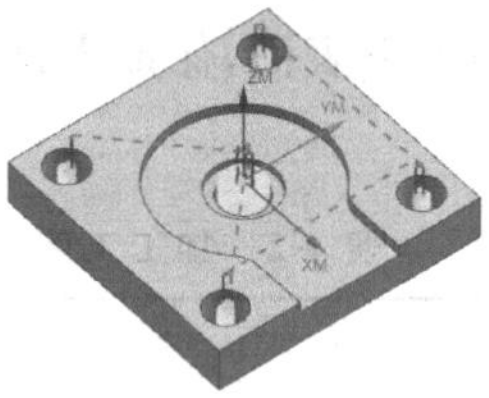	
二	2-2　铣下表面平面	面铣	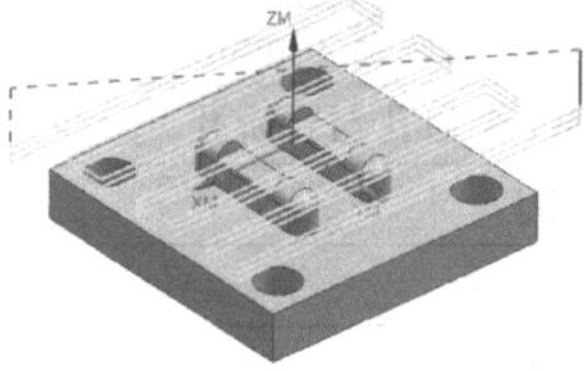	
	2-3　铣下表面轮廓	型腔铣	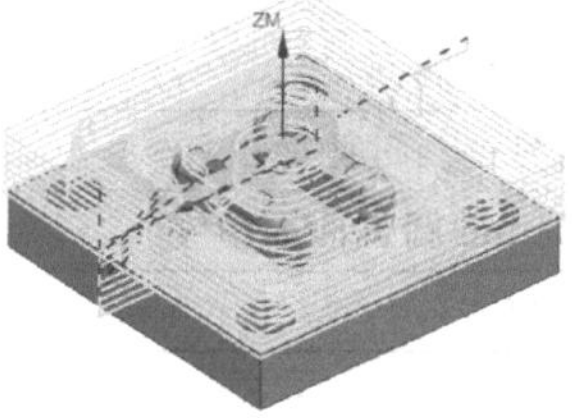	
	2-4　铣下表面凸键侧面	平面铣	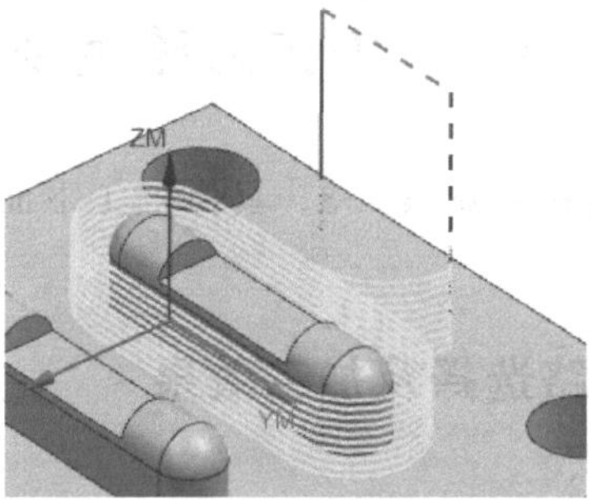	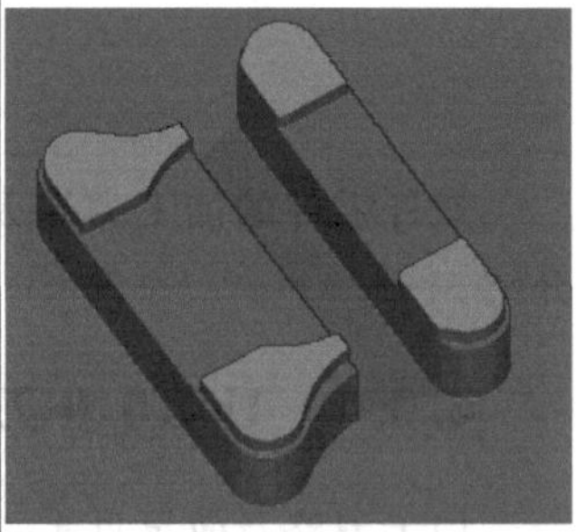

续表

工序	工　　步	加工刀路	加 工 刀 路	加 工 效 果
二	2-5　铣下表面另一凸键侧面	平面铣		
	2-6　下表面 R4mm 圆弧曲面精铣	固定轮廓铣		

4.3.2　刀路编制

1. 工序一

工步 1-1：铣上表面平面。

步骤 1-1-1：打开环形零件模型，如图 4-3 所示。

步骤 1-1-2：进入加工模块，如图 4-4 所示。

步骤 1-1-3：选择加工环境，单击 确定 按钮，如图 4-5 所示。

步骤 1-1-4：创建工件坐标系。

项目 4 工步 1-1：铣上表面平面

① 如图 4-6 所示，在工序导航器处单击“＋”号，展开 MCS_MILL 选项，双击 MCS_MILL 选项。

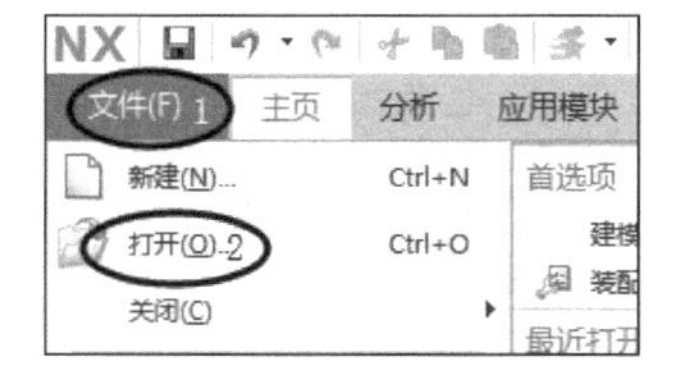

图 4-3　导入零件模型

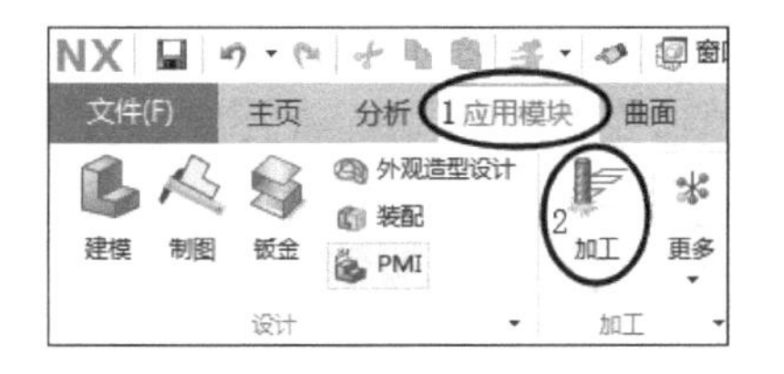

图 4-4　选择“加工”

② 弹出 MCS 对话框，如图 4-7 所示，单击 CSYS 按钮 。

③ 如图 4-8 所示，系统弹出 CSYS 对话框，选择类型下拉列表中 动态 等方式可改变工件加工坐标系位置。目前加工坐标系在工件上表面中心，满足加工要求，不需修改。单击 确定 按钮返回。

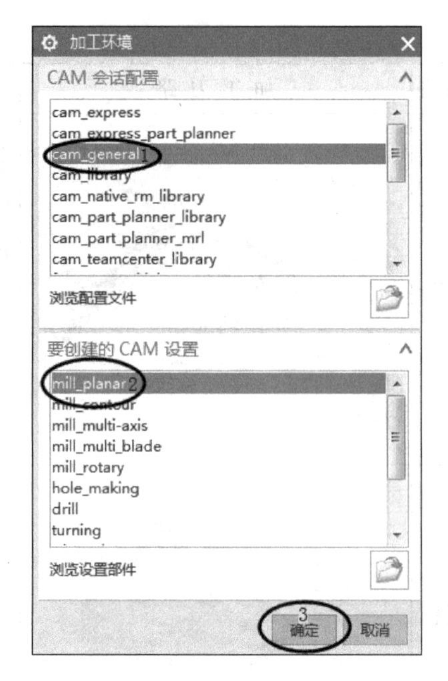

图 4-5 选择“加工环境”

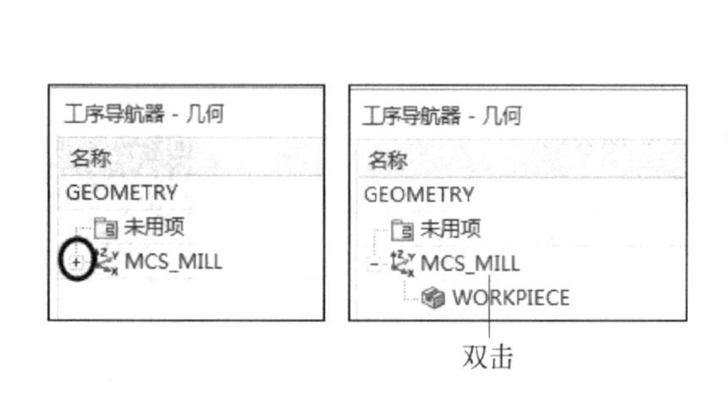

图 4-6 打开 MCS

图 4-7 打开 MCS 对话框

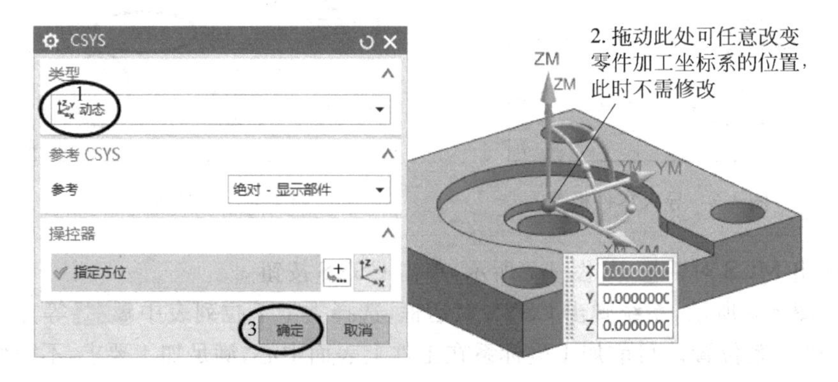

图 4-8 创建工件坐标系

步骤 1-1-5：创建工件安全平面。

① 在双击 MCS_MILL 选项后出现的 MCS 对话框里选择刨选项，单击指定平面按钮，如图 4-9 所示。

图 4-9 MCS 对话框

② 在“刨”对话框中选择自动判断方式，单击模型上表面，方向向上，“距离”设为 10，单击“刨”对话框确定按钮，如图 4-10 所示。

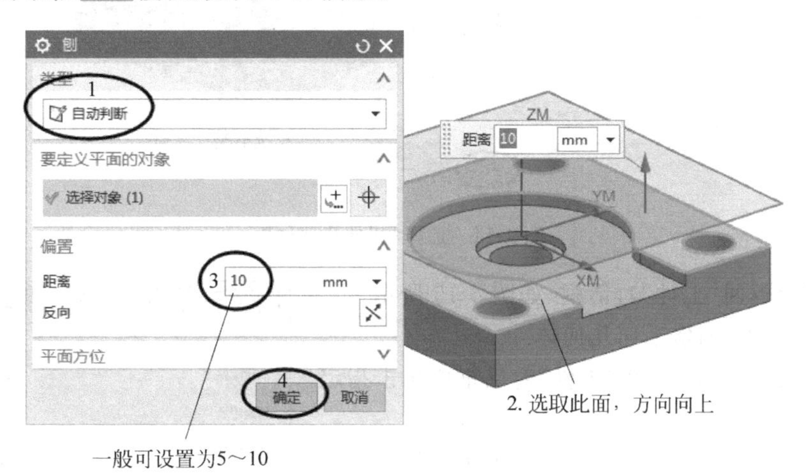

图 4-10 创建“安全平面”

③ 单击“MCS 铣削”对话框确定按钮，如图 4-11 所示。

步骤 1-1-6：创建部件几何体。

① 在工序导航器处双击 WORKPIECE 选项，如图 4-12 所示。

② 弹出“工件”对话框，单击指定部件按钮，如图 4-13 所示。

③ 如图 4-14 所示，系统弹出“部件几何体”对话框。选取整个零件为部件几何体，单击确定按钮。

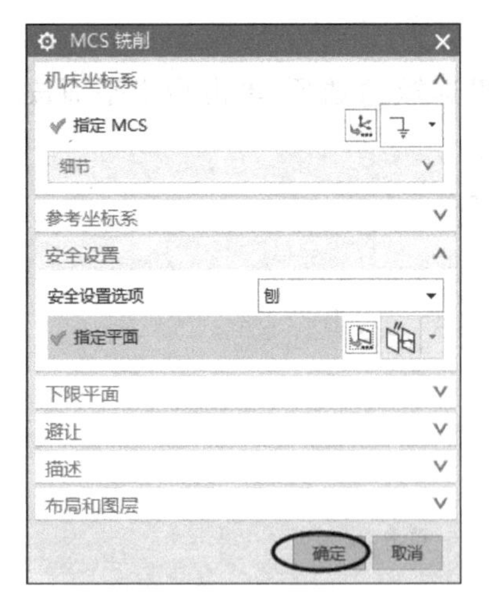

图 4-11 “MCS 铣削”对话框

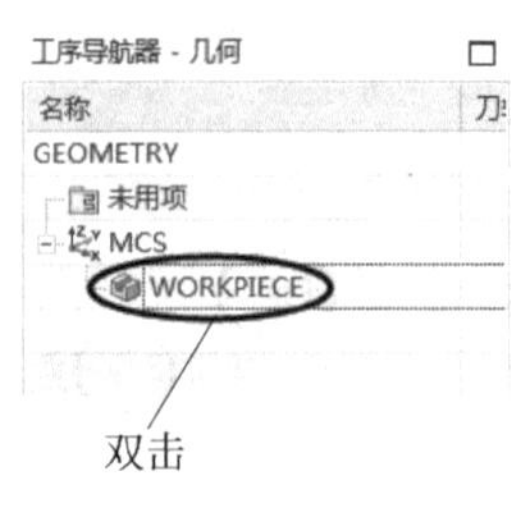

图 4-12 双击“几何体”

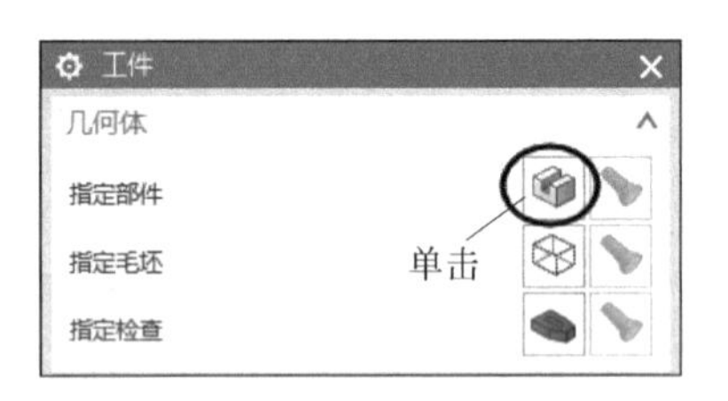

图 4-13 单击“工件”按钮

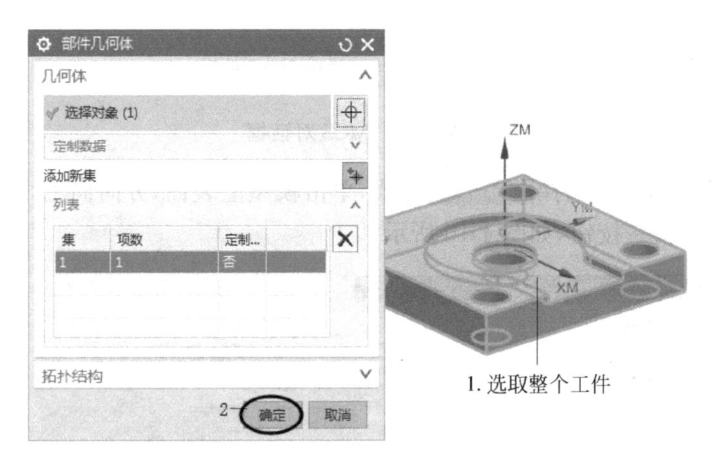

图 4-14 选择“部件几何体”

④ 系统返回“工件”对话框，如图 4-15 所示。

步骤 1-1-7：创建毛坯几何体。

① 如图 4-16 所示，在“工件”对话框中单击指定毛坯按钮。

② 如图 4-17 所示，弹出“毛坯几何体”对话框，选择 包容块 。

③ 如图 4-18 所示，输入 包容块 的各方向单边偏置量，单击 确定 按钮。

④ 如图 4-19 所示，单击“工件”对话框 确定 按钮，完成部件、毛坯的创建。

步骤 1-1-8：创建刀具。

① 如图 4-20 所示，在工序导航器的空白处右击，选择 机床视图 选项，切换到机床视图页面。

图 4-15 “工件”对话框

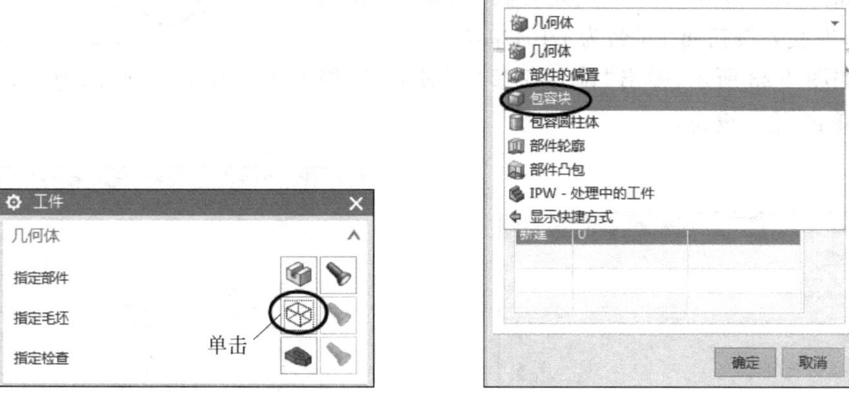

图 4-16　选择“指定毛坯”按钮　　　图 4-17　选择“毛坯”

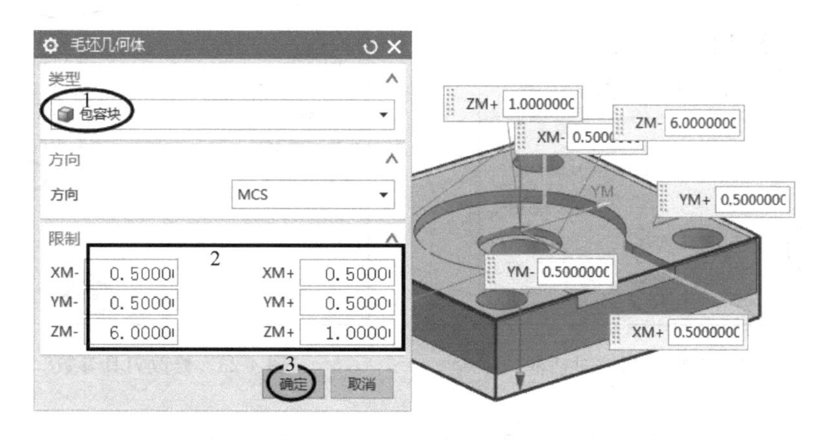

图 4-18　设置“毛坯”尺寸

图 4-19　完成部件、毛坯的创建

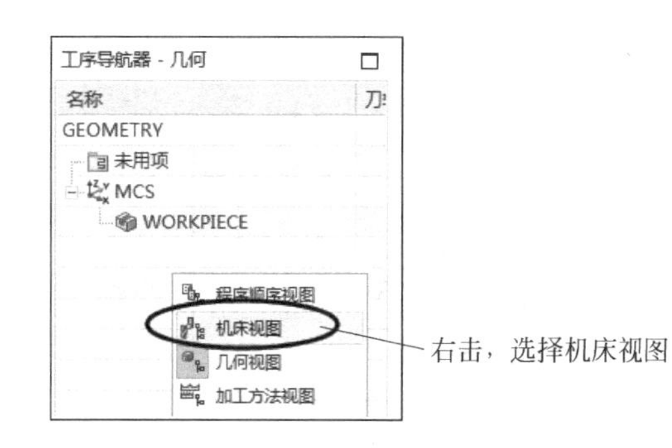

图 4-20　切换到“机床视图”页面

② 在工具条中单击创建刀具按钮，如图 4-21 所示。

图 4-21 “创建刀具”工具条

③ 如图 4-22 所示，弹出“创建刀具”对话框，在该对话框中选择平底刀按钮，起名为 D16，单击确定按钮。

④ 如图 4-23 所示，弹出“铣刀-5 参数”对话框，修改刀具参数，单击确定按钮。

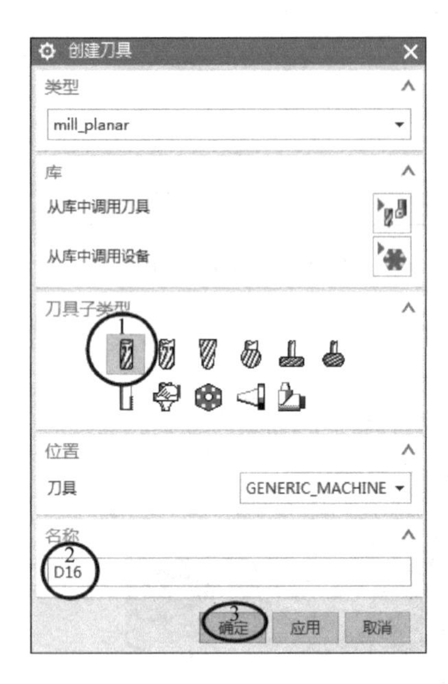

图 4-22 “创建刀具”对话框

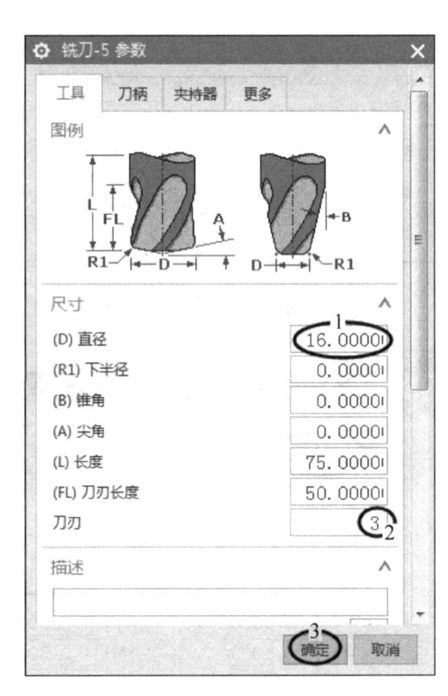

图 4-23 修改刀具参数

⑤ 用同样的方法创建 ϕ10mm 平底刀和 R3mm 球刀，如图 4-24 所示。

步骤 1-1-9：创建程序组。

① 如图 4-25 所示，在工序导航器的空白处右击，选择程序顺序视图选项，切换到“程序顺序”页面。

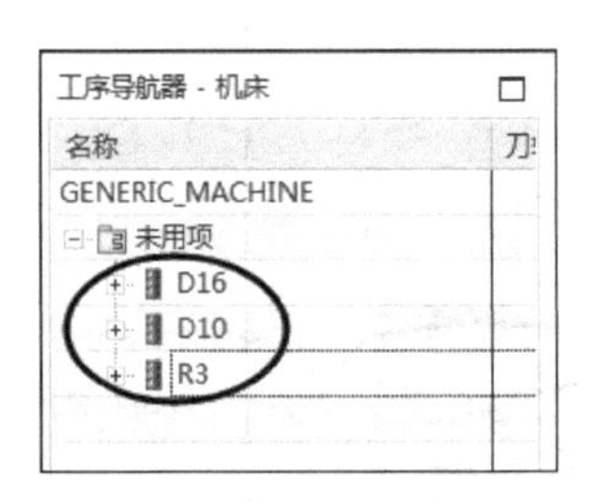

图 4-24 刀具创建结果

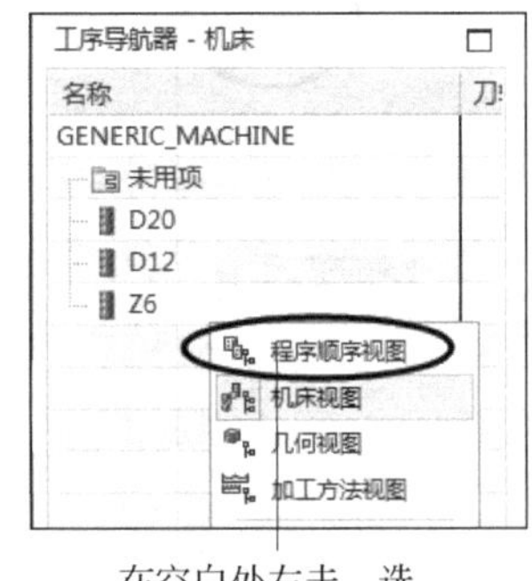

图 4-25 切换到“程序顺序”页面

② 将光标放置在 NC_PROGRAM 上，右击选择 插入，选择 程序组…，如图 4-26 所示。

③ 如图 4-27 所示，弹出“创建程序”对话框，起名为上表面加工，单击 确定 按钮。

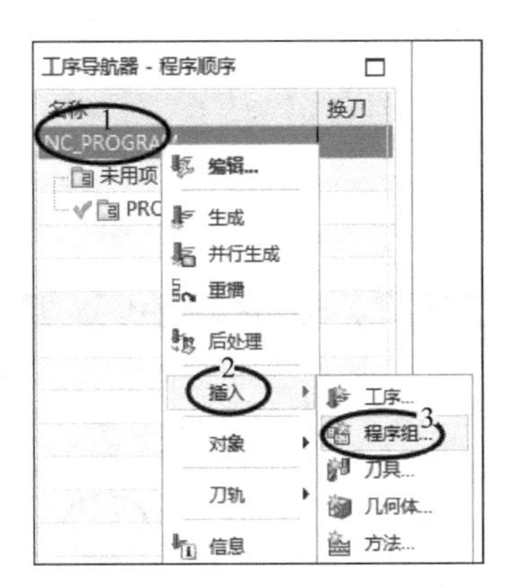

图 4-26　插入“程序组”

图 4-27　“创建程序”对话框

④ 弹出“程序”对话框，单击 确定 按钮，生成上表面加工程序文件夹，如图 4-28 所示。

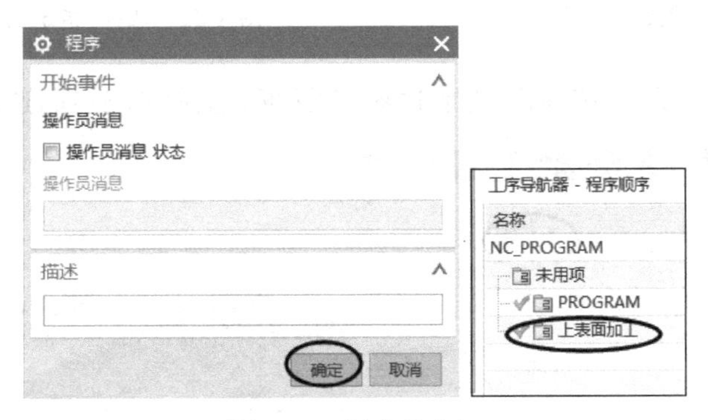

图 4-28　创建程序组

⑤ 按同样的方法创建下表面加工程序文件夹，如图 4-29 所示。

步骤 1-1-10：创建工序。

① 单击工具条上的创建工序按钮，如图 4-30 所示。

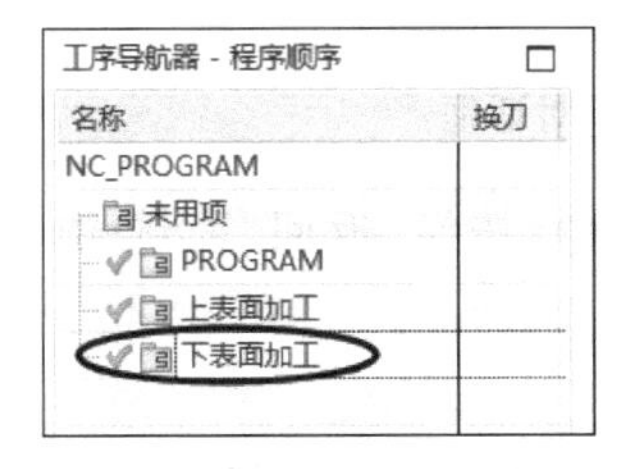

图 4-29　程序组创建结果

图 4-30　创建工序

② 弹出“创建工序”对话框，设置如图 4-31 所示，单击 确定 按钮。

步骤 1-1-11：设置指定面边界。

① 系统弹出“面铣-铣上表面平面”对话框，单击指定面边界按钮，如图 4-32 所示。

图 4-31 “创建工序”对话框

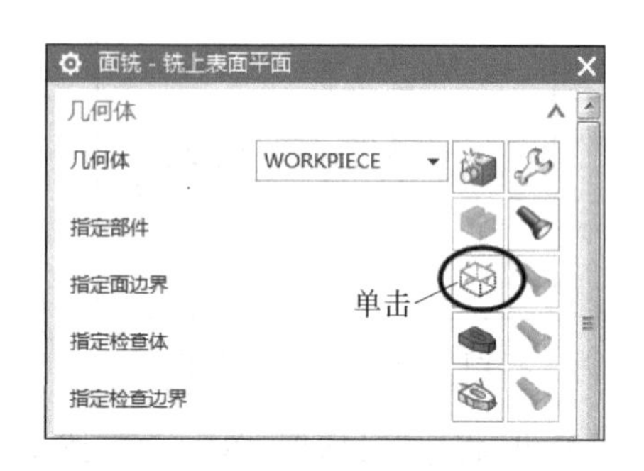

图 4-32 选择“指定面边界”按钮

② 如图 4-33 所示，系统弹出“毛坯边界”对话框，选择 面 选项，选取工件上表面。

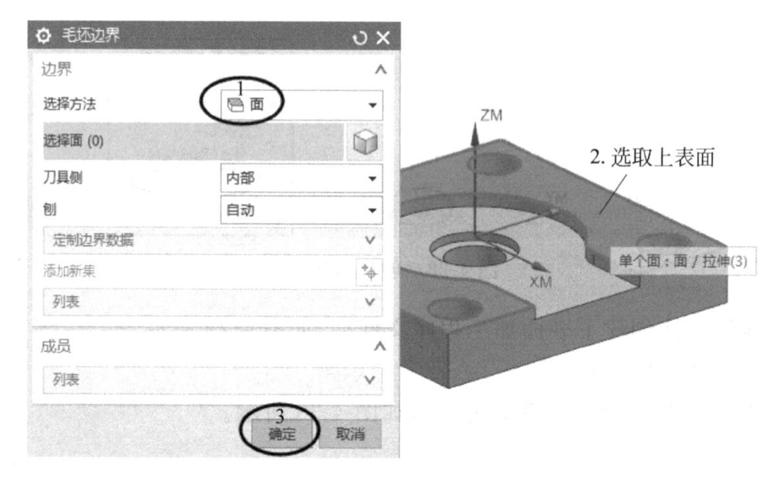

图 4-33 “毛坯边界”对话框

③ 如图 4-34 所示，单击“毛坯边界”对话框 确定 按钮，返回“面铣-铣上表面平面”对话框。

步骤 1-1-12：设置一般参数。

在“面铣-铣上表面平面”对话框的切削模式下拉列表中选择 往复 选项，如图 4-35 所示。

步骤 1-1-13：设置切削参数。

① 如图 4-36 所示，单击“面铣-铣上表面平面”对话框中的切削参数按钮 。

图 4-34　“毛坯边界”对话框

图 4-35　选择参数

② 如图 4-37 所示，系统弹出“切削参数”对话框，在“策略”页面选中“延伸到部件轮廓”复选框。单击 确定 按钮，返回“面铣-铣上表面平面”对话框。

图 4-36　选择“切削参数”按钮

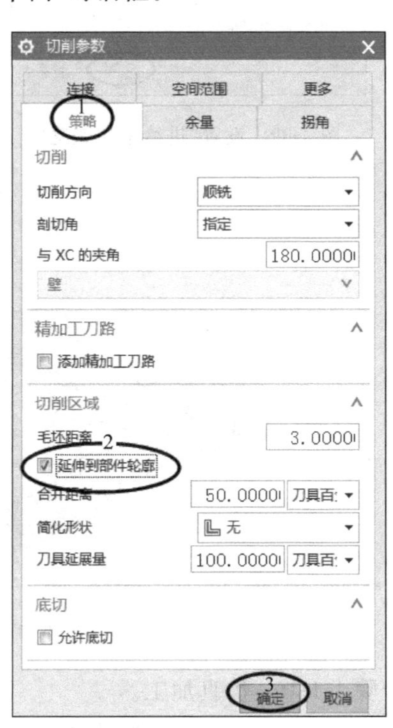

图 4-37　选择“策略”

步骤 1-1-14：设置进给率和速度。

① 单击“面铣-铣上表面平面”对话框中的“进给率和速度”按钮，如图 4-38 所示。

② 系统弹出“进给率和速度”对话框，如图 4-39 所示。选中“主轴速度”并输入 3000，“切削”设置为 1200。单击 确定 按钮，返回“面铣-铣上表面平面”对话框。

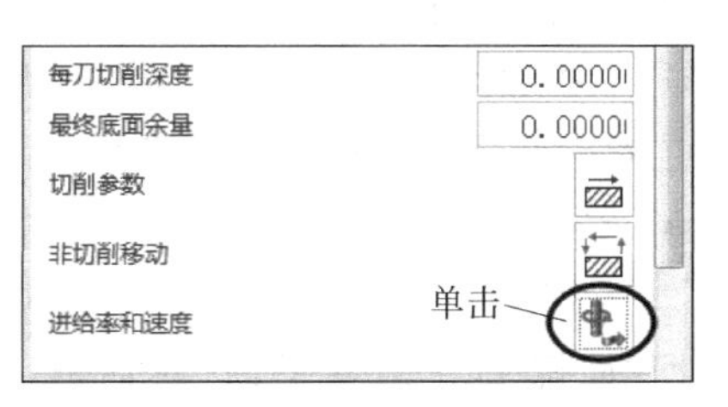

图 4-38　选择“进给率和速度”按钮

③ 单击"面铣-铣上表面平面"对话框的"生成"按钮，刀轨生成，如图 4-40 和图 4-41 所示。

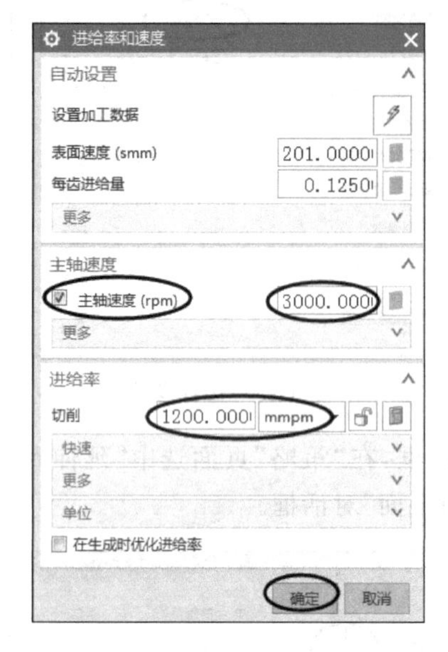

图 4-39 设置"进给率和速度"

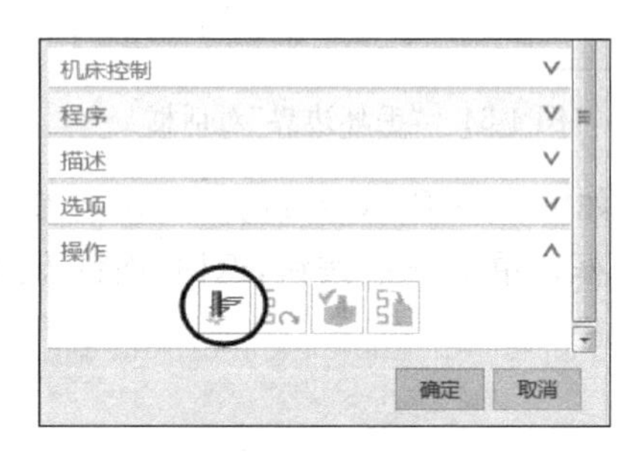

图 4-40 单击"生成"按钮

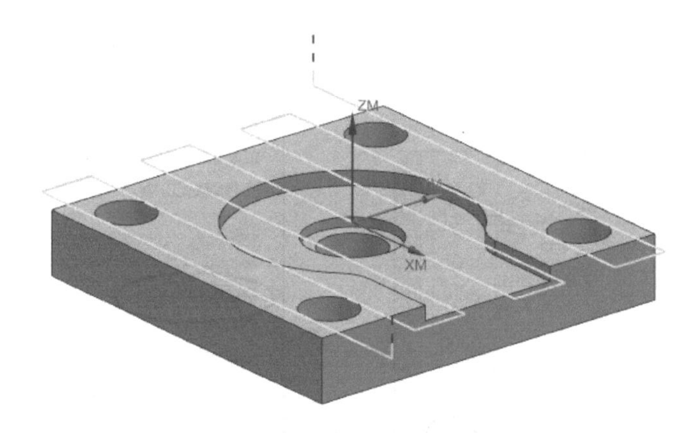

图 4-41 铣上表面平面刀轨

步骤 1-1-15：仿真加工。

① 单击"面铣-铣上表面平面"对话框的"确认"按钮，如图 4-42 所示。

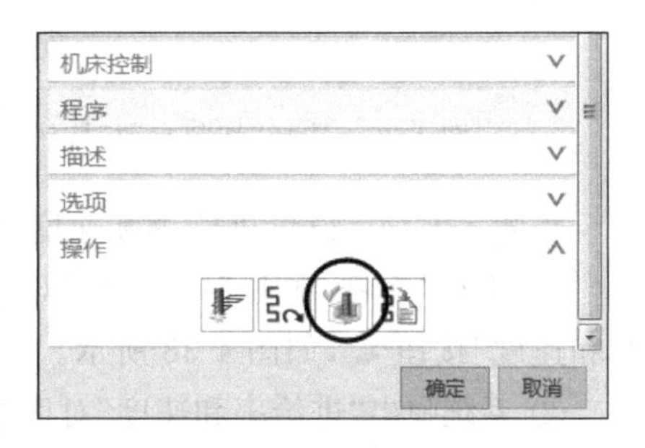

图 4-42 单击"确认"按钮

② 如图 4-43 所示，进入"刀轨可视化"仿真加工对话框，切换到"2D 动态"方式，单击"播放"按钮，结果如图 4-44 所示。

③ 单击"刀轨可视化"对话框的 确定 按钮，返回"面铣-铣上表面平面"对话框，单击 确定 按钮，如图 4-45 所示。工序导航器页面的"铣上表面平面"刀轨生成，如图 4-46 所示。

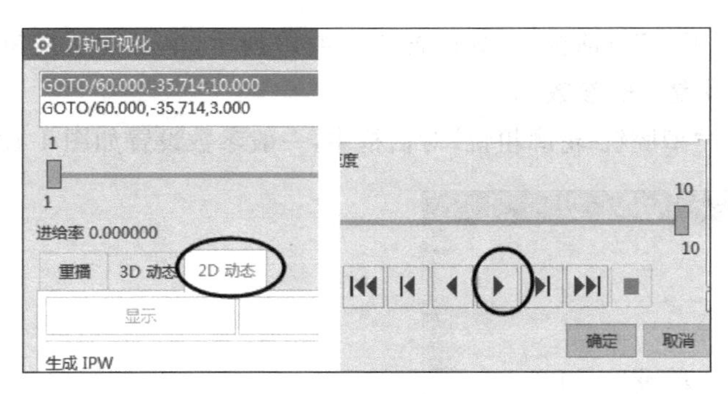

图 4-43　选择“刀轨可视化”

图 4-44　仿真加工结果

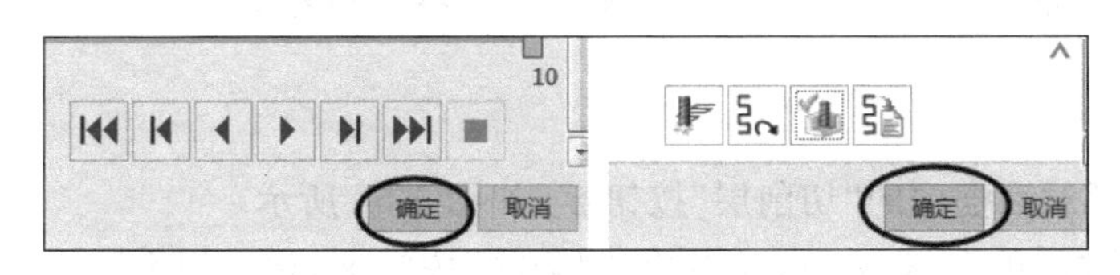

图 4-45　“刀轨可视化”对话框

项目 4 工步 1-2：轮廓粗铣

工步 1-2：轮廓粗铣。

本工步的加工部位为零件上表面轮廓，总高度铣至 24mm。为提高开粗效率，这里采用“型腔铣”刀路，刀具选择 ϕ16mm 的平底刀。

步骤 1-2-1：创建工序。

① 单击工具条上的“创建工序”按钮 ，如图 4-47 所示。

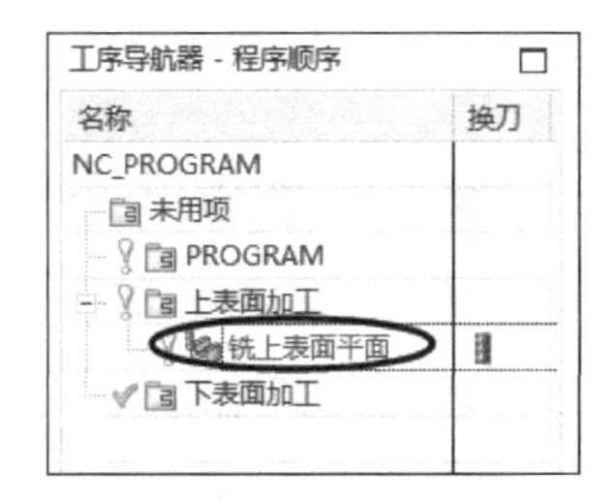

图 4-46　铣上表面平面刀轨

图 4-47　创建工序

② 弹出“创建工序”对话框，参数设置如图 4-48 所示，单击 确定 按钮。

步骤 1-2-2：设置一般参数。

在系统弹出的“型腔铣-轮廓粗铣”对话框中，一般参数设置如图 4-49 所示。

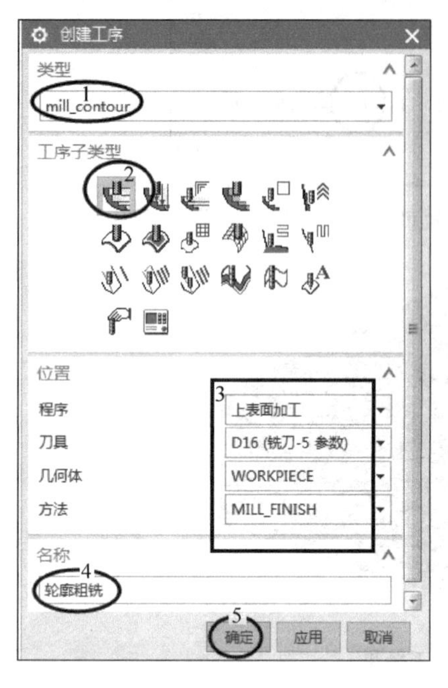

图 4-48 “创建工序”对话框

图 4-49 设置一般参数

步骤 1-2-3：设置切削层。

① 单击“型腔铣-轮廓粗铣”对话框中的“切削层”按钮，如图 4-50 所示。

② 系统弹出“切削层”对话框，单击“列表”区域右边的“删除”按钮 ✕，清空列表数据，如图 4-51 所示。

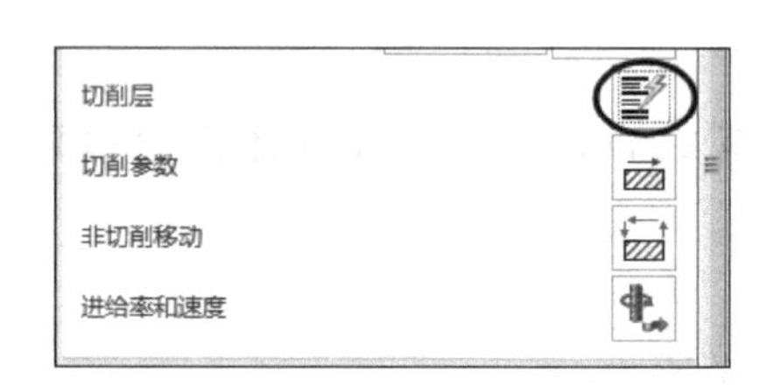

图 4-50 选择“切削层”按钮

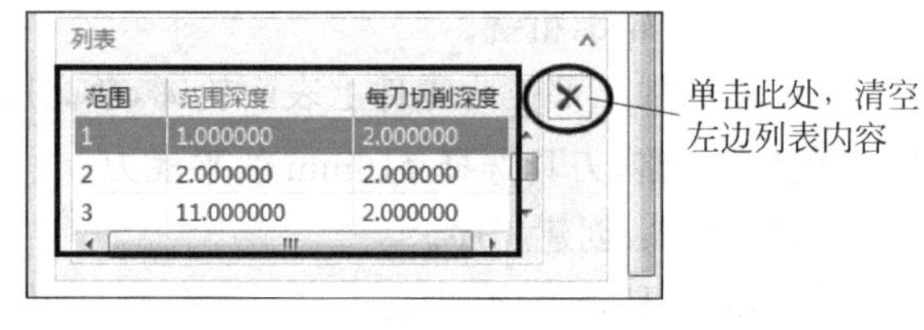

图 4-51 清空列表

③ 如图 4-52 所示，在“范围深度”文本框中输入 23，单击“切削层”对话框 确定 按钮，系统返回“型腔铣-轮廓粗铣”对话框。

步骤 1-2-4：设置切削参数。

① 单击“型腔铣-轮廓粗铣”对话框中的“切削参数”按钮，如图 4-53 所示。

② 系统弹出“切削参数”对话框，选择对话框中的“策略”选项卡，在“切削顺序”下拉列表中选择 深度优先 选项，如图 4-54 所示。

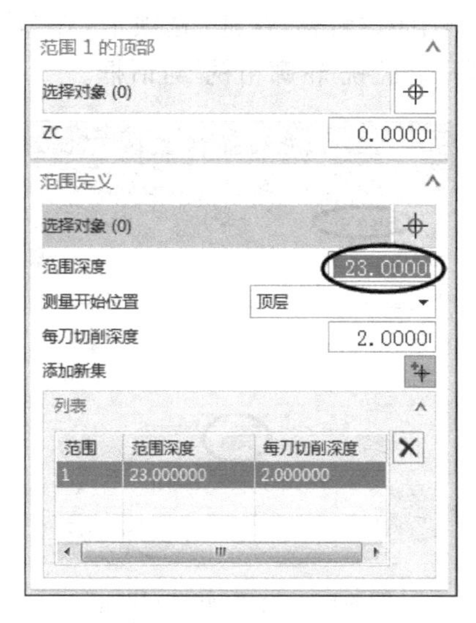

图 4-52 输入“范围深度”

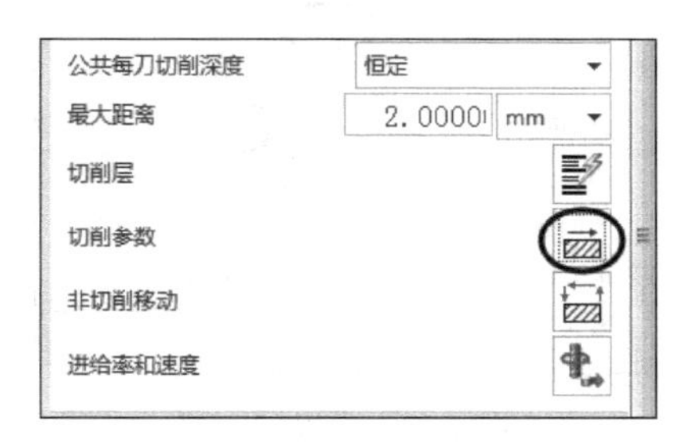

图 4-53 选择“切削参数”按钮

③ 选择“切削参数”对话框中的“拐角”选项卡，在“光顺”下拉列表中选择 所有刀路 选项，如图 4-55 所示。单击“切削参数”对话框中的 确定 按钮，返回“型腔铣-轮廓粗铣”对话框。

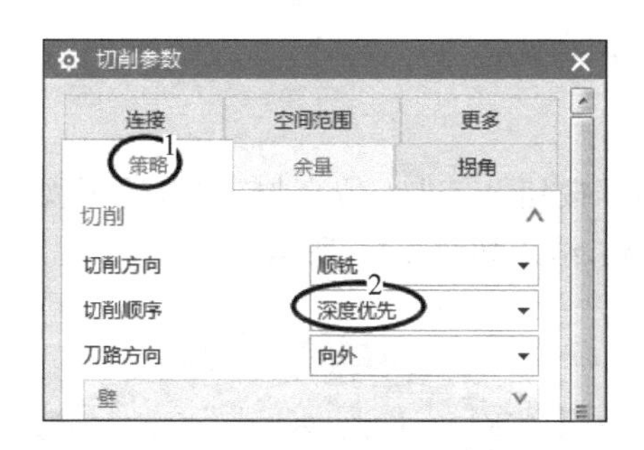

图 4-54 设置“策略”

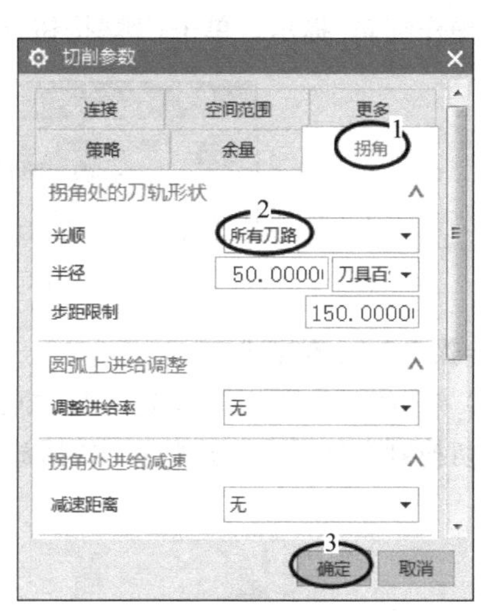

图 4-55 设置“拐角”

步骤 1-2-5：设置非切削移动。

① 单击“型腔铣-外轮廓粗铣”对话框中的“非切削移动”按钮 ，如图 4-56 所示。

② 系统弹出“非切削移动”对话框，选择对话框中的“进刀”选项卡，在对话框中的“进刀类型”下拉列表中选择 螺旋 选项，在“斜坡角”文本框中输入 1，在“高度”文本框输入 1，如图 4-57 所示。

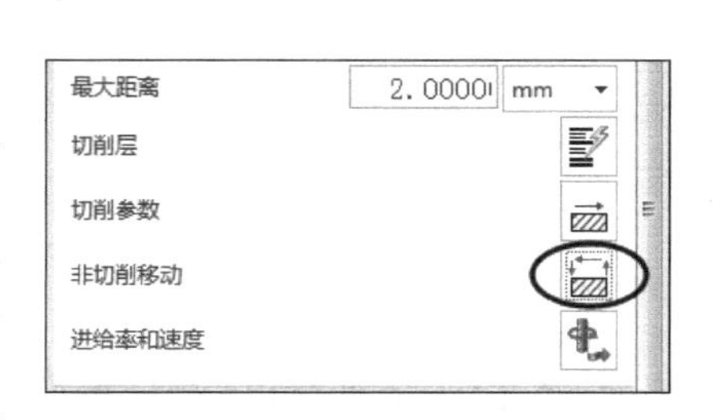

图 4-56 选择“非切削移动”按钮

③ 如图 4-58 所示，选择“非切削移动”对话框中的“转移/快速”选项卡，在“转移类型”下拉列表中选择直接选项，单击确定按钮，返回“型腔铣-轮廓粗铣”对话框。

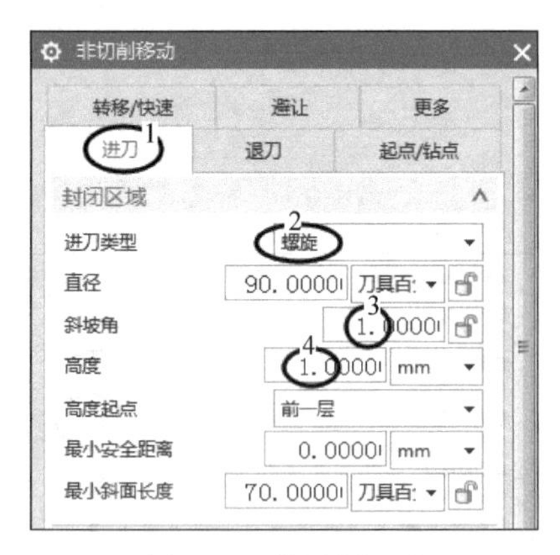

图 4-57　设置“进刀”

图 4-58　设置“转移/快速”

步骤 1-2-6：设置进给率和速度。

① 单击“型腔铣-轮廓粗铣”对话框中的“进给率和速度”按钮，选中“主轴速度”复选框并设置为 3000，“切削”设置为 1200，单击确定按钮。

② 返回“型腔铣-轮廓粗铣”对话框，单击对话框的“生成”按钮，弹出如图 4-59 所示的“操作编辑”提示。单击确定按钮，生成的刀轨如图 4-60 所示。

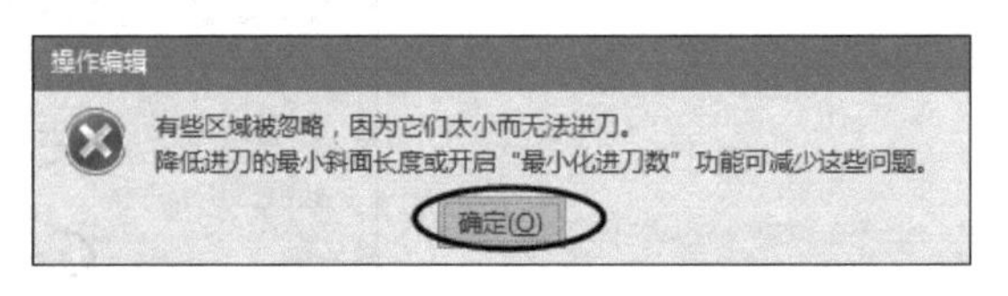

图 4-59　“操作编辑”提示

步骤 1-2-7：仿真加工。

① 单击“型腔铣-轮廓粗铣”对话框的“确认”按钮，进入仿真加工“刀轨可视化”对话框，切换到“2D 动态”方式，单击“播放”按钮，结果如图 4-61 所示，

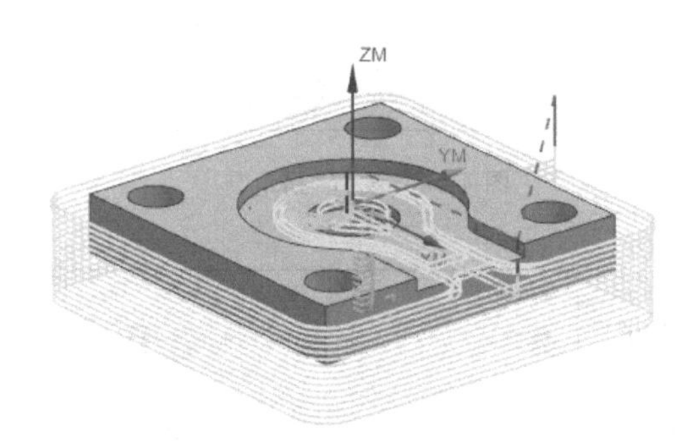

图 4-60　轮廓粗铣刀轨

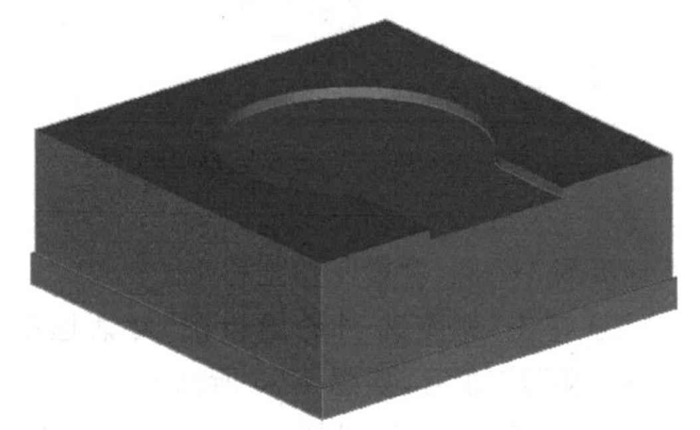

图 4-61　仿真加工结果

② 单击“刀轨可视化”对话框的确定按钮，返回“型腔铣-轮廓粗铣”对话框。单击确定按钮，工序导航器页面的“轮廓粗铣”刀轨生成，如图 4-62 所示。

工步 1-3：铣上表面的 4 个通孔与台阶孔。

项目 4 工步 1-3：铣上表面 4 个通孔与台阶孔

步骤 1-3-1：复制工步 1-2 轮廓粗铣刀轨。

单击选择工步 1-2 刀轨，右击选择"复制"，单击选择工步 1-2 刀轨，右击选择"粘贴"，右击选择"重命名"，给复制的刀轨重命名为"铣上表面 4 个通孔台阶孔"。"型腔铣-铣上表面 4 个通孔台阶孔"刀轨生成，如图 4-63 所示。

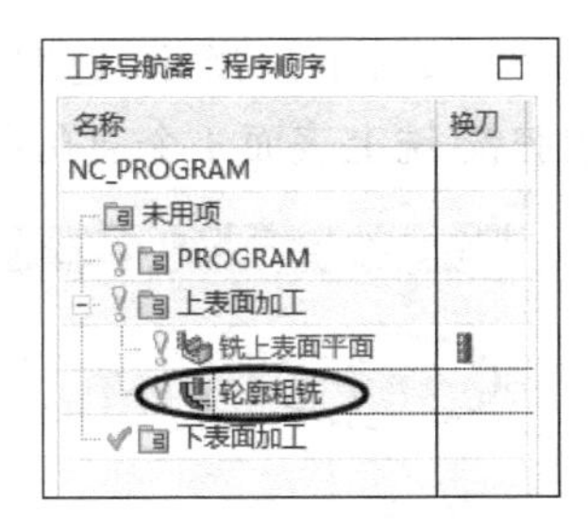

图 4-62　轮廓粗铣刀轨

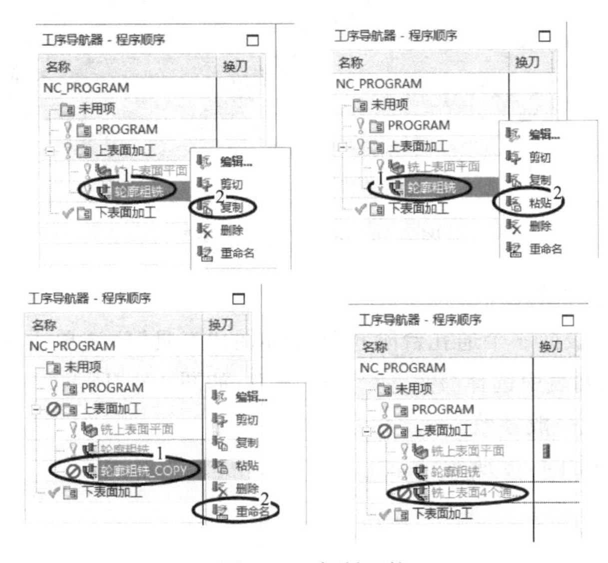

图 4-63　复制刀轨

步骤 1-3-2：创建切削区域。

① 单击"型腔铣-铣上表面 4 个通孔台阶孔"刀轨，系统弹出"型腔铣-铣上表面 4 个通孔台阶孔"对话框。单击对话框的"指定切削区域"按钮，如图 4-64 所示。

② 系统弹出"切削区域"对话框，在该对话框的"选择方法"下拉列表中选择 面 选项，如图 4-65 所示。

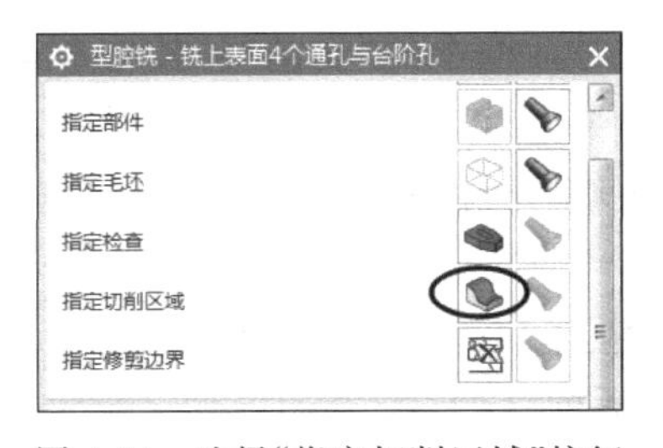

图 4-64　选择"指定切削区域"按钮

图 4-65　设置"切削区域"

③ 如图 4-66 所示，选取零件上表面 4 个通孔、台阶孔圆柱面，单击 确定 按钮，返回“型腔铣-铣上表面 4 个通孔台阶孔”对话框。

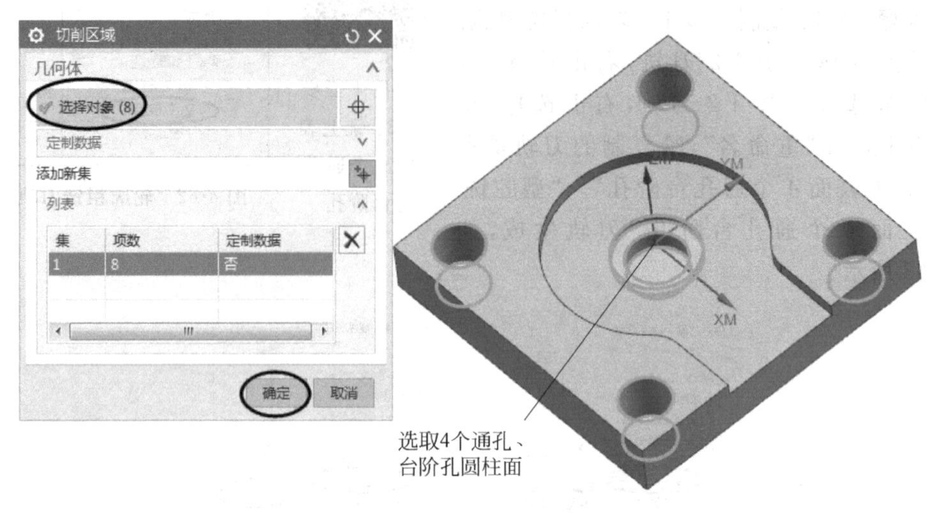

图 4-66 选择“切削区域”

步骤 1-3-3：更换刀具。

在“型腔铣-铣上表面 4 个通孔台阶孔”对话框的“工具”区域单击按钮 ∨ 展开“工具”内容，在“刀具”下拉列表中选择 D10 (铣刀-5 参数) 铣刀，如图 4-67 所示。

步骤 1-3-4：修改一般参数。

一般参数修改如图 4-68 所示。

图 4-67 选择“刀具”

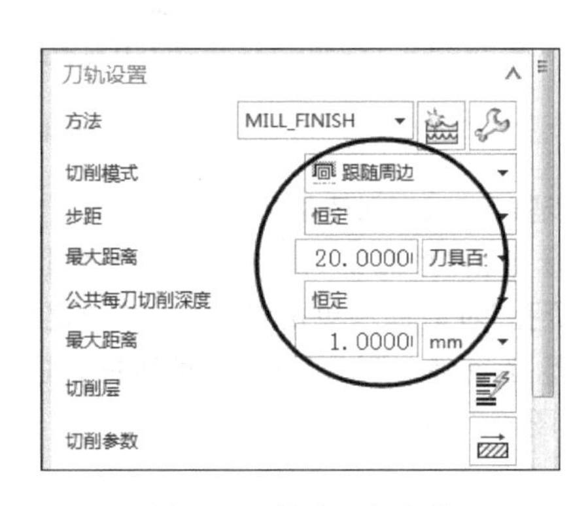

图 4-68 修改一般参数

步骤 1-3-5：修改切削层。

① 单击“型腔铣-铣上表面 4 个通孔台阶孔”对话框中的“切削层”按钮，如图 4-69 所示。

② 系统弹出“切削层”对话框，单击“列表”区域右边的“删除”按钮 ×，清空列表数据，如图 4-70 所示。

③ 如图 4-71 所示，在“范围深度”文本框中输入 14，单击“切削层”对话框 确定 按钮，系统返回“型腔铣-铣上表面 4 个通孔台阶孔”对话框。

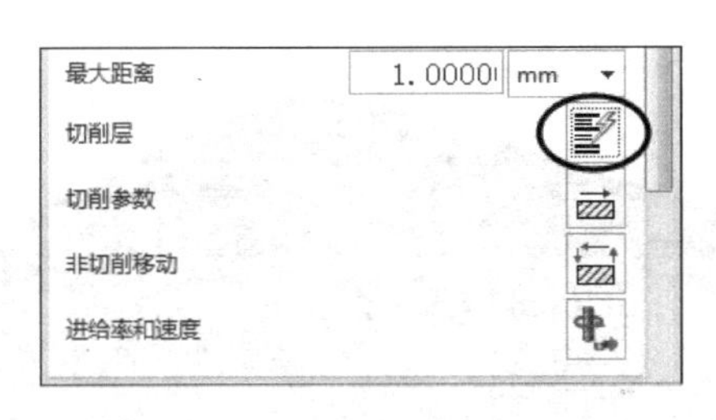

图 4-69 选择“切削层”按钮

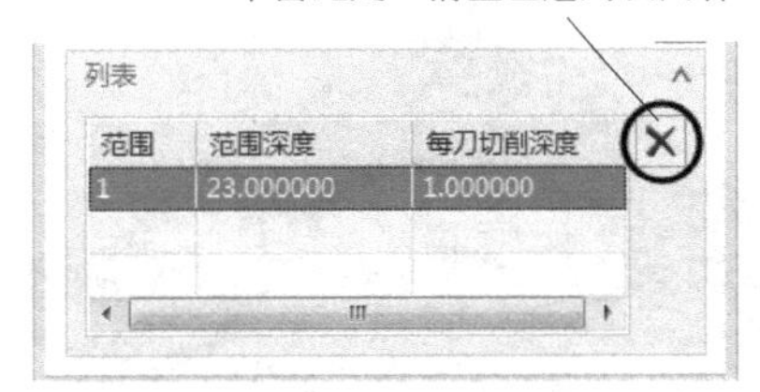

图 4-70 清空列表

步骤 1-3-6：修改非切削移动。

① 单击“型腔铣-铣上表面 4 个通孔台阶孔”对话框中的“非切削移动”按钮，如图 4-72 所示。

图 4-71 输入“范围深度”

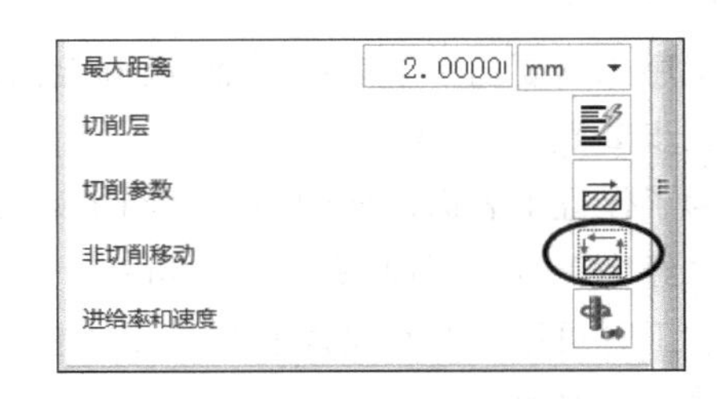

图 4-72 选择“非切削移动”按钮

② 系统弹出“非切削移动”对话框，选择该对话框中的“进刀”选项卡，在该对话框的“进刀类型”下拉列表中选择螺旋选项，在“直径”文本框中输入 40，在“斜坡角”文本框中输入 1，在“高度”文本框中输入 1，在“最小斜面长度”文本框中输入 30，如图 4-73 所示，单击确定按钮。

图 4-73 修改“非切削移动”参数

步骤 1-3-7：修改进给率和速度。

① 单击“型腔铣-铣上表面 4 个通孔台阶孔”对话框中的“进给率和速度”按钮，把“切削”修改为 800，单击确定按钮。

② 返回“型腔铣-铣上表面 4 个通孔台阶孔”对话框，单击对话框的“生成”按钮，生成的刀轨如图 4-74 所示。

步骤 1-3-8：仿真加工。

① 单击“型腔铣-铣上表面 4 个通孔台阶孔”对话框的“确认”按钮，进入仿真加工“刀轨可视化”对话框，切换到“2D 动态”方式，单击“播放”按钮，结果如图 4-75 所示，

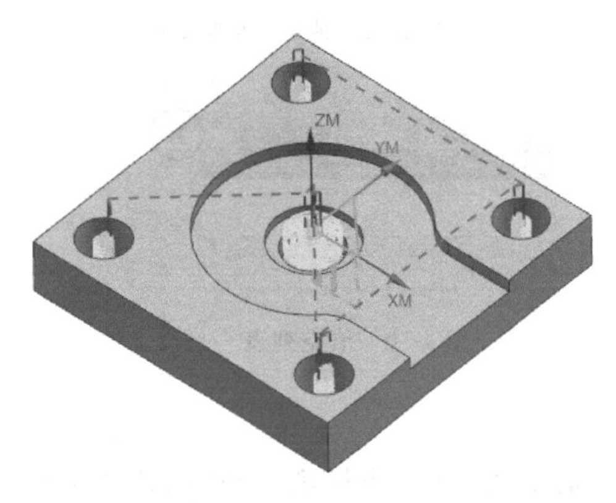

图 4-74　铣上表面 4 个通孔台阶孔刀轨

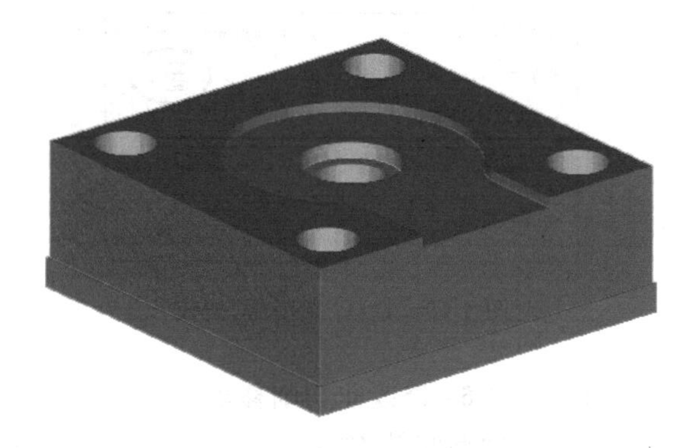

图 4-75　仿真加工结果

② 单击“刀轨可视化”对话框的 确定 按钮，返回“型腔铣-铣上表面 4 个通孔台阶孔”对话框。单击 确定 按钮，工序导航器页面的“铣上表面 4 个通孔台阶孔”刀轨生成，如图 4-76 所示。

2. 工序二

工序二需要加工下表面平面、两圆弧凸键。

工步 2-1：调头找正装夹。

为了保证下表面的两圆弧凸键与上表面的位置精度，工件反过来装夹时，需要打表、找正已经加工过的侧面，夹位约 5mm。

加工时可以重新在反面新建一个坐标系，部分加工刀轨可复制工序一的刀轨，在复制的刀轨上作修改即可。

工步 2-2：铣下表面平面。

步骤 2-2-1：重建工件坐标系和安全平面。

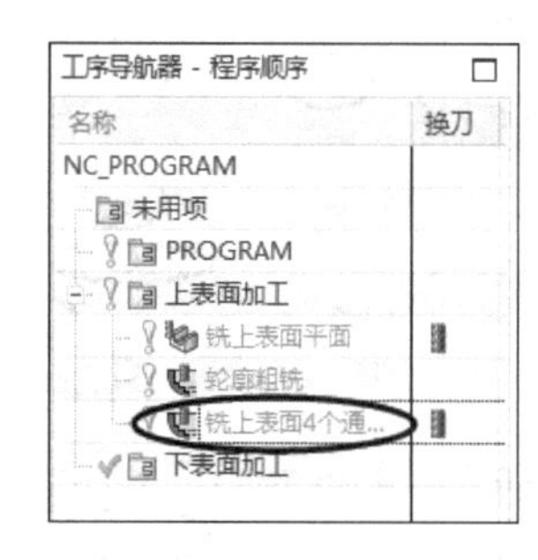

图 4-76　铣上表面 4 个通孔台阶孔刀轨

项目 4 工步 2-2：铣下表面平面

① 在工序导航器的空白处右击，选择 几何视图 选项，如图 4-77 所示。

② 单击工具条上的“创建几何体”按钮 ，如图 4-78 所示。

③ 弹出“创建几何体”对话框，设置如图 4-79 所示，单击 确定 按钮。

④ 弹出 MCS 对话框，单击“指定 MCS”右边的 CSYS 按钮 ，如图 4-80 所示。

⑤ 如图 4-81 所示，弹出 CSYS 对话框，在“类型”下拉列表中选择 动态 选项，把加工零件上表面轮廓的工件坐标系 X 轴旋转 180°，Z 轴坐标移动 −23，单击 确定 按钮。

图 4-77 切换视图页面

图 4-78 选择“创建几何体”按钮

图 4-79 “创建几何体”对话框

图 4-80 MCS 对话框

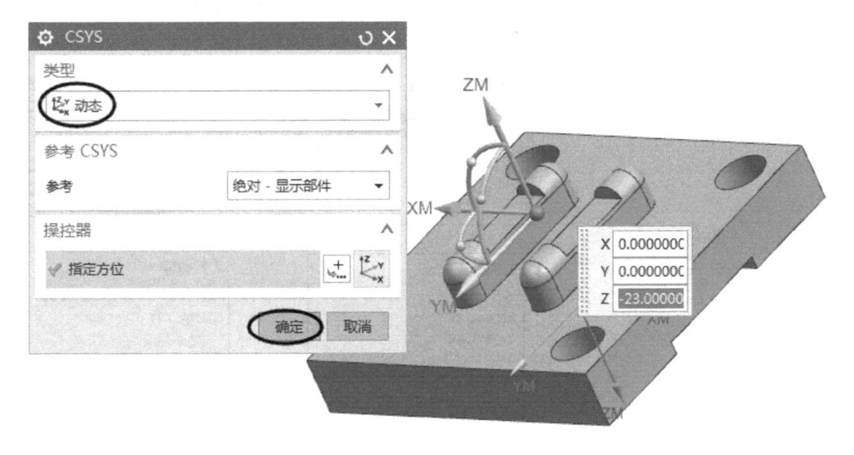

图 4-81 改变工件坐标系

⑥ 如图 4-82 所示，系统返回 MCS 对话框，在对话框的“安全设置选项”下拉列表中选择刨，然后单击“指定平面”按钮。

⑦ 系统弹出“刨”对话框，如图 4-83 所示。选取零件下表面台阶面，方向向上，“距离”输入 30，单击“刨”对话框和 MCS 对话框的 确定 按钮，结果如图 4-84 所示。

步骤 2-2-2：复制工步 1-1 刀轨。

把光标放置在工步 1-1 刀轨上，右击选择“复制”，单击选取新建的工件坐标系 MCS_1，右击选择“粘贴”，并重命名为“铣下表面平面”，结果如图 4-85 所示。

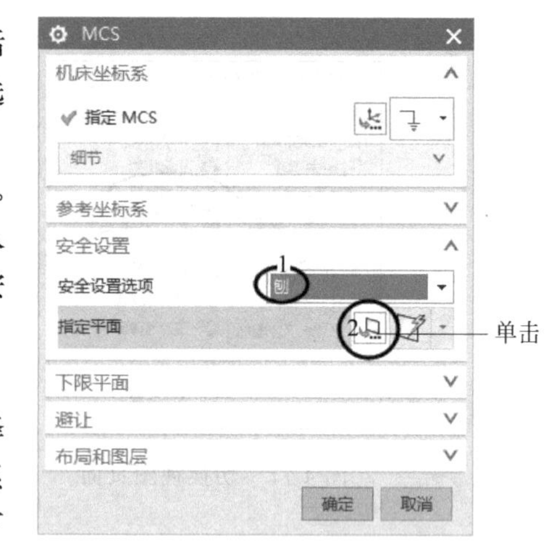

图 4-82 MCS 对话框

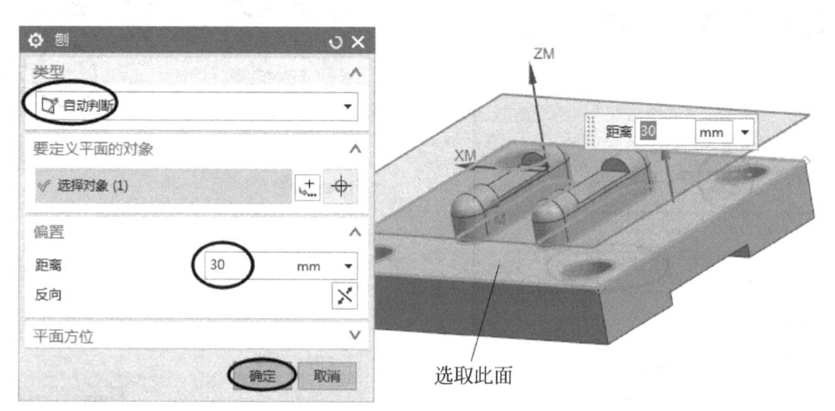

图 4-83 “刨”对话框

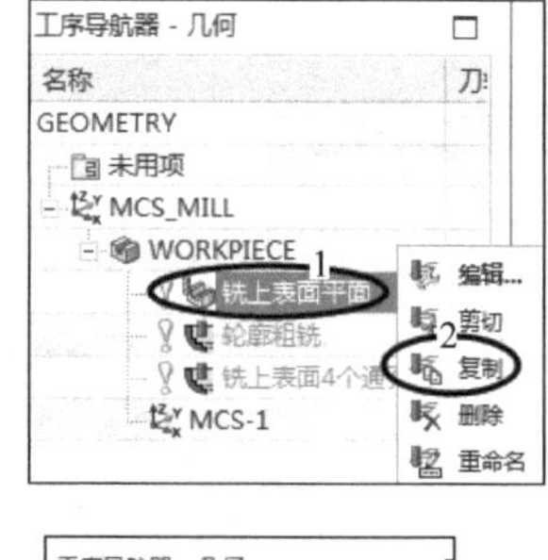
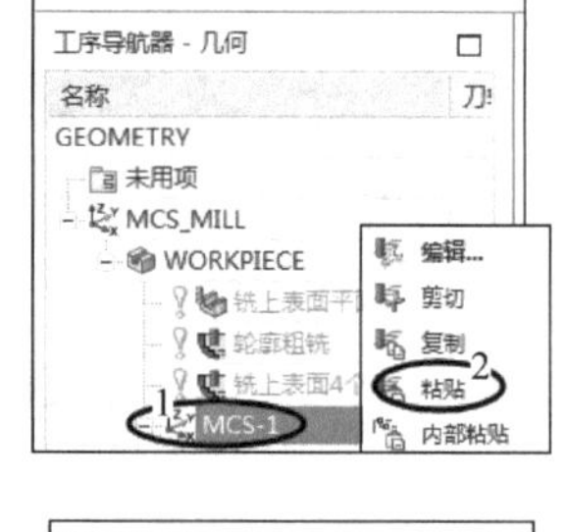
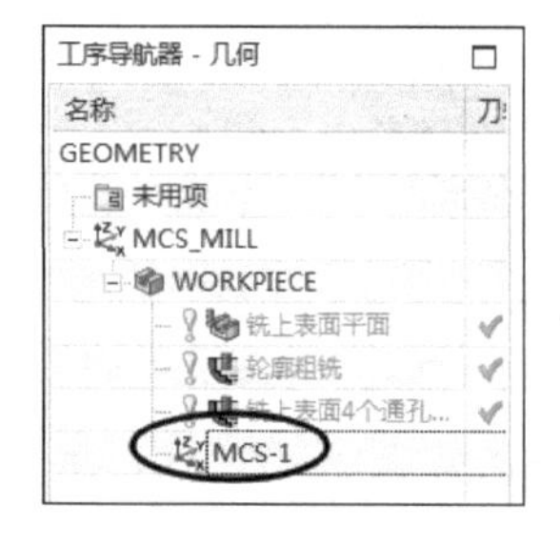

图 4-84 坐标系新建结果

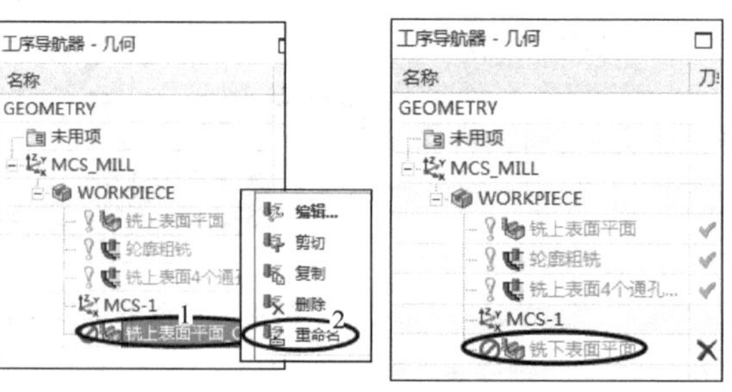

图 4-85 刀轨复制结果

步骤 2-2-3：修改几何体。

① 如图 4-86 所示，在工序导航器的空白处右击，选择 程序顺序视图 选项，切换回程序顺序视图页面，用鼠标把复制的“铣下表面平面”刀轨拖到 下表面加工 文件夹下面。

② 双击打开“铣下表面平面”刀轨，系统弹出“面铣-铣下表面平面”对话框，在“几何体”下拉菜单中选择 MCS_1 按钮，如图 4-87 所示。

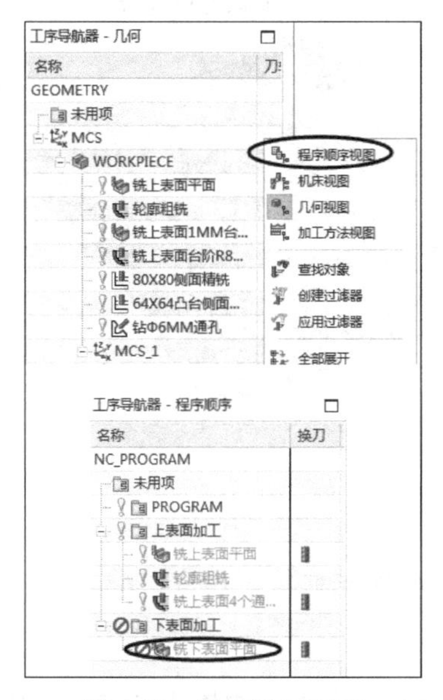

图 4-86　切换视图页面

图 4-87　修改“几何体”

步骤 2-2-4：修改指定面边界。

① 单击“面铣-铣下表面平面”对话框的“指定面边界”按钮 ，如图 4-88 所示。

② 系统弹出“毛坯边界”对话框，单击“列表”右边的“删除”按钮 ，删除铣上表面边界，如图 4-89 所示。

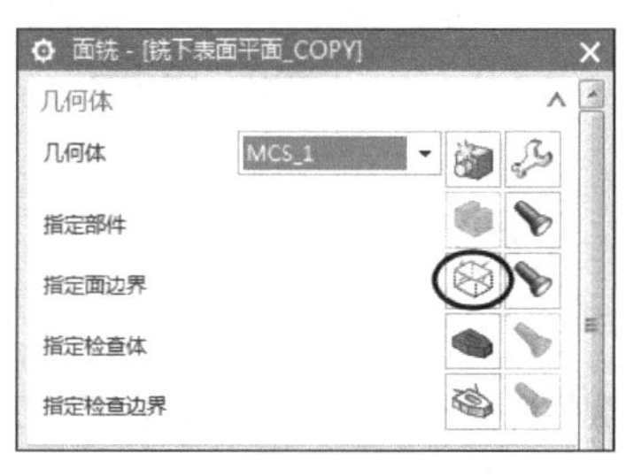

图 4-88　选择“指定面边界”按钮

图 4-89　“毛坯边界”对话框

③ 如图 4-90 所示，选择 ʃ，选取零件下表面台阶的 4 条边界。单击“毛坯边界”对话框的 确定 按钮，返回“面铣-铣下表面平面”对话框。

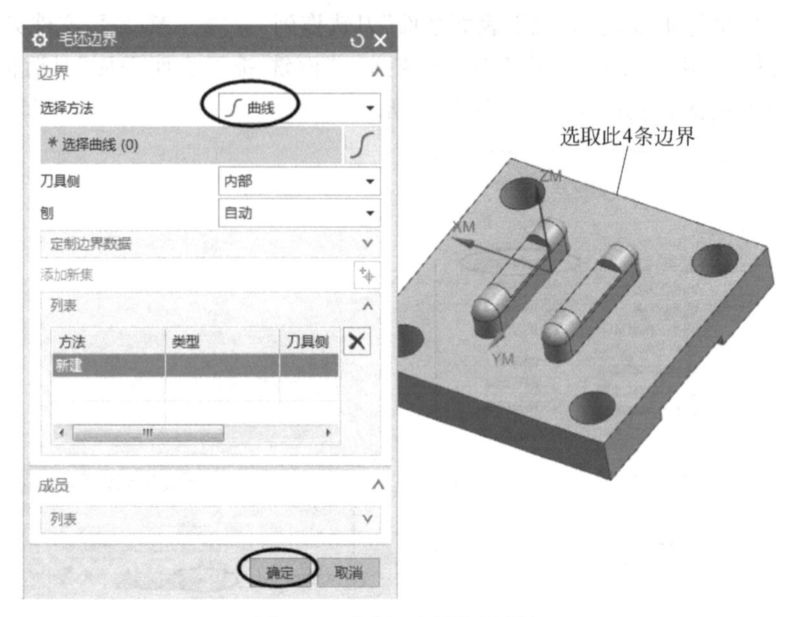

图 4-90 “毛坯边界”对话框

步骤 2-2-5：修改一般参数。

① 在“面铣-铣下表面平面”对话框的“毛坯距离”文本框中输入 6，在“每刀切削深度”文本框中输入 2，如图 4-91 所示。

② 单击“面铣-铣下表面平面”对话框的“生成”按钮 或单击工具条的“生成刀轨”按钮 ，刀轨重新生成，如图 4-92 所示。

图 4-91 修改一般参数

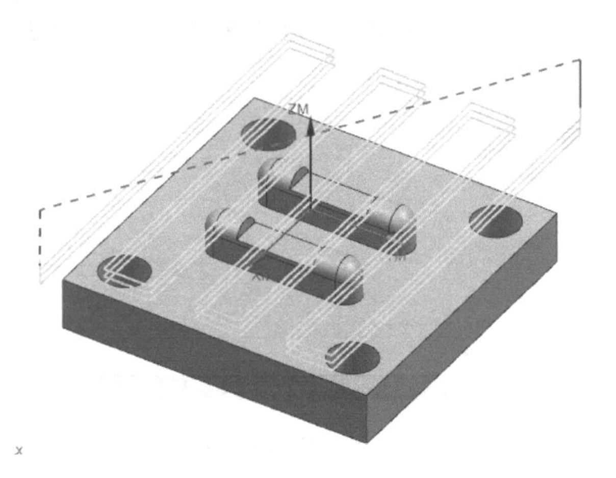

图 4-92 铣下表面平面刀轨

步骤 2-2-6：仿真加工。

① 单击“面铣-铣下表面平面”对话框的“确认”按钮 ，进入仿真加工“刀轨可视化”对话框，切换到“2D 动态”方式。单击“播放”按钮 ▸，结果如图 4-93 所示。

② 单击"刀轨可视化"对话框的 确定 按钮，返回"面铣-铣下表面平面"对话框。单击 确定 按钮，工序导航器页面的"铣下表面平面"刀轨生成，如图 4-94 所示。

图 4-93 仿真加工结果

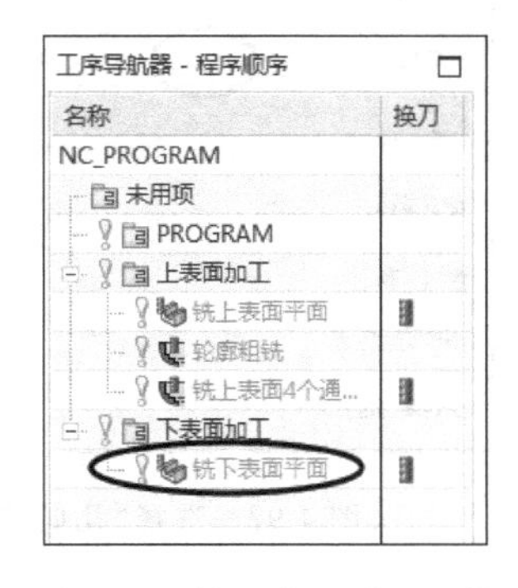

图 4-94 铣下表面平面刀轨

工步 2-3：铣下表面轮廓。

本工步的加工部位为零件下表面轮廓，总高度铣至 10mm。为提高开粗效率，这里采用"型腔铣"刀路，刀具选择 ϕ16mm 的平底刀。

步骤 2-3-1：创建工序。

① 单击工具条上的"创建工序"按钮 ，如图 4-95 所示。

项目 4 工步 2-3：铣下表面轮廓

图 4-95 创建工序

② 弹出"创建工序"对话框，设置如图 4-96 所示，单击 确定 按钮。

步骤 2-3-2：设置几何体。

系统弹出"型腔铣-铣下表面轮廓"对话框，如图 4-97 所示，在对话框的"几何体"下拉列表中选择 MCS_1 选项。

步骤 2-3-3：设置一般参数。

如图 4-98 所示，设置一般参数。

步骤 2-3-4：设置切削层。

① 如图 4-99 所示，单击"型腔铣-铣下表面轮廓"对话框中的"切削层"按钮 。

② 系统弹出"切削层"对话框，单击"列表"区域右边的"删除"按钮 ，清空列表数据，如图 4-100 所示。

③ 如图 4-101 所示，单击 选择对象 (0) ，选择零件下表面台阶面。

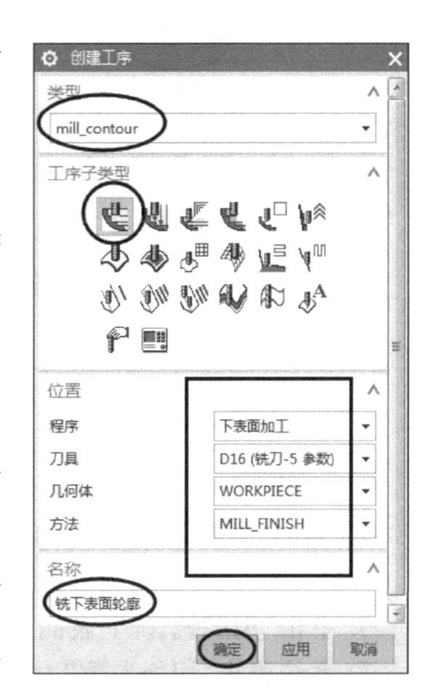

图 4-96 "创建工序"对话框

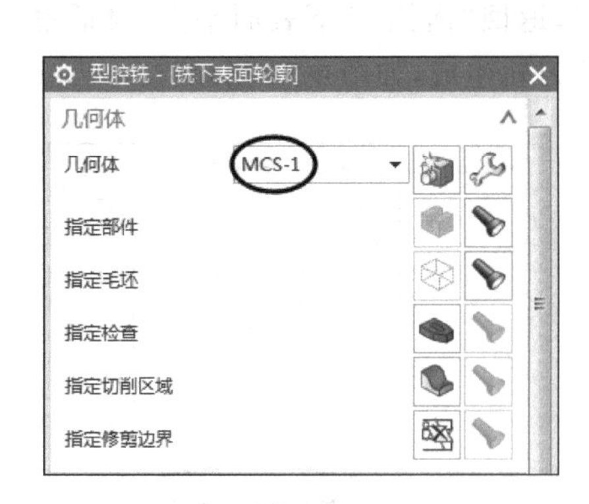

图 4-97　选择“几何体”

图 4-98　设置一般参数

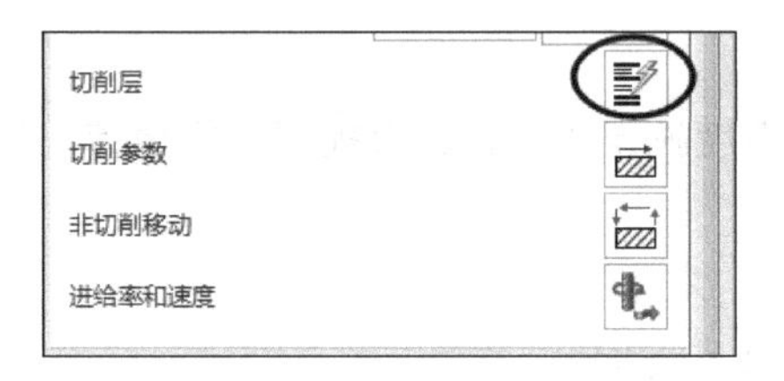

图 4-99　选择“切削层”按钮

图 4-100　清空列表

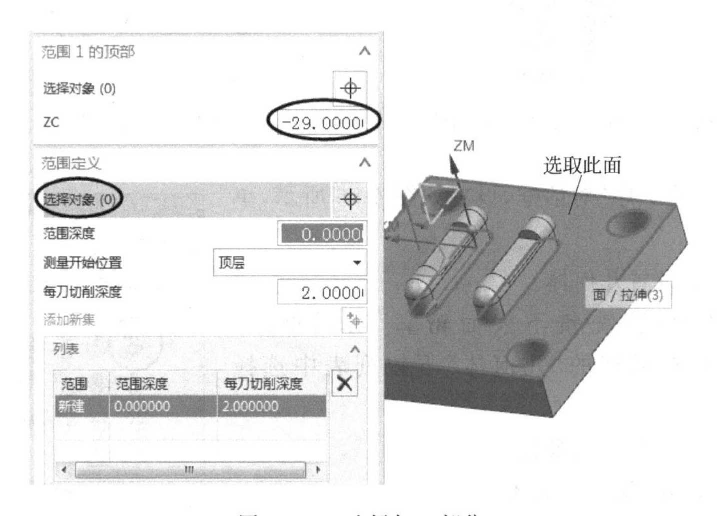

图 4-101　选择加工部位

④ 如图 4-102 所示，“范围深度”文本框修改为 16。单击“切削层”对话框的 确定 按钮，系统返回“型腔铣-铣下表面轮廓”对话框。

步骤 2-3-5：设置切削参数。

① 单击“型腔铣-铣下表面轮廓”对话框中的“切削参数”按钮 ，如图 4-103 所示。

② 系统弹出“切削参数”对话框。选择“切削参数”对话框中的“策略”选项卡，在“切削顺序”下拉列表中选择 深度优先 选项，如图 4-104 所示。

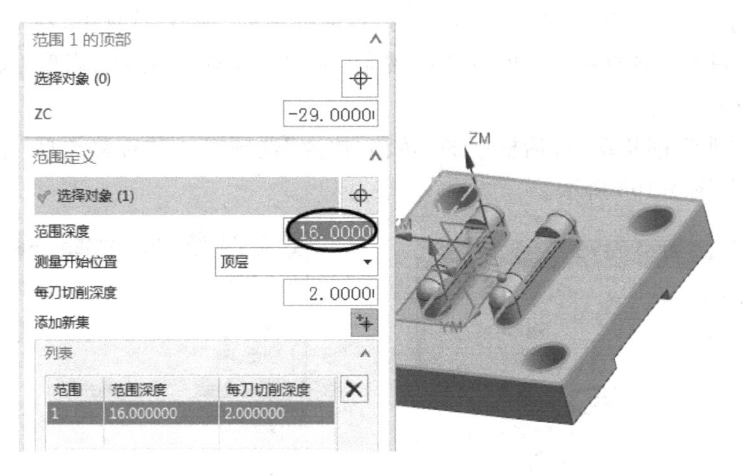

图 4-102 设置"范围深度"

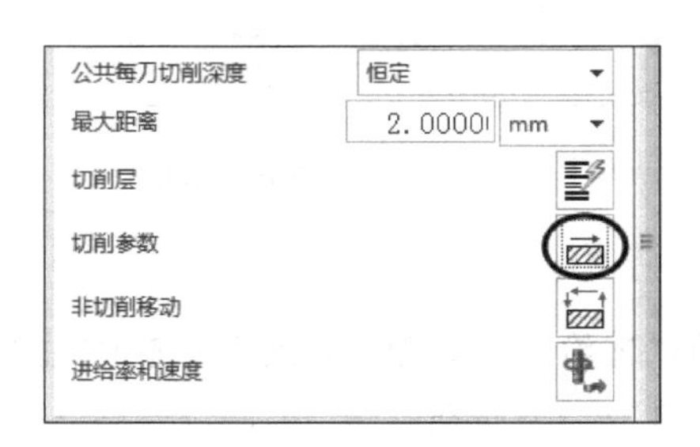

图 4-103 选择"切削参数"按钮

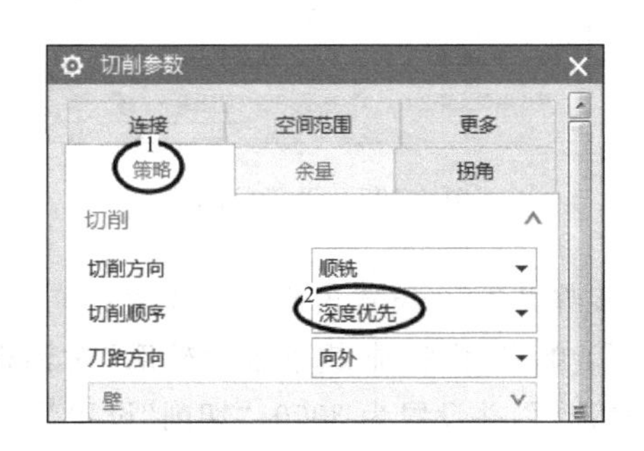

图 4-104 设置"策略"

③ 选择"切削参数"对话框中的"拐角"选项卡，在"光顺"下拉列表中选择 所有刀路 选项，如图 4-105 所示。单击"切削参数"对话框中的 确定 按钮，返回"型腔铣-铣下表面轮廓"对话框。

步骤 2-3-6：设置非切削移动。

① 单击"型腔铣-铣下表面轮廓"对话框中的"非切削移动"按钮，如图 4-106 所示。

图 4-105 设置"拐角"

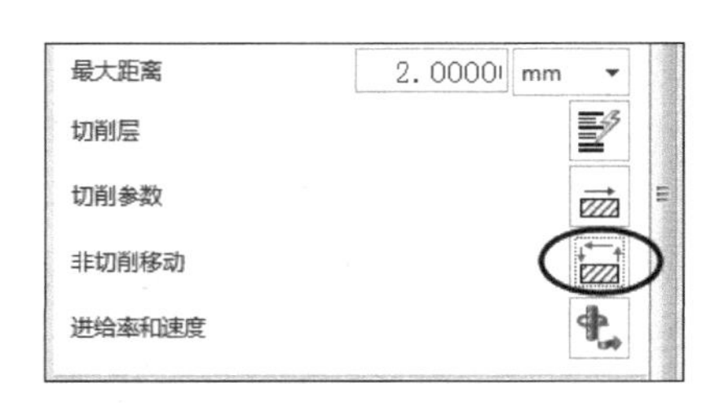

图 4-106 选择"非切削移动"按钮

② 系统弹出“非切削移动”对话框，选择对话框中的“进刀”选项卡，在对话框中的“进刀类型”下拉列表中选择 螺旋 选项，在“斜坡角”文本框中输入 1，在“高度”文本框中输入 1，如图 4-107 所示。

③ 选择“非切削移动”对话框中的“转移/快速”选项卡，在“转移类型”下拉列表中选择 直接 选项，如图 4-108 所示。

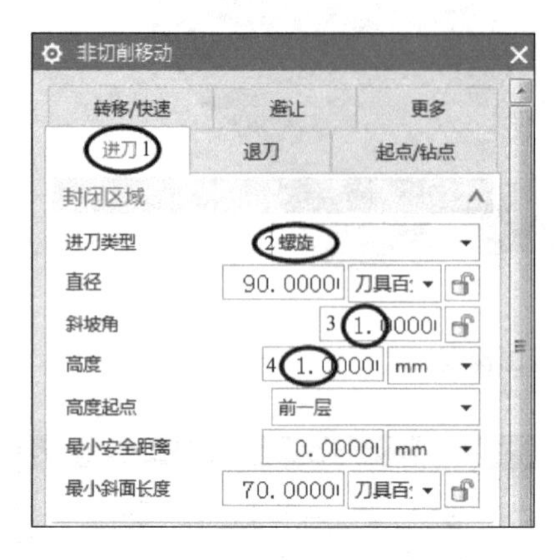

图 4-107 设置“进刀”

图 4-108 设置“转移/快速”

步骤 2-3-7：设置进给率和速度。

① 单击“型腔铣-铣下表面轮廓”对话框中的“进给率和速度”按钮，选中“主轴速度”复选框，并设置为 3000，“切削”设置为 1200，单击 确定 按钮。

② 返回“型腔铣-铣下表面轮廓”对话框，单击对话框的“生成”按钮，弹出如图 4-109 所示“操作编辑”提示。单击 确定 按钮，生成的刀轨如图 4-110 所示。

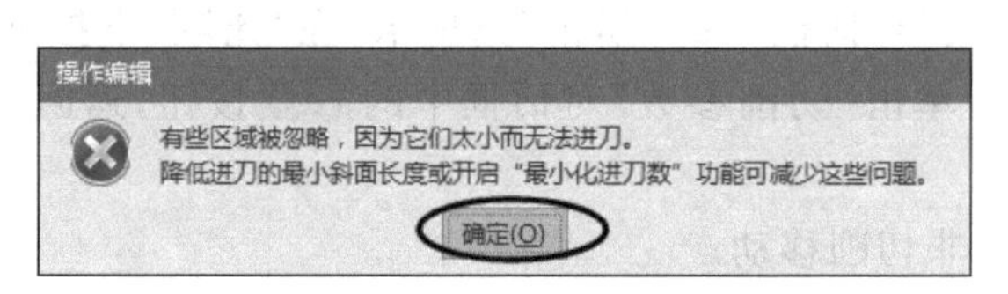

图 4-109 “操作编辑”提示

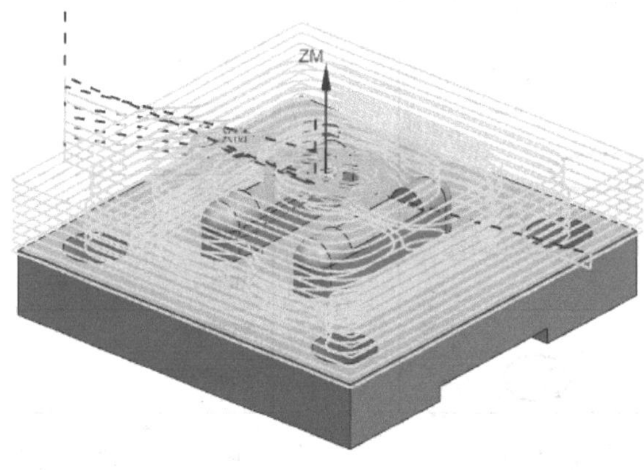

图 4-110 铣下表面轮廓刀轨

步骤 2-3-8：仿真加工。

① 单击“型腔铣-铣下表面轮廓”对话框的“确认”按钮，进入仿真加工“刀轨可视化”对话框，切换到“2D 动态”方式。单击“播放”按钮，结果如图 4-111 所示。

② 单击“刀轨可视化”对话框的 确定 按钮，返回“型腔铣-铣下表面轮廓”对话框。单击 确定 按钮，工序导航器页面的“铣下表面轮廓”刀轨生成，如图 4-112 所示。

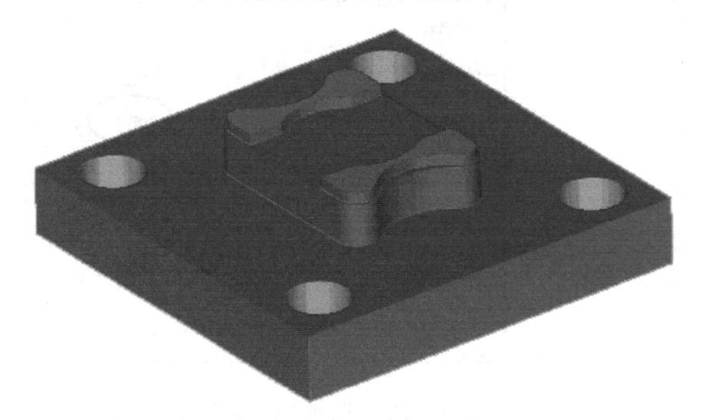

图 4-111 仿真加工结果

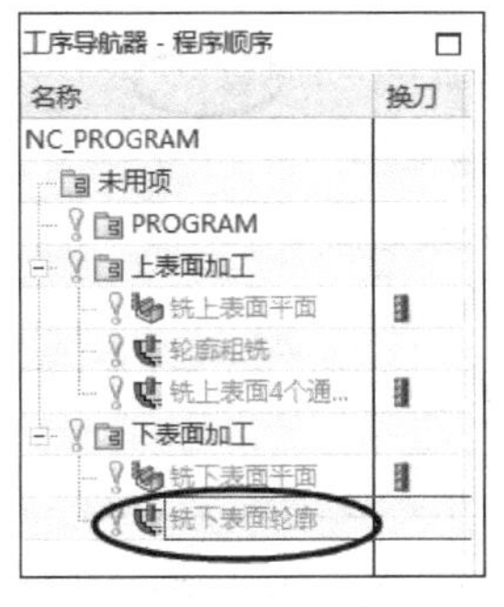

图 4-112 轮廓粗铣刀轨

工步 2-4：铣下表面凸键侧面。

下表面台阶还有部分残留量，需要二次铣削。这里加工刀路可以采用“平面铣”来进行清除，选择的 ϕ10mm 平底刀。

步骤 2-4-1：创建工序。

① 单击工具条上的“创建工序”按钮，如图 4-113 所示。

② 弹出“创建工序”对话框，设置如图 4-114 所示，单击 确定 按钮。

项目 4 工步 2-4：铣下表面凸键侧面

图 4-113 创建工序

图 4-114 “创建工序”对话框

步骤 2-4-2：选择几何体。

如图 4-115 所示，系统弹出“平面铣-铣下表面凸键侧面”对话框。在对话框中选择“几何体”的 MCS-1 选项。

步骤 2-4-3：指定部件边界。

① 在对话框中单击"指定部件边界"按钮，如图 4-116 所示。

② 系统弹出"边界几何体"对话框，在"模式"下拉列表中选择 曲线/边... 选项，如图 4-117 所示。

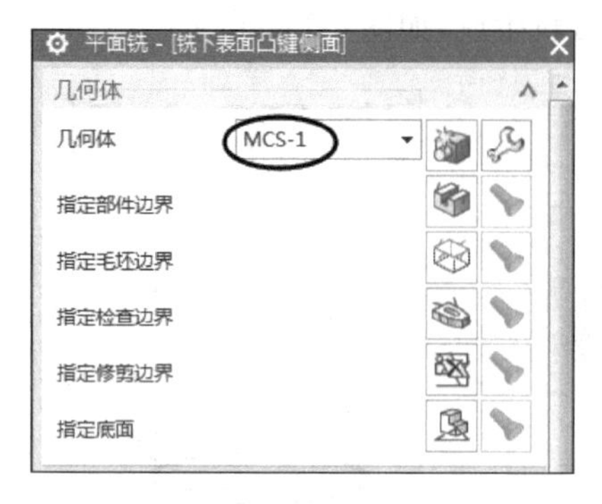

图 4-115　选择"几何体"

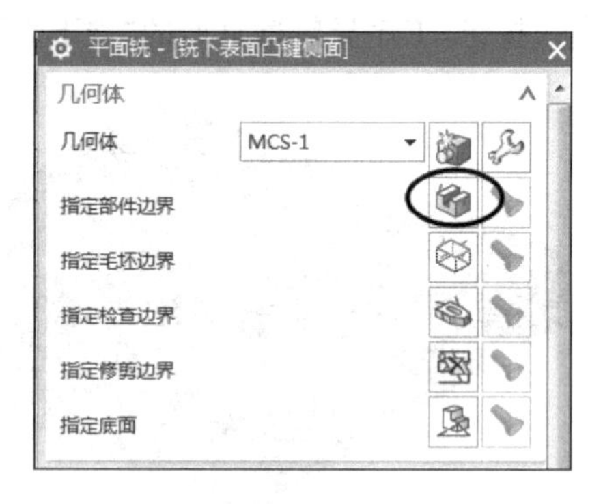

图 4-116　选择"指定部件边界"按钮

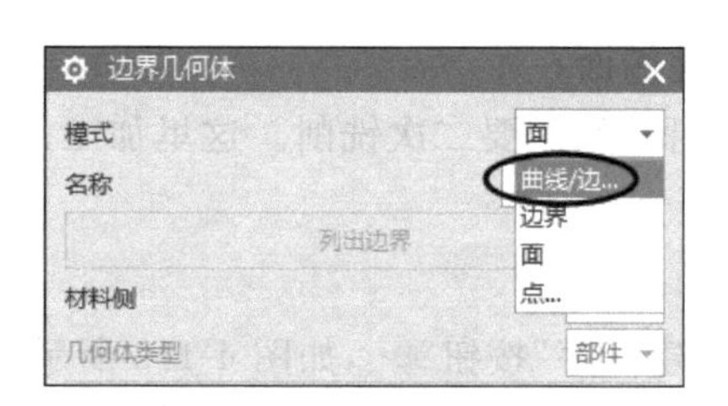

图 4-117　"边界几何体"对话框

③ 如图 4-118 所示，系统弹出"创建边界"对话框，在工具条中"曲线规则"下拉列表中选择 相切曲线 选项，选取零件下表面其中一凸键相切曲线。

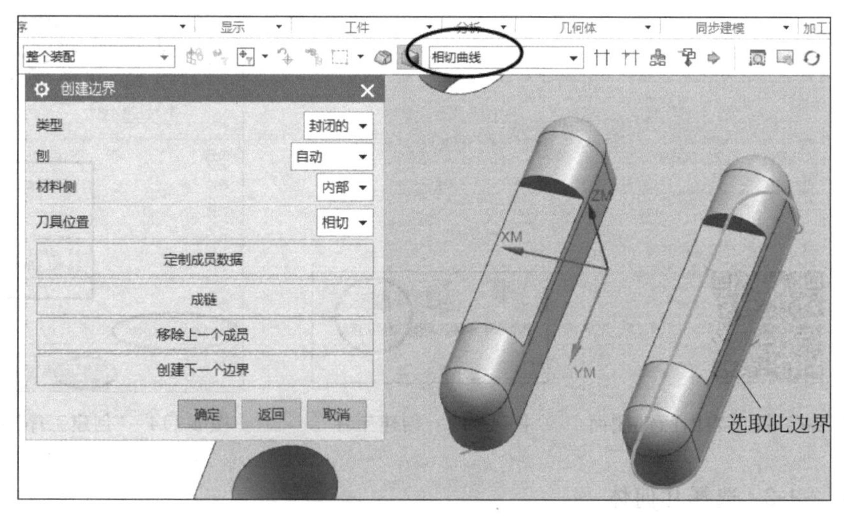

图 4-118　选取边界

④ 单击“创建边界”对话框的 确定 按钮，单击“边界几何体”对话框的 确定 按钮，返回“平面铣-铣下表面凸键侧面”对话框。

步骤 2-4-4：创建底面。

① 在“平面铣-铣下表面凸键侧面”对话框中单击“指定底面”按钮，如图 4-119 所示。

图 4-119　选择“指定底面”按钮

② 如图 4-120 所示，系统弹出“刨”对话框，在“类型”下拉列表中选择 自动判断 选项，选取零件凸键底面，单击 确定 按钮，返回“平面铣-铣下表面凸键侧面”对话框。

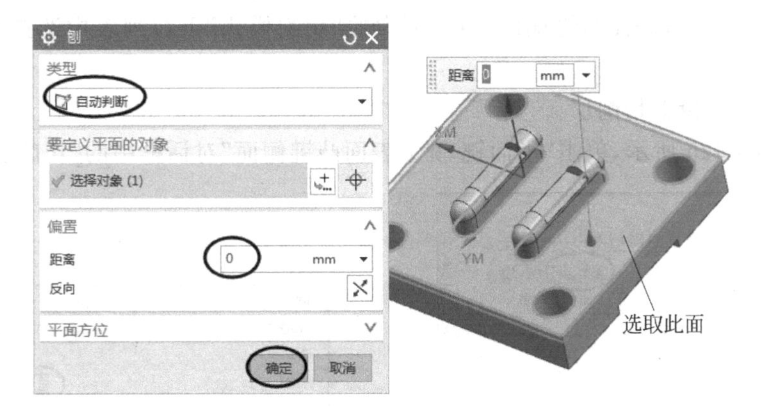

图 4-120　选择“刨”参数

步骤 2-4-5：重新定义凸键高度。

① 单击“平面铣-铣下表面凸键侧面”对话框的“指定部件边界”按钮，如图 4-121 所示。

② 系统弹出“编辑边界”对话框，在“刨”下拉列表中选择 用户定义 选项，如图 4-122 所示。

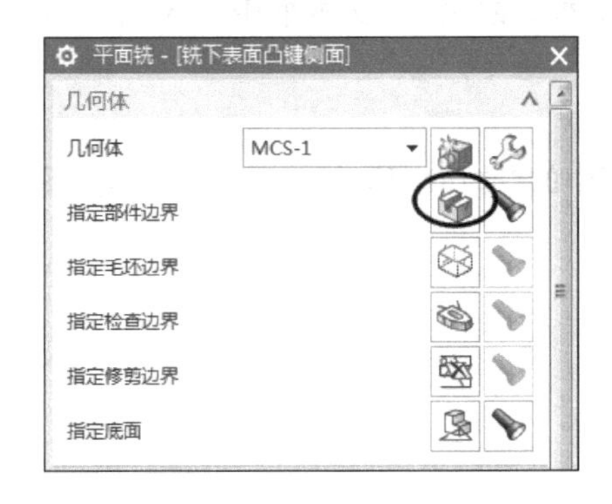

图 4-121　选择“指定部件边界”按钮

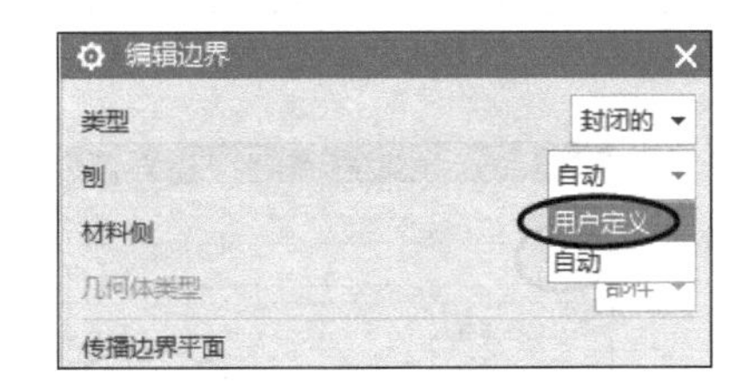

图 4-122　“编辑边界”对话框

③ 如图 4-123 所示，系统弹出“刨”对话框，单击选取凸键底面，在“距离”文本框中输入 10。单击 确定 按钮，返回“编辑边界”对话框。单击 确定 按钮，返回“平面铣-铣下表面凸键侧面”对话框。

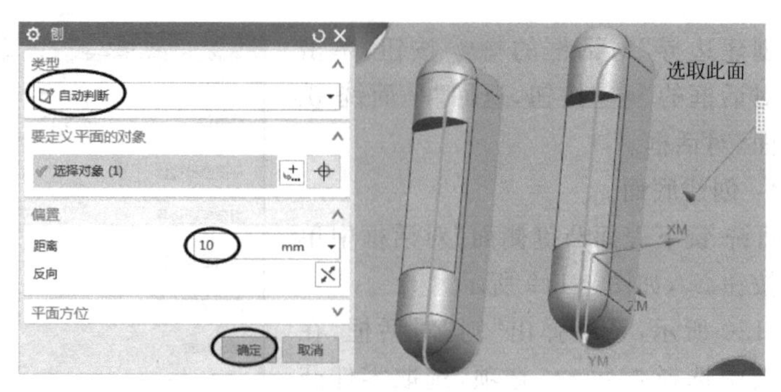

图 4-123 “刨”对话框

步骤 2-4-6：设置一般参数。

在“平面铣-铣下表面凸键侧面”对话框中的“切削模式”下拉列表中选择轮廓选项，如图 4-124 所示。

步骤 2-4-7：设置切削层。

① 如图 4-125 所示，单击“平面铣-铣下表面凸键侧面”对话框中的“切削层”按钮。

图 4-124 设置一般参数

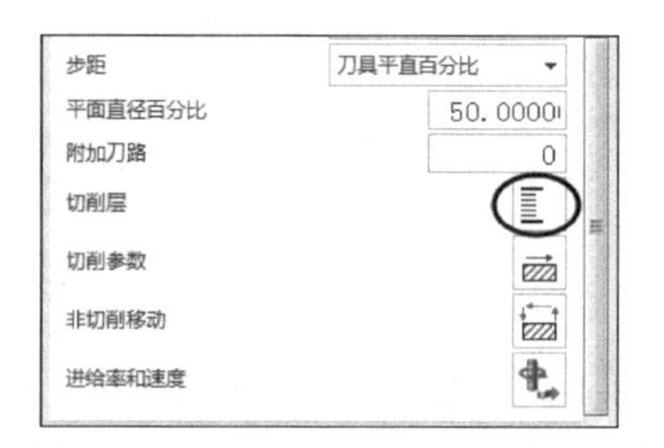

图 4-125 选择“切削层”按钮

② 如图 4-126 所示，系统弹出“切削层”对话框，在“公共”文本框中输入 1。单击确定按钮，返回“平面铣-铣下表面凸键侧面”对话框。

步骤 2-4-8：设置非切削参数。

① 单击“平面铣-铣下表面凸键侧面”对话框中的“非切削移动”参数按钮，如图 4-127 所示。

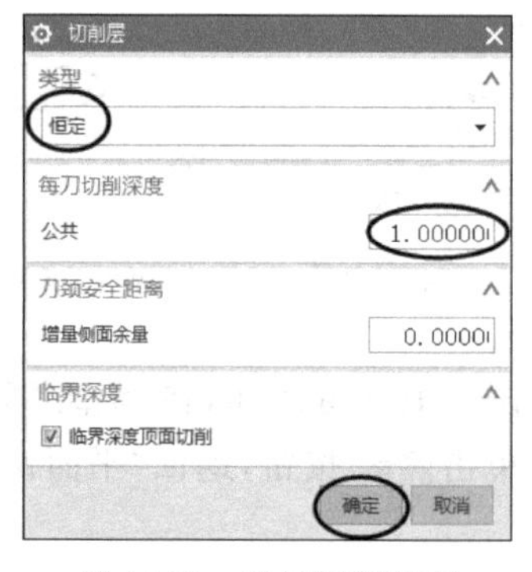

图 4-126 选择“切削层”

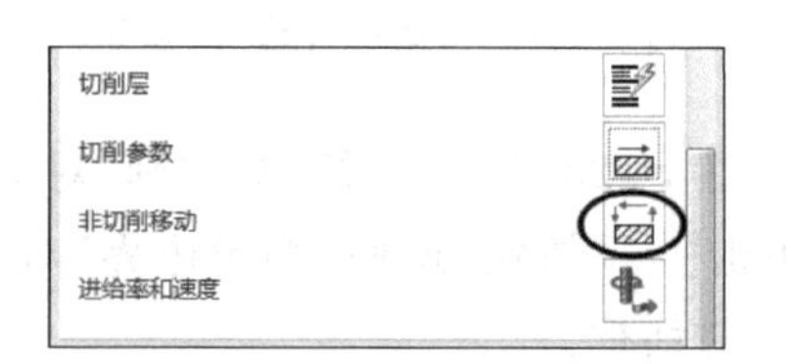

图 4-127 选择“非切削移动”按钮

② 选择对话框中的“进刀”选项卡，在“开放区域”单击按钮 ∨ 展开“开放区域”内容，在“进刀类型”下拉列表中选择 圆弧 选项，在“半径”文本框中输入 10，在“最小安全距离”文本框中输入 10，单击 确定 按钮，如图 4-128 所示。

步骤 2-4-9：设置进给率和速度。

① 单击“平面铣-铣下表面凸键侧面”对话框中的“进给率和速度”按钮，选中“主轴速度”复选框，并设置为 3000，“切削”设置为 800，其他采用系统默认参数，单击 确定 按钮。

② 返回“平面铣-铣下表面凸键侧面”对话框，单击对话框的“生成”按钮。生成的刀轨如图 4-129 所示。

步骤 2-4-10：仿真加工。

① 单击“平面铣-铣下表面凸键侧面”对话框的“确认”按钮，进入仿真加工“刀轨可视化”对话框，切换到“2D 动态”方式，单击“播放”按钮 ▸，结果如图 4-130 所示。

图 4-128 设置“非切削移动”

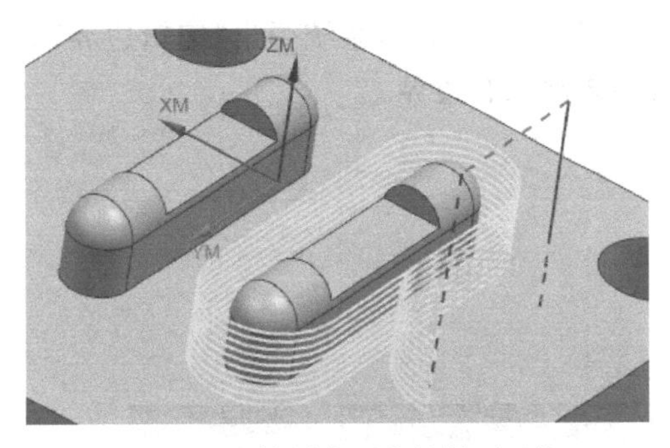

图 4-129 铣下表面凸键侧面刀轨

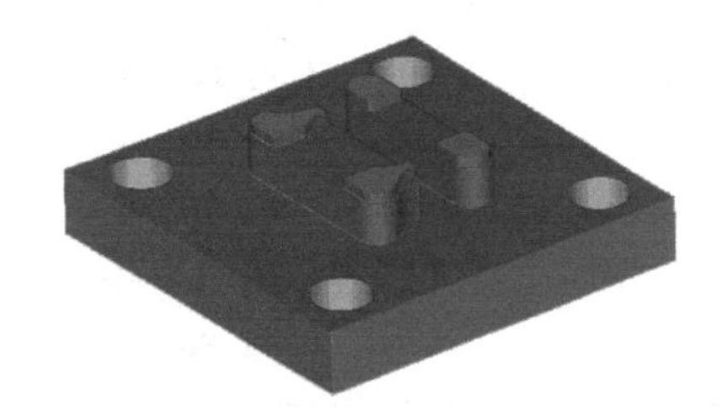

图 4-130 仿真加工结果

② 单击“刀轨可视化”对话框的 确定 按钮，返回“平面铣-铣下表面凸键侧面”对话框。单击 确定 按钮，工序导航器页面的“铣下表面凸键侧面”刀轨生成，如图 4-131 所示。

工步 2-5：铣下表面另一个凸键侧面。

步骤 2-5-1：复制工步 2-4 铣下表面凸键侧面刀轨。

单击选择工步 2-4 刀轨，右击选择“复制”，单击选择工步 2-5 刀轨，右击选择“粘贴”，右击选择“重命名”，给复制的刀轨重命名为“铣下表面另一凸键侧面”，“平面铣-铣下表面另一凸键侧面”刀轨生成，如图 4-132 所示。

项目 4 工步 2-5：铣下表面另一凸键侧面

步骤 2-5-2：修改部件边界。

① 在对话框中单击“指定部件边界”按钮，如图 4-133 所示。

图 4-131 铣下表面凸键侧面刀轨

图 4-132 复制刀路

② 如图 4-134 所示，系统弹出“编辑边界”对话框，单击对话框中的“移除”或“全部重选”按钮，删除原有边界。

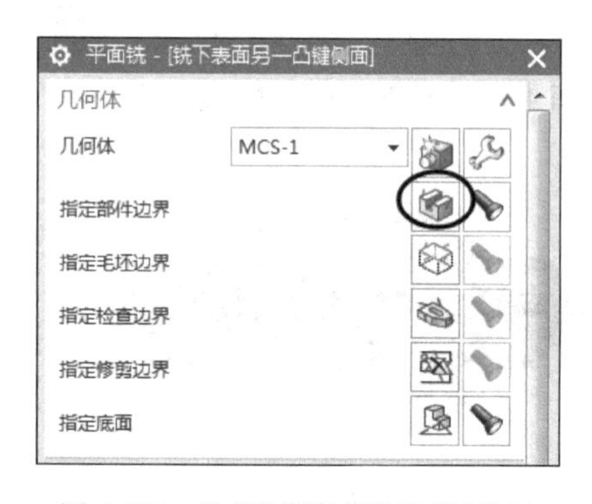

图 4-133 选择“指定部件边界”按钮

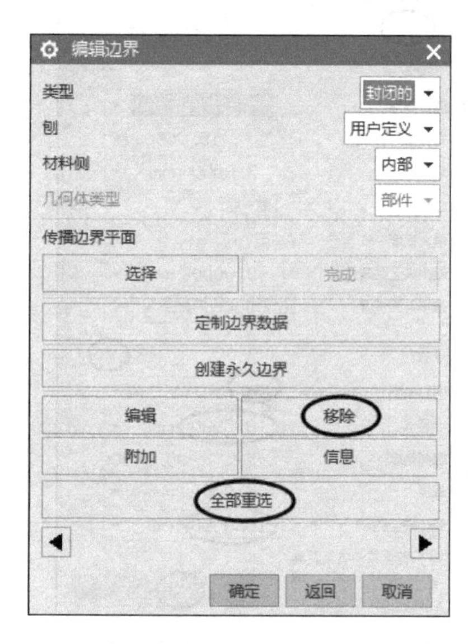

图 4-134 “编辑边界”对话框

③ 系统弹出“边界几何体”对话框，在“模式”下拉列表中选择 曲线/边... 选项，如图 4-135 所示。

④ 如图 4-136 所示，系统弹出“创建边界”对话框，在“材料侧”下拉列表中选择 用户定义 选项。

⑤ 如图 4-137 所示，系统弹出“刨”对话框，在“类型”下拉列表中选择 自动判断 选项，选取零件凸键底面，在“距离”文本框中输入 10，单击 确定 按钮。

⑥ 返回“创建边界”对话框，如图 4-138 所示，在工具条“曲线规则”下拉列表中选择 相切曲线 选项，选取零件下表面另一个凸键相切曲线，单击 确定 按钮，返回“边界几何体”对话框。单击 确定 按钮，返回“编辑边界”对话框。单击 确定 按钮，返回“平面铣-铣下表面另一凸键侧面”对话框。

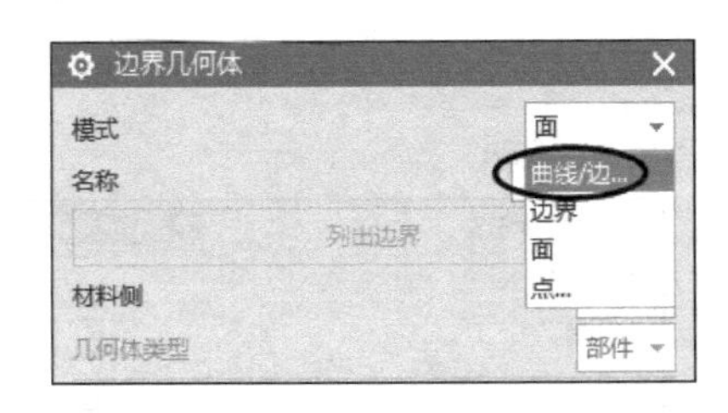

图 4-135　“边界几何体”对话框

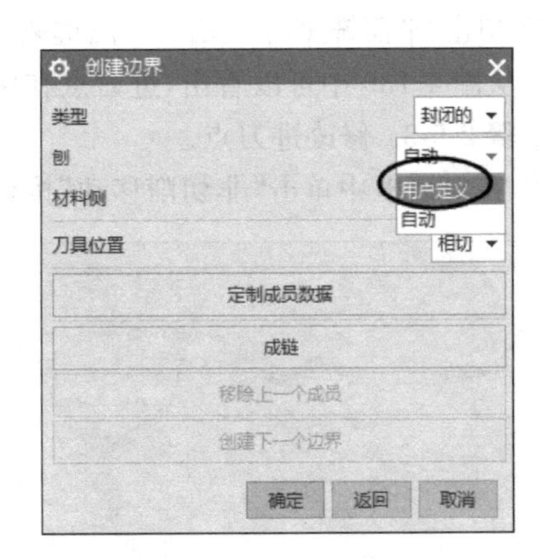

图 4-136　“创建边界”对话框

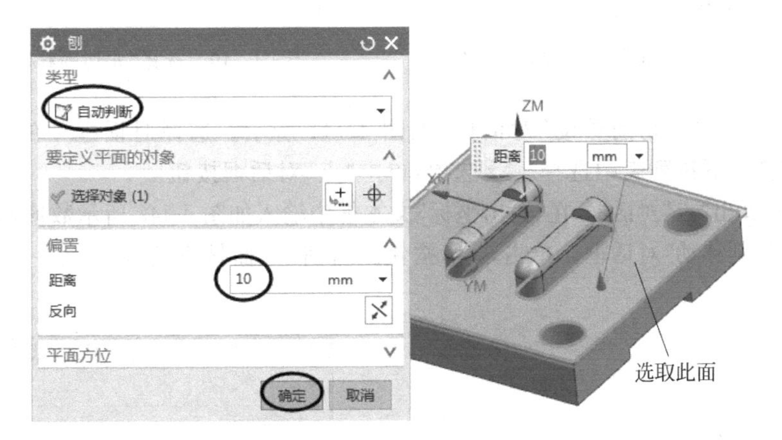

图 4-137　“刨”对话框

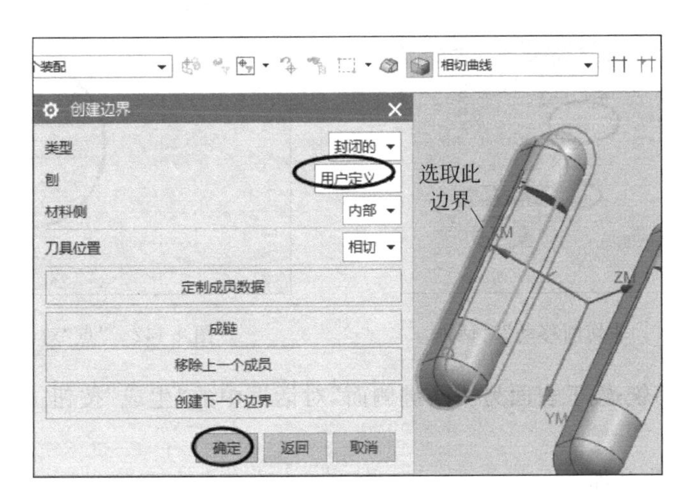

图 4-138　“创建边界”对话框

⑦ 单击“平面铣-铣下表面另一凸键侧面”对话框“生成”按钮，生成的刀轨如图 4-139 所示。从图 4-139 中可以看出，进刀点在两条凸键内侧，必然会引起加工过程干涉。

步骤 2-5-3：修改进刀点。

① 在对话框中单击“非切削移动”按钮，如图 4-140 所示。

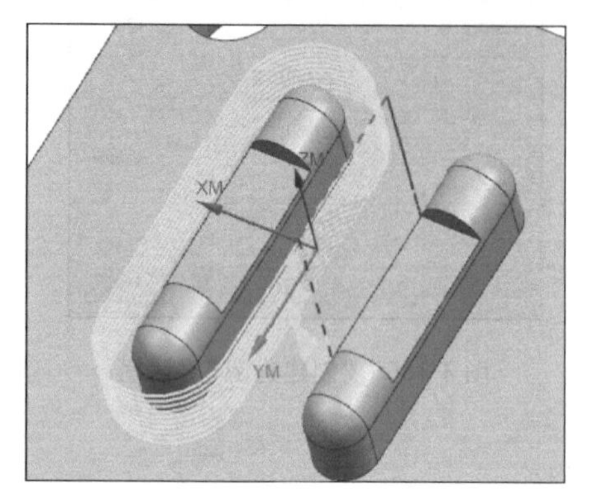

图 4-139 铣下表面另一凸键侧面刀轨

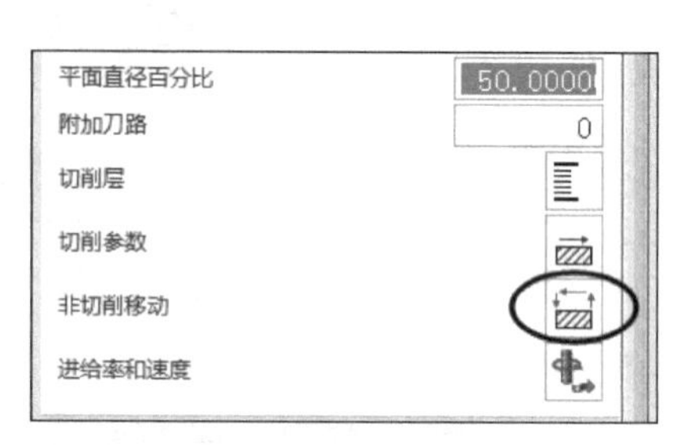

图 4-140 选择“非切削移动”按钮

② 系统弹出“非切削移动”对话框，如图 4-141 所示。选择对话框中的“避让”选项卡，在“点选项”下拉列表中选择 指定 选项，单击“点”对话框按钮。

③ 系统弹出“点”对话框，在“输出坐标”文本框中输入如图 4-142 所示数值，单击 确定 按钮，返回“非切削移动”对话框。单击 确定 按钮。返回“平面铣-铣下表面另一凸键侧面”对话框。

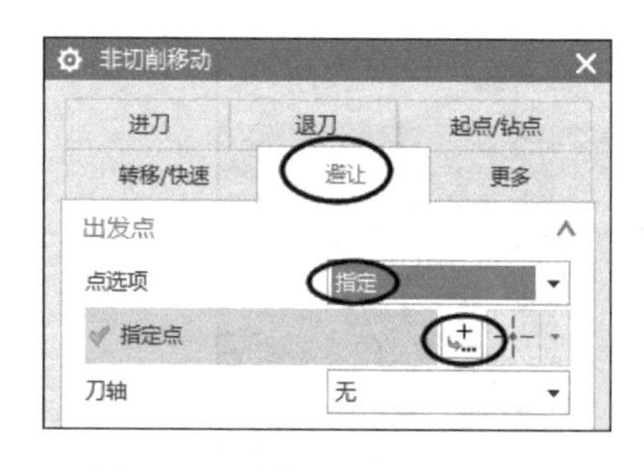

图 4-141 “非切削移动”对话框

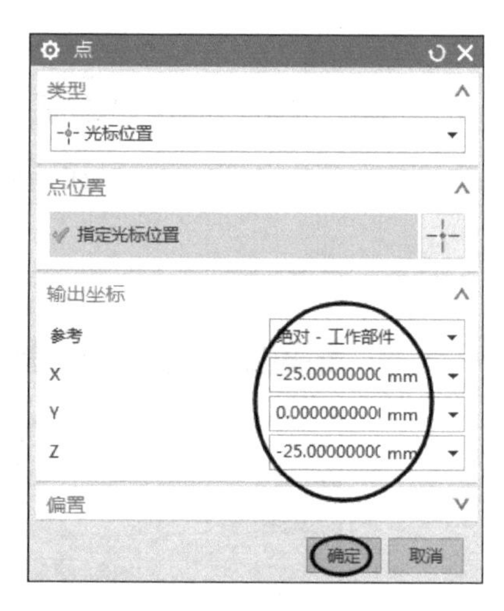

图 4-142 “点”对话框

④ 单击“平面铣-铣下表面另一凸键侧面”对话框中的“生成”按钮，生成的刀轨如图 4-143 所示。

步骤 2-5-4：仿真加工。

① 单击“平面铣-铣下表面另一凸键侧面”对话框的“确认”按钮，进入仿真加工“刀轨可视化”对话框，切换到“2D 动态”方式，单击“播放”按钮，结果如图 4-144 所示。

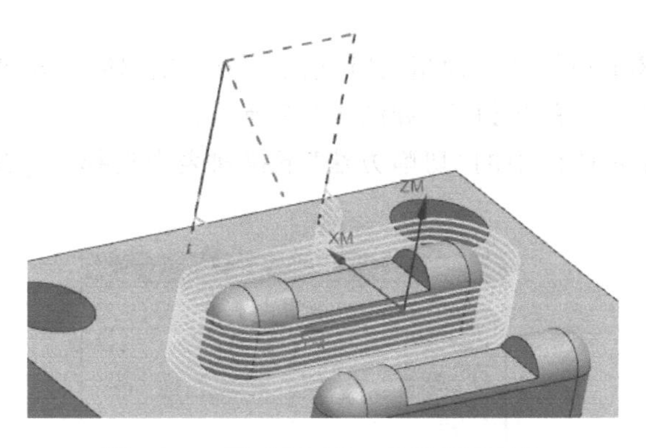

图 4-143 铣下表面另一凸键侧面刀轨

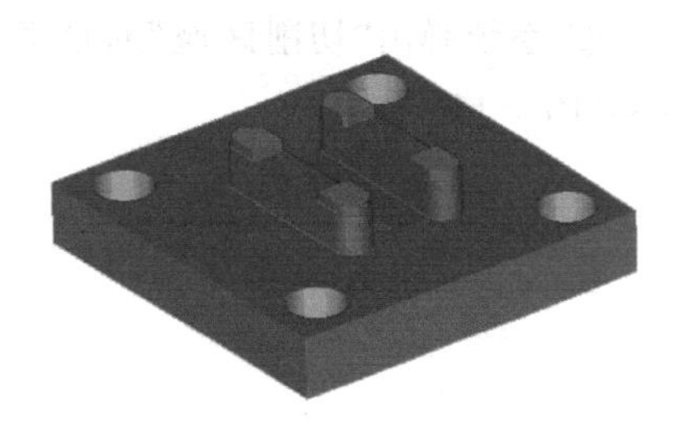

图 4-144 仿真加工结果

② 单击“刀轨可视化”对话框的 确定 按钮，返回“平面铣-铣下表面另一凸键侧面”对话框。单击 确定 按钮，工序导航器页面的“铣下表面另一凸键侧面”刀轨生成，如图 4-145 所示。

工步 2-6：下表面 R4mm 圆弧曲面精铣。

项目 4 工步 2-6：下表面 R4mm 圆弧曲面精铣

本工步的加工部位为零件下表面 R4mm 圆弧凸键曲面，加工刀路采用“固定轮廓铣”。固定轮廓铣刀路是一种用于精加工由轮廓曲面所形成区域的加工方式。这里刀具选择 R3mm 球铣刀。

步骤 2-6-1：创建工序。

① 单击工具条上的“创建工序”按钮 。

② 弹出“创建工序”对话框，设置如图 4-146 所示，单击 确定 按钮。

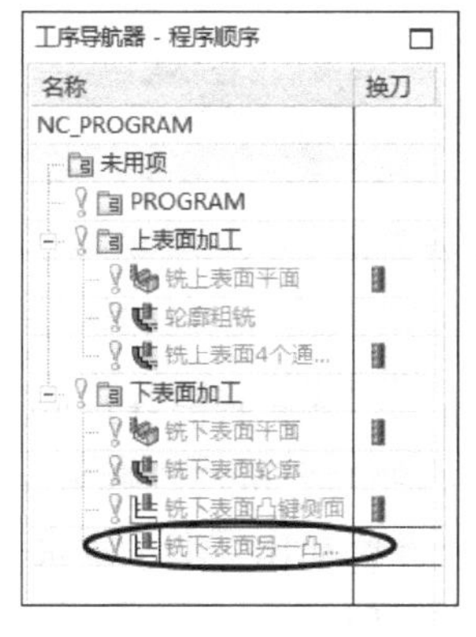

图 4-145 铣下表面另一凸键侧面刀轨

图 4-146 “创建工序”对话框

步骤 2-6-2：创建切削区域。

① 系统弹出“固定轮廓铣-下表面 R4mm 圆弧曲面精铣”对话框。在“几何体”下拉列表中选择 MCS-1 选项，然后单击“指定切削区域”按钮，如图 4-147 所示。

② 系统弹出“切削区域”对话框，在对话框中的“切削方法”下拉列表中选择 面 选项，如图 4-148 所示。

图 4-147　选择“指定切削区域”按钮

图 4-148　设置“切削区域”

③ 如图 4-149 所示，选取零件下表面的两个 R4mm 圆弧凸键曲面。单击 确定 按钮，返回“固定轮廓铣-下表面 R4mm 圆弧曲面精铣”对话框。

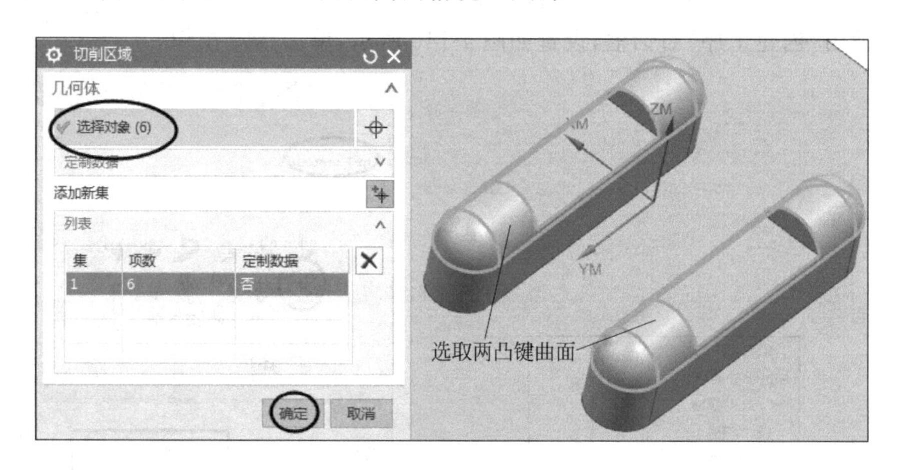

图 4-149　选取曲面

步骤 2-6-3：设置驱动方法。

① 如图 4-150 所示，在“固定轮廓铣-下表面 R4mm 圆弧曲面精铣”对话框中的“方法”下拉列表中选择 区域铣削 选项，出现如图 4-151 所示提示，单击 确定 按钮。

② 系统弹出“区域铣削驱动方法”对话框，具体设置如图 4-152 所示。单击 确定 按钮，返回“固定轮廓铣-下表面 R4mm 圆弧曲面精铣”对话框。

图 4-150　选择“驱动方法”

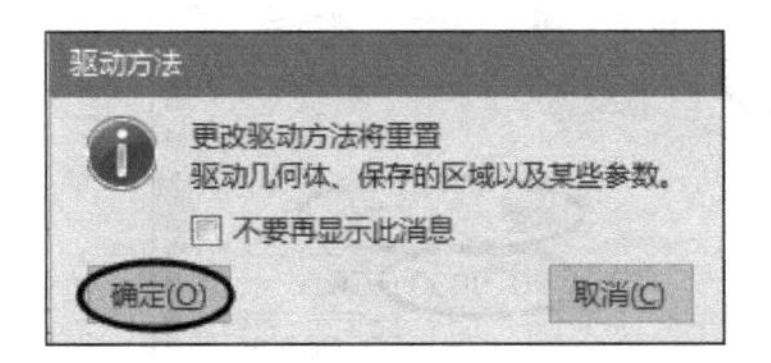

图 4-151　“驱动方法”提示框

步骤 2-6-4：设置非切削移动。

① 单击“固定轮廓铣-下表面 R4mm 圆弧曲面精铣”对话框中的“非切削移动”参数按钮，如图 4-153 所示。

② 如图 4-154 所示，系统弹出“非切削移动”对话框。选择对话框中的“进刀”选项卡，在对话框中的“进刀类型”下拉列表中选择 圆弧 - 平行于刀轴 选项，在“半径”文本框中输入 70。单击 确定 按钮，系统返回“固定轮廓铣-下表面 R4mm 圆弧曲面精铣”对话框。

图 4-152　设置“区域铣削驱动方法”对话框

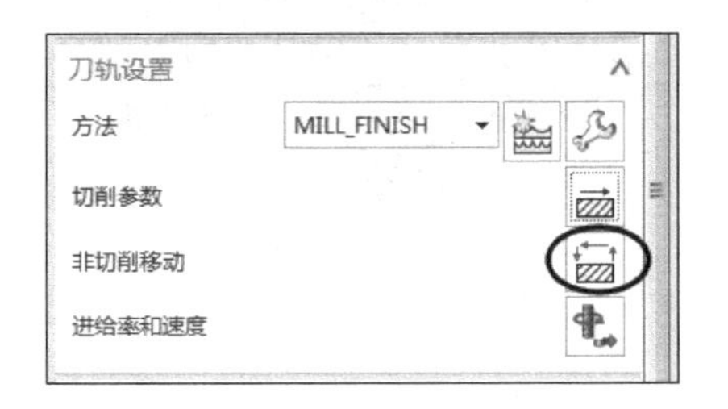

图 4-153　选择“非切削移动”按钮

步骤 2-6-5：设置进给率和速度。

① 单击“固定轮廓铣-下表面 R4mm 圆弧曲面精铣”对话框中的“进给率和速度”按钮

，选中“主轴速度”复选框并设置为 4000，“切削”设置为 800，单击 确定 按钮。

② 返回“固定轮廓铣-下表面 R4mm 圆弧曲面精铣”对话框，单击对话框中的“生成”按钮，生成的刀轨如图 4-155 所示。

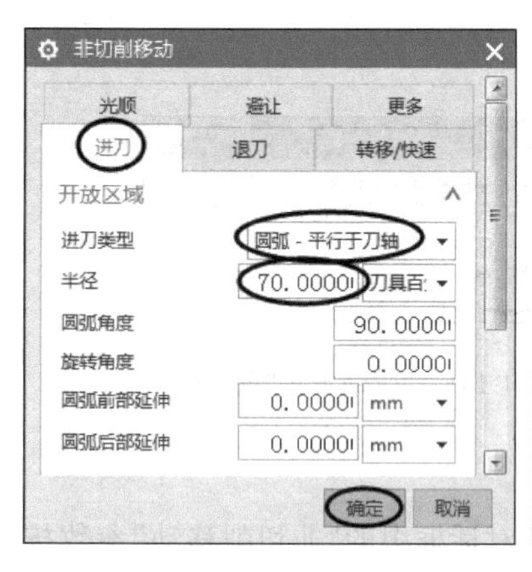

图 4-154 设置“进刀”

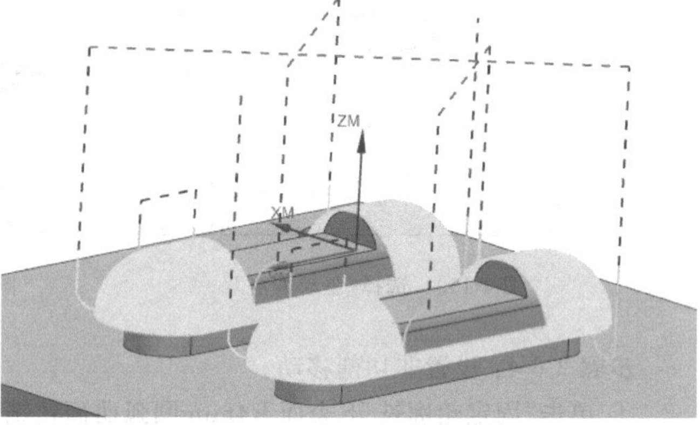

图 4-155 上表面 R6mm 圆弧曲面精铣刀轨

步骤 2-6-6：仿真加工。

① 单击“固定轮廓铣-下表面 R4mm 圆弧曲面精铣”对话框中的“确认”按钮，进入仿真加工“刀轨可视化”对话框。切换到“2D 动态”方式，单击“播放”按钮 ▶，结果如图 4-156 所示。

② 单击“刀轨可视化”对话框 确定 按钮，返回“固定轮廓铣-下表面 R4mm 圆弧曲面精铣”对话框。单击 确定 按钮，工序导航器页面的“下表面 R4mm 圆弧曲面精铣”刀轨生成，如图 4-157 所示。

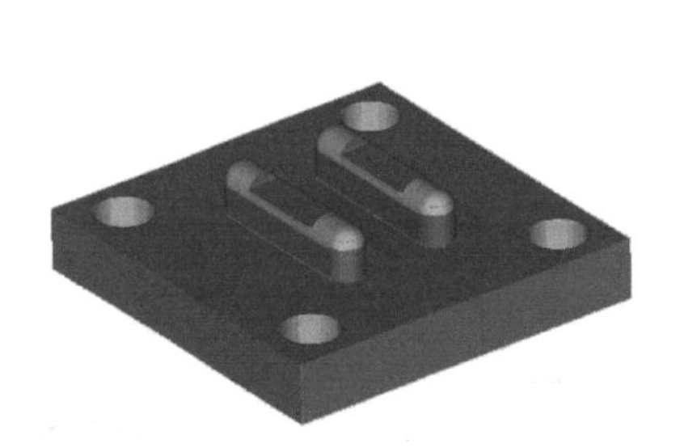

图 4-156 仿真加工结果

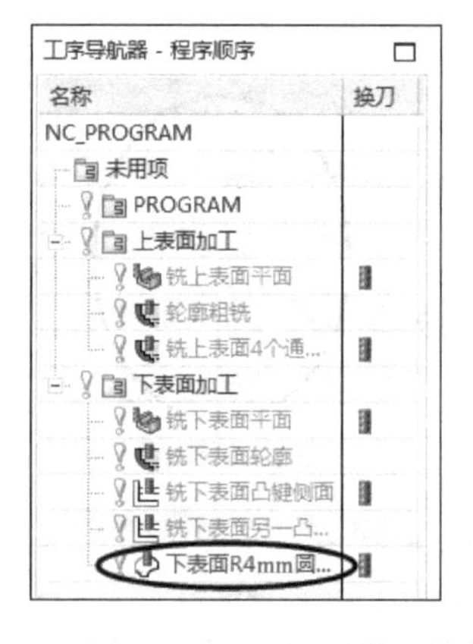

图 4-157 下表面 R4mm 圆弧曲面精铣刀轨

项目 5

对称槽零件加工

5.1 零件描述

如图 5-1 所示为对称槽零件工程图，如图 5-2 所示为对称槽零件实体图，试分析其加工工艺，采用 UG10.0 软件编制刀路并加工（要求粗、精加工）。

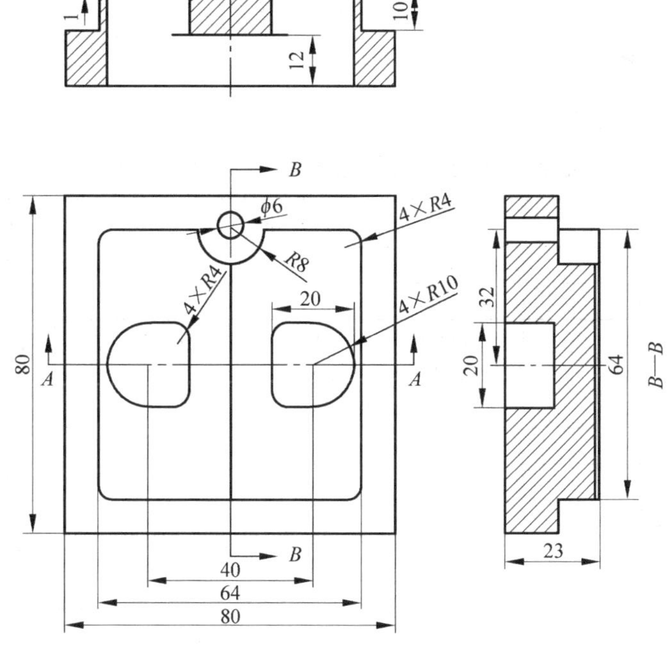

图 5-1　对称槽零件工程图

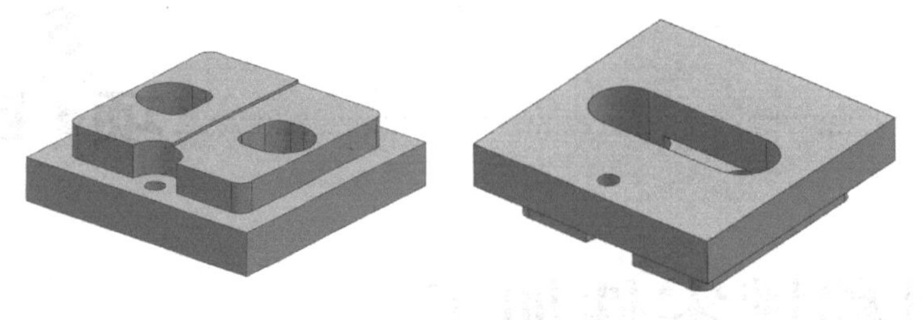

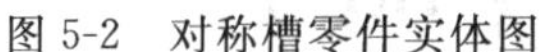

图 5-2 对称槽零件实体图

对称槽零件造型

5.2 加 工 准 备

1. 材料

硬铝：毛坯规格为 81mm×81mm×30mm。

2. 设备

数控铣床系统：FANUC 0i-MB。

3. 刀具

(1) 平底刀：ϕ20mm、ϕ12mm。

(2) 钻头：ϕ6mm。

4. 工具、夹具、量具准备

工具、夹具、量具清单见表 5-1。

表 5-1 工具、夹具、量具清单

类 型	型 号	规 格	数 量
量具	钢直尺	0～300mm	1 把
	两用游标卡尺	0～150mm	1 把
	外径千分尺	0～25mm、25～50mm、50～75mm、75～100mm、100～125mm	各 1 把
	内径千分尺	0～25mm、25～50mm	各 1 把
	深度千分尺	1～25mm	1 把
	万能角度尺	0°～320°	1 把
	磁力表座及表	0.01	1 套
工具、夹具	扳手、木锤		各 1 把
	平行垫块、薄铜皮等		若干

5. 数控加工工序

根据图 5-1 和图 5-2 所示，对称槽零件加工需要分两个工序进行：工序一是加工上表面，由 8 个工步组成；工序二是加工下表面，保证零件总高等，由 7 个工步组成。表 5-2 所示是该零件的数控加工工序表。

表 5-2　加工工序

工　　序	工　　步	加 工 内 容	切 削 用 量
	1-1	铣上表面平面(夹位 3～5mm,铣深 1mm)	ap：1,s：3000,F：1200
	1-2	轮廓粗铣(深度铣至 25mm)	ap：2,s：3000,F：1200
	1-3	铣上表面 1mm 台阶平面(深度铣至 1mm)	ap：1,s：3000,F：1200
一	1-4	80mm×80mm 侧面精铣	ap：25,s：4000,F：800
	1-5	64mm×64mm 凸台侧面精铣	ap：10,s：4000,F：800
	1-6	钻 ϕ6mm 通孔	ap：2, s：3000,F：300
	1-7	手动去毛刺	
	2-1	调头找正装夹	
	2-2	铣下表面平面	ap：2,s：3000,F：1200
	2-3	铣上下表面凹槽	ap：2,s：3000,F：800
二	2-4	精铣下表面凹键	ap：12,s：4000,F：800
	2-5	精铣下表面第一个通孔	ap：25,s：4000,F：800
	2-6	精铣下表面第二个通孔	ap：25,s：4000,F：800
	2-7	手动去毛刺	

5.3　加工刀路编制

5.3.1　UG10.0 刀路选择及加工效果

对称槽零件加工刀路及效果见表 5-3。

表 5-3　加工刀路及效果

工序	工　　步	加工刀路	选 择 外 形	加 工 效 果
	1-1　铣上表面平面(夹位 3～5mm,铣深 1mm)	面铣	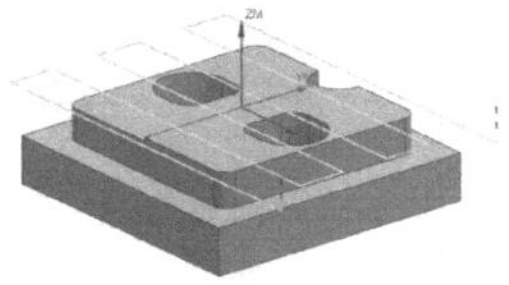	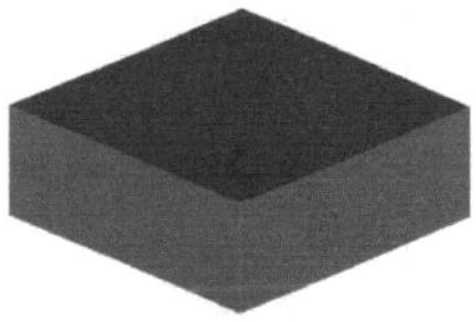
一	1-2　轮廓粗铣(深度铣至 25mm)	型腔铣	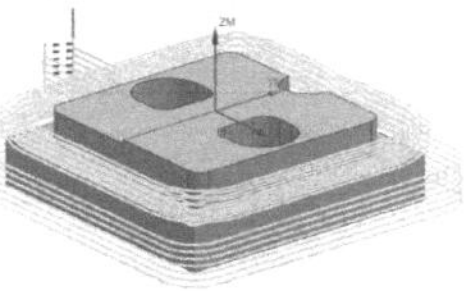	
	1-3　铣上表面 1mm 台阶平面(深度铣至 1mm)	面铣	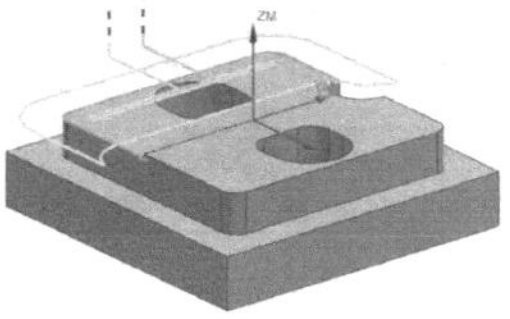	

续表

工序	工　　步	加工刀路	选 择 外 形	加 工 效 果
一	1-4　80mm×80mm 侧面精铣	平面铣	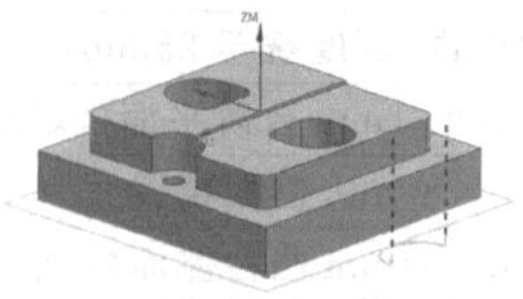	
	1-5　64mm×64mm 凸台侧面精铣	平面铣	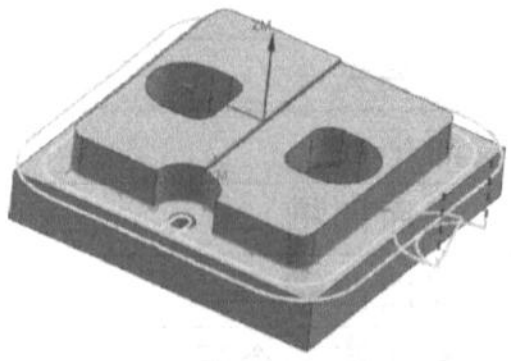	
	1-6　钻 ϕ6mm 通孔	钻孔		
二	2-2　铣下表面平面	面铣	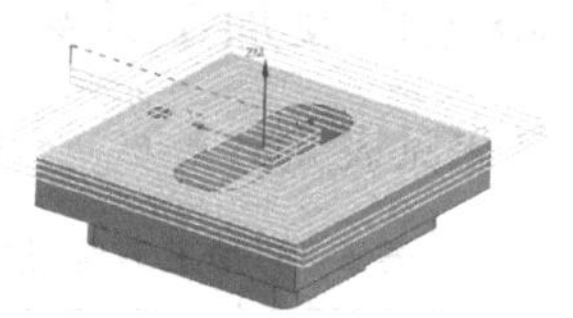	
	2-3　铣上下表面凹槽	型腔铣	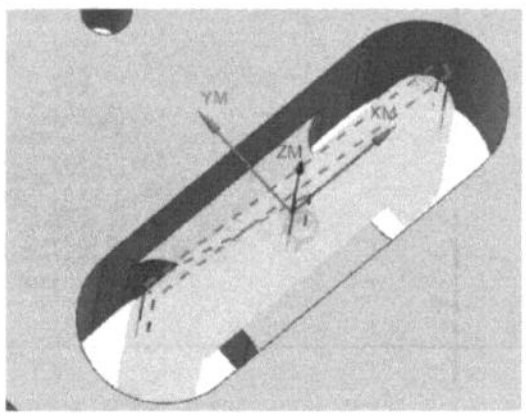	
	2-4　精铣下表面凹键	平面轮廓铣	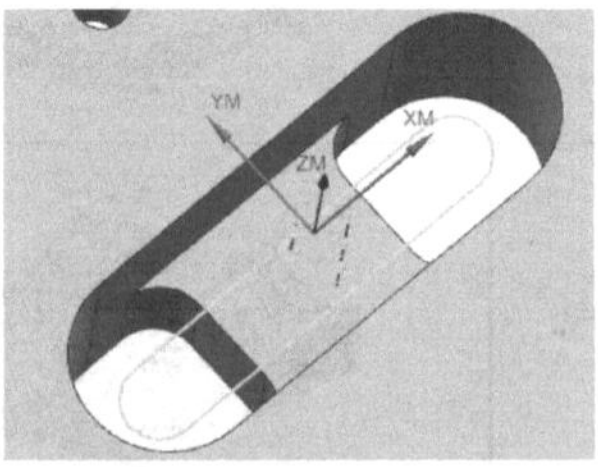	

续表

工序	工　　步	加工刀路	选择外形	加工效果
二	2-5　精铣下表面第一个通孔	平面轮廓铣		
	2-6　精铣下表面第二个通孔	平面轮廓铣		

5.3.2　刀路编制

1. 工序一

工步 1-1：铣上表面平面。

步骤 1-1-1：打开对称槽零件模型。

步骤 1-1-2：进入加工模块。

步骤 1-1-3：选择“加工环境”，单击 确定 按钮，如图 5-3 所示。

项目 5 工步 1-1：铣上表面平面

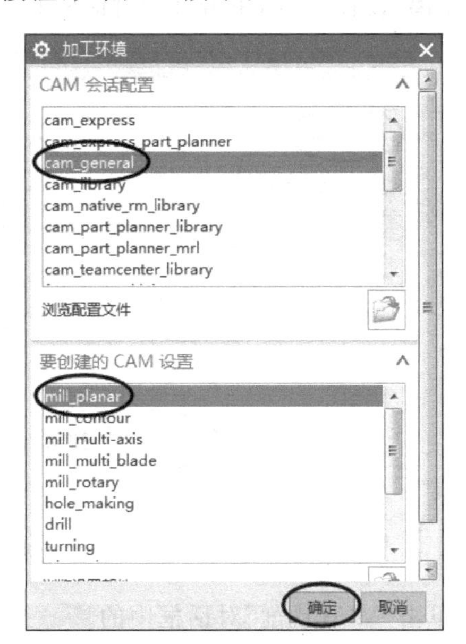

图 5-3　选择“加工环境”

步骤 1-1-4：创建工件坐标系。

① 在工序导航器处单击＋号，展开 MCS_MILL 选项，双击 MCS_MILL 选项。

② 弹出 MCS 对话框，单击 CSYS 按钮。

③ 如图 5-4 所示，系统弹出 CSYS 对话框，在“类型”下拉列表中选择 动态 等方式可以改变工件加工坐标系位置。目前加工坐标系在工件上表面中心，满足加工要求，此时不需修改。单击 确定 按钮返回。

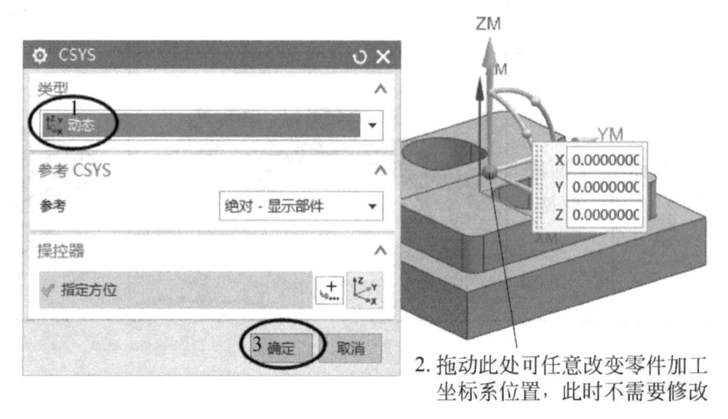

图 5-4 创建工件坐标系

步骤 1-1-5：创建工件安全平面。

① 在前一步双击 MCS_MILL 选项出现的 MCS 对话框中选择 刨 选项，然后单击“指定平面”按钮。

② 如图 5-5 所示，弹出“刨”对话框，类型选择 自动判断 方式，单击模型上表面，方向向上，“距离”设置为 10，单击“刨”对话框的 确定 按钮。

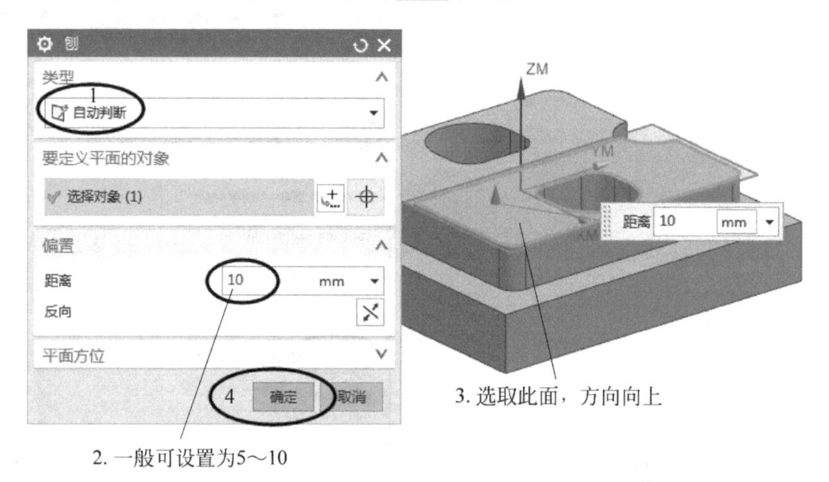

图 5-5 创建“安全平面”

③ 单击“MCS 铣削”对话框中的 确定 按钮。

步骤 1-1-6：创建部件几何体。

① 在工序导航器处双击 WORKPIECE 选项。

② 系统弹出“工件”对话框，单击“指定部件”按钮 。

③ 如图 5-6 所示，系统弹出“部件几何体”对话框。选取整个零件为部件几何体，单击 确定 按钮。

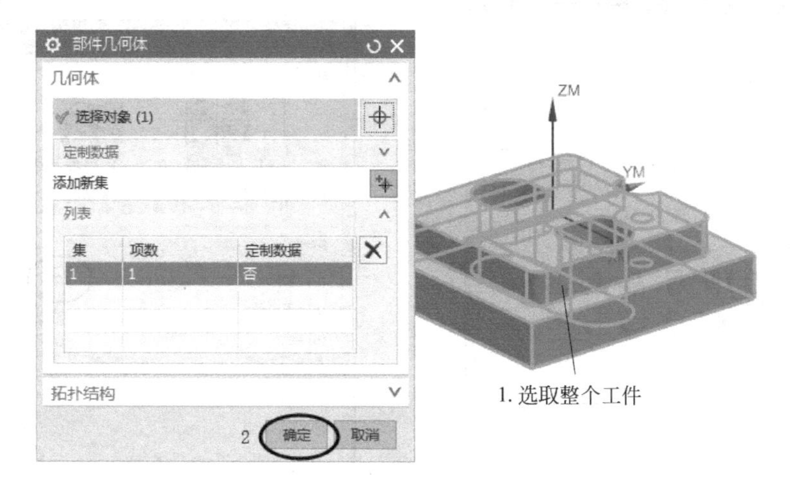

图 5-6　选择“部件几何体”

④ 返回“工件”对话框。

步骤 1-1-7：创建毛坯几何体。

① 单击“工件”对话框中的“指定毛坯”按钮 。

② 系统弹出“毛坯几何体”对话框，在“类型”下拉列表中选择 包容块 选项。

③ 如图 5-7 所示，输入 包容块 各方向的单边偏置量(限制)，单击 确定 按钮。

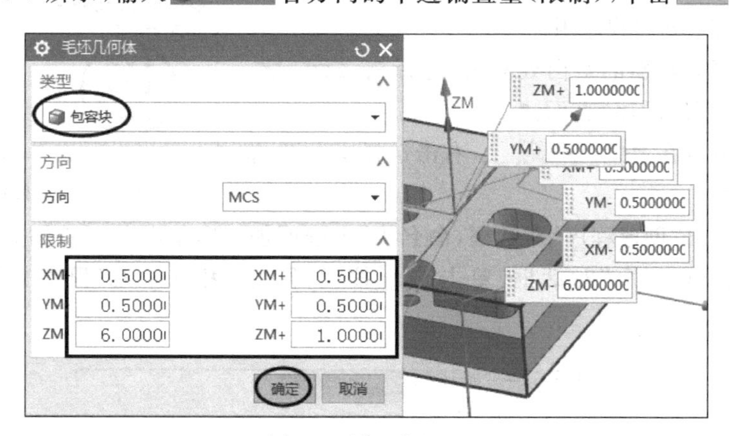

图 5-7　设置“毛坯”

④ 返回“工件”对话框，单击“工件”对话框中的 确定 按钮，完成部件、毛坯的创建。

步骤 1-1-8：创建刀具。

① 在工序导航器的空白处右击，选择 机床视图 选项，切换到“机床视图”页面。

② 在工具条上单击“创建刀具”按钮 。

③ 如图 5-8 所示，系统弹出“创建刀具”对话框，在该对话框中选择“平底刀”按钮 ，将其命名为 D20，单击 确定 按钮。

④ 如图 5-9 所示，系统弹出“铣刀-5 参数”对话框，修改刀具参数，设置完成后单击 确定 按钮。

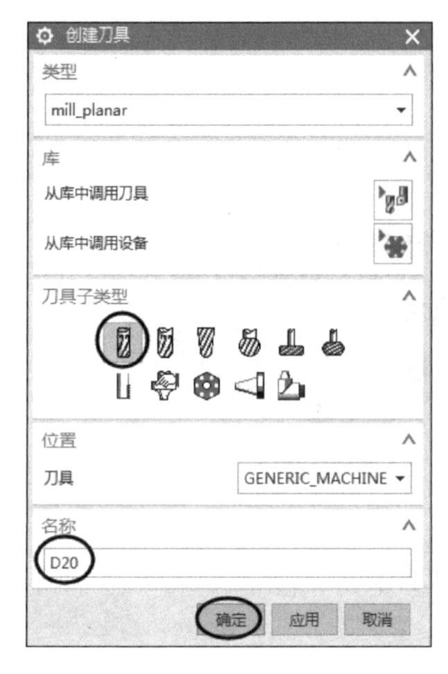

图 5-8 “创建刀具”对话框

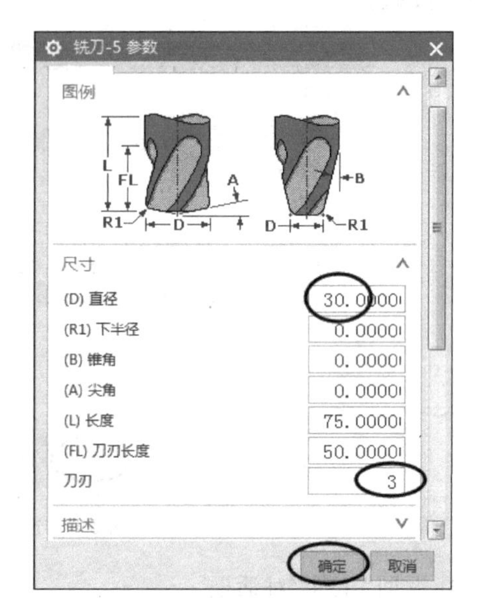

图 5-9 修改刀具参数

⑤ 用同样的方法创建 ϕ12mm 平底刀、ϕ6mm 麻花钻，如图 5-10 所示。

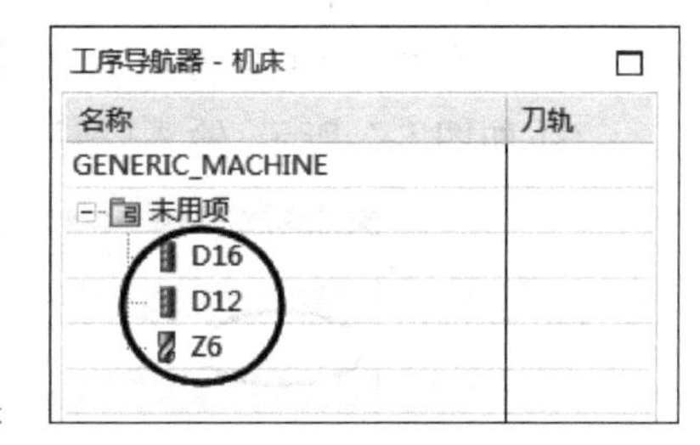

图 5-10 刀具创建结果

步骤 1-1-9：创建程序组。

① 在工序导航器的空白处右击，选择 程序顺序视图 选项，切换到“程序顺序”页面。

② 光标放置在 NC_PROGRAM 上，右击选择 插入，选择 程序组... 命令。

③ 系统弹出“创建程序”对话框，命名为“上表面加工”，单击 确定 按钮。

④ 系统弹出“程序”对话框，单击 确定 按钮，则“上表面加工”程序文件夹生成，如图 5-11 所示。

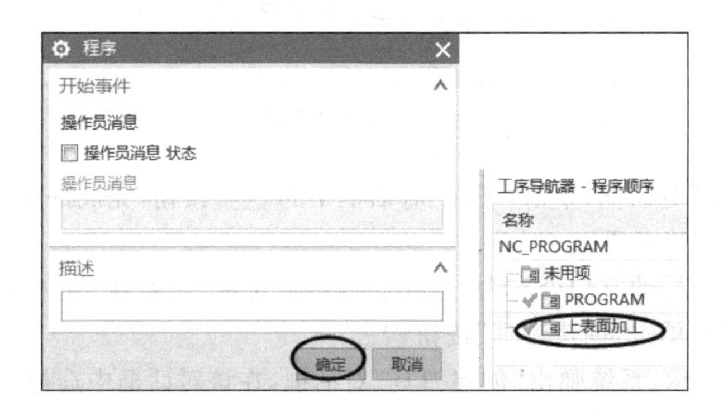

图 5-11 创建程序组

⑤ 用同样的方法创建“下表面加工”程序文件夹，如图 5-12 所示。

步骤 1-1-10：创建工序。

① 单击工具条上的“创建工序”按钮 。

② 系统弹出“创建工序”对话框，设置如图 5-13 所示，设置完成后单击 确定 按钮。

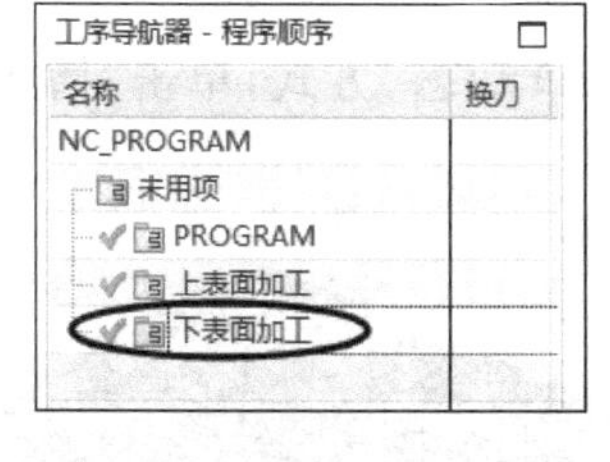

图 5-12 程序组创建结果

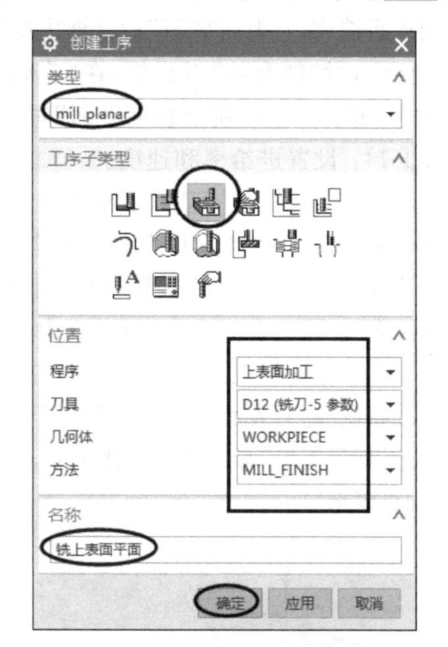

图 5-13 “创建工序”对话框

步骤 1-1-11：设置指定面边界。

① 系统弹出“面铣-铣上表面平面”对话框，单击“指定面边界”按钮 。

② 如图 5-14 所示，系统弹出“毛坯边界”对话框，选择 面 选项，选取工件上表面，单击 确定 按钮。

③ 单击“毛坯边界”对话框中的 确定 按钮，返回“面铣-铣上表面平面”对话框。

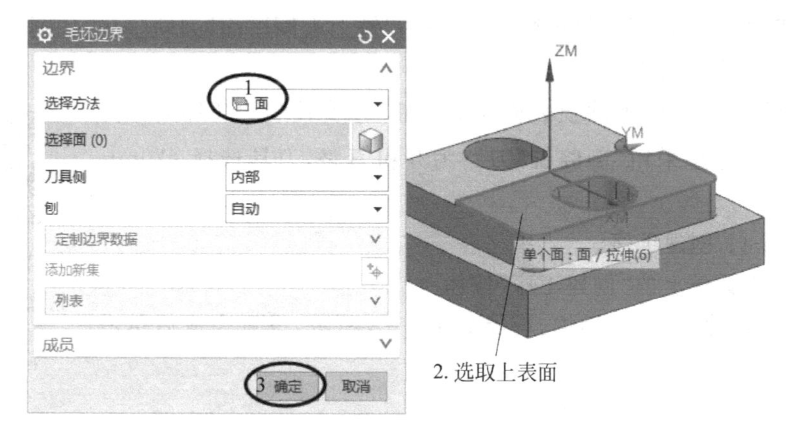

图 5-14 “毛坯边界”对话框

步骤 1-1-12：设置一般参数。

在“面铣-铣上表面平面”对话框中的“切削模式”下拉列表中选择 往复 选项，其他参数为默认。

步骤 1-1-13：设置切削参数。

① 单击“面铣-铣上表面平面”对话框中的“切削参数”按钮。

② 系统弹出“切削参数”对话框，在“策略”选项卡上勾选“延伸到部件轮廓”复选框。单击 确定 按钮，返回“面铣-铣上表面平面”对话框。

步骤 1-1-14：设置进给率和速度。

① 在“面铣-铣上表面平面”对话框中单击“进给率和速度”按钮。

② 系统弹出“进给率和速度”对话框，勾选“主轴速度”复选框，并将其设置为 3000，“切削”设置为 1200。单击 确定 按钮，返回“面铣-铣上表面平面”对话框。

③ 单击“面铣-铣上表面平面”对话框中的“生成”按钮，刀轨生成如图 5-15 所示。

步骤 1-1-15：仿真加工。

① 单击“面铣-铣上表面平面”对话框的“确认”按钮。

② 进入仿真加工“刀轨可视化”对话框，切换到“2D 动态”方式，单击“播放”按钮 ▶，结果如图 5-16 所示。

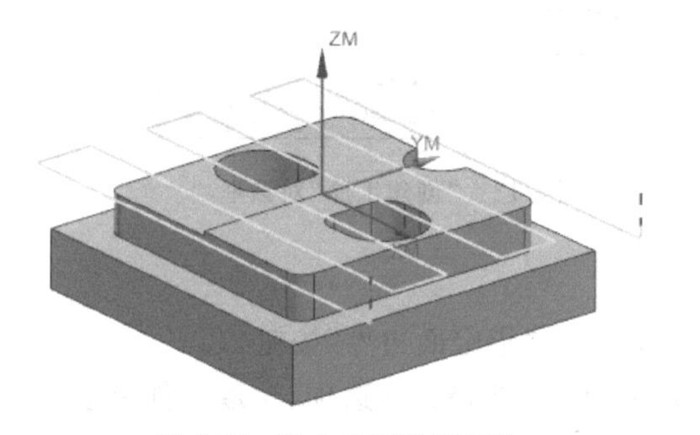

图 5-15 铣上表面平面刀轨

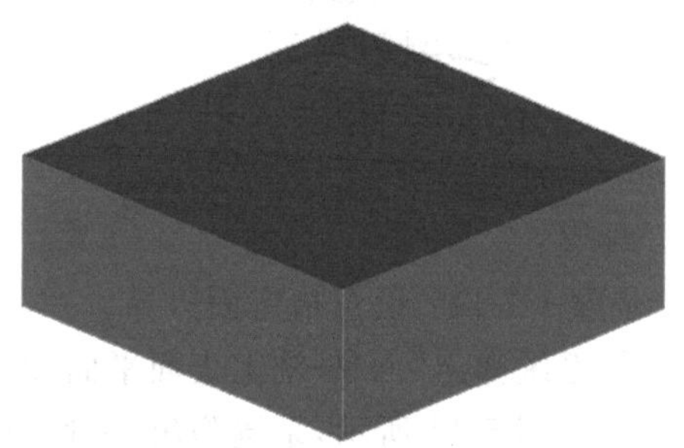

图 5-16 仿真加工结果

③ 单击“刀轨可视化”对话框中的 确定 按钮，返回“面铣-铣上表面平面”对话框。单击 确定 按钮，“工序导航器-程序顺序”页面的“铣上表面平面”刀轨生成，如图 5-17 所示。

工步 1-2：轮廓粗铣。

本工步加工部位为零件上表面轮廓开粗，总高度铣至 24mm。为提高开粗效率，这里采用“型腔铣”刀路为开粗刀路，刀具选择 ϕ20mm 平底刀。

项目 5 工步 1-2：轮廓粗铣

步骤 1-2-1：创建工序。

① 单击工具条上的“创建工序”按钮。

② 弹出“创建工序”对话框，设置如图 5-18 所示，设置完成后单击 确定 按钮。

步骤 1-2-2：设置一般参数。

系统弹出“型腔铣-轮廓粗铣”对话框。一般参数设置如图 5-19 所示。

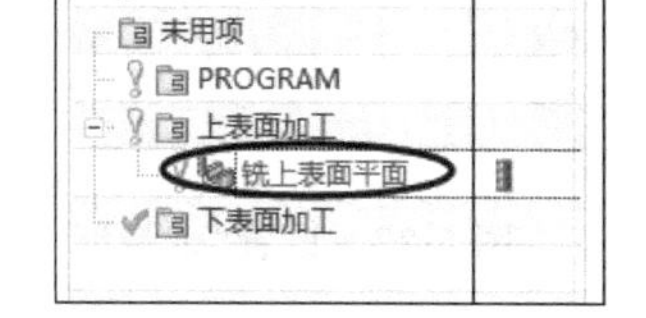

图 5-17　“铣上表面平面”刀轨

图 5-18　“创建工序”对话框

步骤 1-2-3：设置切削层。

① 单击“型腔铣-轮廓粗铣”对话框中的“切削层”按钮。

② 系统弹出“切削层”对话框，单击“列表”区域右边的“删除”按钮，清空列表数据，如图 5-20 所示。

图 5-19　设置一般参数

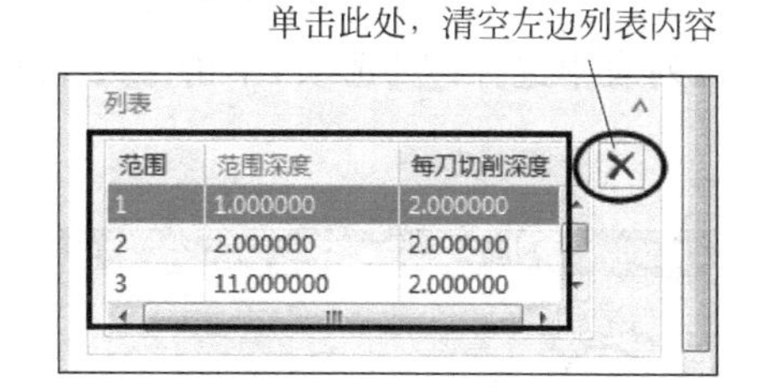

图 5-20　清空列表

③ 如图 5-21 所示，在“范围深度”文本框中输入 24。单击“切削层”对话框中的 确定 按钮，返回“型腔铣-轮廓粗铣”对话框。

步骤 1-2-4：设置切削参数。

① 单击“型腔铣-轮廓粗铣”对话框中的“切削参数”按钮。

② 系统弹出“切削参数”对话框，选择“切削参数”对话框中的“策略”选项卡，在“切削顺序”下拉列表中选择 深度优先 选项，其他参数默认。

③ 选择“切削参数”对话框中的“余量”选项卡，在“部件侧面余量”文本框中输入 0.3，

如图 5-22 所示。

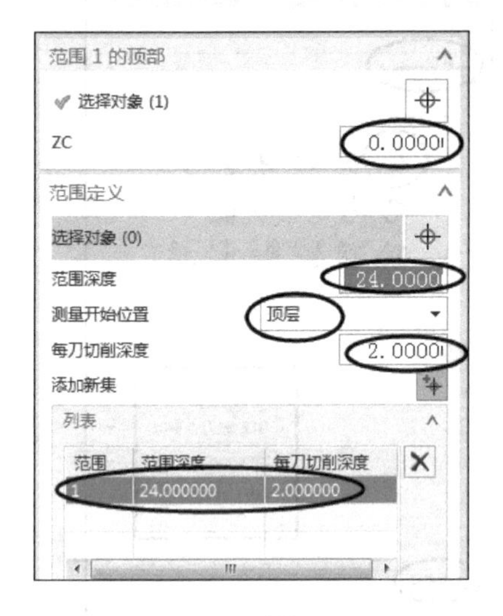

图 5-21 输入“范围深度”

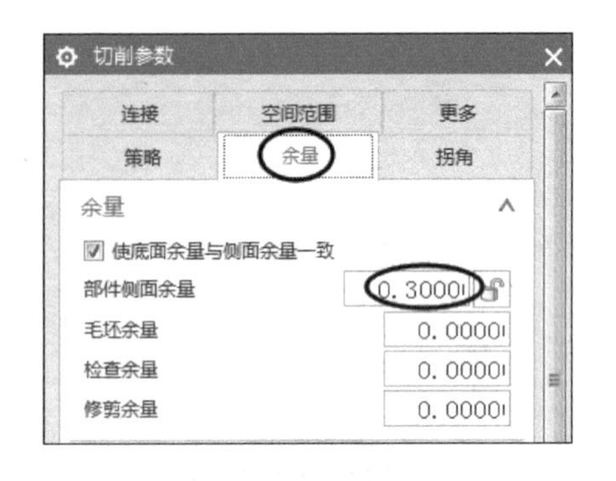

图 5-22 设置“余量”

④ 选择“切削参数”对话框中的“拐角”选项卡，在“光顺”下拉列表中选择 所有刀路 选项，其他参数默认。单击“切削参数”对话框中的 确定 按钮，返回“型腔铣-轮廓粗铣”对话框。

步骤 1-2-5：设置非切削移动。

① 单击“型腔铣-外轮廓粗铣”对话框中的“非切削移动”按钮。

② 系统弹出“非切削移动”对话框，选择该对话框中的“进刀”选项卡，在“进刀类型”下拉列表中选择 螺旋 选项，在“斜坡角”文本框中输入 1，在“高度”文本框中输入 1，如图 5-23 所示。

③ 如图 5-24 所示，选择“非切削移动”对话框中的“转移/快速”选项卡，在“转移类型”下拉列表中选择 直接 选项，单击 确定 按钮，返回“型腔铣-轮廓粗铣”对话框。

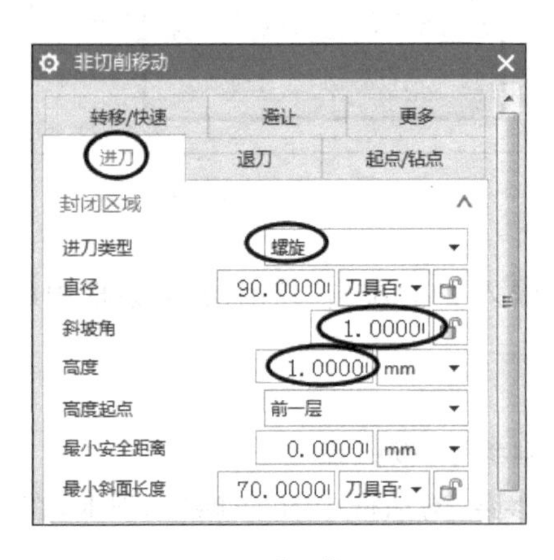

图 5-23 设置“进刀”

图 5-24 设置“转移/快速”

步骤 1-2-6：设置进给率和速度。

① 单击“型腔铣-轮廓粗铣”对话框中的“进给率和速度”按钮，勾选“主轴速度”复选框，并将其设置为 3000，“切削”设置为 1200，单击 确定 按钮。

② 返回“型腔铣-轮廓粗铣”对话框，单击该对话框中的“生成”按钮，生成的刀轨如图 5-25 所示。

步骤 1-2-7：仿真加工。

① 单击“型腔铣-轮廓粗铣”对话框中的“确认”按钮，进入仿真加工“刀轨可视化”对话框，切换到“2D 动态”方式，单击“播放”按钮，结果如图 5-26 所示。

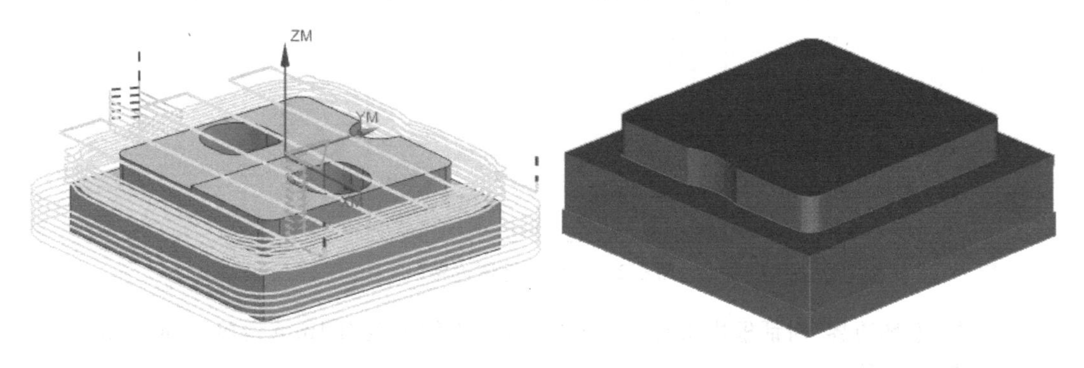

图 5-25 轮廓粗铣刀轨　　　　图 5-26 仿真加工结果

② 单击“刀轨可视化”对话框中的 确定 按钮，返回“型腔铣-轮廓粗铣”对话框。单击 确定 按钮，“工序导航器-程序顺序”页面的“轮廓粗铣”刀轨生成，如图 5-27 所示。

工步 1-3：铣上表面 1mm 台阶平面。

上表面台阶还有 1mm 台阶需要加工，这里加工刀路可以采用“面铣”来进行铣削，选择 ϕ20mm 平面立铣刀。

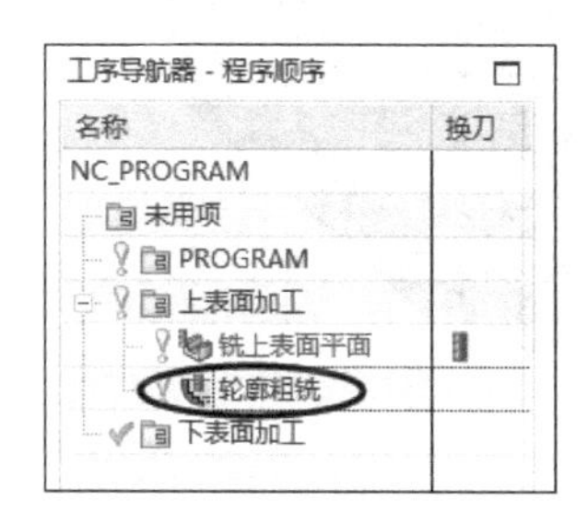

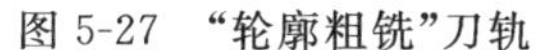

图 5-27 “轮廓粗铣”刀轨　　　　项目 5 工步 1-3：铣上表面 1mm 台阶平面

步骤 1-3-1：复制工步 1-1 铣上表面平面刀轨。

单击选择工步 1-1 刀轨，右击选择“复制”命令，然后单击选择工步 1-2 刀轨，右击选择“粘贴”命令，右击选择“重命名”命令，给复制的刀轨重命名为“铣上表面 1mm 台阶平面”，面铣-铣上表面 1mm 台阶平面刀轨生成。

步骤 1-3-2：修改指定面边界。

① 系统弹出“面铣-铣上表面 1mm 台阶平面”对话框，单击“指定面边界”按钮。

② 系统弹出“毛坯边界”对话框，单击“列表”区域右边的“删除”按钮 ×，如图 5-28 所示。

图 5-28　设置“毛坯边界”

③ 在“毛坯边界”对话框中选择 面 选项，选取工件上表面 1mm 台阶平面，单击 确定 按钮，如图 5-29 所示。

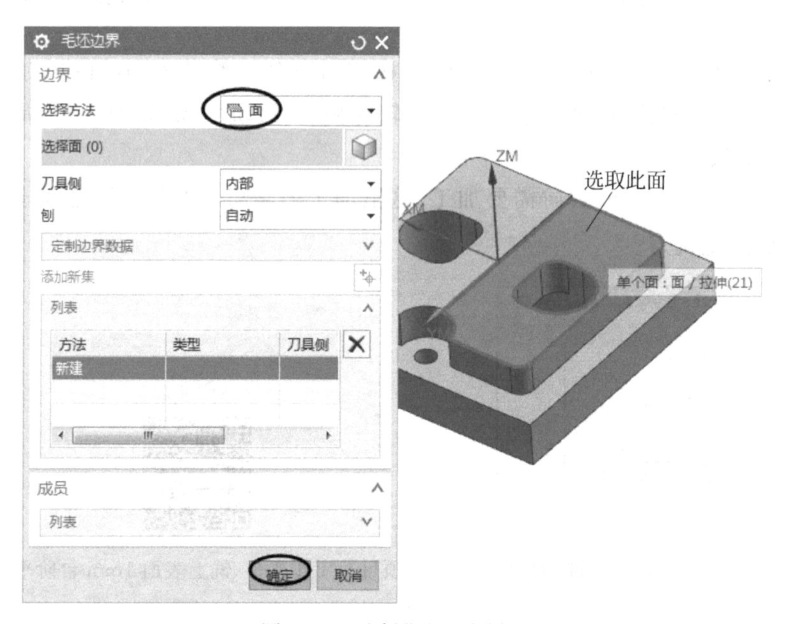

图 5-29　选择“毛坯边界”

步骤 1-3-3：修改一般参数。

在“面铣-铣上表面 1mm 台阶平面”对话框中的“切削模式”下拉列表中选择 跟随周边 选项，在“毛坯距离”文本框中输入 1，在“每刀切削深度”文本框中输入 1，如图 5-30 所示。

步骤 1-3-4：修改切削参数。

① 单击“面铣-铣上表面 1mm 台阶平面”对话框中的“切削参数”按钮 ，系统弹出

“切削参数”对话框。

② 如图 5-31 所示，在“策略”选项卡中取消勾选“延伸到部件轮廓”复选框，单击 确定 按钮，返回“面铣-铣上表面 1mm 台阶平面”对话框。

图 5-30 修改一般参数

图 5-31 修改“策略”

步骤 1-3-5：修改非切削移动。

① 单击“面铣-铣上表面 1mm 台阶平面”对话框中的“非切削移动”按钮，系统弹出“非切削移动”对话框。

② 如图 5-32 所示，选择“非切削移动”对话框中的“进刀”选项卡，在“封闭区域”中的“进刀类型”下拉列表中选择 与开放区域相同 选项，在“开放区域”中的“进刀类型”下拉列表中选择 线性 选项，单击 确定 按钮。

③ 单击“面铣-铣上表面 1mm 台阶平面”对话框中的“生成”按钮，生成的刀轨如图 5-33 所示。

图 5-32 修改“进刀”

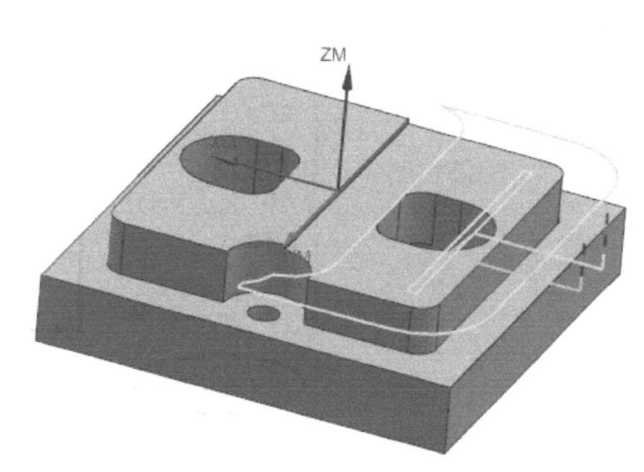

图 5-33 铣上表面 1mm 台阶平面刀轨

步骤 1-3-6：仿真加工。

① 单击"面铣-铣上表面 1mm 台阶平面"对话框中的"确认"按钮，进入仿真加工"刀轨可视化"对话框，切换到"2D 动态"方式，单击"播放"按钮，结果如图 5-34 所示。

② 单击"刀轨可视化"对话框中的 确定 按钮，返回"面铣-铣上表面 1mm 台阶平面"对话框。单击 确定 按钮，"工序导航器-程序顺序"页面的"铣上表面 1mm 台阶平面"刀轨生成，如图 5-35 所示。

图 5-34 仿真加工结果

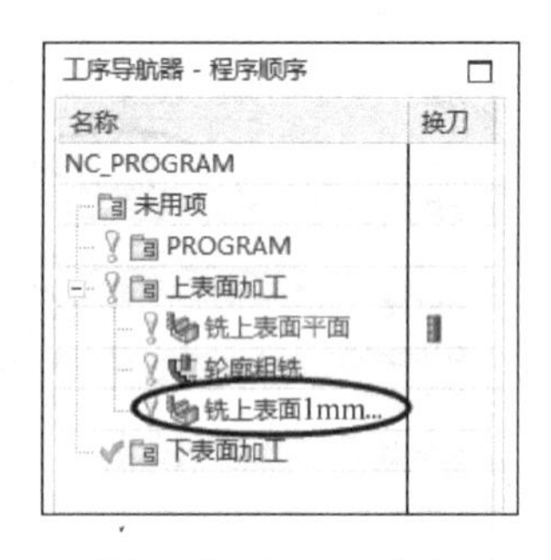

图 5-35 "铣上表面 1mm 台阶平面"刀轨

工步 1-4：80mm×80mm 侧面精铣。

本工步精铣 80mm×80mm 外轮廓侧面，刀路采用"平面铣"，刀具选择 ϕ12mm 平底刀。

项目 5 工步 1-4：80mm×80mm 侧面精铣

步骤 1-4-1：创建工序。

① 单击工具条上的"创建工序"按钮。

② 弹出"创建工序"对话框，设置如图 5-36 所示，单击 确定 按钮。

图 5-36 "创建工序"对话框

步骤 1-4-2：创建部件边界。

① 系统弹出“平面铣-80×80 侧面精铣”对话框。在该对话框中单击“指定部件边界”按钮，如图 5-37 所示。

② 系统弹出“边界几何体”对话框，在“模式”下拉列表中选择 曲线/边... 选项，如图 5-38 所示。

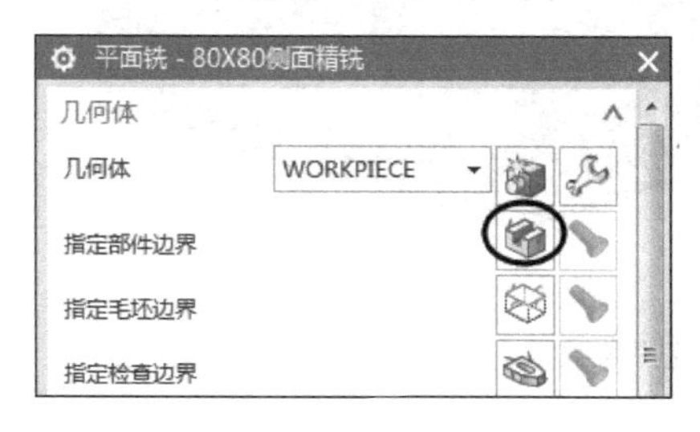

图 5-37 选择“指定部件边界”按钮

图 5-38 “边界几何体”对话框

③ 系统弹出“创建边界”对话框，在该对话框中按顺序选取图 5-39 所示的零件几何体的 4 条边界。单击 确定 按钮，返回“边界几何体”对话框。单击 确定 按钮，返回“平面铣-80×80 侧面精铣”对话框。

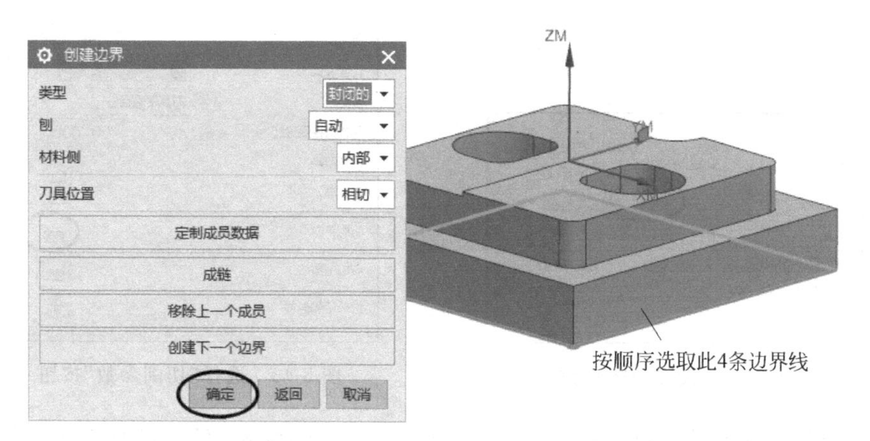

图 5-39 选取边界

步骤 1-4-3：创建底面。

① 在“平面铣-80×80 侧面精铣”对话框中单击“指定底面”按钮，如图 5-40 所示。

② 如图 5-41 所示，系统弹出“刨”对话框，在“类型”下拉列表中选择 自动判断 选项，选取零件上表面，在“距离”文本框中输入 −24。单击 确定 按钮，返回“平面铣-80×80 侧面精铣”对话框。

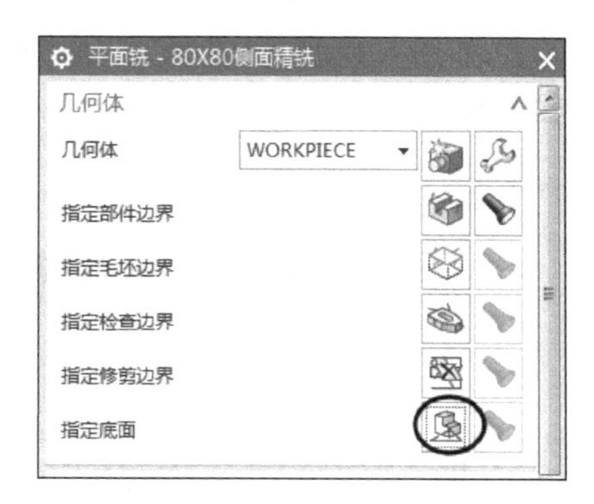

图 5-40 选择“指定底面”按钮

步骤 1-4-4：设置一般参数。

在“平面铣-80×80 侧面精铣”对话框中的“切削模式”下拉列表中选择 轮廓 选项，如图 5-42

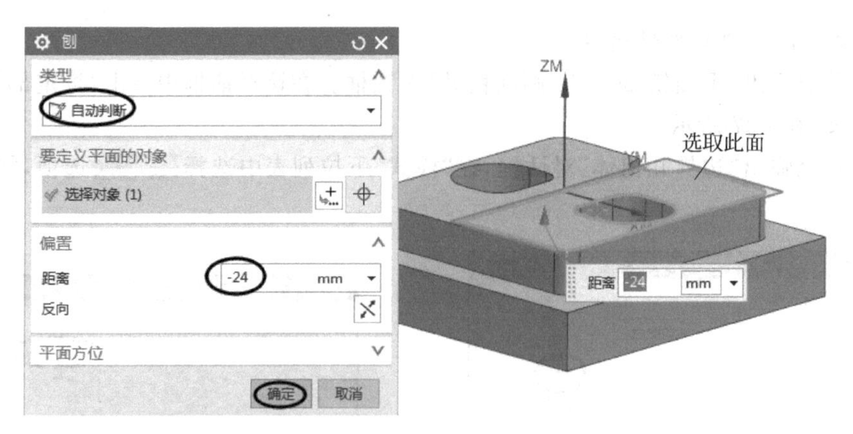

图 5-41　选择“刨”参数

所示。

步骤 1-4-5：设置切削参数。

① 如图 5-43 所示，单击“平面轮廓铣-80×80 侧面精铣”对话框中的“切削参数”按钮 ，系统弹出“切削参数”对话框。

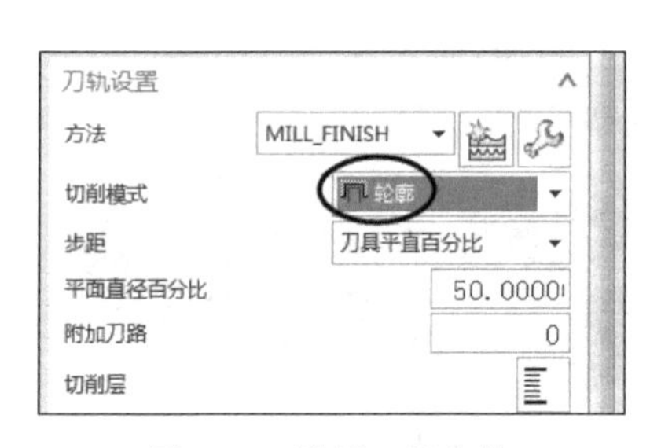

图 5-42　设置一般参数

图 5-43　选择“切削参数”按钮

② 选择“切削参数”对话框中的“策略”选项卡，在“切削顺序”下拉列表中选择 深度优先 选项，如图 5-44 所示。

③ 如图 5-45 所示，选择“切削参数”对话框中的“余量”选项卡，在“部件余量”文本框中输入 0。

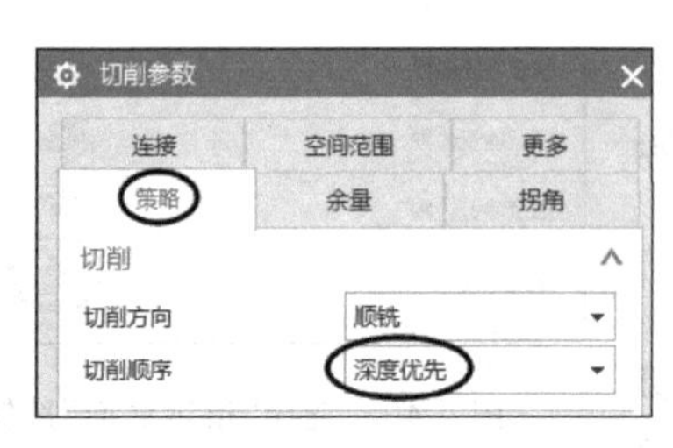

图 5-44　选择“策略”

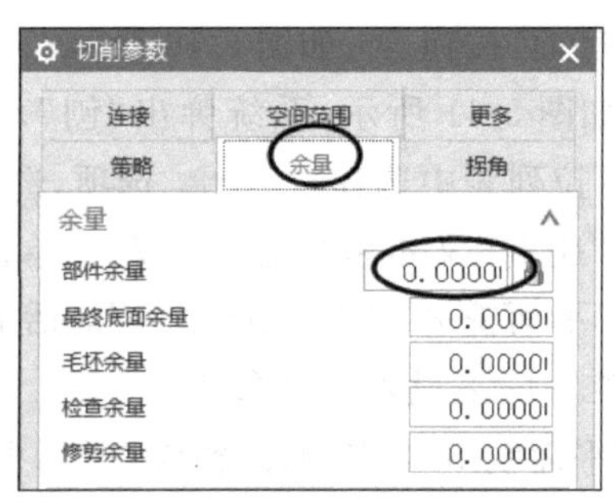

图 5-45　选择“余量”

④ 选择“切削参数”对话框中的“连接”选项卡，在“区域排序”下拉列表中选择标准选项，如图 5-46 所示。

⑤ 如图 5-47 所示，单击“切削参数”对话框中的“拐角”选项卡，在“凸角”下拉列表中选择延伸选项。单击“切削参数”对话框中的确定按钮，系统返回“平面轮廓铣-80×80 侧面精铣”对话框。

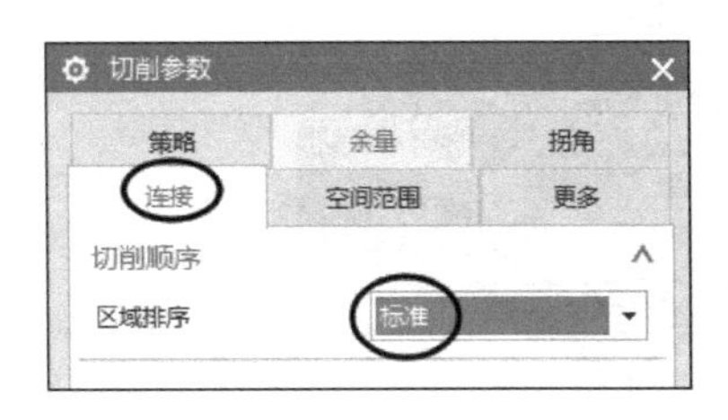

图 5-46　选择“连接”

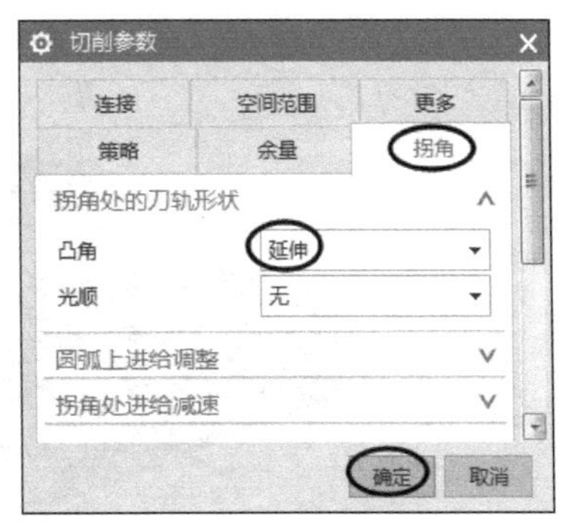

图 5-47　选择“拐角”

步骤 1-4-6：设置非切削参数。

① 单击“平面轮廓铣-80×80 侧面精铣”对话框中的“非切削移动”按钮，如图 5-48 所示。

② 如图 5-49 所示，选择对话框中的“进刀”选项卡，在“开放区域”右侧单击按钮 ∨ 展开“开放区域”内容，在“进刀类型”下拉列表中选择圆弧选项，在“半径”文本框中输入 10，在“最小安全距离”文本框中输入 10。单击确定按钮，返回“平面轮廓铣-80×80 侧面精铣”对话框。

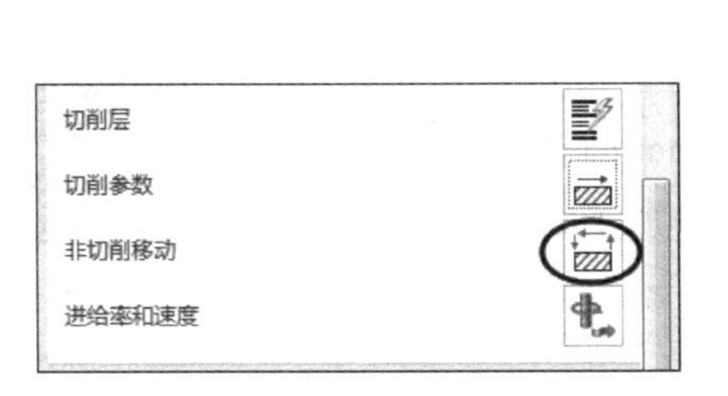

图 5-48　选择“非切削移动”按钮

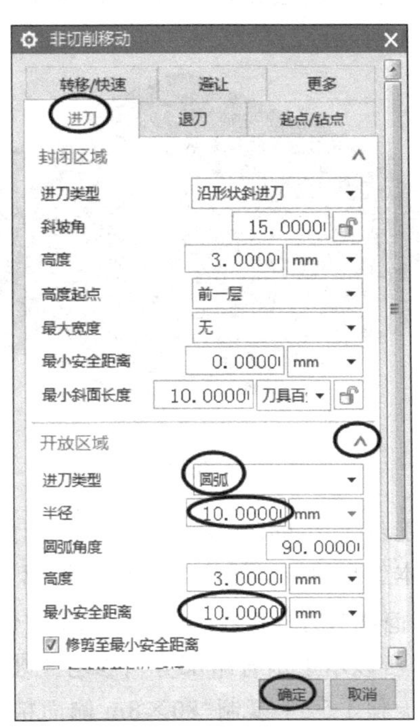

图 5-49　设置“非切削移动”

步骤 1-4-7：设置进给率和速度。

① 单击“平面铣-80×80 侧面精铣”对话框中的“进给率和速度”按钮，勾选“主轴速度”复选框，并将其设置为 4000，“切削”设置为 800，其他采用系统默认参数，单击 确定 按钮。

② 返回“平面铣-80×80 侧面精铣”对话框，单击对话框中的“生成”按钮，生成的刀轨如图 5-50 所示。

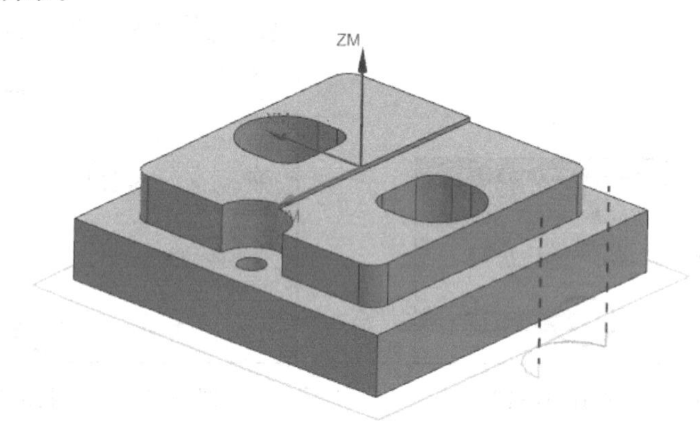

图 5-50　80mm×80mm 侧面精铣刀轨

步骤 1-4-8：仿真加工。

① 单击“平面铣-80×80 侧面精铣”对话框中的“确认”按钮，进入仿真加工“刀轨可视化”对话框，切换到“2D 动态”方式。单击“播放”按钮，结果如图 5-51 所示。

② 单击“刀轨可视化”对话框中的 确定 按钮，返回“平面铣-80×80 侧面精铣”对话框。单击 确定 按钮，“工序导航器-程序顺序”页面的“80×80 侧面精铣”刀轨生成，如图 5-52 所示。

图 5-51　仿真加工结果

图 5-52　“80×80 侧面精铣”刀轨

工步 1-5：64mm×64mm 凸台侧面精铣。

本工步的加工部位为零件外轮廓 64mm×64mm 凸台侧面，刀路采用“平面铣”，刀具选择 ϕ12mm 平面立铣刀，采用的加工刀路与工步 1-4 类似，所以本工步省略部分可参考工步 1-4。

项目 5 工步 1-5：64mm × 64mm 凸台侧面精铣

步骤 1-5-1：复制“80×8m 侧面精铣”刀轨。

单击选择工步 1-4 刀轨，右击选择“复制”命令，然后单击选择工步1-4的刀轨，右击选择“粘贴”命令，右击选择“重命名”命令，给复制的刀轨重命名为“64×64凸台侧面精铣”。“平面铣-64×64凸台侧面精铣”刀轨生成，如图5-53所示。

步骤1-5-2：修改部件边界。

① 如图5-54所示，双击“64×64凸台侧面精铣”刀轨，系统弹出“平面铣-64×64凸台侧面精铣”对话框。在该对话框中单击“指定部件边界”按钮。

图5-53 64×64凸台侧面精铣刀轨

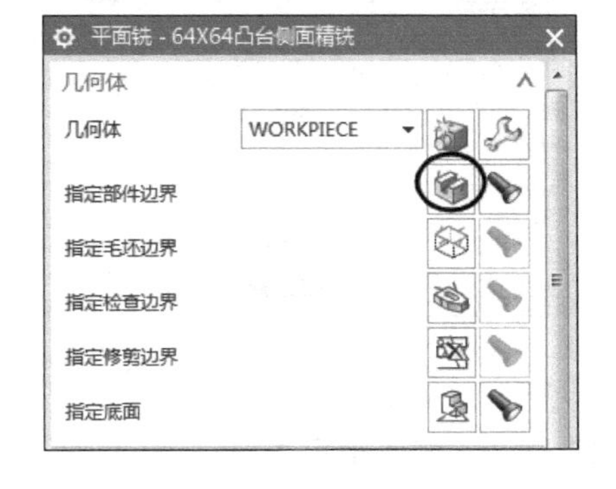

图5-54 选择“指定部件边界”按钮

② 系统弹出“编辑边界”对话框，单击 移除 选项，如图5-55所示。

③ 系统弹出“边界几何体”对话框，在“模式”下拉列表中选择 曲线/边... 选项，如图5-56所示。

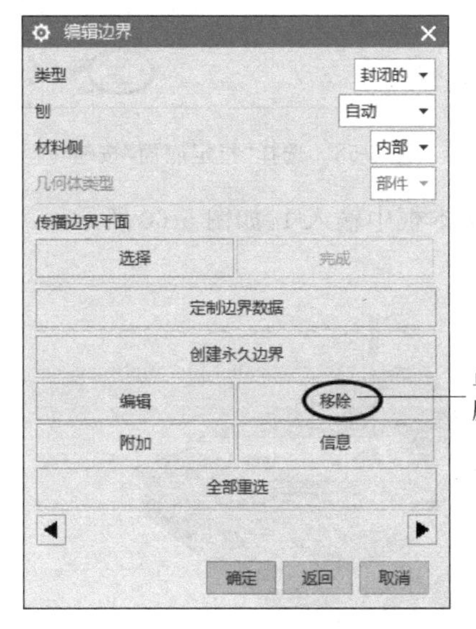

图5-55 “编辑边界”对话框

图5-56 “边界几何体”对话框

④ 如图5-57所示，系统弹出“创建边界”对话框，在工具条中的“曲线规则”下拉列表中选择 相切曲线 方式选取零件64mm×64mm凸台上表面相切曲线。单击“创建边界”对话框中的 确定 按钮，返回“边界几何体”对话框。单击 确定 按钮，返回“编辑边界”对话框。单击 确定 按钮，返回“平面铣-64×64凸台侧面精铣”对话框。

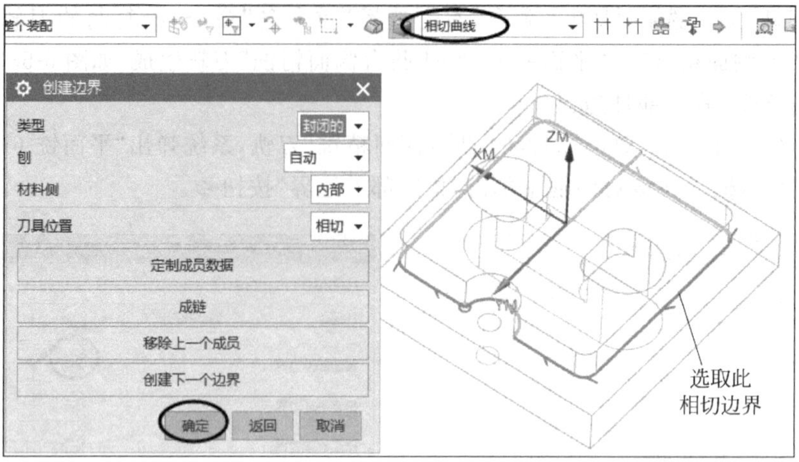

图 5-57 “创建边界”对话框

步骤 1-5-3：修改指定底面。

① 在“平面铣-64×64 凸台侧面精铣”对话框中单击“指定底面”按钮 ，如图 5-58 所示。

图 5-58 选择“指定底面”按钮

② 如图 5-59 所示，系统弹出“刨”对话框，在“类型”下拉列表中选择 自动判断 选项，选取零件台阶面。单击 确定 按钮，返回“平面铣-64×64 凸台侧面精铣”对话框。

步骤 1-5-4：修改一般参数。

① 在“平面铣-64×64 凸台侧面精铣”对话框中的“切削模式”下拉列表中选取 轮廓 选项，在“平面直径百分比”文本框中输入 20，在“附加刀路”文本框中输入 1，如图 5-60 所示。

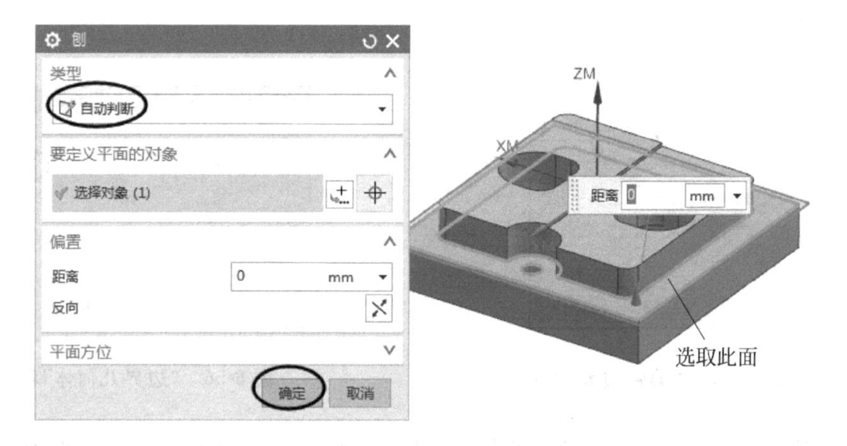

图 5-59 “刨”对话框

② 单击“平面铣-64×64 凸台侧面精铣”对话框中的“生成”按钮 ，生成的刀轨如图 5-61 所示。

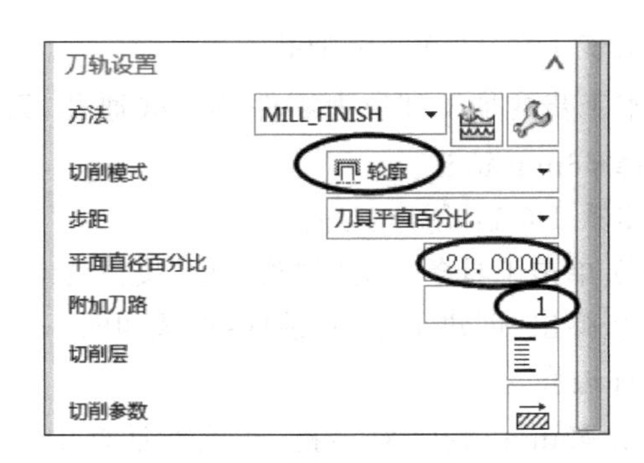

图 5-60 修改一般参数

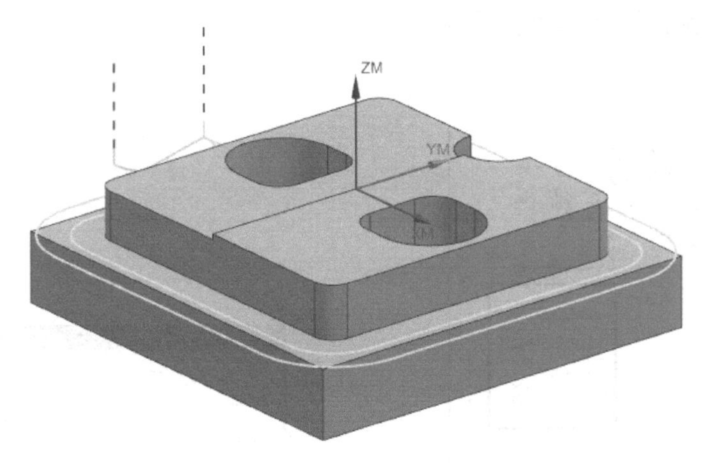

图 5-61 64mm×64mm 凸台侧面精铣刀轨

步骤 1-5-5：仿真加工。

① 单击“平面铣-64×64 凸台侧面精铣”对话框中的“确认”按钮，进入仿真加工“刀轨可视化”对话框，切换到“2D 动态”方式。单击“播放”按钮，结果如图 5-62 所示，

② 单击“刀轨可视化”对话框中的确定按钮，返回“平面铣-64×64 凸台侧面精铣”对话框。单击确定按钮，“工序导航器-程序顺序”页面的“64×64 凸台侧面精铣”刀轨生成，如图 5-63 所示。

图 5-62 仿真加工结果

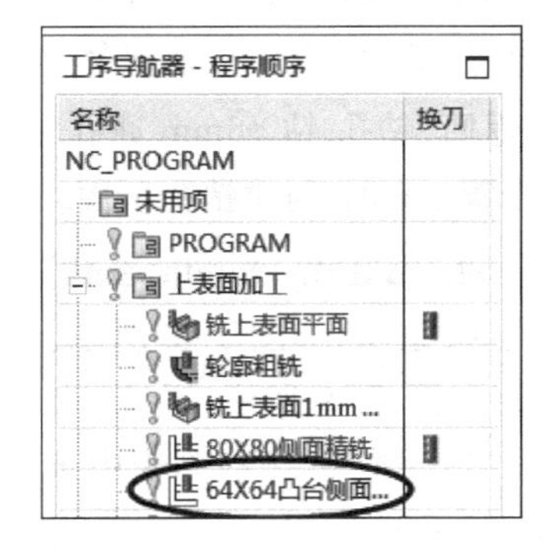

图 5-63 “64×64 凸台侧面精铣”刀轨

项目5工步1-6：钻 ϕ6mm通孔

工步1-6：钻 ϕ6mm 通孔。

本工步的加工部位为零件 ϕ6mm 通孔，刀路选择“钻孔”刀路，刀具选择 ϕ6mm 钻头。

步骤1-6-1：创建工序。

① 单击工具条上的“创建工序”按钮 。

② 弹出“创建工序”对话框，设置如图5-64所示，单击 确定 按钮。

步骤1-6-2：创建部件边界。

① 系统弹出“钻孔-钻 ϕ6mm 通孔”对话框，在该对话框中单击“指定孔”按钮 ，如图5-65所示。

图5-64 “创建工序”对话框

图5-65 选择“指定孔”按钮

② 系统弹出“点到点几何体”对话框，单击 选择 选项，如图5-66所示。

③ 系统弹出另一个对话框，如图5-67所示，不需选择，直接选取 ϕ6mm 通孔上边界圆弧。单击 确定 按钮，返回“点到点几何体”对话框。单击 确定 按钮，返回“钻孔-钻 ϕ6mm 通孔”对话框。

步骤1-6-3：创建钻孔顶面。

① 在“钻孔-钻 ϕ6mm 通孔”对话框中单击“指定顶面”按钮 ，如图5-68所示。

② 如图5-69所示，系统弹出“顶面”对话框，在对话框“顶面选项”下拉列表中选择 面 选项，选取 ϕ6mm 通孔上表面。单击 确定 按钮，返回“钻孔-钻 ϕ6mm 通孔”对话框。

图5-66 “点到点几何体”对话框

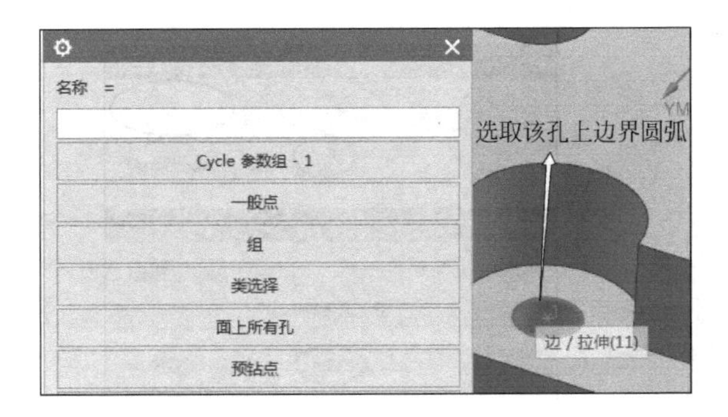

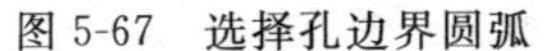
图 5-67 选择孔边界圆弧

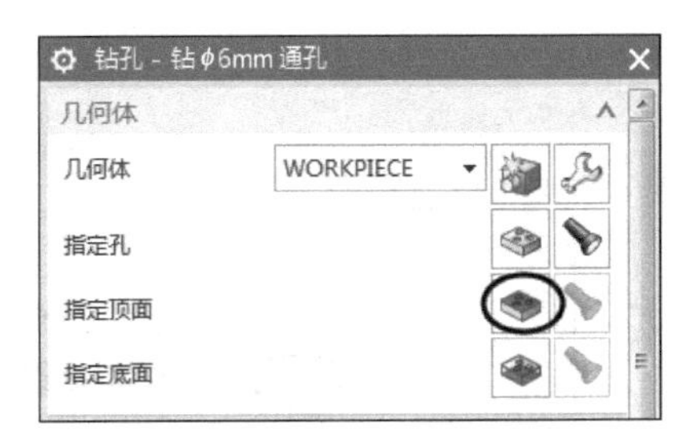

图 5-68 选择“指定顶面”按钮

步骤 1-6-4：创建钻孔底面。

① 在“钻孔-钻 ϕ6mm 通孔”对话框中单击“指定底面”按钮，如图 5-70 所示。

图 5-69 选择“顶面选项”

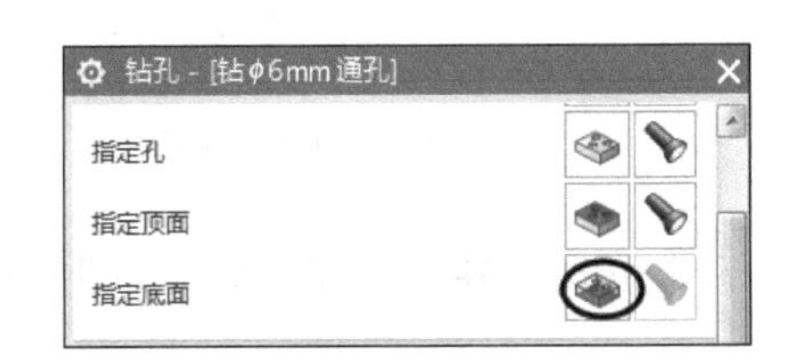

图 5-70 选择“指定底面”按钮

② 如图 5-71 所示，系统弹出“底面”对话框，在该对话框中的“底面选项”下拉列表中选择 面 选项，选取 ϕ6mm 通孔底面。单击 确定 按钮，返回“钻孔-钻 ϕ6mm 通孔”对话框。

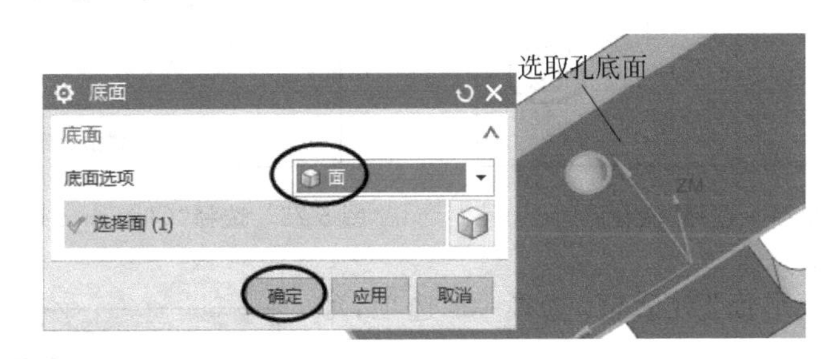

图 5-71 选取“底面选项”

步骤 1-6-5：设置一般参数。

① 在“钻孔-钻 ϕ6mm 通孔”对话框中的“循环”下拉列表中选择 啄钻.. 选项，如图 5-72 所示。

② 如图 5-73 所示，在系统弹出的对话框中的“距离”文本框中输入 2。单击 确定 按钮，弹出“指定参数组”对话框。单击 确定 按钮，弹出“Cycle 参数”对话框。单击 确定 按钮，返回“钻孔-钻 ϕ6mm 通孔”对话框。

步骤 1-6-6：设置避让。

① 单击“钻孔-钻 ϕ6mm 通孔”对话框中的“避让”按钮，如图 5-74 所示。

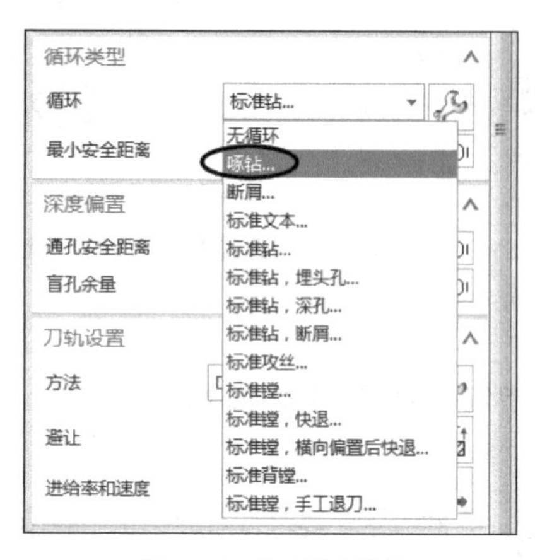

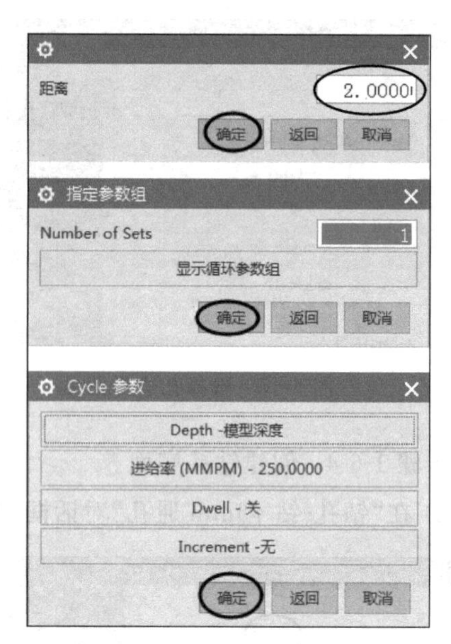

图 5-72 选择“啄孔”

图 5-73 设置“啄孔”参数

② 在系统弹出的对话框中选择 Clearance Plane -活动 选项，如图 5-75 所示。

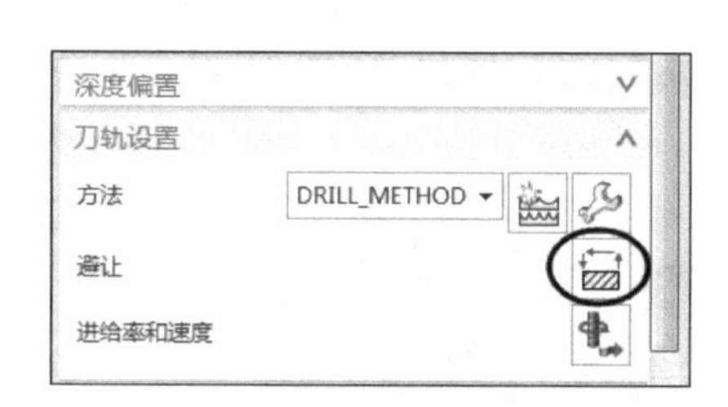

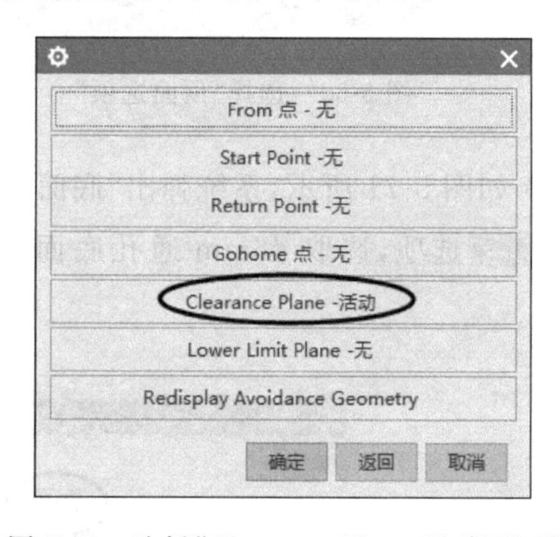

图 5-74 选择“避让”

图 5-75 选择“Clearance Plane-活动”选项

③ 弹出“安全平面”对话框，选择 指定 选项，如图 5-76 所示。

④ 如图 5-77 所示，系统弹出“刨”对话框，选取孔上表面平面，方向向上，在“距离”文本框中输入 10。三次单击对话框 确定 按钮，返回“钻孔-钻 ϕ6mm 通孔”对话框。

步骤 1-6-7：设置进给率和速度。

① 单击“钻孔-钻 ϕ6mm 通孔”对话框中的“进给率和速度”按钮，勾选“主轴速度”复选框，并将其设置为 3000，“切削”设置为 300，其他采用系统默

图 5-76 选择“指定”选项

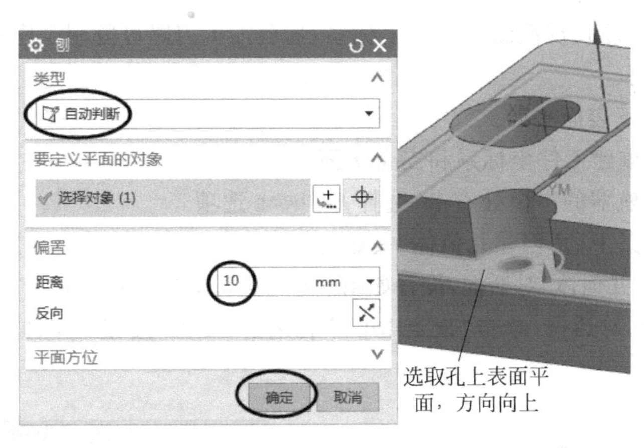

图 5-77 选择孔上表面

认参数，单击 确定 按钮。

② 返回“钻孔-钻 ϕ6mm 通孔”对话框，单击对话框中的“生成”按钮，生成的刀轨如图 5-78 所示。

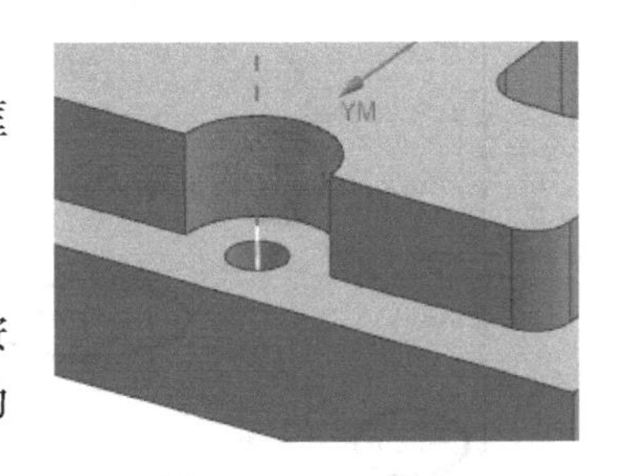

图 5-78 钻 ϕ6mm 通孔刀轨

步骤 1-6-8：仿真加工。

① 单击“钻孔-钻 ϕ6mm 通孔”对话框中的“确认”按钮，进入仿真加工“刀轨可视化”对话框，切换到“2D 动态”方式，单击“播放”按钮，结果如图 5-79 所示。

② 单击“刀轨可视化”对话框中的 确定 按钮，返回“钻孔-钻 ϕ6mm 通孔”对话框。单击 确定 按钮，“工序导航器-程序顺序”页面的“钻 ϕ6mm 通孔”刀轨生成，如图 5-80 所示。

图 5-79 仿真加工结果

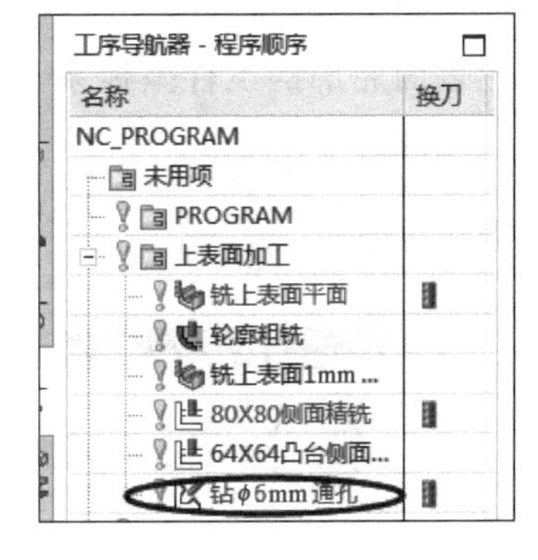

图 5-80 “钻 ϕ6mm 通孔”刀轨

2. 工序二

工序二需要加工下表面平面和上、下表面凹槽。

工步 2-1：调头找正装夹。

为了保证下表面凹槽与上表面的位置精度，工件反过来装夹时，需要打表、找正已经加工过的侧面，夹位约为 5mm。

加工时需要重新在反面新建一个坐标系，部分加工刀路可复制工序一的刀路，在复制的刀路上修改即可。

工步 2-2：铣下表面平面。

项目 5 工步 2-2：铣下表面平面

步骤 2-2-1：重建工件坐标系和安全平面。

① 在工序导航器的空白处右击，选择 几何视图 选项。

② 单击工具条上的“创建几何体”按钮 。

③ 弹出“创建几何体”对话框，设置如图 5-81 所示，单击 确定 按钮。

④ 弹出 MCS 对话框，单击“指定 MCS”右边的 CSYS 按钮 ，如图 5-82 所示。

图 5-81 “创建几何体”对话框

图 5-82 MCS 对话框

⑤ 如图 5-83 所示，弹出 CSYS 对话框，在“类型”下拉列表中选择 动态 选项，把零件加工上表面轮廓的工件坐标系 X 轴旋转 180°，Z 坐标移动 −23。单击 确定 按钮，返回 MCS 对话框。

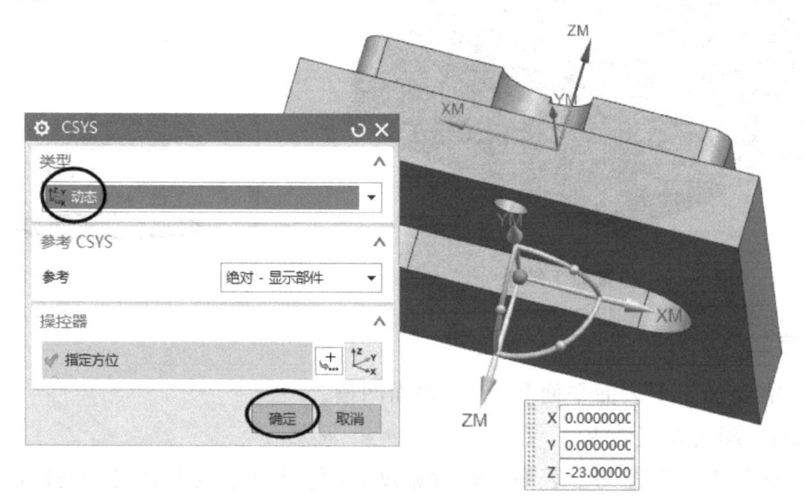

图 5-83 改变工件坐标系

⑥ 在 MCS 对话框的“安全设置选项”下拉列表中选择刨，然后单击“指定平面”按钮，如图 5-84 所示。

图 5-84　MCS 对话框

⑦ 弹出“刨”对话框，如图 5-85 所示，选取零件下表面，方向向上，“距离”设置为 10。单击“刨”对话框和 MCS 对话框的确定按钮，结果如图 5-86 所示。

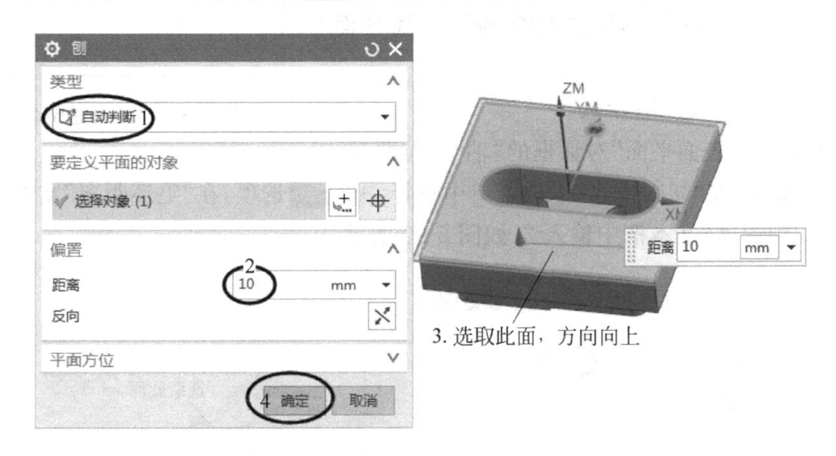

图 5-85　“刨”对话框

步骤 2-2-2：复制工步 1-1 刀轨。

把光标放置到工步 1-1 刀轨上，右击选择“复制”命令。然后单击选取新建的工件坐标系按钮 MCS_1，右击选择“粘贴”命令，右击选择“重命名”命令，给复制的刀轨重命名为“铣下表面平面”，结果如图 5-87 所示。

步骤 2-2-3：修改几何体。

① 在工序导航器的空白处右击，选择 程序顺序视图 选项，切换回程序顺序视图页面。

② 双击打开“铣下表面平面”刀路文件，弹出“面铣-铣下表面平面”对话框，在“几何体”下拉菜单中选择 MCS_1 按钮。

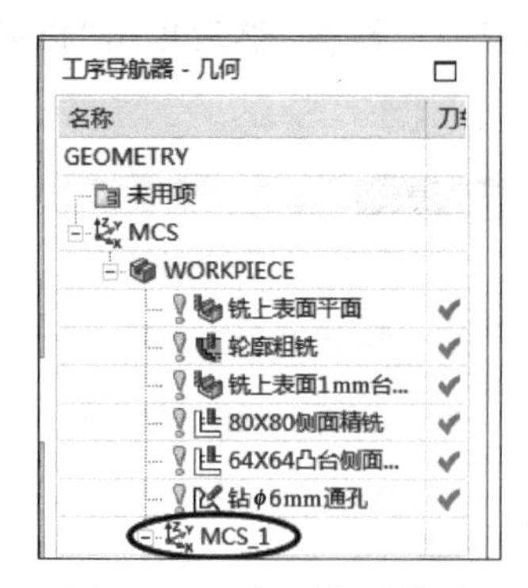

图 5-86 坐标系新建结果

图 5-87 刀轨复制结果

步骤 2-2-4：修改指定面边界。

① 单击“面铣-铣下表面平面”对话框中的“指定面边界”按钮。

② 系统弹出“毛坯边界”对话框，单击“列表”区域右边的“删除”按钮，删除铣上表面边界，如图 5-88 所示。

图 5-88 “毛坯边界”对话框

③ 如图 5-89 所示，在“选择方法”的下拉列表中选择 面 选项，选取零件下表面平面，单击“毛坯边界”对话框中的 确定 按钮，返回“面铣-铣下表面平面”对话框。

步骤 2-2-5：修改一般参数。

在“面铣-铣下表面平面”对话框的“轴”下拉菜单中选择 +ZM 轴 选项，在“切削模式”下拉菜单中选择 跟随部件 选项，在“毛坯距离”文本框中输入 6，在“每刀切削深度”文本框中输入 2，如图 5-90 所示。

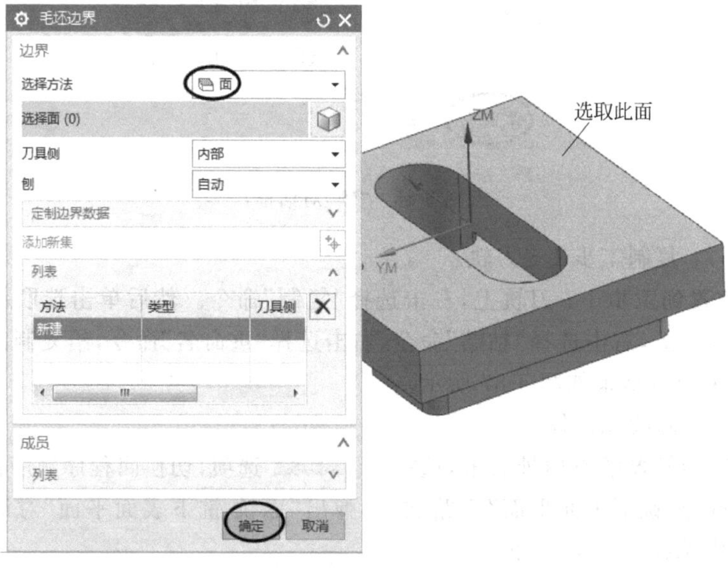

图 5-89 “毛坯边界”对话框

步骤 2-2-6：修改非切削移动。

① 单击"面铣-铣下表面平面"对话框中的"非切削移动"按钮，系统弹出"非切削移动"对话框。

② 如图 5-91 所示，选择"非切削移动"对话框中的"进刀"选项卡，在"封闭区域"中的"进刀类型"下拉列表中选择 与开放区域相同 选项，在"开放区域"中的"进刀类型"下拉列表中选择 线性 选项，单击 确定 按钮。

图 5-90 修改一般参数

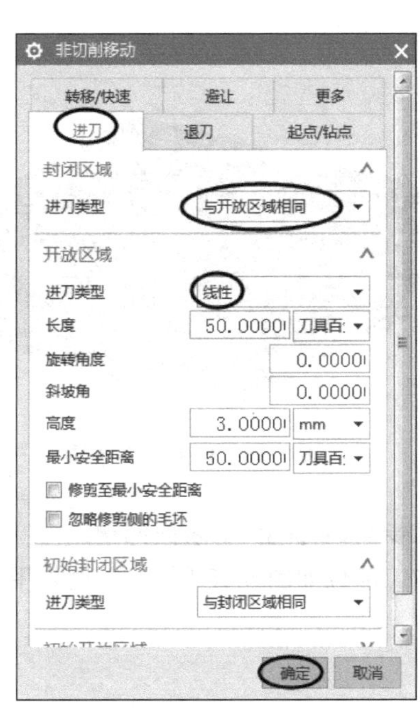

图 5-91 修改"非切削移动"

③ 单击"面铣-铣下表面平面"对话框的"生成"按钮或单击工具条的"生成刀轨"按钮，刀轨重新生成，如图 5-92 所示。

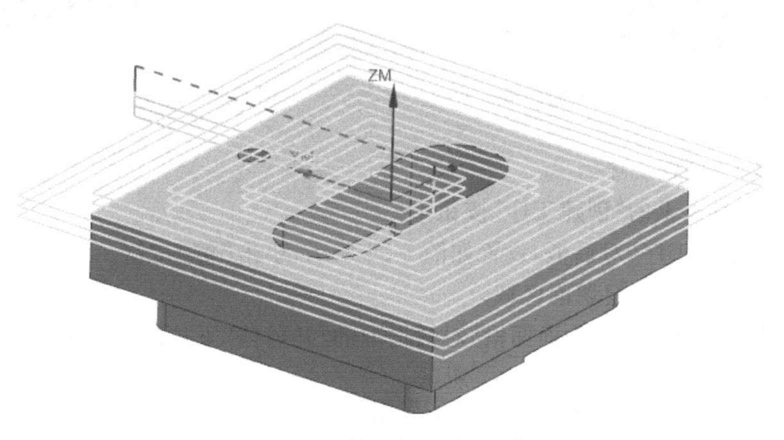

图 5-92 铣下表面平面刀轨

步骤 2-2-7：仿真加工。

① 单击“面铣-铣下表面平面”对话框的“确认”按钮，进入仿真加工“刀轨可视化”对话框，切换到“2D 动态”方式，单击“播放”按钮，结果如图 5-93 所示。

② 单击“刀轨可视化”对话框中的 确定 按钮，返回“面铣-铣下表面平面”对话框。单击 确定 按钮，“工序导航器-程序顺序”页面的“铣下表面平面”刀轨生成，如图 5-94 所示。

图 5-93 仿真加工结果

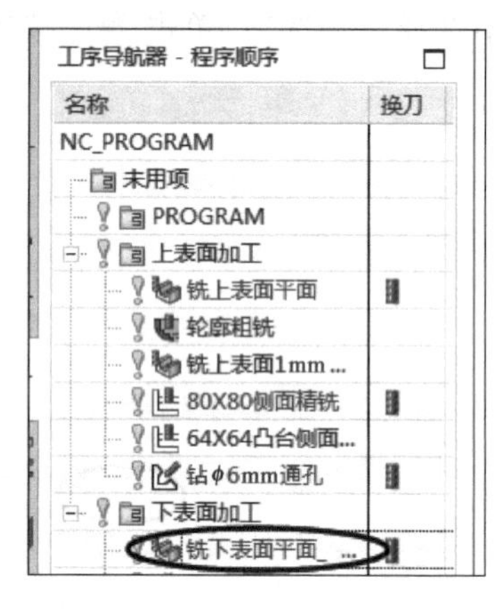

图 5-94 “铣下表面平面”刀轨

工步 2-3：铣上、下表面凹槽。

加工部位如图 5-95 所示，这里采用“型腔铣”刀路。

项目 5 工步 2-3：铣上、下表面凹槽

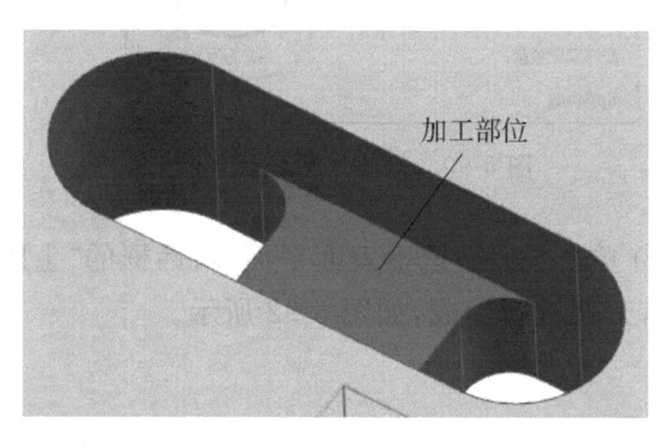

图 5-95 加工刀路

步骤 2-3-1：创建工序。

① 单击工具条上的“创建工序”按钮。

② 弹出“创建工序”对话框，设置如图 5-96 所示，单击 确定 按钮。

步骤 2-3-2：选取指定切削区域。

① 在“型腔铣-铣上、下表面凹槽”对话框中的“几何体”下拉列表中选择 MCS_1，然后单击“指定切削区域”按钮，如图 5-97 所示。

② 系统弹出“切削区域”对话框，如图 5-98 所示，选取零件上、下表面凹槽内的 11 个曲面。单击 确定 按钮，系统返回“型腔铣-铣上、下表面凹槽”对话框。

图 5-96 “创建工序”对话框

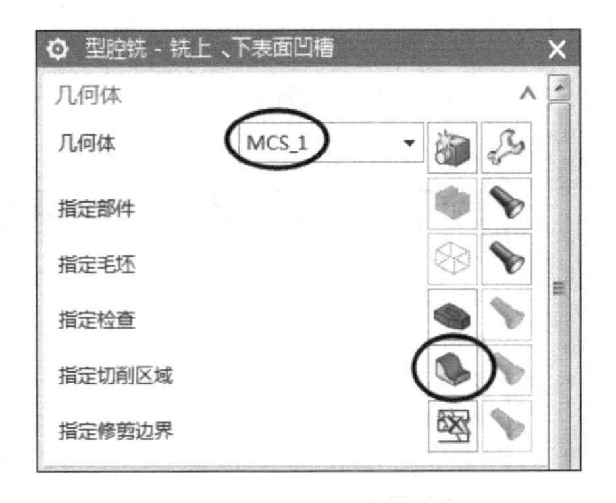

图 5-97 选择“几何体与指定切削区域”

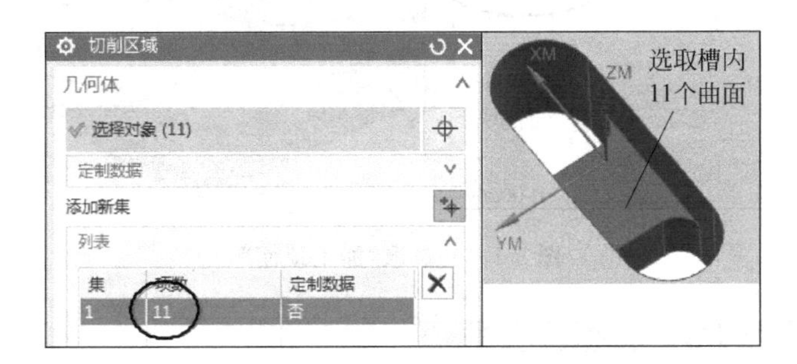

图 5-98 “切削区域”对话框

步骤 2-3-3：设置一般参数。

“型腔铣-铣上、下表面凹槽”对话框的一般参数设置如图 5-99 所示。

步骤 2-3-4：设置切削层。

① 单击“型腔铣-铣上、下表面凹槽”对话框中的“切削层”按钮。

② 系统弹出“切削层”对话框，单击“列表”区域右边的“删除”按钮，清空列表数据，如图 5-100 所示。

③ 选中“范围 1 的顶部”下的“选择对象”，单击选择零件下表面，在 ZC 文本框中输入 －24(防止有残留量留下)，如图 5-101 所示。

④ 单击选择零件上表面，在“范围深度”文本框中输入 24(防止有残留量留下)，如图 5-102 所示。结果如图 5-103 所示。

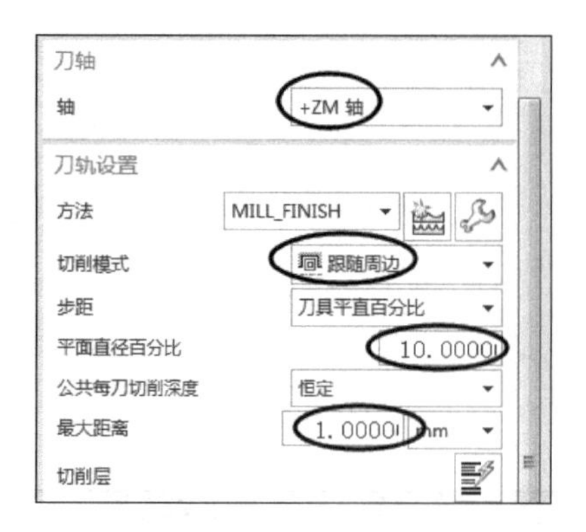

图 5-99 设置一般参数

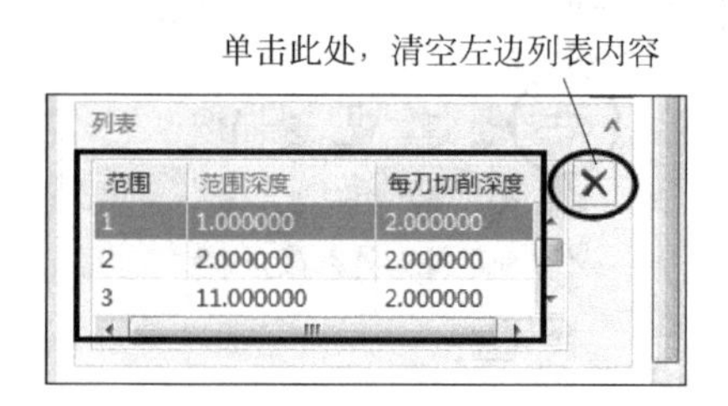

图 5-100 “切削层”对话框

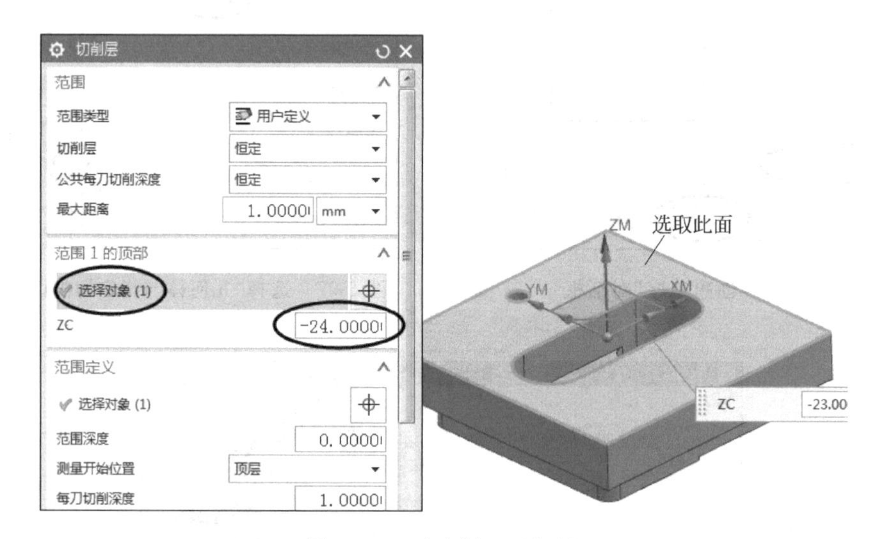

图 5-101 选取“加工顶面”

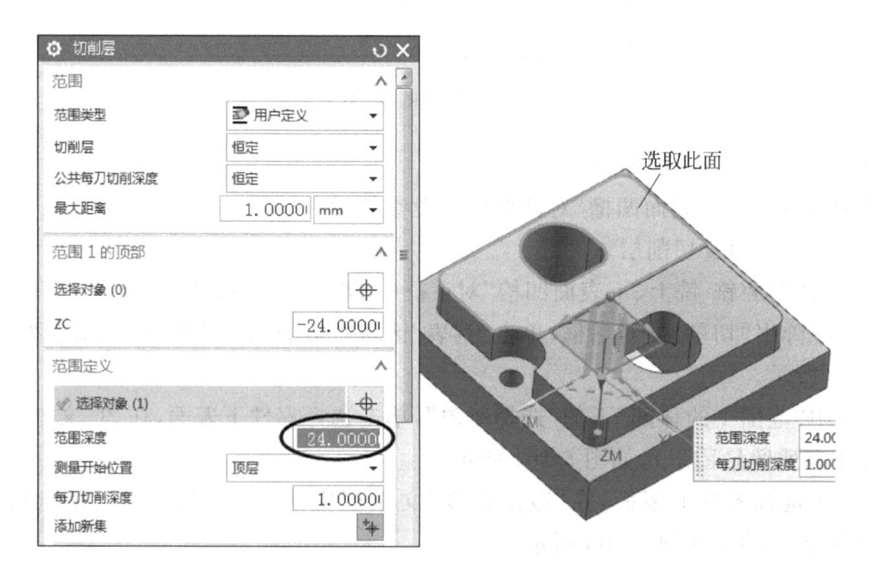

图 5-102 选取“加工底面”

步骤 2-3-5：设置切削参数。

① 单击“型腔铣-铣上、下表面凹槽”对话框中的“切削参数”按钮 。

② 系统弹出“切削参数”对话框，选择该对话框中的“策略”选项卡，在“切削顺序”下拉列表中选择 深度优先 选项，其他参数默认。

③ 选择“切削参数”对话框中的“余量”选项卡，在“部件侧面余量”文本框中输入“0.2”，其他参数默认。

④ 选择“切削参数”对话框中的“拐角”选项卡，在“光顺”下拉列表中选择 所有刀路 选项，其他参数默认。单击 确定 按钮，系统返回“型腔铣-铣上、下表面凹槽”对话框。

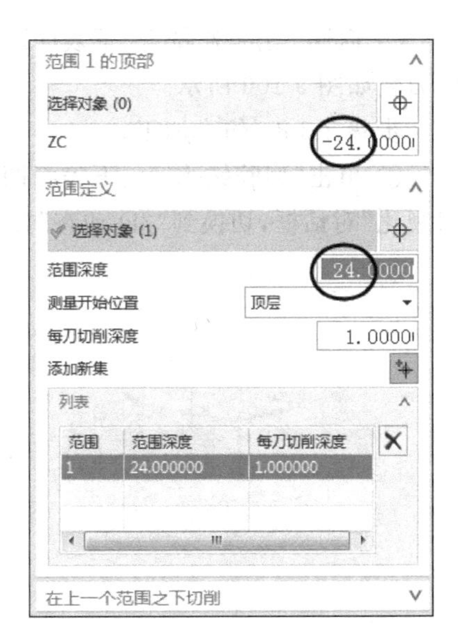

图 5-103　选取结果

步骤 2-3-6：设置非切削移动。

① 单击“型腔铣-铣上、下表面凹槽”对话框中的“非切削移动”参数按钮 。

② 系统弹出“非切削移动”对话框，选择该对话框中的“进刀”选项卡，在“进刀类型”下拉列表中选择 螺旋 选项，在“斜坡角”文本框中输入 1，在“高度”文本框中输入 1，如图 5-104 所示，单击确定按钮。

③ 如图 5-105 所示，选择“非切削移动”对话框中的“转移/快速”选项卡，在“转移类型”下拉列表中选择 直接 选项。单击 确定 按钮，系统返回“型腔铣-铣上、下表面凹槽”对话框。

图 5-104　设置“非切削移动”

图 5-105　设置“转移/快速”

步骤 2-3-7：设置进给率和速度。

① 单击“型腔铣-铣上、下表面凹槽”对话框中的“进给率和速度”按钮 ，选中“主轴速度”，并将其设置为 3000，“切削”设置为 800，其他采用系统默认参数，单击 确定 按钮。

② 返回“型腔铣-铣上、下表面凹槽”对话框，单击该对话框中的“生成”按钮，生成的刀轨如图 5-106 所示。

步骤 2-3-8：仿真加工。

① 单击“型腔铣-铣上、下表面凹槽”对话框中的“确认”按钮，进入仿真加工“刀轨可视化”对话框，切换到“2D 动态”方式，单击播放按钮，结果如图 5-107 所示。

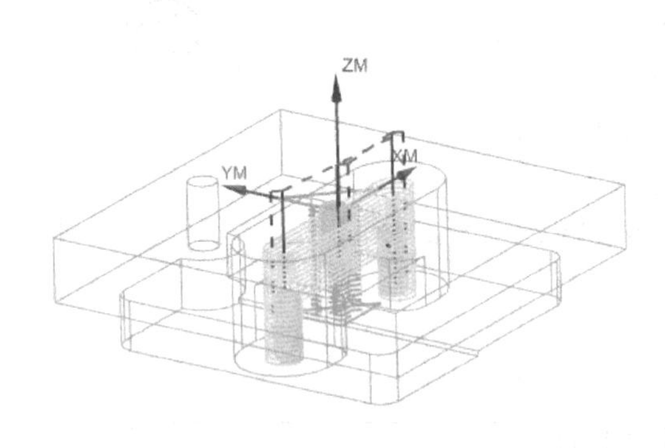

图 5-106 铣上、下表面凹槽刀轨

图 5-107 仿真加工结果

② 单击“刀轨可视化”对话框中的 确定 按钮，返回“型腔铣-铣上、下表面凹槽”对话框。单击 确定 按钮，“工序导航器-程序顺序”页面的“铣上下表面凹槽”刀轨生成，如图 5-108 所示。

项目 5 工步 2-4：精铣下表面凹键

工步 2-4：精铣下表面凹键。

步骤 2-4-1：创建工序。

① 单击工具条上的“创建工序”按钮。

② 弹出“创建工序”对话框，设置如图 5-109 所示，设置完成后单击 确定 按钮。

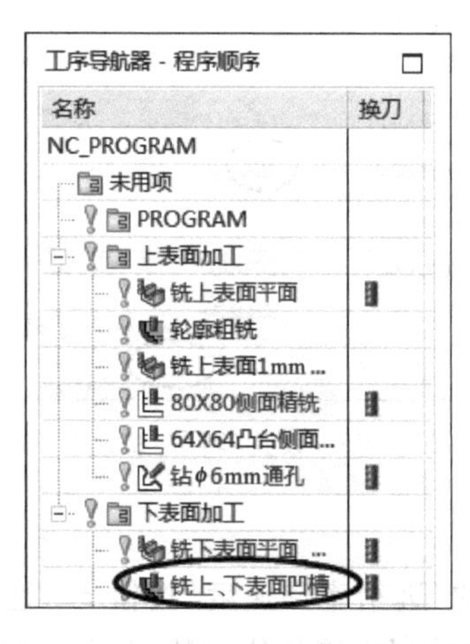

图 5-108 “铣上、下表面凹槽”刀轨

图 5-109 “创建工序”对话框

步骤 2-4-2：创建部件边界。

① 系统弹出"平面轮廓铣-精铣下表面凹键"对话框，在"几何体"下拉列表中选择 MCS_1 选项，单击"指定部件边界"按钮，如图 5-110 所示。

② 系统弹出"边界几何体"对话框，在"模式"下拉列表中选择 曲线/边... 选项，如图 5-111 所示。

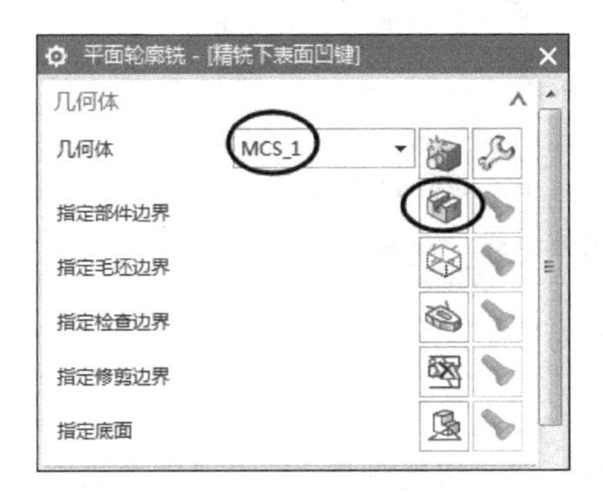

图 5-110 选择"几何体"

图 5-111 选择"边界几何体"

③ 如图 5-112 所示，系统弹出"创建边界"对话框，在该对话框的"材料侧"下拉列表中选择 外部 选项，在工具条"曲线规则"下拉列表中选择 相切曲线 选项，选取零件下表面凹键相切曲线。单击 确定 按钮，返回"边界几何体"对话框。单击 确定 按钮，返回"平面轮廓铣-精铣下表面凹键"对话框。

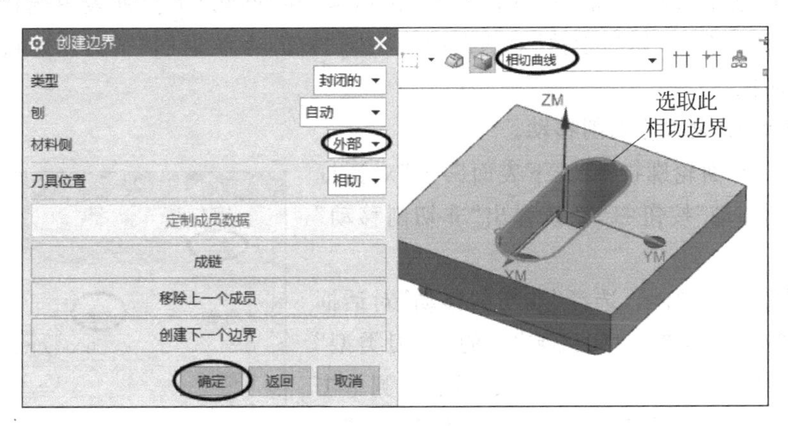

图 5-112 "创建边界"对话框

步骤 2-4-3：设置指定底面。

① 单击"平面轮廓铣-精铣下表面凹键"对话框中的"指定底面"按钮。

② 如图 5-113 所示，系统弹出"刨"对话框，在该对话框的"类型"下拉列表中选择 自动判断 选项，同时选取下表面凹键的底面。单击 确定 按钮，返回"平面轮廓铣-精铣下表面凹键"对话框。

步骤 2-4-4：设置切削参数。

① 单击"平面轮廓铣-精铣下表面凹键"对话框中的"切削参数"按钮，系统弹出"切

图 5-113 “刨”对话框

削参数”对话框。

② 选择“切削参数”对话框中的“策略”选项卡，在“切削顺序”下拉列表中选择 深度优先 选项，其他参数默认。

③ 选择“切削参数”对话框中的“余量”选项卡，在“部件余量”的文本框中输入 0，其他参数默认。

④ 选择“切削参数”对话框中的“连接”选项卡，在“区域排序”下拉列表中选择 标准 选项，其他参数默认。

⑤ 选择“切削参数”对话框中的“拐角”选项卡，在“凸角”下拉列表中选择 延伸 选项，其他参数默认。单击“切削参数”对话框中的 确定 按钮，系统返回“平面轮廓铣-精铣下表面凹键”对话框。

步骤 2-4-5：设置非切削移动。

① 单击“平面轮廓铣-精铣下表面凹键”对话框中的“非切削移动”按钮，系统弹出“非切削移动”对话框。

② 如图 5-114 所示，选择“非切削移动”对话框中的“进刀”选项卡，在“封闭区域”中的“进刀类型”下拉列表中选择 螺旋 选项。在“开放区域”右侧单击按钮 ∨ 展开“开放区域”选项内容，在“进刀类型”下拉列表中选择 与封闭区域相同 。单击 确定 按钮，系统返回“平面轮廓铣-精铣下表面凹键”对话框。

步骤 2-4-6：设置进给率和速度。

① 单击“平面轮廓铣-精铣下表面凹键”对话框中的“进给率和速度”按钮，勾选“主轴速度”复选框，并将其设置为 4000，“切削”设置为 800，其他参数默认，单击 确定 按钮。

② 返回“平面轮廓铣-精铣下表面凹键”对话

图 5-114 设置“进刀”

框，单击对话框的“生成”按钮，生成的刀轨如图 5-115 所示。

步骤 2-4-7：仿真加工。

① 单击“平面轮廓铣-精铣下表面凹键”对话框中的“确认”按钮，进入仿真加工“刀轨可视化”对话框，切换到“2D 动态”方式，单击播放按钮，结果如图 5-116 所示，

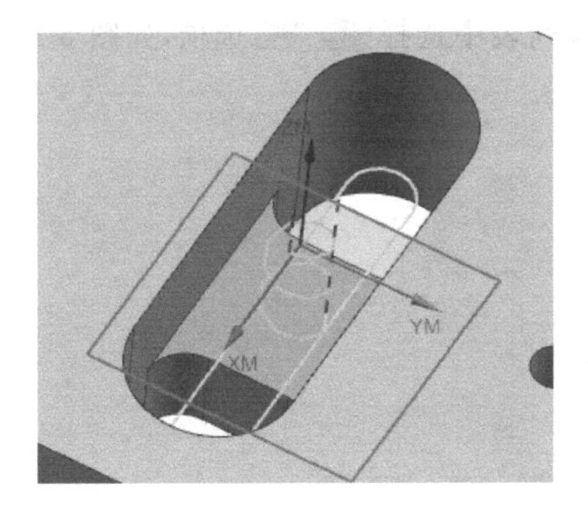

图 5-115　精铣下表面凹键刀轨

图 5-116　仿真加工结果

② 单击“刀轨可视化”对话框中的确定按钮，返回“平面轮廓铣-精铣下表面凹键”对话框。单击确定按钮，“工序导航器-程序顺序”页面的“精铣下表面凹键”刀轨生成，如图 5-117 所示。

项目 5 工步 2-5：精铣下表面第一个通孔

工步 2-5：精铣下表面第一个通孔。

步骤 2-5-1：复制工步 2-3 刀轨。

单击选择工步 2-4 刀轨，右击选择“复制”命令。然后单击选择工步 2-5 刀轨，右击选择“粘贴”命令，右击选择“重命名”命令，给复制的刀轨重命名为“精铣下表面第一个通孔”，结果如图 5-118 所示。

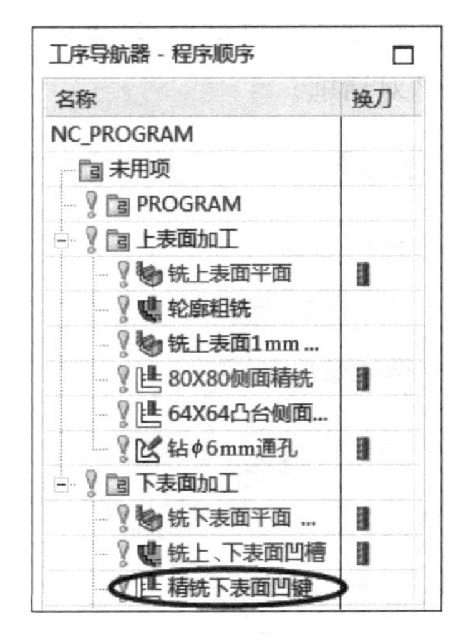

图 5-117　“精铣下表面凹键”刀轨

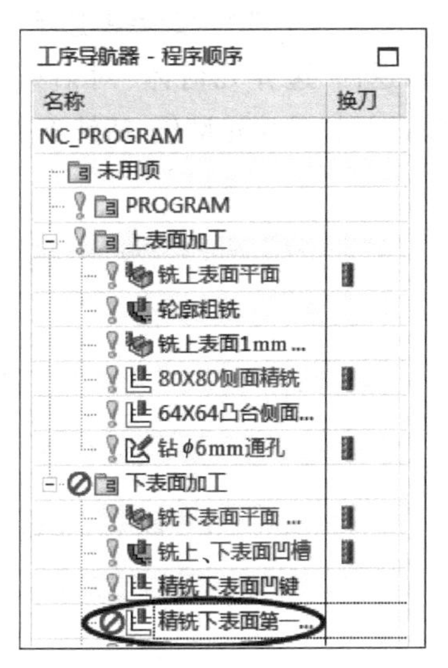

图 5-118　“精铣下表面第一个通孔”刀轨

步骤 2-5-2：修改指定面边界。

① 双击打开“平面轮廓铣-精铣下表面第一个通孔”刀轨对话框，单击该对话框中的“指定部件边界”按钮 。

② 系统弹出“编辑边界”对话框，单击 移除 按钮，如图 5-119 所示。

③ 系统弹出“边界几何体”对话框，在“模式”下拉列表中选择 曲线/边... 选项，如图 5-120 所示。

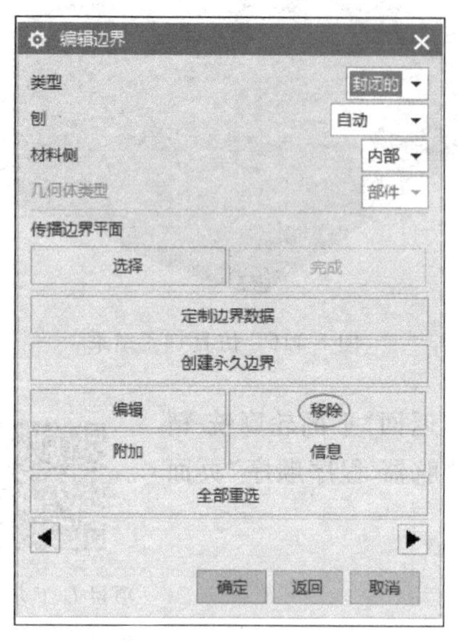

图 5-119 “编辑边界”对话框

图 5-120 “边界几何体”对话框

④ 系统弹出“创建边界”对话框，在“材料侧”下拉列表中选择 外部 选项，在工具条“曲线规则”下拉列表中选择 相切曲线 选项，选取零件其中一个孔边界，如图 5-121 所示。单击 确定 按钮，返回“边界几何体”对话框。单击 确定 按钮，返回“编辑边界”对话框。单击 确定 按钮，返回“平面轮廓铣-精铣下表面第一个通孔”对话框。

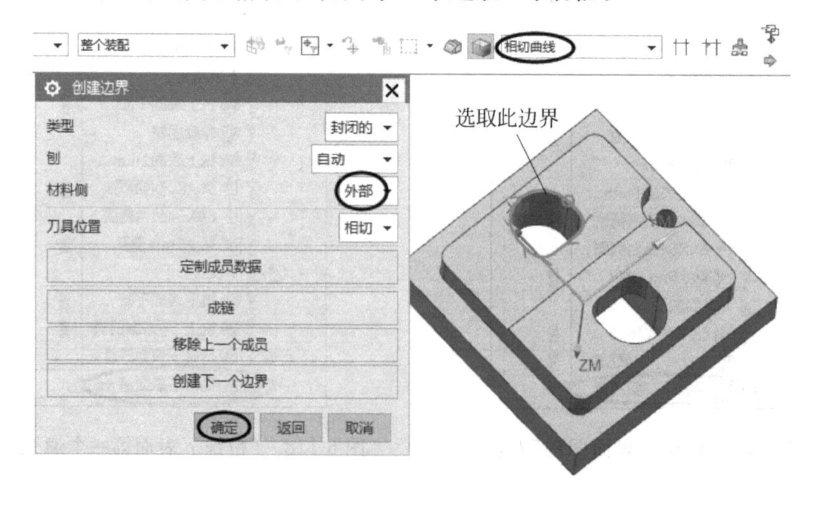

图 5-121 “创建边界”对话框

步骤 2-5-3：修改指定底面。

① 双击打开“平面轮廓铣-精铣下表面第一个通孔”刀轨对话框，单击该对话框中的“指定底面”按钮 。

② 如图 5-122 所示，系统弹出“刨”对话框，在该对话框的“类型”下拉列表中选择 自动判断 选项，同时选取下表面通孔底面。单击 确定 按钮，返回“平面轮廓铣-精铣下表面第一个通孔”对话框。

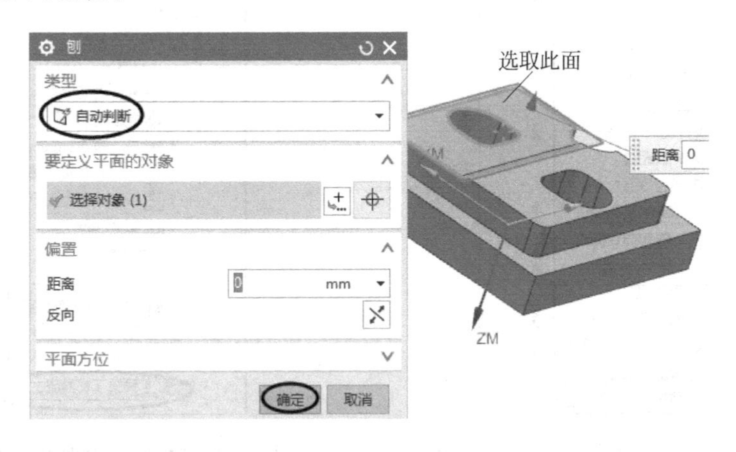

图 5-122 “刨”对话框

③ 单击“平面轮廓铣-精铣下表面第一个通孔”对话框中的“生成”按钮 ，生成的刀轨如图 5-123 所示。

步骤 2-5-4：仿真加工。

① 单击“平面轮廓铣-精铣下表面第一个通孔”对话框中的“确认”按钮 ，进入仿真加工“刀轨可视化”对话框，切换到“2D 动态”方式，单击“播放”按钮 ，结果如图 5-124 所示。

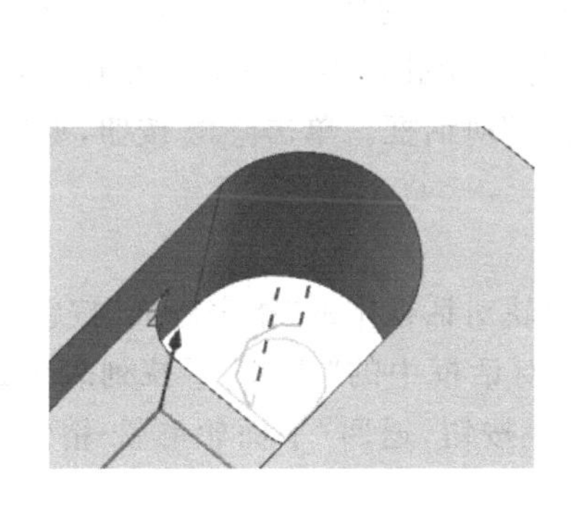

图 5-123 精铣下表面第一个通孔刀轨

图 5-124 仿真加工结果

② 单击“刀轨可视化”对话框中的 确定 按钮，返回“平面轮廓铣-精铣下表面第一个通孔”对话框。单击 确定 按钮，“工序导航器-程序顺序”页面的“精铣下表面第一个通孔”刀轨生成，如图 5-125 所示。

工步 2-6：精铣下表面第二个通孔。

步骤 2-6-1：复制工步 2-5 刀轨。

单击选择工步 2-5 刀轨，右击选择“复制”命令。然后单击选择工步 2-6 刀轨，右击选择“粘贴”命令，右击选择“重命名”命令，给复制的刀轨重命名为“精铣下表面第二个通孔”，结果如图 5-126 所示。

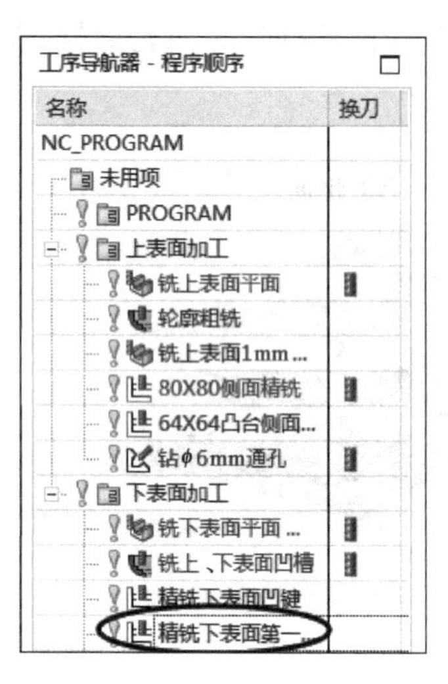

图 5-125 “精铣下表面第一个通孔”刀轨

图 5-126 “精铣下表面第二个通孔”刀轨

步骤 2-6-2：修改指定面边界。

① 双击打开“平面轮廓铣-精铣下表面第二个通孔”刀轨对话框，单击该对话框中的“指定部件边界”按钮。

② 系统弹出“编辑边界”对话框，单击“移除”按钮 移除 。

③ 系统弹出“边界几何体”对话框，在“模式”下拉列表中选择 曲线/边... 选项。

④ 系统弹出“创建边界”对话框，在“材料侧”下拉列表中选择 外部 选项，在工具条“曲线规则”下拉列表中选择 相切曲线 选项，选取零件其中第二个孔边界。单击 确定 按钮，返回“边界几何体”对话框。单击 确定 按钮，返回“编辑边界”对话框。单击 确定 按钮，返回“平面轮廓铣-精铣下表面第二个通孔”对话框。

步骤 2-6-3：修改指定底面。

① 单击“平面轮廓铣-精铣下表面第二个通孔”刀轨对话框中的“指定底面”按钮。

② 如图 5-127 所示，系统弹出“刨”对话框，在该对话框中的“类型”下拉列表中选择 自动判断 选项，同时选取下表面通孔底面。单击 确定 按钮，返回“平面轮廓铣-精铣下表面第二个通孔”对话框。

③ 单击“平面轮廓铣-精铣下表面第二个通孔”对话框中的“生成”按钮，生成的刀路如图 5-128 所示。

步骤 2-6-4：仿真加工。

① 单击“平面轮廓铣-精铣下表面第二个通孔”对话框中的“确认”按钮，进入仿真加工“刀轨可视化”对话框，切换到“2D 动态”方式，单击“播放”按钮，结果如图 5-129 所示。

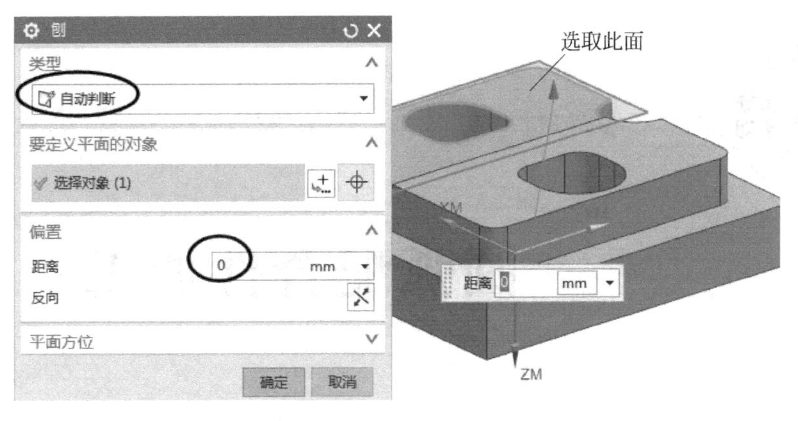

图 5-127 “刨”对话框

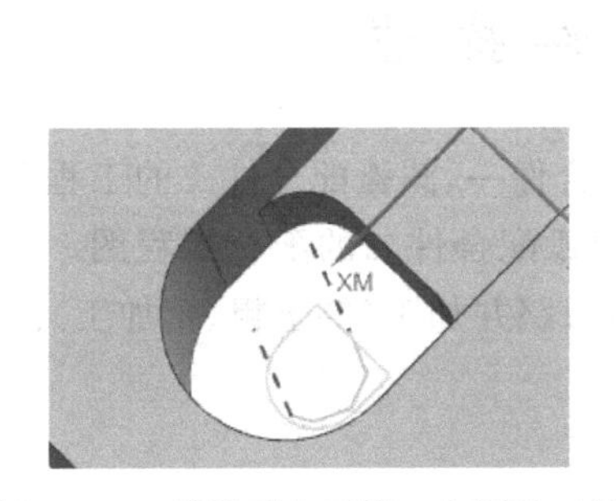

图 5-128 精铣下表面第二个通孔刀轨

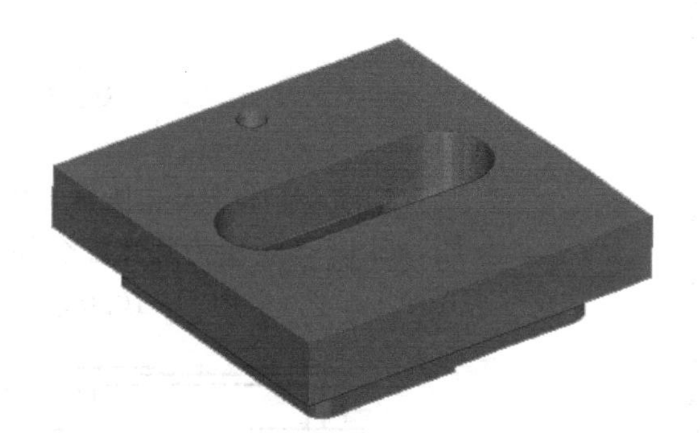

图 5-129 仿真加工结果

② 单击“刀轨可视化”对话框中的 确定 按钮，返回“平面轮廓铣-精铣下表面第二个通孔”对话框。单击 确定 按钮，“工序导航器-程序顺序”页面的“精铣下表面第二个通孔”刀轨生成，如图 5-130 所示。

图 5-130 “精铣下表面第二个通孔”刀轨

6

项目

圆弧配合件加工

6.1 零件描述

如图 6-1 和图 6-2 所示为圆弧配合件一、圆弧配合件二的工程和实体图,如图 6-3 所示为圆弧配合件一、圆弧配合件二的配合工程图。试分析其加工工艺,采用 UG10.0 软件编制刀路并加工(要求粗、精加工)。

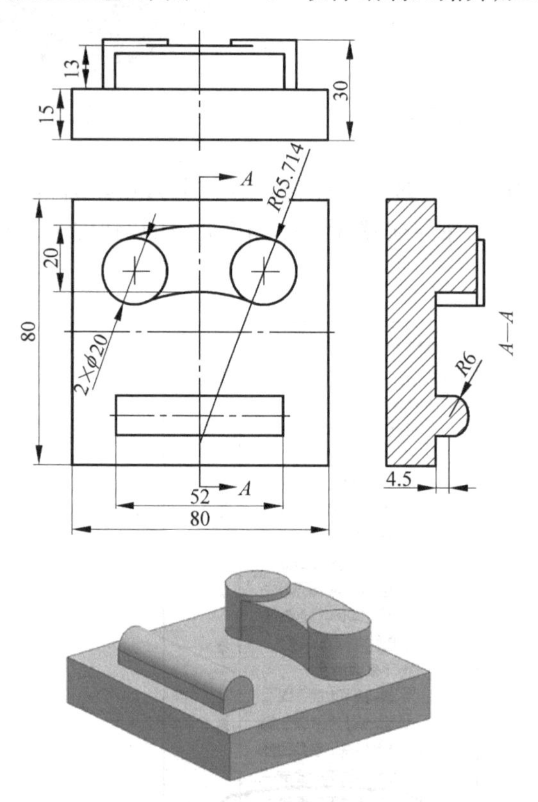

图 6-1　圆弧配合件一的工程图、实体图

圆弧配合件一造型

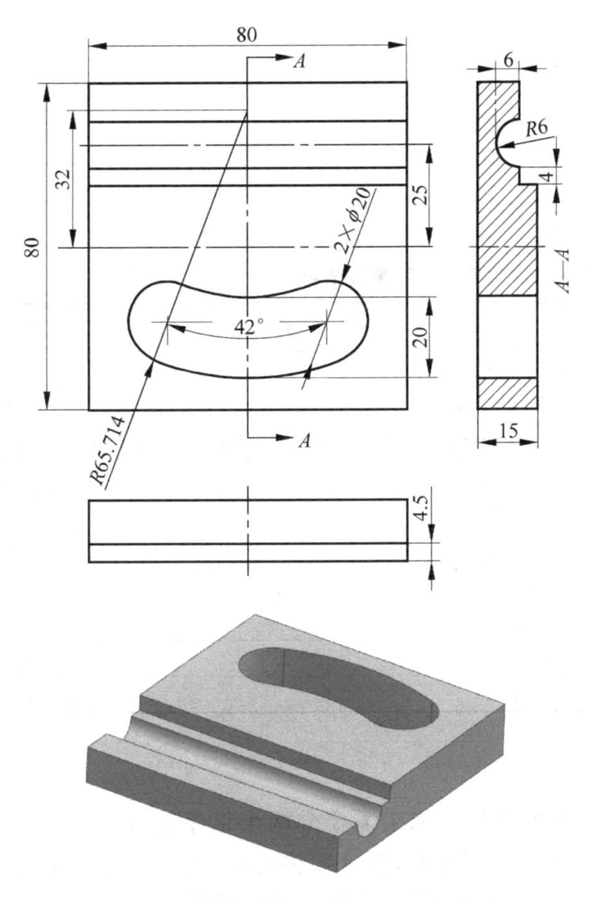

图 6-2 圆弧配合件二的工程图、实体图

圆弧配合件二造型

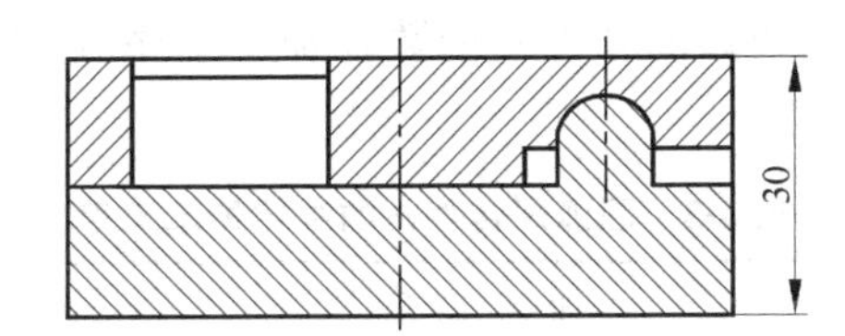

图 6-3 圆弧配合件一、圆弧配合件二的配合工程图

6.2 加工准备

1. 材料

硬铝：毛坯规格为 81mm×81mm×40mm、81mm×81mm×25mm 各 1 件。

2. 设备

数控铣床系统：FANUC 0i-MB。

3. 刀具

平底刀：ϕ16mm。

球刀：R4mm。

4. 工具、夹具、量具准备

工具、夹具、量具清单见表 6-1。

表 6-1 工具、夹具、量具清单

类 型	型 号	规 格	数 量
量具	钢直尺	0～300mm	1 把
	两用游标卡尺	0～150mm	1 把
	外径千分尺	0～25mm、25～50mm、50～75mm、75～100mm	各 1 把
	内径千分尺	5～30mm	各 1 把
	深度千分尺	0～25mm	1 把
	百分表	0.01mm	1 把
	分中棒	自选	1 把
	磁力表座	自选	1 套
工具、夹具	扳手、木锤	自选	各 1 把
	平行垫块、薄铜皮等	自选	若干

5. 数控加工工序

根据图 6-1 和图 6-2 所示，圆弧配合件一加工需要分两个工序进行。工序一是加工上表面，由 8 个工步组成；工序二是加工下表面，保证零件总高，由 3 个工步组成。圆弧配合件二加工也需要分两个工序进行(为与圆弧配合件一进行区别，用工序三和工序四表示)。工序三是加工上表面，由 8 个工步组成；工序四是加工下表面，保证零件总高，由 3 个工步组成。表 6-2 所示是圆弧配合件一的数控加工工序表，表 6-3 所示是圆弧配合件二的数控加工工序表。

表 6-2 圆弧配合件一的数控加工工序

工 序	工 步	加 工 内 容	切 削 用 量
一	1-1	铣上表面平面(夹位 3～5mm，铣深 1mm)	ap：1，s：3000，F：1200
	1-2	轮廓粗铣(总高铣至 32mm)	ap：2，s：3000，F：1200
	1-3	80mm×80mm 侧面精铣	ap：32，s：4000，F：800
	1-4	精铣上表面 R10mm 凸键与 R6mm 圆弧键侧面	ap：15，s：4000，F：800
	1-5	精铣上表面 R10mm 两圆柱侧面	ap：2，s：4000，F：800
	1-6	精铣上表面台阶平面	ap：0.3，s：4000，F：800
	1-7	精铣上表面 R6mm 圆弧曲面	ap：0.3，s：4000，F：800
	1-8	手动去毛刺	
二	2-1	调头找正装夹	
	2-2	铣下表面平面，经多次铣削保证总厚 30mm	ap：2，s：3000，F：1200
	2-3	手动去毛刺	

表 6-3　圆弧配合件二的数控加工工序

工　序	工　步	加 工 内 容	切 削 用 量
三	3-1	铣上表面平面(夹位 3mm,铣深 1mm)	ap：1,s：3000,F：1200
	3-2	轮廓粗铣(总高铣至 17mm)	ap：1.5,s：3000,F：1200
	3-3	80mm×80mm 侧面精铣	ap：17,s：4000,F：800
	3-4	精铣上表面 R10mm 键槽	ap：17,s：4000,F：800
	3-5	精铣上表面凸台平面及侧面	ap：4.5,s：4000,F：800
	3-6	圆弧槽轮廓二次开粗	ap：0.5,s：3000,F：1200
	3-7	上表面 R6mm 圆弧槽曲面精铣	ap：0.3,s：4000,F：800
	3-8	手动去毛刺	
四	4-1	调头找正装夹	
	4-2	铣下表面平面,经多次铣削保证总厚 15mm	ap：2,s：3000,F：1200
	4-3	手动去毛刺	

6.3　加工刀路编制

6.3.1　UG10.0 刀路选择及加工效果

圆弧配合件一的加工刀路及效果见表 6-4,圆弧配合件二的加工刀路及效果见表 6-5。

表 6-4　圆弧配合件一的加工刀路及效果

工序	工　　步	加工刀路	选 择 外 形	加 工 效 果
一	1-1　铣上表面平面(夹位 3～5mm,铣深 1mm)	面铣		
	1-2　轮廓粗铣(总高铣至 32mm)	型腔铣		
	1-3　80mm×80mm 侧面精铣	平面轮廓铣		

续表

工序	工　　步	加工刀路	选择外形	加工效果
一	1-4　精铣上表面 $R10$mm 凸键与 $R6$mm 圆弧键侧面	平面轮廓铣	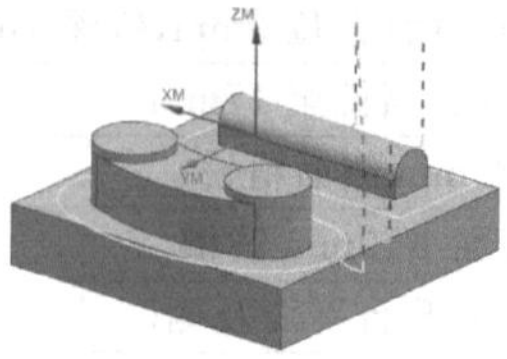	
	1-5　精铣上表面 $R10$mm 两圆柱侧面	平面轮廓铣	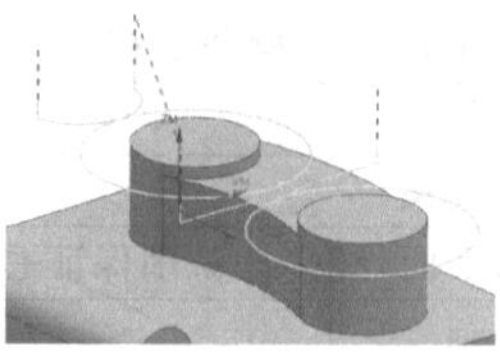	
	1-6　精铣上表面台阶平面	面铣	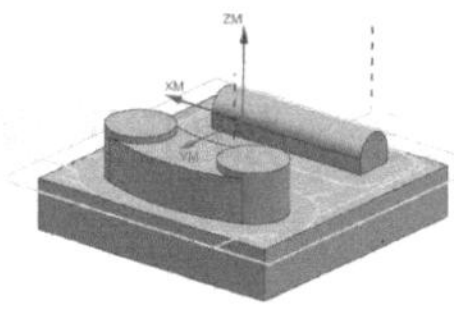	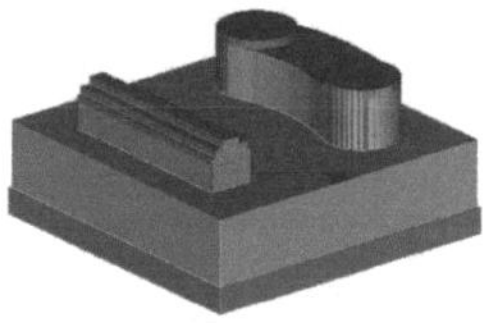
	1-7　精铣上表面 $R6$mm 圆弧曲面	固定轮廓铣	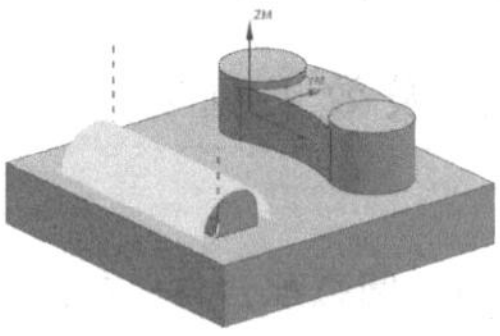	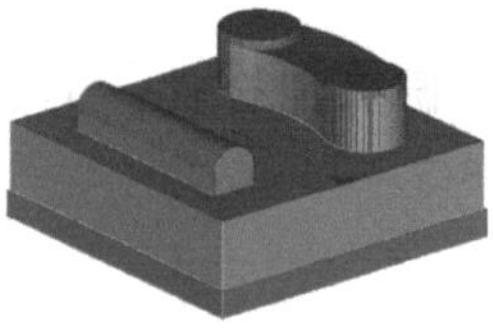
二	2-2　铣下表面平面，经多次铣削保证总厚 30mm	面铣	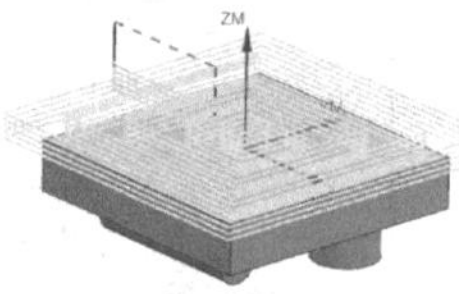	

表 6-5　圆弧配合件二的加工刀路及效果

工序	工　　步	加工刀路	选择外形	加工效果
三	3-1　铣上表面平面（夹位 3mm，铣深 1mm）	面铣	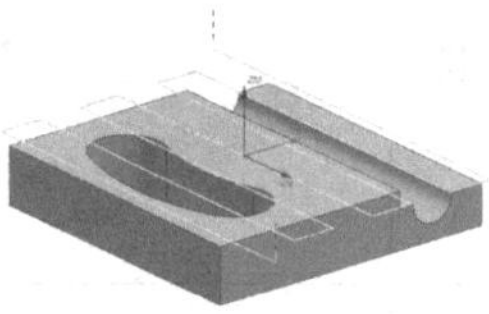	
	3-2　轮廓粗铣（总高铣至 17mm）	型腔铣	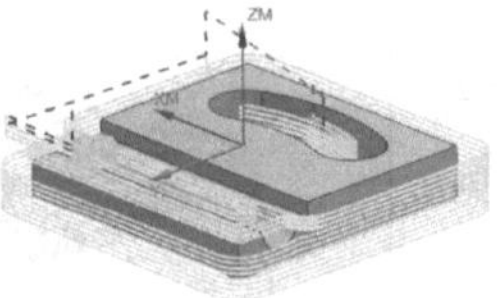	

续表

工序	工　步	加工刀路	选择外形	加工效果
三	3-3　80mm×80mm侧面精铣	平面轮廓铣		
	3-4　精铣上表面 R10mm 键槽	平面轮廓铣		
	3-5　精铣上表面凸台平面及侧面	面铣		
	3-6　圆弧键轮廓二次开粗	型腔铣		
	3-7　上表面 R6mm 圆弧槽曲面精铣	固定轮廓铣		
四	4-2　铣下表面平面，经多次铣削保证总厚 15mm	面铣		

6.3.2　刀路编制

1. 工序一

项目 6 工步 1-1：铣上表面平面

工步 1-1：铣上表面平面。

步骤 1-1-1：打开圆弧配合件一的模型。

步骤 1-1-2：进入加工模块。

步骤 1-1-3：选择加工环境。

步骤 1-1-4：创建工件坐标系。

① 在工序导航器处单击＋号展开 MCS_MILL 选项，双击 MCS_MILL 选项。

② 弹出"MCS 铣削"对话框，单击该对话框中的 CSYS 按钮，弹出 CSYS 对话框，选择"类型"下拉列表中的动态等选项可以改变工件加工坐标系的位置及方向。

步骤 1-1-5：创建工件安全平面。

① 在 MCS 对话框中选择刨选项，单击"指定平面"按钮。

② 如图 6-4 所示，系统弹出"刨"对话框，选择自动判断选项，单击模型上表面，方向向上，"距离"设置为 10。单击确定按钮，返回 MCS 对话框。单击确定按钮。

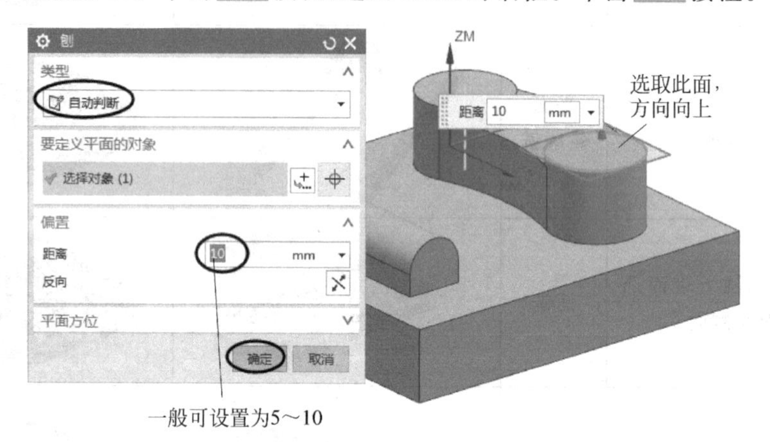

图 6-4　创建"安全平面"

步骤 1-1-6：创建部件几何体。

① 在工序导航器处双击 WORKPIECE 选项。

② 系统弹出"工件"对话框，在该对话框中单击"指定部件"按钮。

③ 如图 6-5 所示，系统弹出"部件几何体"对话框。选取整个零件为部件几何体，单击确定按钮，系统返回"工件"对话框。

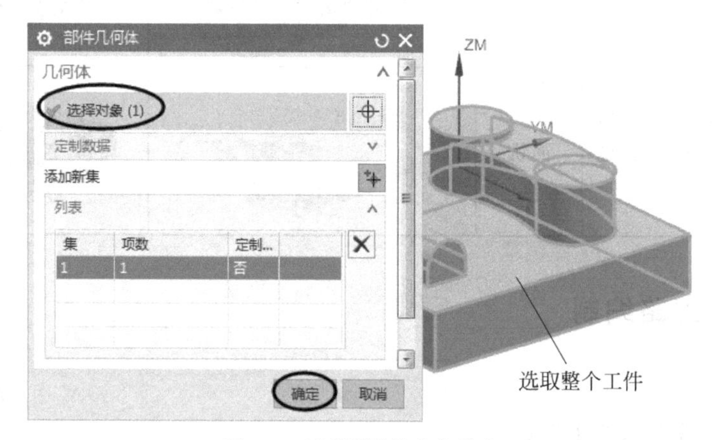

图 6-5　选择"部件几何体"

步骤 1-1-7：创建毛坯几何体。

① 在"工件"对话框中单击"指定毛坯"按钮。

② 系统弹出"毛坯几何体"对话框，在该对话框中的"类型"下拉列表中选择包容块选项。

③ 如图 6-6 所示，输入 包容块 各方向单边偏置量，然后单击 确定 按钮，返回"工件"对话框，再单击 确定 按钮。

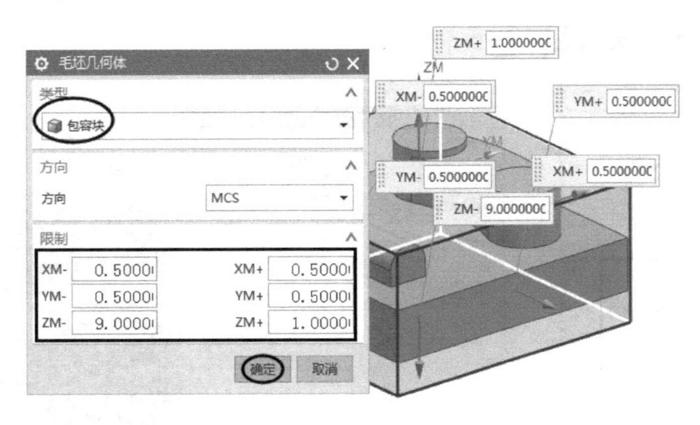

图 6-6　设置"毛坯"

步骤 1-1-8：创建刀具。

① 在工序导航器的空白处右击，选择 机床视图 选项，切换到"机床视图"页面。

② 单击工具条上的"创建刀具"按钮。

③ 系统弹出"创建刀具"对话框，在该对话框中选择平面立铣刀，将其命名为 D16，然后单击 确定 按钮。

④ 系统弹出"铣刀-5 参数"对话框，修改刀具直径为 16，刃数为 3，单击 确定 按钮。

⑤ 按同样的方法创建 *R*4 球铣刀，结果如图 6-7 所示。

步骤 1-1-9：创建程序组。

① 在工序导航器的空白处右击，选择 程序顺序视图 选项，切换到"程序顺序视图"页面。

② 光标放置在 NC_PROGRAM 上，右击选择 插入 选项，再选择 程序组... 选项。

③ 系统弹出"创建程序"对话框，将其命名为"上表面加工"，单击 确定 按钮。

④ 系统弹出"程序"对话框，单击 确定 按钮，"上表面加工"程序文件夹生成。

⑤ 用同样的方法创建"下表面加工"程序文件夹，结果如图 6-8 所示。

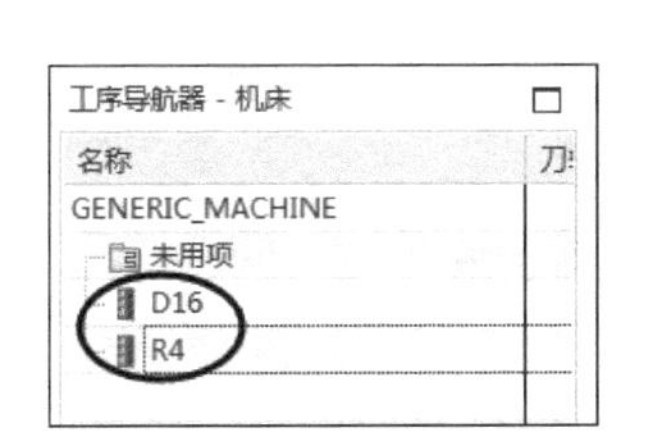

图 6-7　刀具创建结果

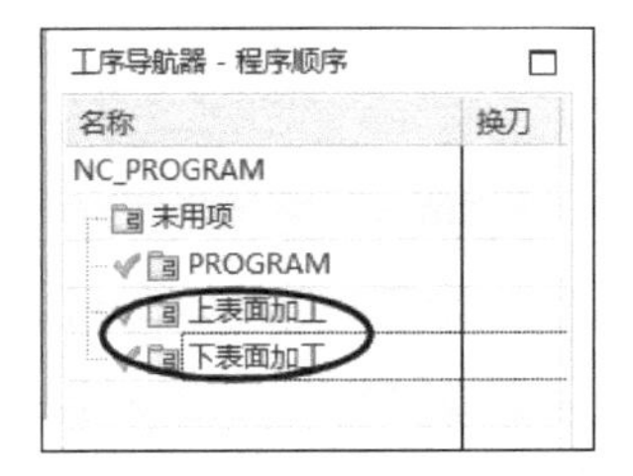

图 6-8　程序组创建结果

步骤 1-1-10：创建工序。

① 单击工具条上的"创建工序"按钮。

② 系统弹出"创建工序"对话框，设置如图 6-9 所示，单击 确定 按钮。

步骤 1-1-11：设置指定面边界。

① 系统弹出"面铣-铣上表面平面"对话框，单击"指定面边界"按钮。

② 系统弹出“毛坯边界”对话框，选择 面 选项，选取工件上表面，单击 确定 按钮，如图 6-10 所示。

图 6-9 “创建工序”对话框

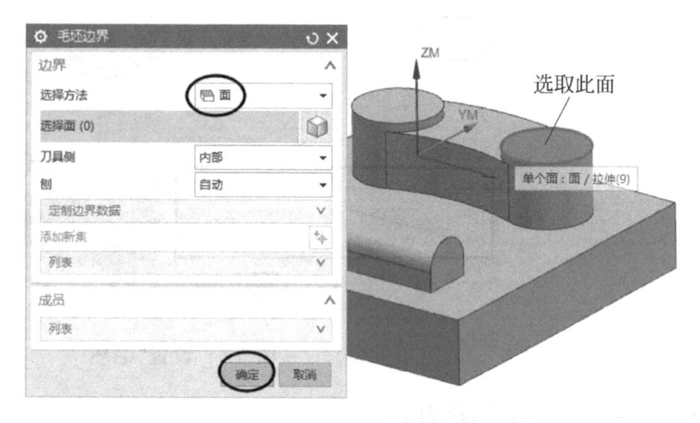

图 6-10 “毛坯边界”对话框

③ 单击“毛坯边界”对话框中的 确定 按钮，返回“面铣-铣上表面平面”对话框。

步骤 1-1-12：设置一般参数。

在“面铣-铣上表面平面”对话框中的“切削模式”下拉列表中选择 往复 选项，如图 6-11 所示。

步骤 1-1-13：设置切削参数。

① 单击“面铣-铣上表面平面”对话框中的“切削参数”按钮，系统弹出“切削参数”对话框。

② 如图 6-12 所示，在“策略”选项卡中勾选“延伸到部件轮廓”复选框，单击 确定 按钮，返回“面铣-铣上表面平面”对话框。

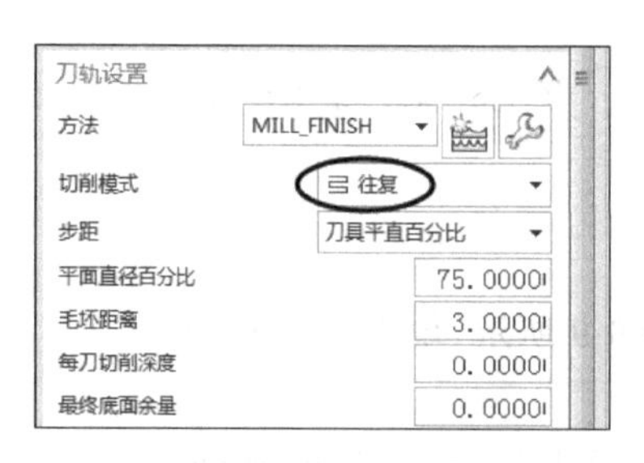

图 6-11 选择一般参数

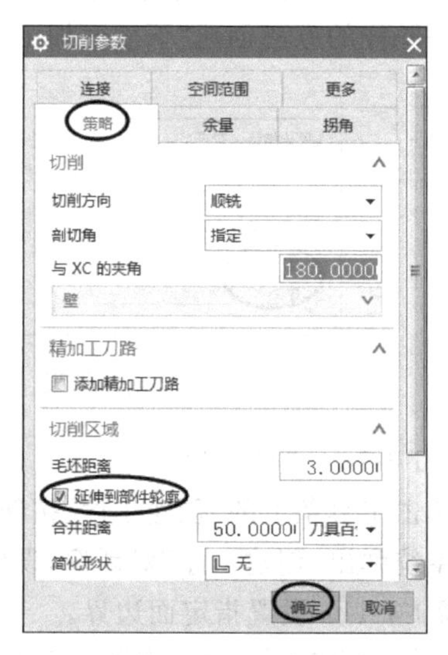

图 6-12 选择“策略”

步骤 1-1-14：设置进给率和速度。

① 单击“面铣-铣上表面平面”对话框中的“进给率和速度”按钮。

② 系统弹出“进给率和速度”对话框，勾选“主轴速度”复选框，并将其设置为 3000，“切削”设置为 1200，单击确定按钮，返回“面铣-铣上表面平面”对话框。

③ 单击“面铣-铣上表面平面”对话框中的“生成”按钮，刀轨生成如图 6-13 所示。

步骤 1-1-15：仿真加工。

① 单击“面铣-铣上表面平面”对话框中的“确认”按钮。

② 进入仿真加工“刀轨可视化”对话框，切换到“2D 动态”方式，单击“播放”按钮，结果如图 6-14 所示。

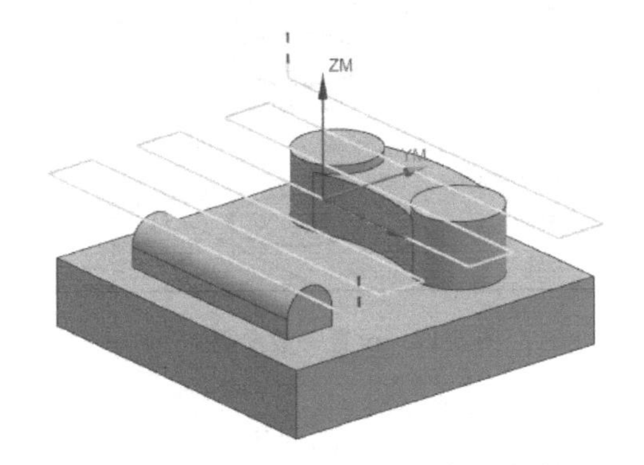

图 6-13 铣上表面平面刀轨

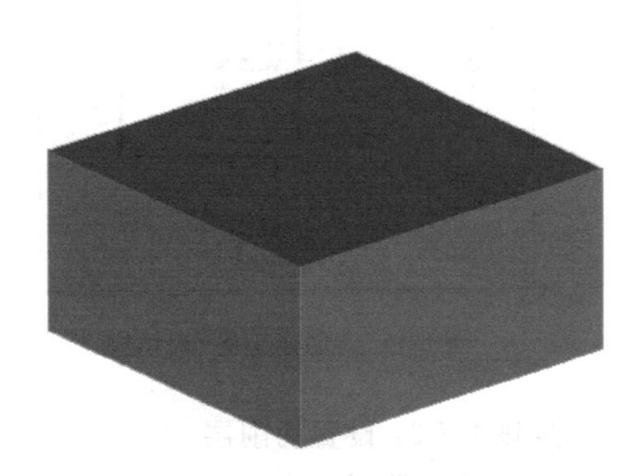

图 6-14 仿真加工结果

③ 单击“刀轨可视化”对话框中的确定按钮，返回“面铣-铣上表面平面”对话框。单击确定按钮，工序导航器页面的“铣上表面平面”刀轨生成，如图 6-15 所示。

工步 1-2：轮廓粗铣。

本工步的加工部位为零件上表面轮廓开粗，总高度铣至 15mm。为提高开粗效率，这里采用“型腔铣”为开粗刀路，刀具选择 ϕ16mm 平底刀。

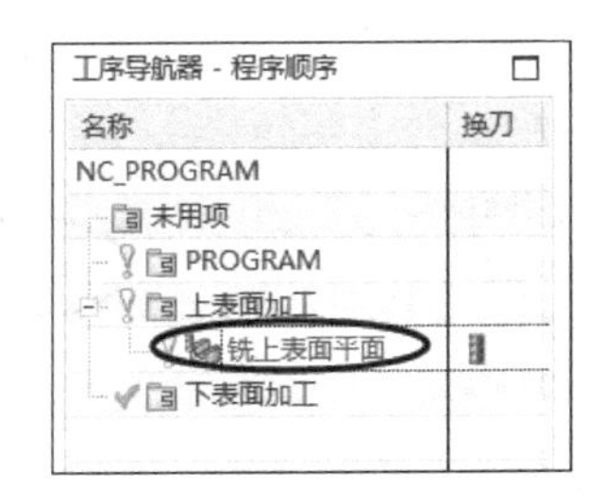

图 6-15 “铣上表面平面”刀轨

项目 6 工步 1-2：轮廓粗铣

步骤 1-2-1：创建工序。

① 单击工具条上的“创建工序”按钮。

② 系统弹出“创建工序”对话框，设置如图 6-16 所示，单击确定按钮。

步骤 1-2-2：设置一般参数。

系统弹出“型腔铣-轮廓粗铣”对话框，其一般参数设置如图 6-17 所示。

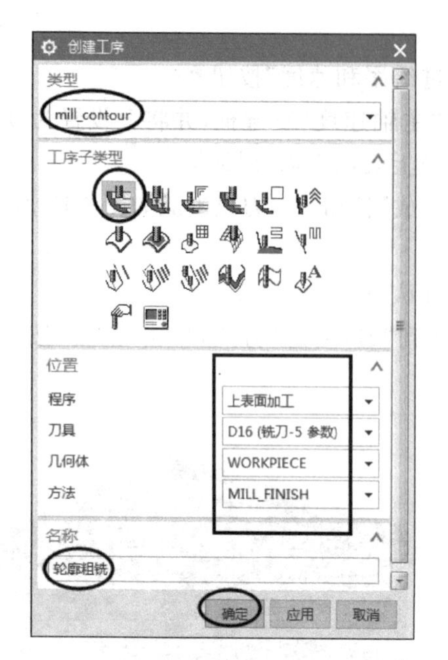

图 6-16 “创建工序”对话框

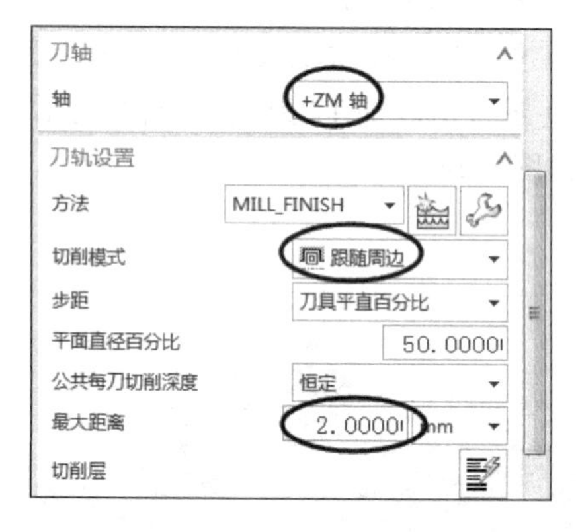

图 6-17 设置一般参数

步骤 1-2-3：设置切削层。

① 单击“型腔铣-轮廓粗铣”对话框中的“切削层”按钮。

② 系统弹出“切削层”对话框，单击“列表”区域右边的“删除”按钮，清空列表数据，如图 6-18 所示。

③ 如图 6-19 所示，在“范围深度”文本框中输入 15，单击“切削层”对话框中的 确定 按钮，系统返回“型腔铣-轮廓粗铣”对话框。

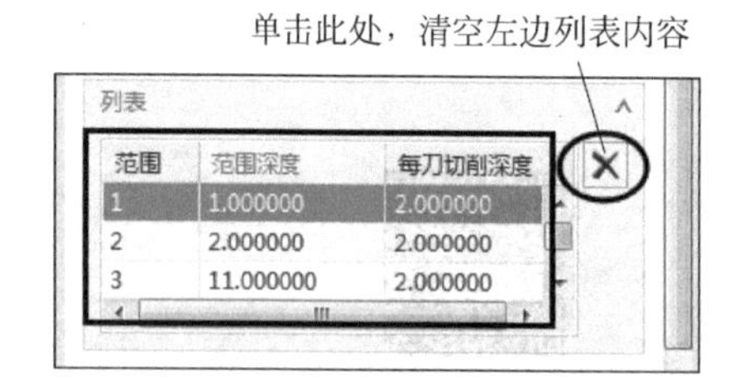

图 6-18 清空列表

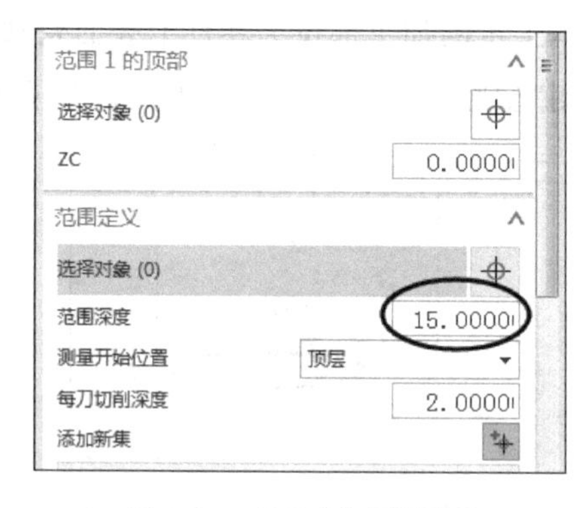

图 6-19 输入“范围深度”

步骤 1-2-4：设置切削参数。

① 单击“型腔铣-轮廓粗铣”对话框中的“切削参数”按钮。

② 系统弹出“切削参数”对话框，选择“切削参数”对话框中的“策略”选项卡，在“切削顺序”下拉列表中选择 深度优先 选项，其他参数默认。

③ 选择“切削参数”对话框中的“余量”选项卡，在“部件侧面余量”文本框中输入 0.3，

其他参数默认。

④ 选择“切削参数”对话框中的“拐角”选项卡，在“光顺”下拉列表中选择 所有刀路 选项，其他参数默认。单击 确定 按钮，系统返回“型腔铣-轮廓粗铣”对话框。

步骤 1-2-5：设置非切削移动。

① 单击“型腔铣-外轮廓粗铣”对话框中的“非切削移动”按钮。

② 系统弹出“非切削移动”对话框，选择该对话框中的“进刀”选项卡，在“进刀类型”下拉列表中选择 螺旋 选项，在“斜坡角”文本框中输入 1，在“高度”文本框中输入 1，如图 6-20 所示。

③ 选择“非切削移动”对话框中的“转移/快速”选项卡，在“转移类型”下拉列表中选择 直接 选项，其他参数默认。单击 确定 按钮，系统返回“型腔铣-轮廓粗铣”对话框。

步骤 1-2-6：设置进给率和速度。

① 单击“型腔铣-轮廓粗铣”对话框中的“进给率和速度”按钮，勾选“主轴速度”复选框，并将其设置为 3000，“切削”设置为 1200，单击 确定 按钮。

② 返回“型腔铣-轮廓粗铣”对话框，单击该对话框中的“生成”按钮，刀轨生成如图 6-21 所示。

图 6-20 设置“进刀”

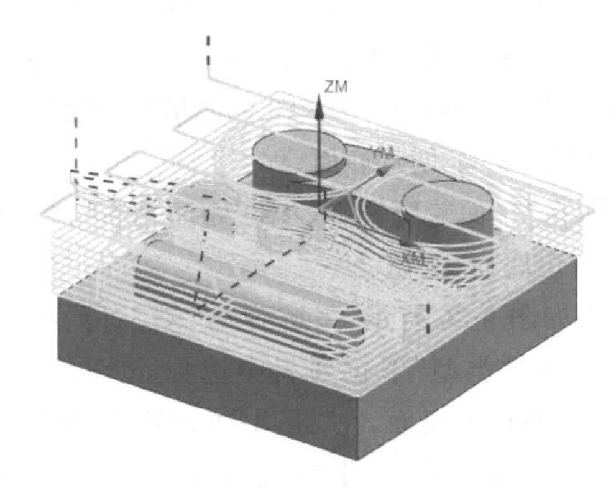

图 6-21 轮廓粗铣刀轨

步骤 1-2-7：仿真加工。

① 单击“型腔铣-轮廓粗铣”对话框中的“确认”按钮，进入仿真加工“刀轨可视化”对话框，切换到“2D 动态”方式，单击“播放”按钮，结果如图 6-22 所示。

② 单击“刀轨可视化”对话框中的 确定 按钮，返回“型腔铣-轮廓粗铣”对话框。单击 确定 按钮，“工序导航器-程序顺序”页面的“轮廓粗铣”刀轨生成，如图 6-23 所示。

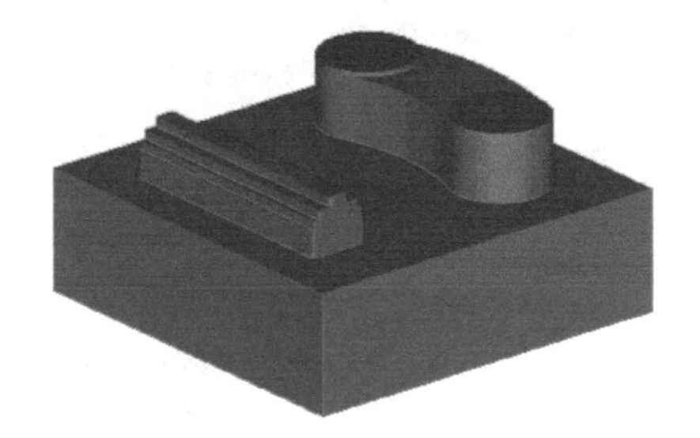

图 6-22 仿真加工结果

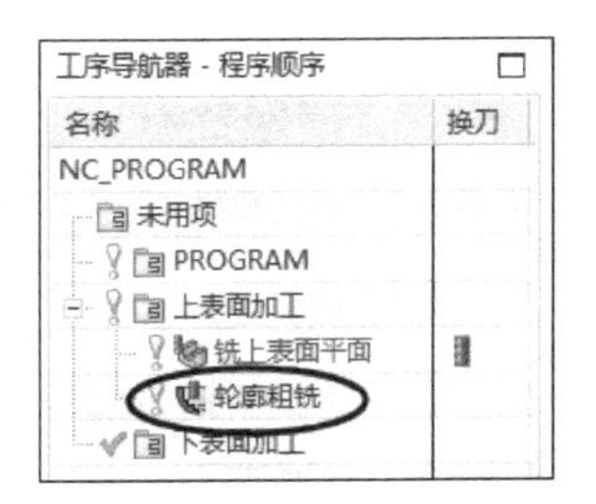

图 6-23 “轮廓粗铣”刀轨

项目 6 工步 1-3：80mm×80mm 侧面精铣

工步 1-3：80mm×80mm 侧面精铣。

由于 80mm×80mm 侧面毛坯只有 1mm 的余量，为方便调头加工，工件总深铣可以铣至 32mm，而工步 1-2 在总高上已铣了 15mm，总的余量已很小，不需要开粗，可以采用平面轮廓铣刀路一刀切除。刀具选择 ϕ16mm 平底刀。

步骤 1-3-1：创建工序。

① 单击工具条上的"创建工序"按钮。

② 系统弹出"创建工序"对话框，设置如图 6-24 所示，单击确定按钮。

步骤 1-3-2：创建部件边界。

① 系统弹出"平面轮廓铣-80×80 侧面精铣"对话框。在该对话框中单击"指定部件边界"按钮。

② 系统弹出"边界几何体"对话框，在该对话框中的"模式"下拉列表中选择曲线/边...选项。

③ 系统弹出"创建边界"对话框，在该对话框中按顺序选取如图 6-25 所示零件几何体的 4 条边界。单击确定按钮，返回"边界几何体"对话框。单击确定按钮，返回"平面轮廓铣-80×80 侧面精铣"对话框。

图 6-24 "创建工序"对话框

步骤 1-3-3：创建底面。

① 在"平面轮廓铣-80×80 侧面精铣"对话框中单击"指定底面"按钮。

② 如图 6-26 所示，系统弹出"刨"对话框，在该对话框中的"类型"下拉列表中选择自动判断选项，然后选取零件上表面，在"距离"文本框中输入－32。单击确定按钮，返回"平面轮廓铣-80×80 侧面精铣"对话框。

步骤 1-3-4：设置一般参数。

在"平面轮廓铣-80×80 侧面精铣"对话框中的"公共"文本框中输入 32，如图 6-27 所示。

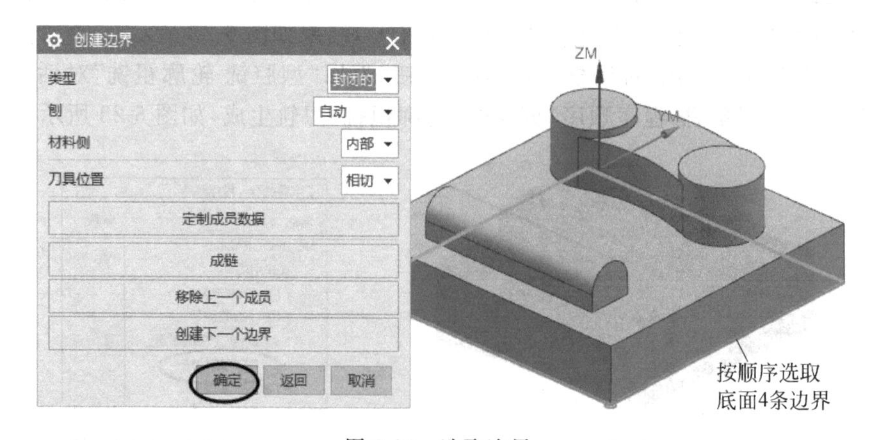

图 6-25 选取边界

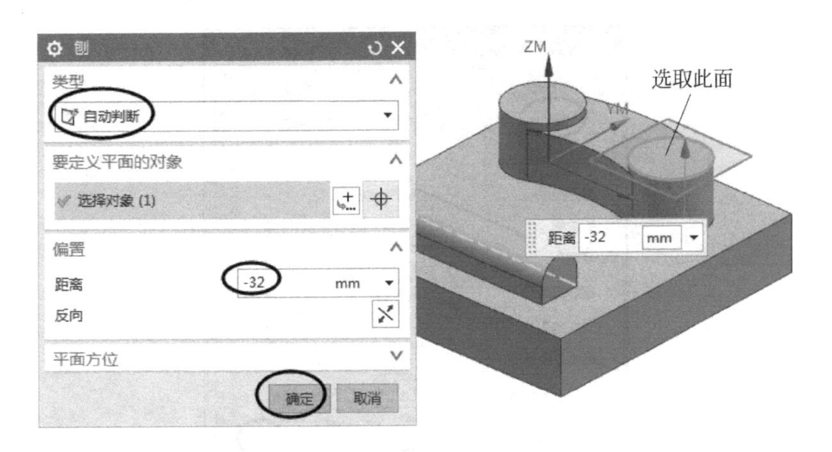

图 6-26 选择“刨”参数

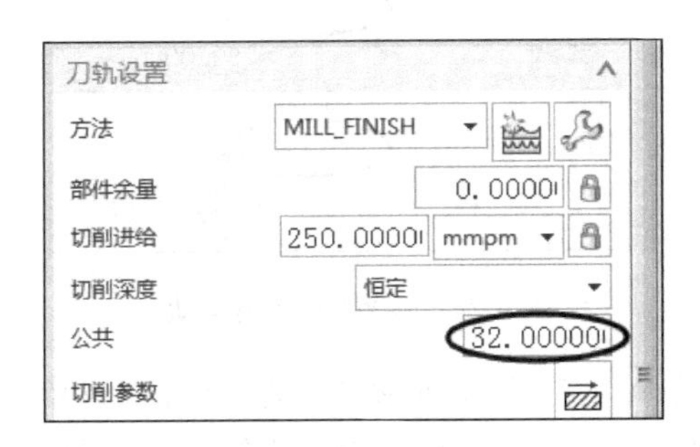

图 6-27 设置一般参数

步骤 1-3-5：设置切削参数。

① 单击“平面轮廓铣-80×80 侧面精铣”对话框中的“切削参数”按钮，系统弹出“切削参数”对话框。

② 选择“切削参数”对话框中的“策略”选项卡，在“切削顺序”下拉列表中选择深度优先选项，其他参数默认。

③ 选择“切削参数”对话框中的“余量”选项卡，在“部件余量”文本框中输入 0，其他参数默认。

④ 选择“切削参数”对话框中的“连接”选项卡，在“区域排序”下拉列表中选择标准选项，其他参数默认。

⑤ 选择“切削参数”对话框中的“拐角”选项卡，在“凸角”下拉列表中选择延伸选项，其他参数默认。单击确定按钮，系统返回“平面轮廓铣-80×80 侧面精铣”对话框。

步骤 1-3-6：设置非切削参数。

① 单击“平面轮廓铣-80×80 侧面精铣”对话框中的“非切削移动”按钮。

② 选择“非切削移动”对话框中的“进刀”选项卡，在“开放区域”右侧单击按钮展开“开放区域”内容，在“进刀类型”下拉列表中选择圆弧选项，在“半径”文本框中输入 10，在“最小安全距离”文本框中输入 10。单击确定按钮，如图 6-28 所示。

步骤 1-3-7：设置进给率和速度。

图 6-28 设置“非切削移动”

① 单击“平面轮廓铣-80×80 侧面精铣”对话框中的“进给率和速度”按钮，勾选“主轴速度”复选框，并将其设置为 4000，“切削”设置为 800，单击确定按钮。

② 返回“平面轮廓铣-80×80 侧面精铣”对话框，单击该对话框中的“生成”按钮，生成的刀轨如图 6-29 所示。

步骤 1-3-8：仿真加工。

① 单击“平面轮廓铣-80×80 侧面精铣”对话框中的“确认”按钮，进入仿真加工“刀轨可视化”对话框，切换到“2D 动态”方式。单击“播放”按钮，结果如图 6-30 所示。

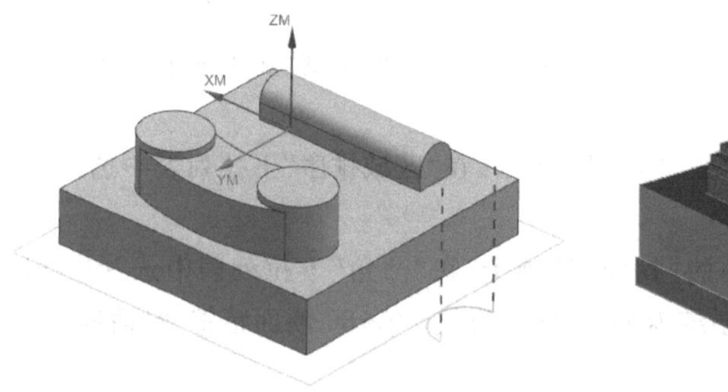

图 6-29 80mm×80mm 侧面精铣刀轨

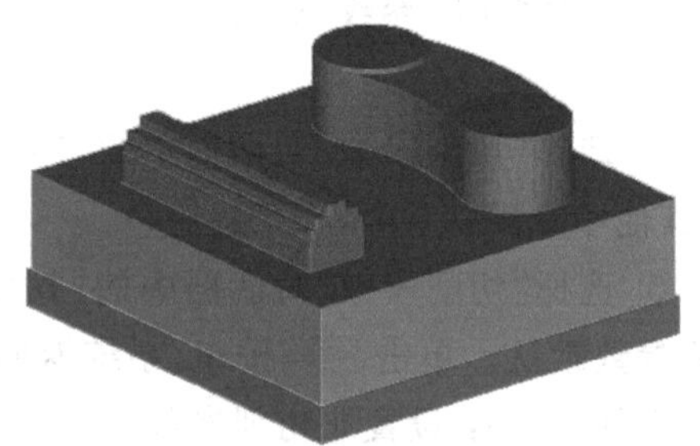

图 6-30 仿真加工结果

② 单击“刀轨可视化”对话框的确定按钮，返回“平面轮廓铣-80×80 侧面精铣”对话框。单击确定按钮，“工序导航器-程序顺序”页面的“80×80 侧面精铣”刀轨生成，如图 6-31 所示。

工步 1-4：精铣上表面 $R10$mm 凸键与 $R6$mm 圆弧键侧面。

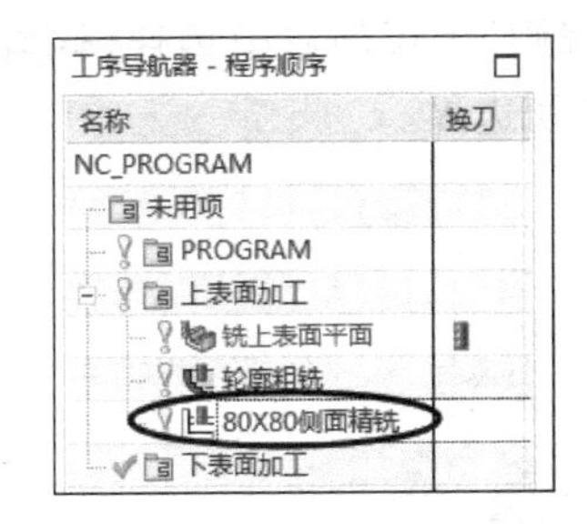

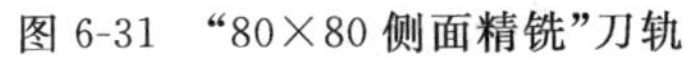

图 6-31 “80×80 侧面精铣”刀轨

项目 6 工步 1-4：精铣上表面 $R10$mm 凸键与 $R6$mm 圆弧键侧面

本工步的加工部位为精铣上表面 $R10$mm 凸键与 $R6$mm 圆弧键侧面，刀路采用平面轮廓铣，刀具选择 $\phi16$mm 平面立铣刀，采用的加工刀路与工步 1-3 类似，所以本工步省略部分可参考工步 1-3。

步骤 1-4-1：复制 80mm×80mm 侧面精铣刀轨。

单击选择工步 1-3 刀轨，右击选择“复制”命令。然后单击选择工步 1-3 刀轨，右击选择“粘贴”命令，右击选择“重命名”命令，给复制的刀轨重命名为“精铣上表面 $R10$mm 凸键与 $R6$mm 圆弧键侧面”。

步骤 1-4-2：修改指定部件边界。

① 双击“精铣上表面 $R10$mm 凸键与 $R6$mm 圆弧键侧面”刀轨，系统弹出“平面轮廓铣-精铣上表面 $R10$mm 凸键与 $R6$mm 圆弧键侧面”对话框，单击该对话框中的“指定部件边界”按钮。

② 系统弹出“编辑边界”对话框，单击 移除 或 全部重选 按钮，如图 6-32 所示。

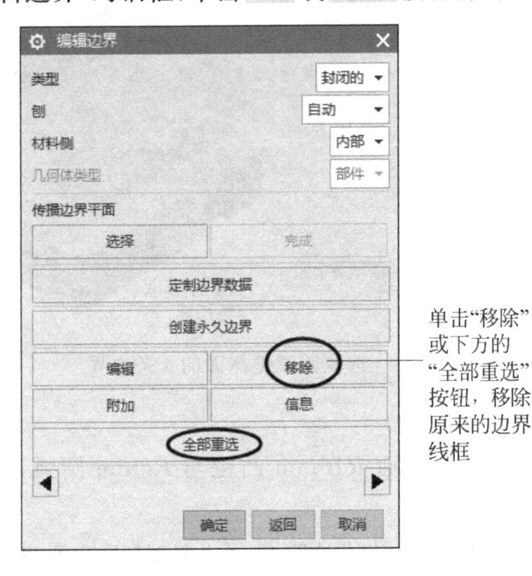

图 6-32 “编辑边界”对话框

③ 系统弹出“边界几何体”对话框，在“模式”下拉列表中选择 曲线/边... 选项。

④ 系统弹出“创建边界”对话框，在工具条“曲线规则”下拉列表中选择 相切曲线 选项，选取如图 6-33 所示零件上表面 R10mm 凸键侧面的相切边界。

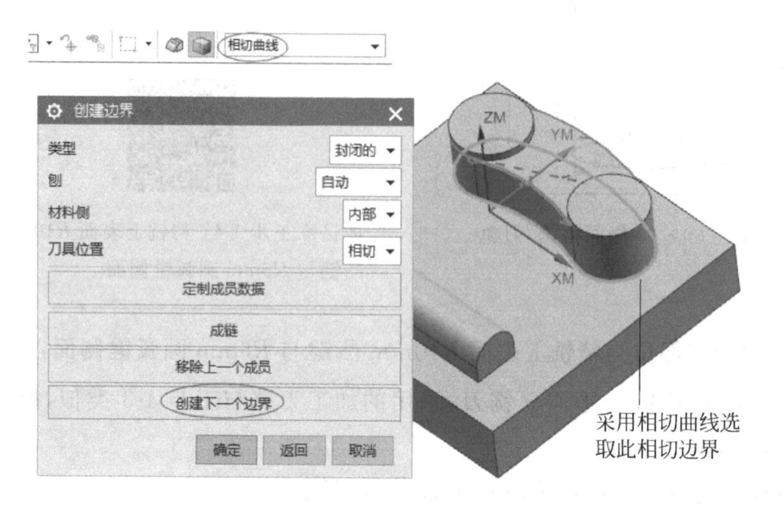

图 6-33 “创建边界”对话框

⑤ 如图 6-34 所示，单击“创建边界”对话框中的 创建下一个边界 按钮，在如图 6-34 所示的工具条“曲线规则”下拉列表中选择 单条曲线 选项，按顺序选取如图 6-34 所示零件 R6mm 圆弧键侧面的 4 条边界，单击 确定 按钮。

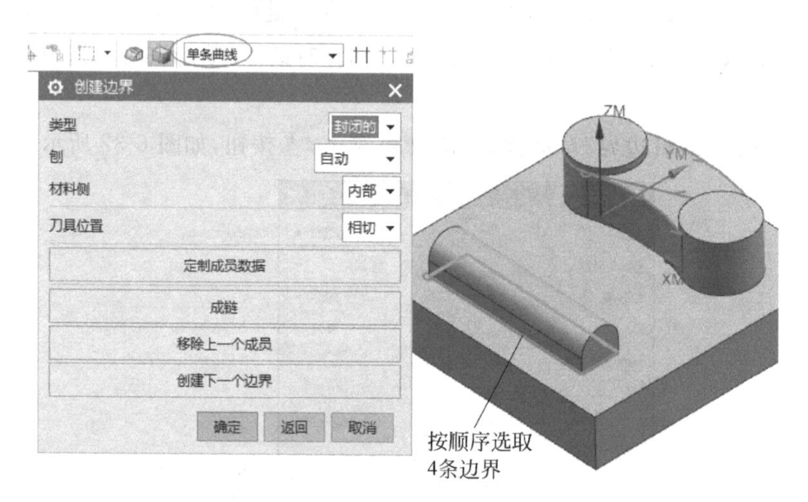

图 6-34 选取圆弧键侧面的 4 条边界

步骤 1-4-3：修改指定底面。

① 在“平面轮廓铣-精铣上表面 R10mm 凸键与 R6mm 圆弧键侧面”对话框中单击“指定底面”按钮 。

② 系统弹出如图 6-35 所示的“刨”对话框，在“类型”下拉列表中选择 自动判断 选项，选取零件凸台上表面，其他参数默认，单击 确定 按钮。

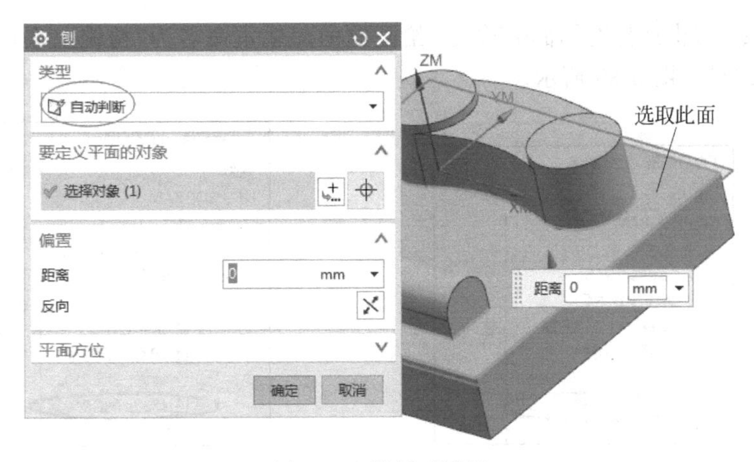

图 6-35 “刨”对话框

③ 返回“平面轮廓铣-精铣上表面 R10mm 凸键与 R6mm 圆弧键侧面”对话框。单击对话框的“生成”按钮，刀轨生成如图 6-36 所示。

步骤 1-4-4：仿真加工。

① 单击“平面轮廓铣-精铣上表面 R10mm 凸键与 R6mm 圆弧键侧面”对话框中的“确认”按钮，进入仿真加工“刀轨可视化”对话框，切换到“2D 动态”方式，单击“播放”按钮，结果如图 6-37 所示。

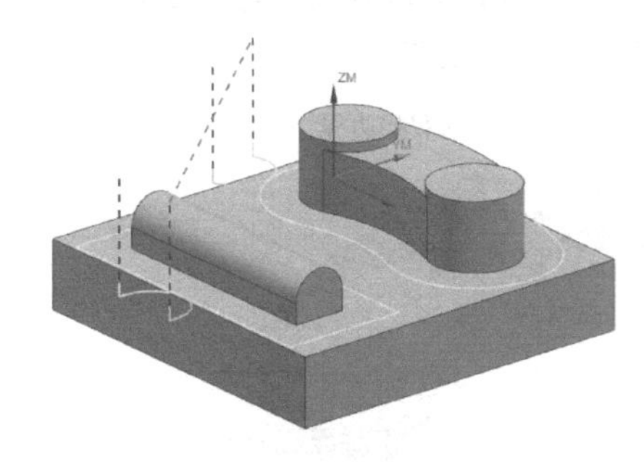

图 6-36 精铣上表面 R10mm 凸键与 R6mm 圆弧键侧面刀轨

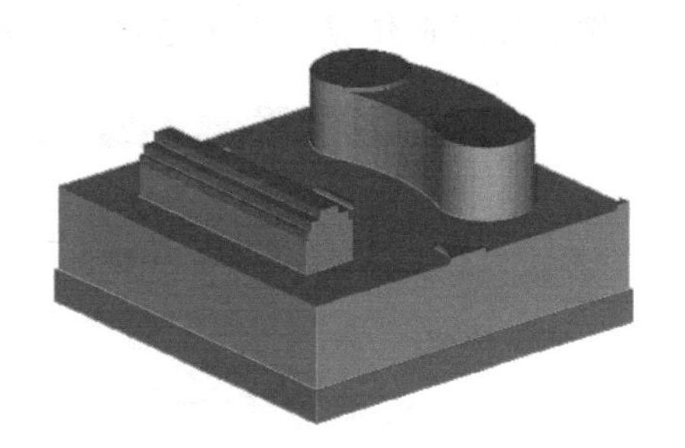

图 6-37 仿真加工结果

② 单击“刀轨可视化”对话框中的 确定 按钮，返回“平面轮廓铣-精铣上表面 R10mm 凸键与 R6mm 圆弧键侧面”对话框。单击 确定 按钮，“工序导航器-程序顺序”页面的“精铣上表面 R10mm 凸键与 R6mm 圆弧键侧面”刀轨生成，如图 6-38 所示。

项目 6 工步 1-5：精铣上表面 R10mm 两圆柱侧面

工步 1-5：精铣上表面 R10mm 两圆柱侧面。

本工步的加工部位为零件上表面 R10mm 两圆柱侧面，刀路采用平面轮廓铣，刀具选择 ϕ16mm 平底刀，采用的加工刀路与工步 1-4 类似，所以本工步省略部分可参考工步 1-4。

步骤 1-5-1：复制 80mm×80mm 侧面精铣刀轨。

单击选择工步 1-3 刀轨，右击选择“复制”命令。然后单击选择工步 1-4 刀轨，右击选择“粘贴”命令，右击选择“重命名”命令，给复制的刀轨重命名为“精铣上表面 $R10$mm 两圆柱侧面”，结果如图 6-39 所示。

图 6-38 “精铣上表面 $R10$mm 凸键与 $R6$mm 圆弧键侧面”刀轨

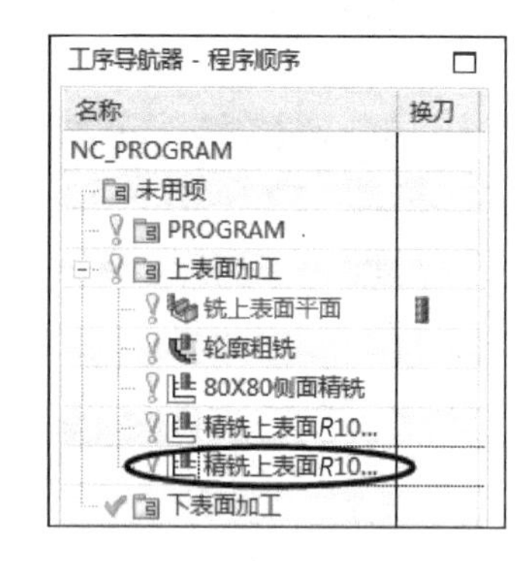

图 6-39 复制刀轨

步骤 1-5-2：修改指定部件边界。

① 双击“精铣上表面 $R10$mm 两圆柱侧面”刀轨，系统弹出“平面轮廓铣-精铣上表面 $R10$mm 两圆柱侧面”对话框。在该对话框中单击“指定部件边界”按钮 。

② 系统弹出“编辑边界”对话框，单击 移除 或 全部重选 按钮。

③ 系统弹出“边界几何体”对话框，在“模式”下拉列表中选择 曲线/边... 选项。

④ 选取如图 6-40 所示零件 $R10$mm 的其中一个圆柱边界。

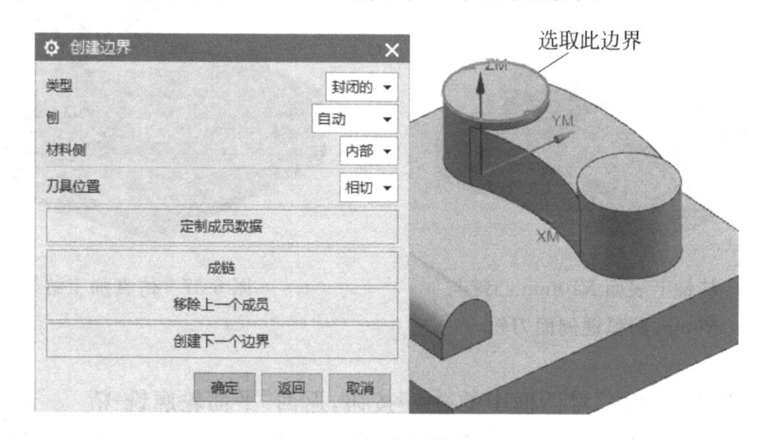

图 6-40 选取圆弧键侧面边界

⑤ 单击“创建边界”对话框中的 创建下一个边界 按钮，选取如图 6-41 所示零件 $R10$mm 的另一个圆柱边界，单击 确定 按钮。返回“边界几何体”对话框，单击 确定 按钮。返回“编辑边界”对话框，单击 确定 按钮。返回“平面轮廓铣-精铣上表面 $R10$mm 两圆柱侧面”对话框。

步骤 1-5-3：修改指定底面。

① 在“平面轮廓铣-精铣上表面 $R10$mm 两圆柱侧面”对话框中单击“指定底面”按钮 。

② 系统弹出如图 6-42 所示“刨”对话框，在“类型”下拉列表中选择 自动判断 选项，选取零件铣上表面 $R10$mm 两圆柱底面，其他参数默认。

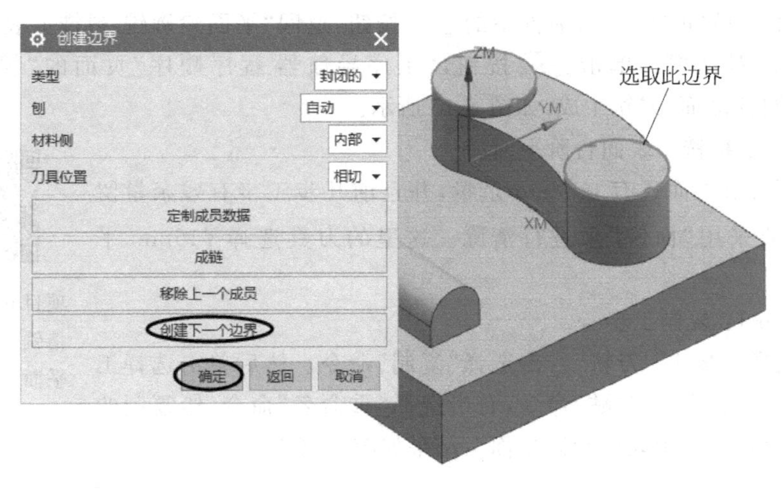

图 6-41 选取圆弧键侧面边界

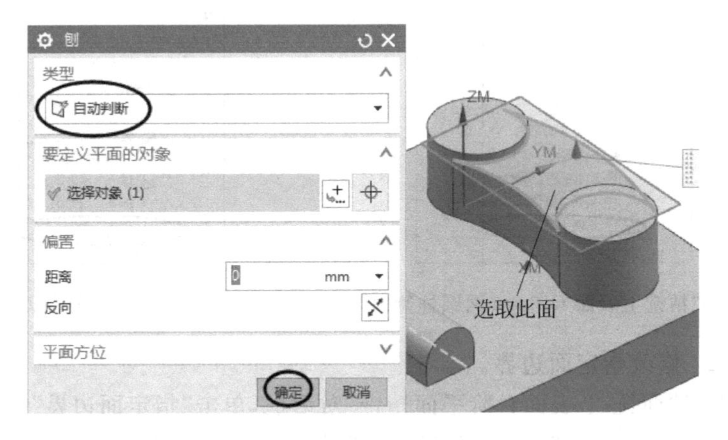

图 6-42 "刨"对话框

③ 单击 确定 按钮,返回"平面轮廓铣-精铣上表面 R10mm 两圆柱侧面"对话框。单击对话框中的"生成"按钮,刀轨生成如图 6-43 所示。

步骤 1-5-4:仿真加工。

① 单击"平面轮廓铣-精铣上表面 R10mm 两圆柱侧面"对话框的"确认"按钮,进入仿真加工"刀轨可视化"对话框,切换到"2D 动态"方式,单击"播放"按钮,结果如图 6-44 所示。

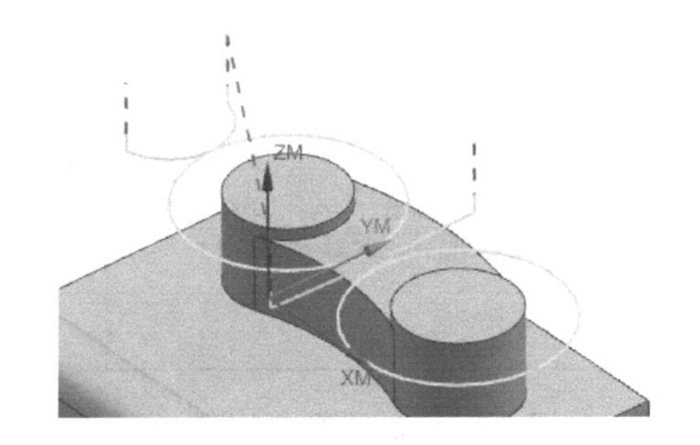

图 6-43 精铣上表面 R10mm 两圆柱侧面刀轨

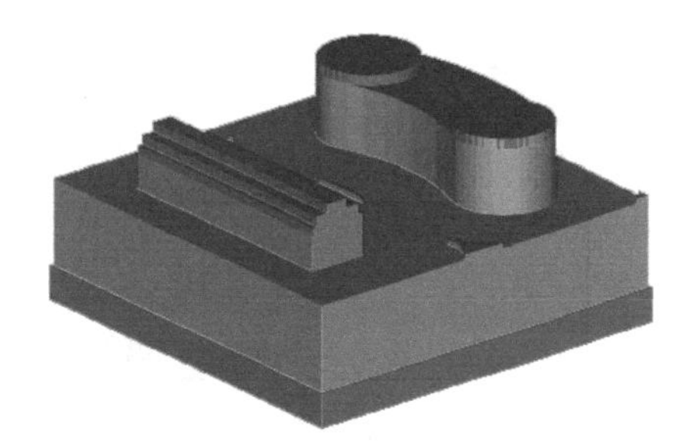

图 6-44 仿真加工结果

② 单击“刀轨可视化”对话框中的 确定 按钮，返回“平面轮廓铣-精铣上表面 $R10$mm 两圆柱侧面”对话框。单击 确定 按钮，“工序导航器-程序顺序”页面的“精铣上表面 $R10$mm 两圆柱侧面”刀轨生成，如图 6-45 所示。

工步 1-6：精铣上表面台阶平面。

项目 6 工步 1-6：精铣上表面台阶平面

上表面台阶平面还有 0.3mm 余量，并且前几步工步有残余量留下，所以需要采用“面铣”来进行清除。这里的刀具选择 $\phi16$mm 平底刀。

步骤 1-6-1：复制工步。

单击选择工步 1-1 刀轨，右击选择“复制”命令。然后单击选择工步 1-5 刀轨，右击选择“粘贴”命令，右击选择“重命名”命令，给复制的刀轨重命名为“精铣上表面台阶平面”，结果如图 6-46 所示。

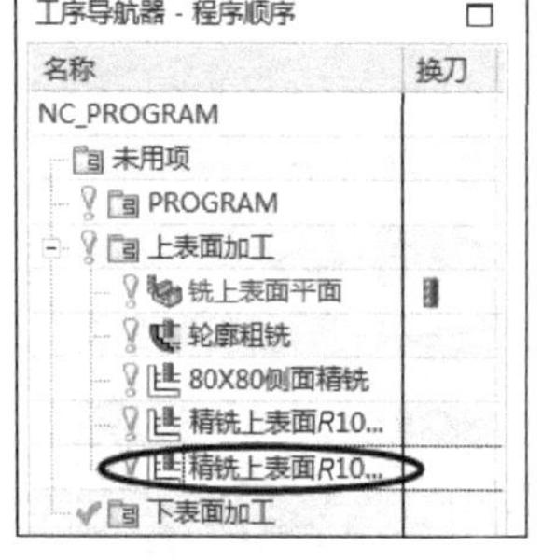

图 6-45 “精铣上表面 $R10$mm 两圆柱侧面”刀轨

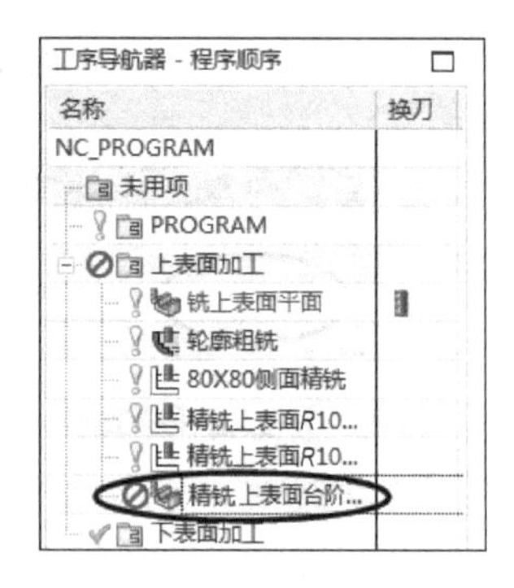

图 6-46 复制刀轨

步骤 1-6-2：修改指定面边界。

① 系统弹出“面铣-上表面台阶平面精铣”对话框，单击“指定面边界”按钮。

② 如图 6-47 所示，系统弹出“毛坯边界”对话框，单击“列表”区域右边的展开按钮 ∨。如已展开，可省略该步。

③ 单击“列表”右边的“删除”按钮 ✕，如图 6-48 所示。

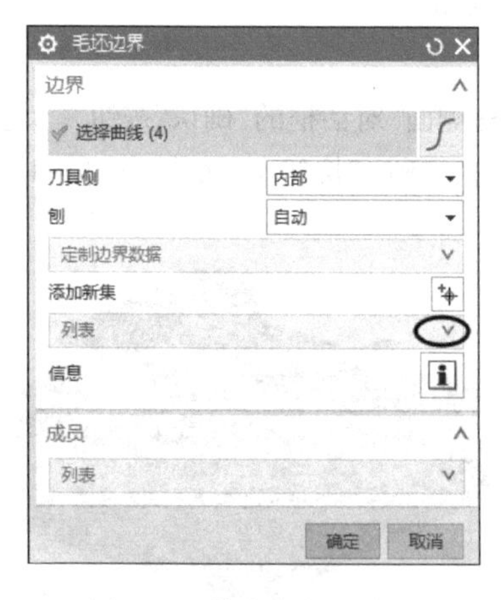

图 6-47 单击“展开”按钮

图 6-48 设置“毛坯边界”

④ 如图 6-49 所示，选择 面 选项，然后选取上表面台阶平面，结果如图 6-50 所示。单击 确定 按钮，返回“面铣-上表面台阶平面精铣”对话框。

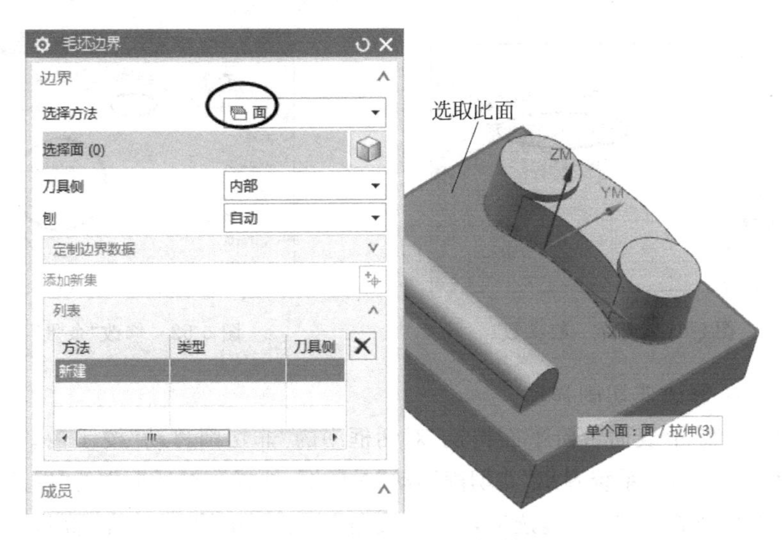

图 6-49 “毛坯边界”对话框

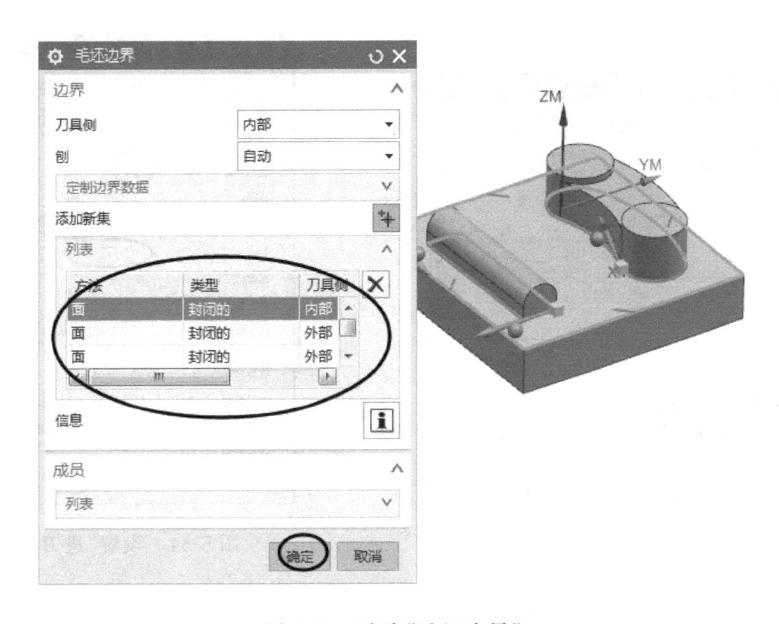

图 6-50 选取“毛坯边界”

步骤 1-6-3：修改一般参数。

在“面铣-上表面台阶平面精铣”对话框中的“切削模式”下拉列表中选择 跟随周边 选项，如图 6-51 所示。

步骤 1-6-4：修改切削参数。

① 单击“面铣-上表面台阶平面精铣”对话框中的“切削参数”按钮，系统弹出“切削参数”对话框。选择该对话框中的“余量”选项卡，参数都设置为 0，如图 6-52 所示。

② 如图 6-53 所示，选择“切削参数”对话框中的“策略”选项卡，取消勾选“延伸到部件轮廓”复选框。单击 确定 按钮，返回“面铣-上表面台阶平面精铣”对话框。

图 6-51　选择一般参数

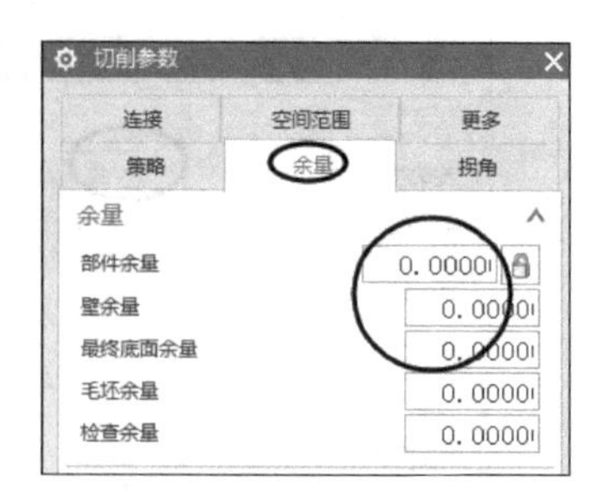

图 6-52　修改“余量”

步骤 1-6-5：修改非切削移动。

① 单击“面铣-上表面台阶平面精铣”对话框中的“非切削移动”按钮。

② 如图 6-54 所示，系统弹出“非切削移动”对话框，选择该对话框中的“进刀”选项卡，在“进刀类型”下拉列表中选择 螺旋 选项，在“斜坡角”文本框中输入 3，在“高度”文本框中输入 3。单击 确定 按钮，返回“面铣-上表面台阶平面精铣”对话框。

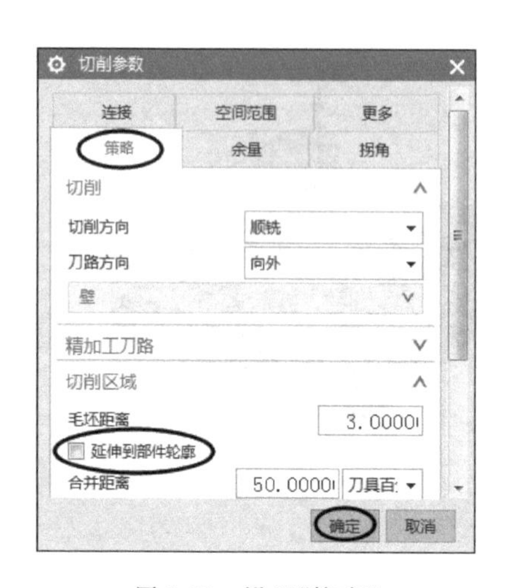

图 6-53　设置“策略”

图 6-54　设置“进刀”

步骤 1-6-6：设置进给率和速度。

① 在“面铣-上表面台阶平面精铣”对话框中单击“进给率和速度”按钮。

② 系统弹出“进给率和速度”对话框，勾选“主轴速度”复选框，并将其设置为 4000，“切削”设置为 800。单击 确定 按钮，返回“面铣-上表面台阶平面精铣”对话框。

③ 单击“面铣-上表面台阶平面精铣”对话框中的“生成”按钮，刀轨生成如图 6-55 所示。

步骤 1-6-7：仿真加工。

① 单击“面铣-上表面台阶平面精铣”对话框中的“确认”按钮，进入仿真加工“刀轨

可视化”对话框，切换到“2D 动态”方式，单击“播放”按钮 ▶，结果如图 6-56 所示。

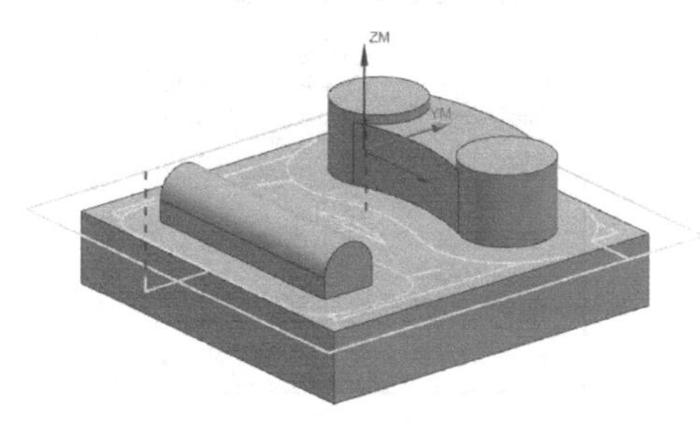

图 6-55　上表面台阶平面精铣刀轨

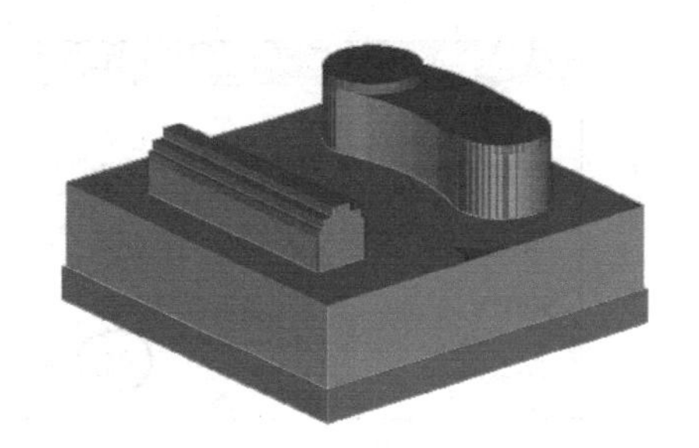

图 6-56　仿真加工结果

② 单击“刀轨可视化”对话框中的 按钮，返回“面铣-上表面台阶平面精铣”对话框。单击 按钮，工序导航器页面的上表面台阶平面精铣刀轨生成，如图 6-57 所示。

工步 1-7：精铣上表面 $R6$mm 圆弧曲面。

项目 6 工步 1-7：精铣上表面 $R6$mm 圆弧曲面

本工步的加工部位为零件上表面 $R6$mm 圆弧曲面，这里采用的加工刀路为“固定轮廓铣”。固定轮廓铣刀路是一种用于精加工由轮廓曲面所形成区域的加工方式。这里的刀具选择 $R4$mm 球铣刀。

步骤 1-7-1：创建工序。

① 单击工具条上的“创建工序”按钮 。

② 弹出“创建工序”对话框，设置如图 6-58 所示，单击 按钮。

图 6-57　精铣上表面台阶平面刀轨

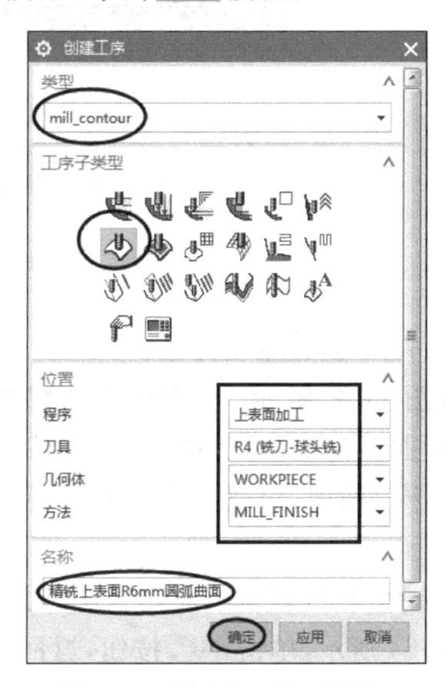

图 6-58　“创建工序”对话框

步骤 1-7-2：创建切削区域。

① 系统弹出“固定轮廓铣-上表面 $R6$mm 圆弧曲面精铣”对话框。单击该对话框中的“指定切削区域”按钮 ，如图 6-59 所示。

② 系统弹出“切削区域”对话框，在该对话框中的“选择方法”下拉列表中选择 面 选项，如图 6-60 所示。

图 6-59 选择“指定切削区域”按钮

图 6-60 选择“切削区域”

③ 如图 6-61 所示，选取零件上表面 R6mm 圆弧曲面，单击 确定 按钮，返回“固定轮廓铣-上表面 R6mm 圆弧曲面精铣”对话框。

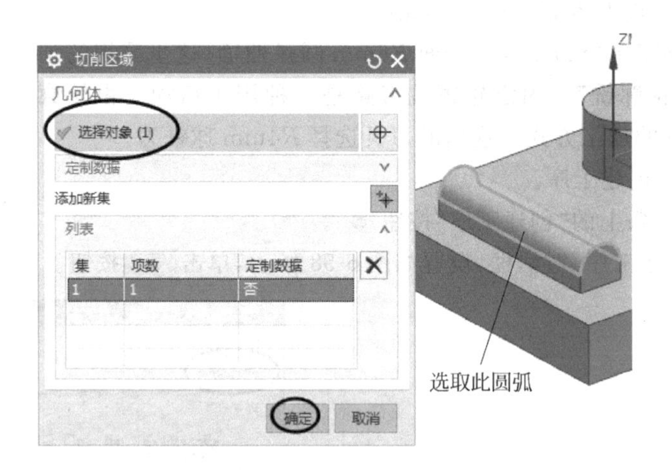

图 6-61 选取上表面 R6mm 圆弧曲面

步骤 1-7-3：设置驱动方法。

① 如图 6-62 所示，在“固定轮廓铣-上表面 R6mm 圆弧曲面精铣”对话框中的“方法”下拉列表中选择 区域铣削 选项，出现如图 6-63 所示提示，单击 确定 按钮。

② 系统弹出“区域铣削驱动方法”对话框，具体设置如图 6-64 所示，单击 确定 按钮，返回“固定轮廓铣-上表面 R6mm 圆弧曲面精铣”对话框。

图 6-62 选择“驱动方法”

步骤 1-7-4：设置切削参数。

① 单击“固定轮廓铣-上表面 R6mm 圆弧曲面精铣”对话框中的“切削”按钮，如图 6-65 所示。

② 如图 6-66 所示，系统弹出“切削参数”对话框，选择对话框中的“余量”选项卡，部件余量设置为 0。单击 确定 按钮，返回“固定轮廓铣-上表面 R6mm 圆弧曲面精铣”对话框。

图 6-63 “驱动方法”提示

图 6-64 设置“区域铣削驱动方法”对话框

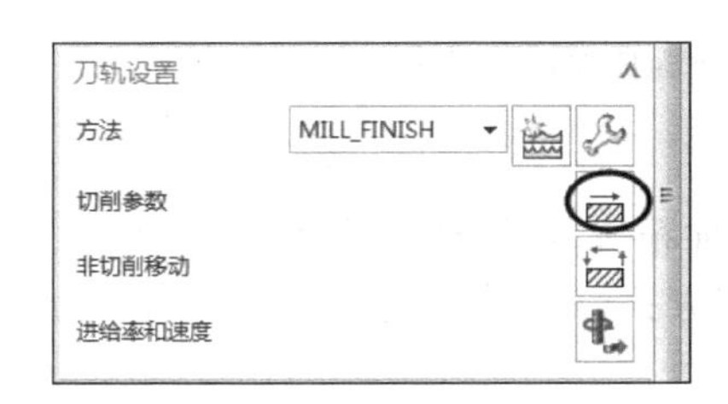

图 6-65 选择“切削参数”按钮

图 6-66 设置“余量”

步骤 1-7-5：设置非切削移动。

① 单击“固定轮廓铣-上表面 R6mm 圆弧曲面精铣”对话框中的“非切削移动”按钮，如图 6-67 所示。

② 如图 6-68 所示，系统弹出“非切削移动”对话框，选择该对话框中的“进刀”选项卡，在“进刀类型”下拉列表中选择 圆弧 - 平行于刀轴 选项，半径设置为 70。单击 确定 按钮，系统返回“固定轮廓铣-上表面 R6mm 圆弧曲面精铣”对话框。

步骤 1-7-6：设置进给率和速度。

① 单击“固定轮廓铣-上表面 R6mm 圆弧曲面精铣”对话框中的“进给率和速度”按钮，勾选“主轴速度”复选框，并将其设置为 4000，“切削”设置为 800，单击 确定 按钮。

② 返回“固定轮廓铣-上表面 R6mm 圆弧曲面精铣”对话框，单击对话框的“生成”按钮，刀轨生成如图 6-69 所示。

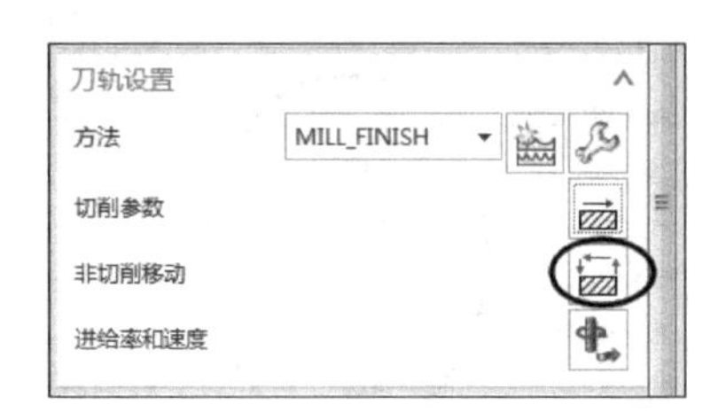

图 6-67 选择“非切削移动”

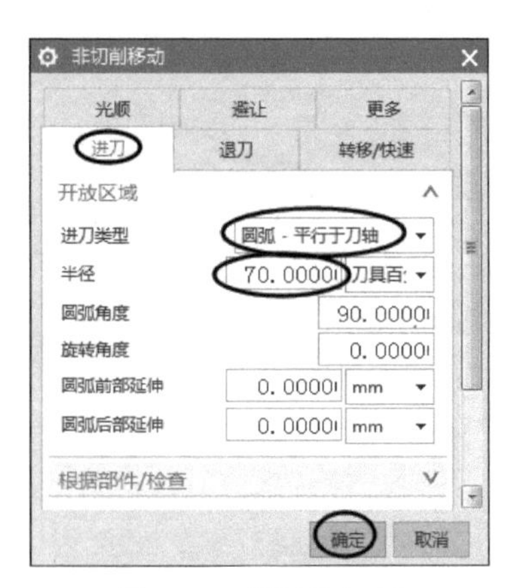

图 6-68 设置“进刀”

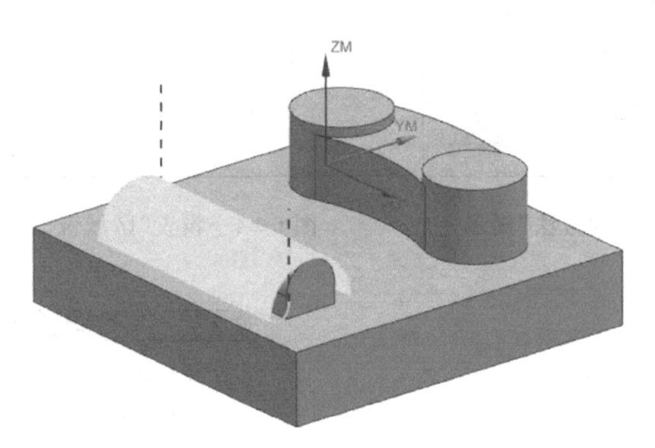

图 6-69 上表面 $R6$mm 圆弧曲面精铣刀轨

步骤 1-7-7：仿真加工。

① 单击“固定轮廓铣-上表面 $R6$mm 圆弧曲面精铣”对话框中的“确认”按钮，进入仿真加工“刀轨可视化”对话框，切换到“2D 动态”方式，单击“播放”按钮，结果如图 6-70 所示，

② 单击“刀轨可视化”对话框中的 确定 按钮，返回“固定轮廓铣-上表面 $R6$mm 圆弧曲面精铣”对话框。单击 确定 按钮，“工序导航器-程序顺序”页面的“精铣上表面 $R6$mm 圆弧曲面”刀轨生成，如图 6-71 所示。

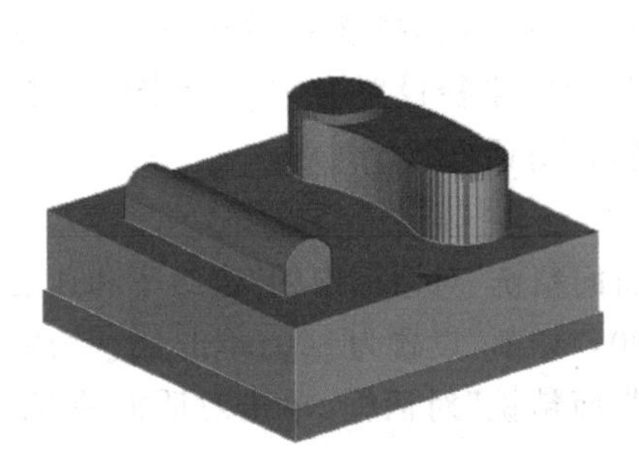
图 6-70 仿真加工结果

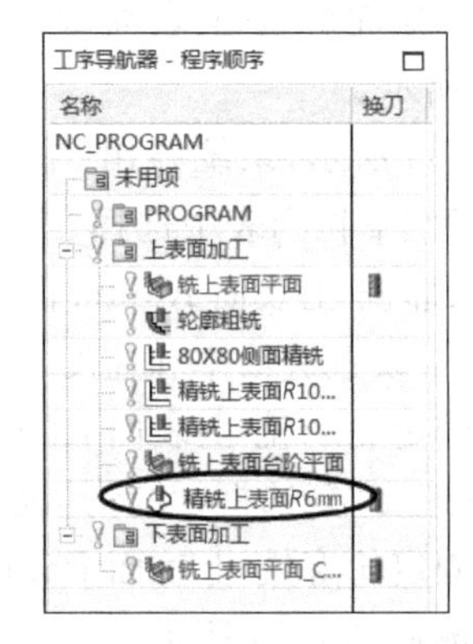

图 6-71 “精铣上表面 $R6$mm 圆弧曲面”刀轨

2. 工序二

工序二需要加工下表面平面。

工步 2-1：调头找正装夹。

为了保证下表面与上表面的位置精度，工件反过来装夹时，需要打表，找正已经加工过的侧面，夹位约 5mm。加工时需重新在反面新建一个坐标系，加工刀路可复制工序一的刀轨，在复制的刀轨上修改即可。

工步 2-2：铣下表面平面。

步骤 2-2-1：重建工件坐标系和安全平面。

① 在工序导航器的空白处右击，选择 几何视图 选项。

② 单击工具条上的"创建几何体"按钮 。

③ 弹出"创建几何体"对话框，设置如图 6-72 所示，单击 确定 按钮。

项目 6 工步 2-2：铣下表面平面

图 6-72 "创建几何体"对话框

④ 弹出 MCS 对话框，单击"指定 MCS"区域右边的 CSYS 按钮 。

⑤ 如图 6-73 所示，弹出 CSYS 对话框，在"类型"下拉列表中选择 动态 选项，把零件加工上表面轮廓的工件坐标系 X 轴旋转 180°，Z 坐标移动 −30，单击 确定 按钮，返回 MCS 对话框。

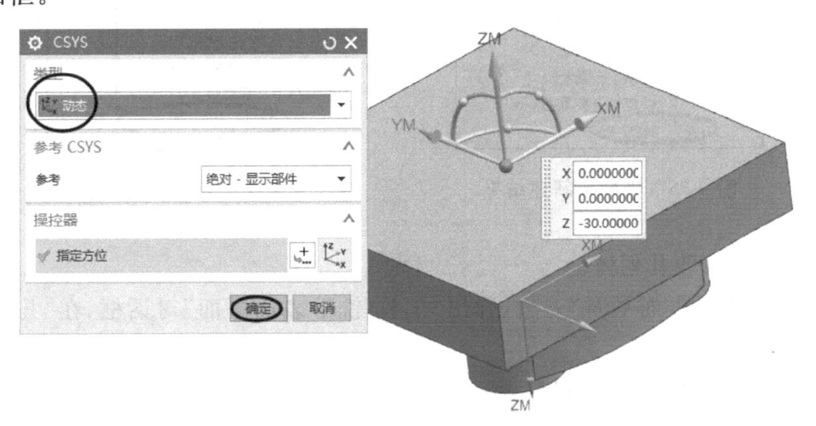

图 6-73 改变工件坐标系

⑥ 在 MCS 对话框的“安全设置选项”下拉列表中选择刨选项，然后单击“指定平面”按钮。

⑦ 系统弹出“刨”对话框，如图 6-74 所示，选取零件下表面，方向向上，“距离”设置为 20。单击“刨”对话框、MCS 对话框的确定按钮，结果如图 6-75 所示。

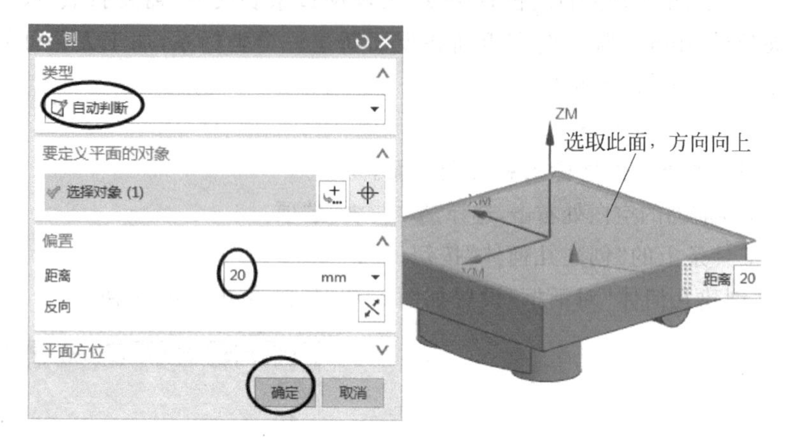

图 6-74 “刨”对话框

步骤 2-2-2：复制工序一刀轨。

把光标放置在工序一工步 1-1 刀轨上，右击选择“复制”命令。然后单击选取新建的工件坐标系按钮 MCS_1，右击选择“粘贴”命令，进行重命名。切换回程序顺序视图页面，结果如图 6-76 所示。

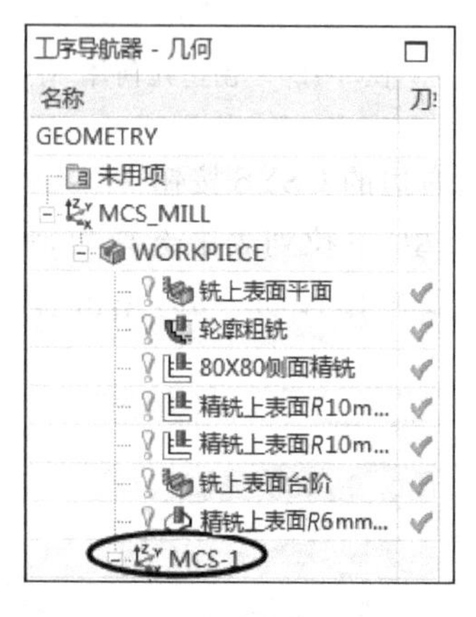

图 6-75 坐标系新建结果

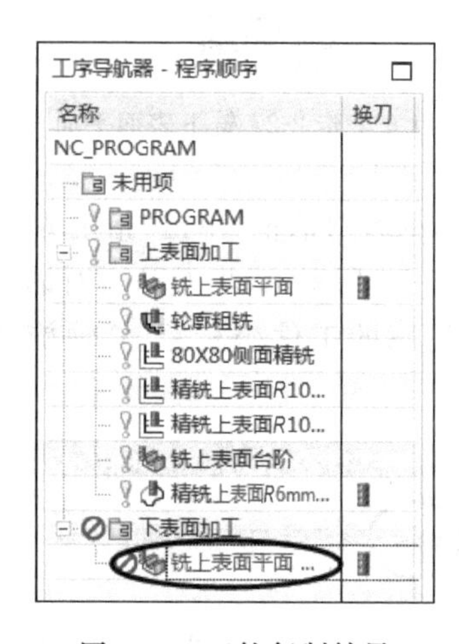

图 6-76 刀轨复制结果

步骤 2-2-3：修改几何体。

双击打开“铣下表面平面”刀轨，弹出“面铣-铣下表面平面”对话框，在“几何体”下拉列表中选择 MCS_1 按钮。

步骤 2-2-4：修改指定面边界。

① 单击“面铣-铣下表面平面”对话框中的“指定面边界”按钮。

② 系统弹出“毛坯边界”对话框，单击“列表”区域右侧的 按钮展开列表，并单击“列表”右侧的“删除”按钮 ，删除原有边界，如图 6-77 所示。

图 6-77 “毛坯边界”对话框

③ 如图 6-78 所示，选取零件下表面平面，单击“毛坯边界”对话框中的 确定 按钮，返回“面铣-铣下表面平面”对话框。

步骤 2-2-5：修改一般参数。

① 如图 6-79 所示，在“轴”下拉列表中选择 +ZM 轴 选项，在“切削模式”下拉列表中选择 跟随部件 选项，在“毛坯距离”文本框中输入 9，在“每刀切削深度”文本框中输入 2。

② 单击“面铣-铣下表面平面”对话框中的“生成”按钮 或单击工具条“生成”按钮 ，刀轨重新生成，如图 6-80 所示。

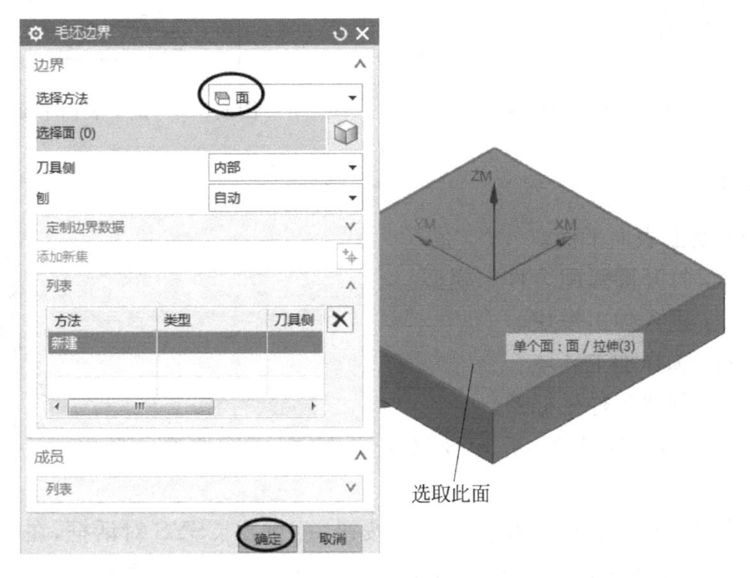

图 6-78 “毛坯边界”对话框

图 6-79 设置一般参数

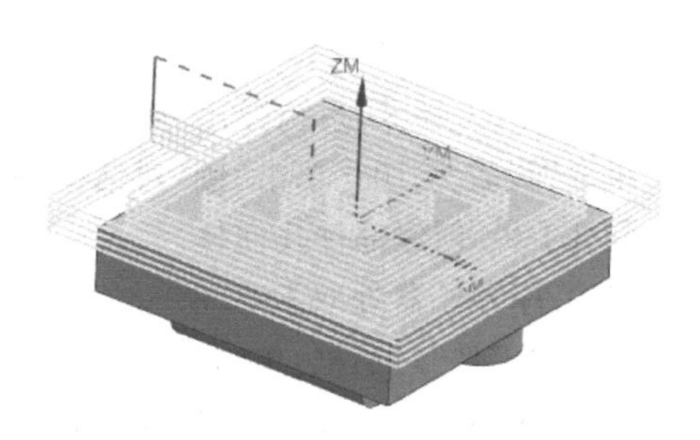

图 6-80 铣下表面平面刀轨

步骤 2-2-6：仿真加工。

① 单击“面铣-铣下表面平面”对话框中的“确认”按钮，进入仿真加工“刀轨可视化”对话框，切换到“2D 动态”方式，单击“播放”按钮，结果如图 6-81 所示。

② 单击“刀轨可视化”对话框中的确定按钮，返回“面铣-铣下表面平面”对话框。单击确定按钮，“工序导航器-程序顺序”页面的“铣下表面平面”刀轨生成，如图 6-82 所示。

图 6-81 仿真加工结果

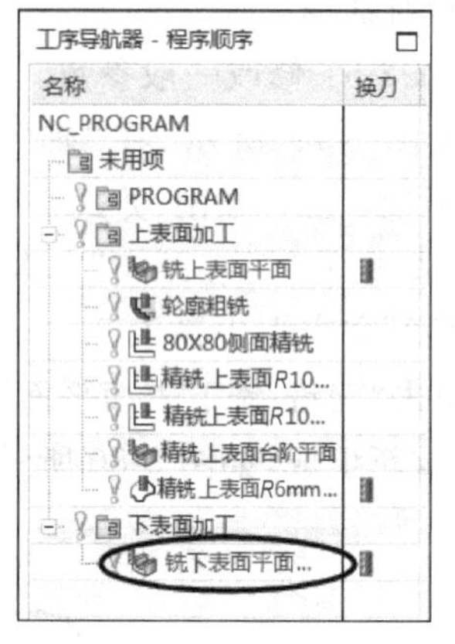

图 6-82 “铣下表面平面”刀轨

3. 工序三

工步 3-1：铣上表面平面。

项目 6 工步 3-1：铣上表面平面

步骤 3-1-1：打开圆弧配合件二模型。

步骤 3-1-2：进入加工模块。

步骤 3-1-3：选择加工环境。

步骤 3-1-4：创建工件坐标系。

① 在工序导航器处单击＋号展开 MCS_MILL 选项，双击 MCS_MILL 选项。

② 系统弹出 MCS 对话框，单击 CSYS 按钮，弹出 CSYS 对话框，在“类型”下拉列表中选择动态选项可改变工件加工坐标系位置(此时加工坐标系在工件上表面中心，满足加工要求，不需修改)，单击确定按钮。

步骤 3-1-5：创建工件安全平面。

① 在前一步双击 MCS_MILL 选项后出现的 MCS 对话框中选择刨选项，然后单击“指定平面”按钮。

② 如图 6-83 所示，系统弹出“刨”对话框，选择自动判断方式，单击模型上表面，方向向上，“距离”设置为 10。单击“刨”对话框、MCS 对话框的确定按钮。

步骤 3-1-6：创建部件几何体。

① 在工序导航器处双击 WORKPIECE 选项。

② 出现“工件”对话框，单击“指定部件”按钮。

③ 如图 6-84 所示，系统弹出“部件几何体”对话框。在图形区选取整个零件为部件几何体。单击确定按钮，系统返回“工件”对话框。

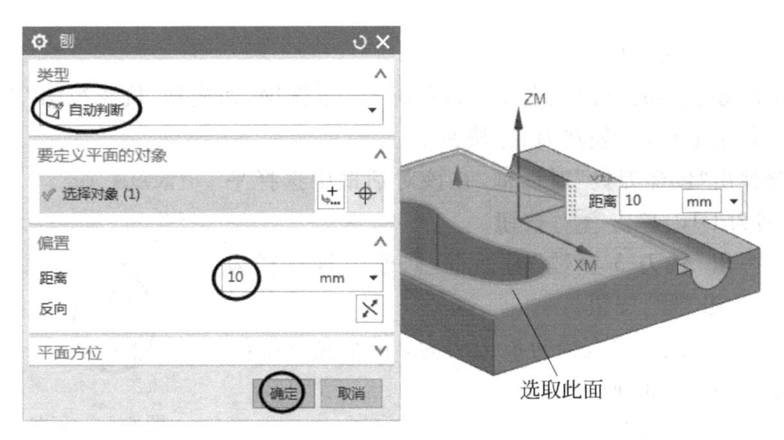

图 6-83　创建“安全平面”

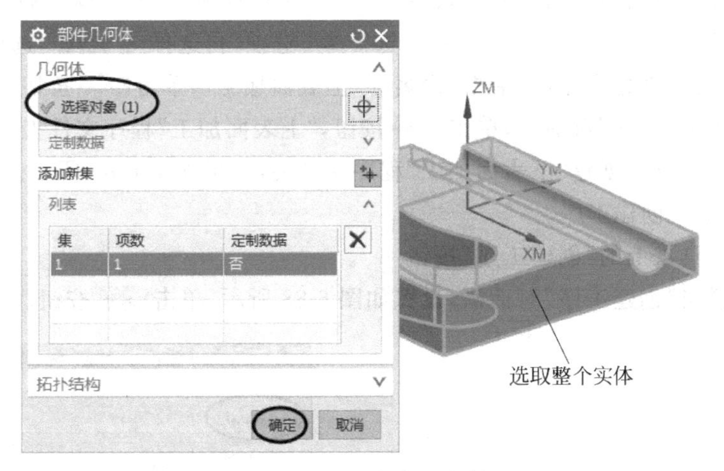

图 6-84　选择“部件几何体”

步骤 3-1-7：创建毛坯几何体。

① 在“工件”对话框中单击“指定毛坯”按钮。

② 弹出“毛坯几何体”对话框，在“类型”下拉列表中选择 包容块 选项。

③ 如图 6-85 所示，输入 包容块 各方向单边偏置量，单击 确定 按钮，返回“工件”对话框，然后单击 确定 按钮。

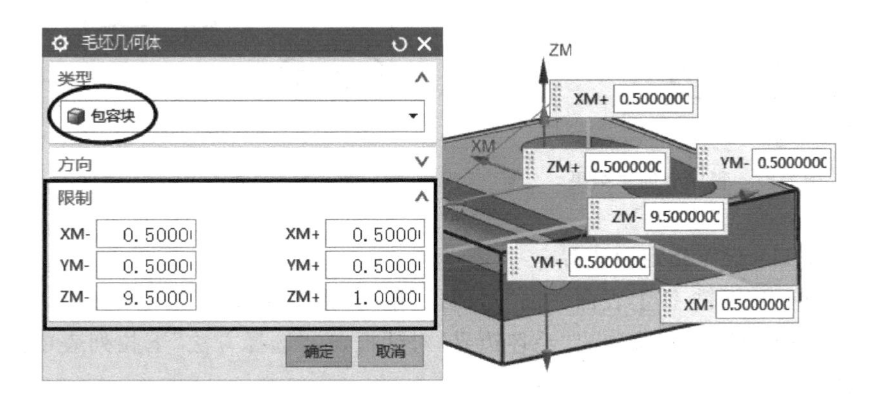

图 6-85　设置“毛坯”

步骤 3-1-8：创建刀具。

① 在工序导航器的空白处右击，选择 机床视图 选项，切换到“机床视图”页面。

② 在工具条上单击“创建刀具”按钮 。

③ 系统弹出“创建刀具”对话框，在该对话框中选择平底刀 ，命名为 D16，单击 确定 按钮。

④ 系统弹出“铣刀-5 参数”对话框，修改刀具直径为 16，刀刃为 3，单击 确定 按钮。

⑤ 用同样的方法创建直径为 8、刀刃为 3 的平底刀和 $R4$ 球铣刀 ，结果如图 6-86 所示。

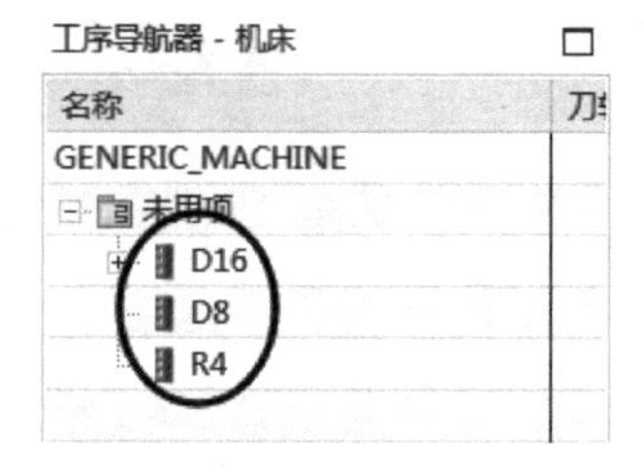

图 6-86 刀具创建结果

步骤 3-1-9：创建程序组。

① 在工序导航器的空白处右击，选择 程序顺序视图 选项，切换到程序顺序页面。

② 光标放置在 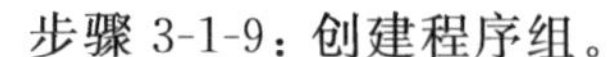 上，右击选择 插入 选项，再选择 程序组... 选项。

③ 系统弹出“创建程序”对话框，命名为“上表面加工”，单击 确定 按钮。

④ 系统弹出“程序”对话框，单击 确定 按钮，“上表面加工”程序文件夹生成。

⑤ 用同样的方法创建“下表面加工”程序文件夹，结果如图 6-87 所示。

步骤 3-1-10：创建工序。

① 单击工具条上的“创建工序”按钮 。

② 系统弹出“创建工序”对话框，设置如图 6-88 所示，单击 确定 按钮。

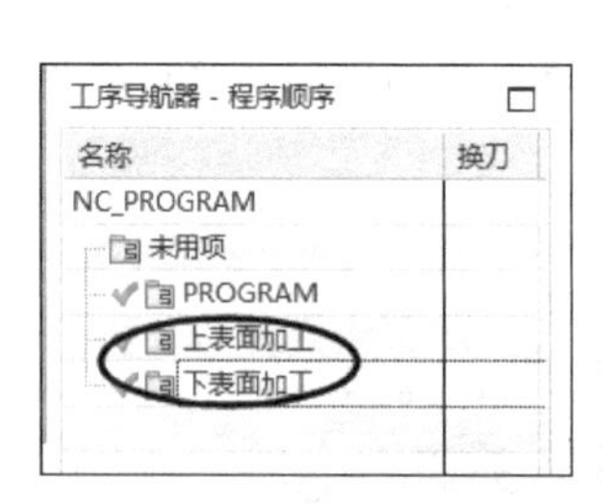

图 6-87 程序组创建结果

图 6-88 “创建工序”对话框

步骤 3-1-11：设置指定面边界。

① 系统弹出“面铣-铣上表面平面”对话框，单击“指定面边界”按钮 。

② 如图 6-89 所示，系统弹出“毛坯边界”对话框，在“选择方法”下拉列表中选择 面 选项，选取工件上表面，单击 确定 按钮。

③ 单击"毛坯边界"对话框中的 确定 按钮，返回"面铣-铣上表面平面"对话框。

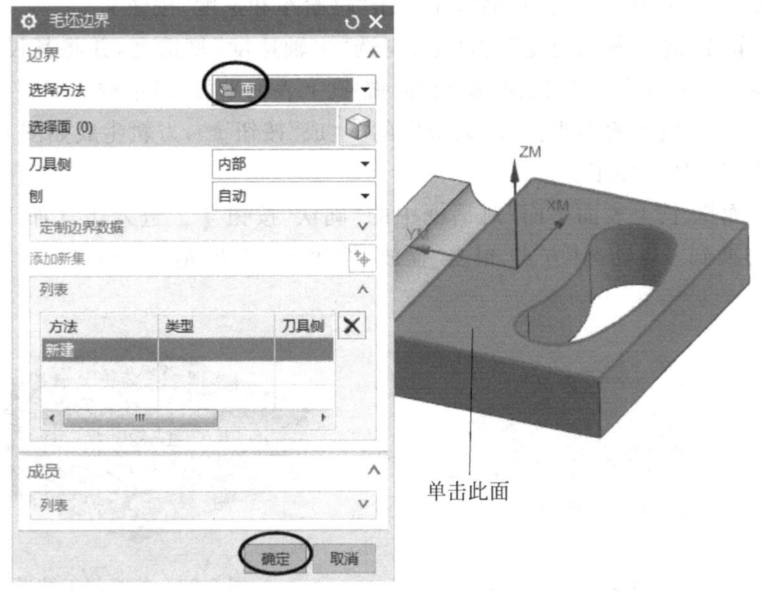

图 6-89　"毛坯边界"对话框

步骤 3-1-12：设置一般参数。

在"面铣-铣上表面平面"对话框中的"切削模式"下拉列表中选择 往复 选项，如图 6-90 所示。

步骤 3-1-13：设置切削参数。

① 单击"面铣-铣上表面平面"对话框中的"切削参数"按钮 ，系统弹出"切削参数"对话框。

② 如图 6-91 所示，在"策略"选项卡中勾选"延伸到部件轮廓"复选框，单击 确定 按钮，返回"面铣-铣上表面平面"对话框。

图 6-90　选择一般参数

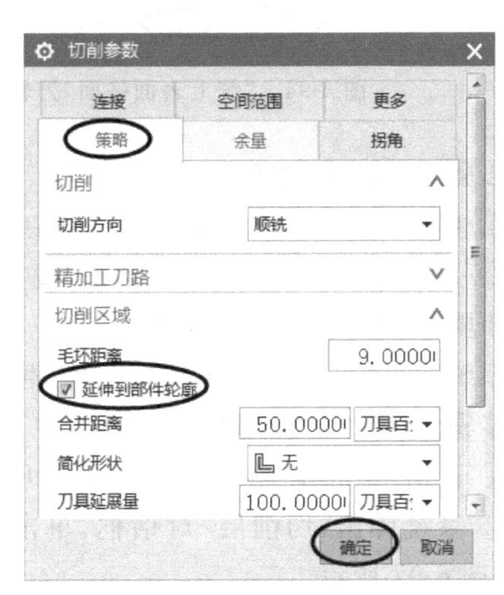

图 6-91　选择"策略"

步骤 3-1-14：设置进给率和速度。

① 在"面铣-铣上表面平面"对话框中单击"进给率和速度"按钮。

② 系统弹出"进给率和速度"对话框，勾选"主轴速度"复选框，并将其设置为 3000，"切削"设置为 1200，单击 确定 按钮，返回"面铣-铣上表面平面"对话框。

③ 单击"面铣-铣上表面平面"对话框中的"生成"按钮，刀轨生成如图 6-92 所示。

步骤 3-1-15：仿真加工。

① 单击"面铣-铣上表面平面"对话框中的"确认"按钮。进入仿真加工"刀轨可视化"对话框，切换到"2D 动态"方式，单击"播放"按钮，结果如图 6-93 所示。

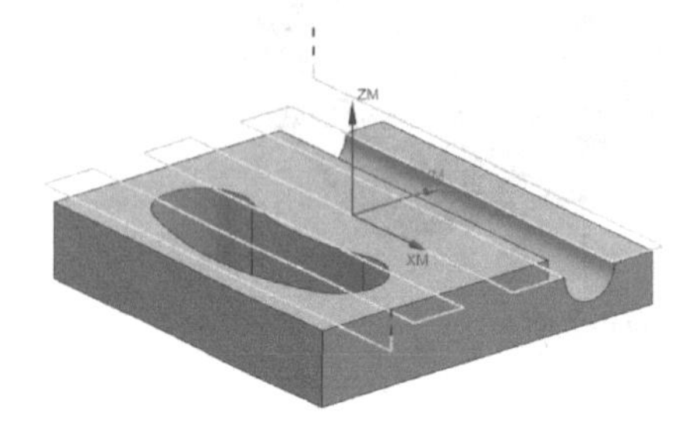

图 6-92 铣上表面平面刀轨

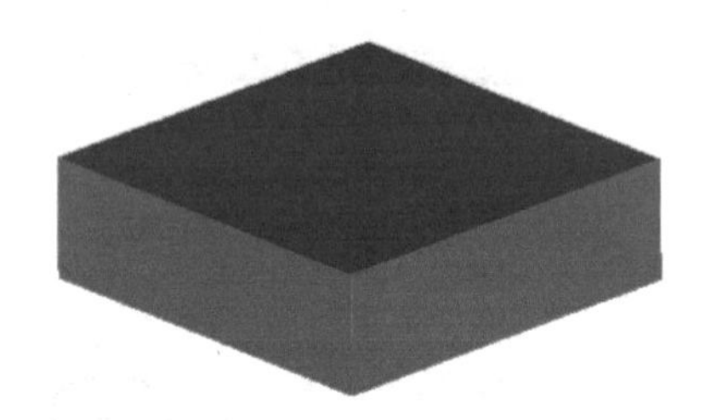

图 6-93 仿真加工结果

② 单击"刀轨可视化"对话框中的 确定 按钮，返回"面铣-铣上表面平面"对话框，单击 确定 按钮，"工序导航器-程序顺序"页面的"铣上表面平面"刀轨生成，如图 6-94 所示。

工步 3-2：轮廓粗铣。

本工步的加工部位为零件上表面轮廓开粗，总高度铣至 17mm。为提高开粗效率，这里采用"型腔铣"刀路为开粗刀路，刀具选择 ϕ16mm 平底刀。

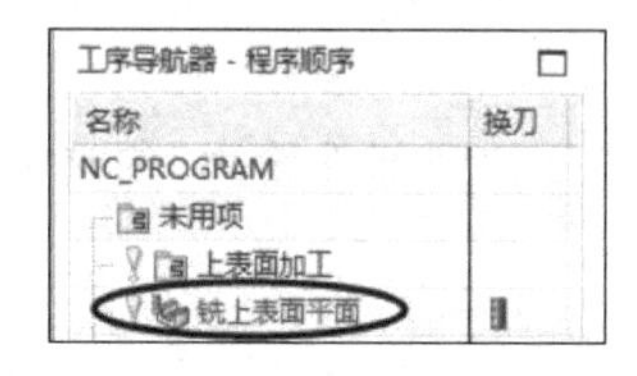

图 6-94 "铣上表面平面"刀轨

项目 6 工步 3-2：轮廓粗铣

步骤 3-2-1：创建工序。

① 单击工具条上的"创建工序"按钮。

② 系统弹出"创建工序"对话框，设置如图 6-95 所示，单击 确定 按钮。

步骤 3-2-2：设置一般参数。

系统弹出"型腔铣-轮廓粗铣"对话框。一般参数设置如图 6-96 所示。

步骤 3-2-3：设置切削层。

① 单击"型腔铣-轮廓粗铣"对话框中的"切削层"按钮。

② 系统弹出"切削层"对话框，单击"列表"区域右侧的"删除"按钮清空列表数据，如图 6-97 所示。

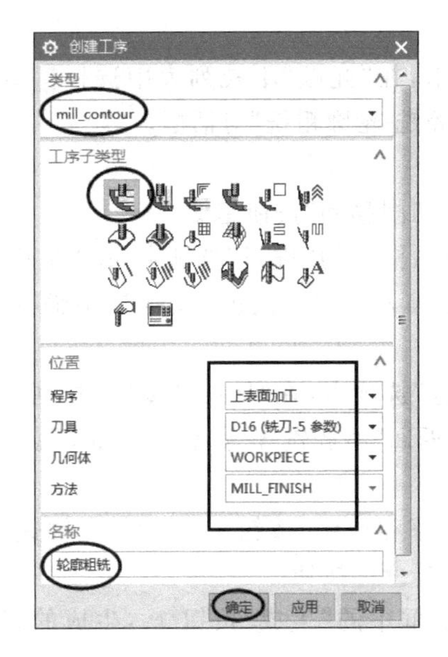

图 6-95 “创建工序”对话框

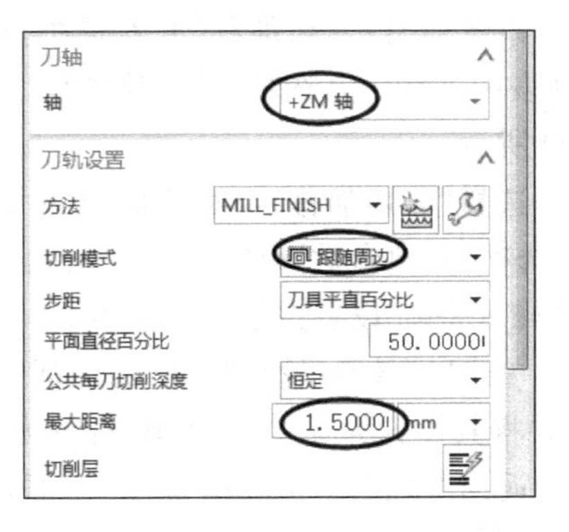

图 6-96 设置一般参数

③ 如图 6-98 所示，“范围深度”设置为 17，单击 确定 按钮，系统返回“型腔铣-轮廓粗铣”对话框。

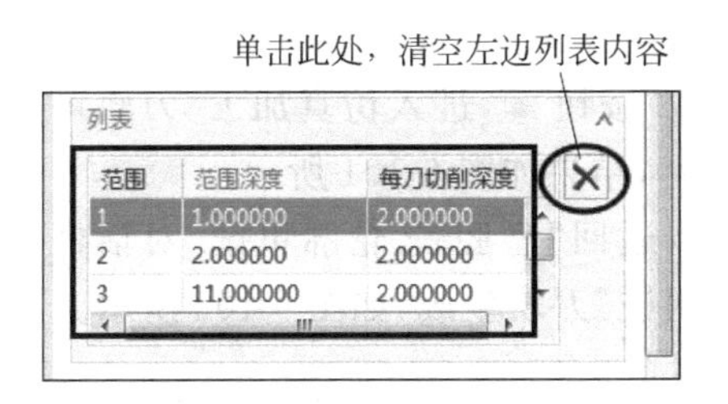

图 6-97 清空列表

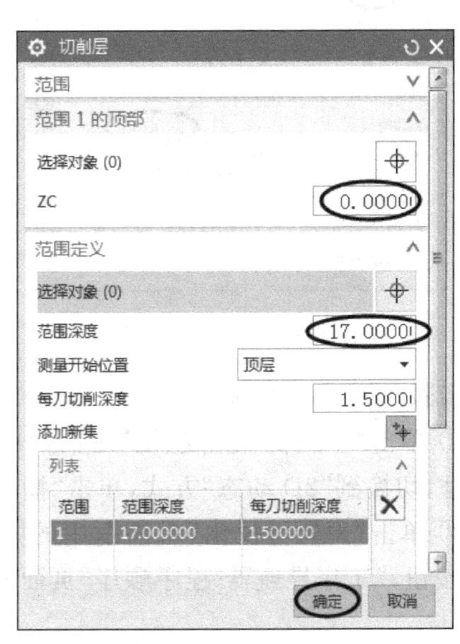

图 6-98 输入“范围深度”

步骤 3-2-4：设置切削参数。

① 单击“型腔铣-轮廓粗铣”对话框中的“切削参数”按钮。

② 系统弹出“切削参数”对话框，选择“切削参数”对话框中的“策略”选项卡，在“切削顺序”下拉列表中选择 深度优先 选项，其他参数默认。

③ 选择“切削参数”对话框中的“余量”选项卡，“部件侧面余量”设置为 0.3，其他参数

默认。

④ 选择“切削参数”对话框中的“拐角”选项卡,在“光顺”下拉列表中选择 所有刀路 选项,其他参数默认。单击 确定 按钮,系统返回“型腔铣-轮廓粗铣”对话框。

步骤 3-2-5:设置非切削移动。

① 单击“型腔铣-外轮廓粗铣”对话框中的“非切削移动”按钮。

② 系统弹出“非切削移动”对话框,选择该对话框中的“进刀”选项卡,在“进刀类型”下拉列表中选择 螺旋 选项,在“斜坡角”文本框中输入 1,在“高度”文本框中输入 1,如图 6-99 所示。

③ 选择“非切削移动”对话框中的“转移/快速”选项卡,在“转移类型”下拉列表中选择 直接 选项,其他参数默认。单击 确定 按钮,系统返回“型腔铣-轮廓粗铣”对话框。

步骤 3-2-6:设置进给率和速度。

① 单击“型腔铣-轮廓粗铣”对话框中的“进给率和速度”按钮,勾选“主轴速度”复选框,并将其设置为 3000,“切削”设置为 1200,单击 确定 按钮。

② 返回“型腔铣-轮廓粗铣”对话框,单击对话框中的“生成”按钮,生成的刀轨如图 6-100 所示。

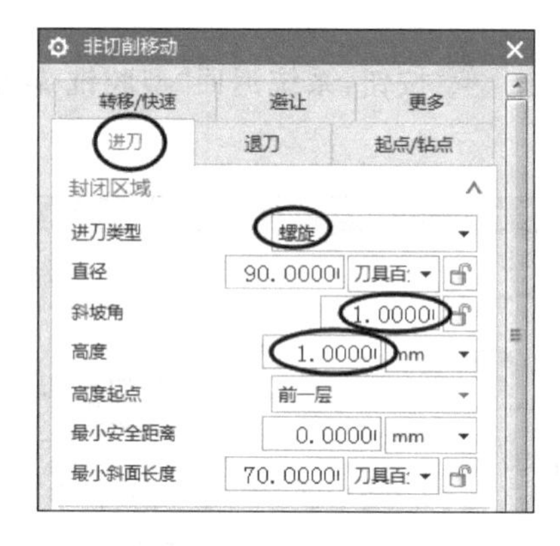

图 6-99 设置“进刀”

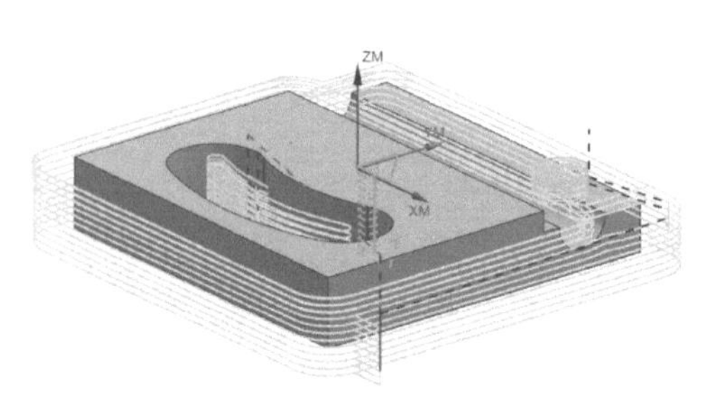

图 6-100 轮廓粗铣刀轨

步骤 3-2-7:仿真加工。

① 单击“型腔铣-轮廓粗铣”对话框中的“确认”按钮,进入仿真加工“刀轨可视化”对话框,切换到“2D 动态”方式,单击“播放”按钮,结果如图 6-101 所示,

② 单击“刀轨可视化”对话框中的 确定 按钮,返回“型腔铣-轮廓粗铣”对话框,单击 确定 按钮,“工序导航器-程序顺序”页面的“轮廓粗铣”刀轨生成,如图 6-102 所示。

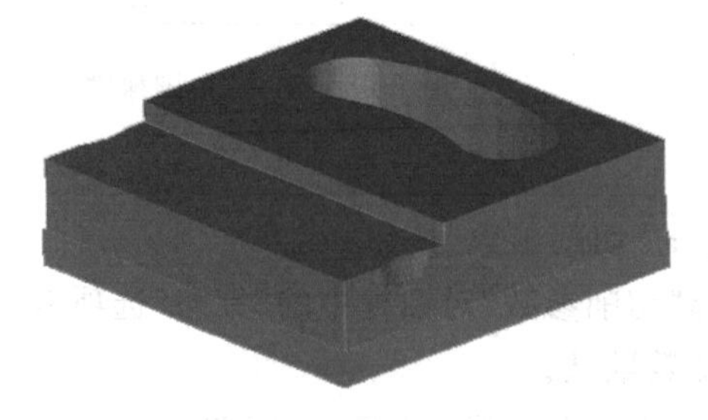

图 6-101 仿真加工结果

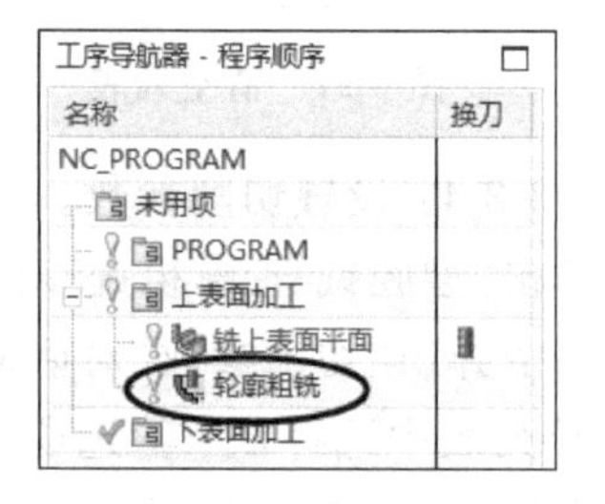

图 6-102 “轮廓粗铣”刀轨

工步 3-3：80mm×80mm 侧面精铣。

80mm×80mm 侧面精铣采用“平面轮廓铣”刀路一刀切除，刀具选择 ϕ16mm 平底刀。

步骤 3-3-1：创建工序。

① 单击工具条上的“创建工序”按钮 。

② 弹出“创建工序”对话框，设置如图 6-103 所示，单击 按钮。

项目 6 工步 3-3：80mm×80mm 侧面精铣

图 6-103 “创建工序”对话框

步骤 3-3-2：创建部件边界。

① 系统弹出“平面轮廓铣-80×80 侧面精铣”对话框。在该对话框中单击“指定部件边界”按钮 。

② 系统弹出“边界几何体”对话框，在“模式”下拉列表中选择 曲线/边... 选项。

③ 系统弹出“创建边界”对话框，按顺序选取图 6-104 所示零件几何体的 4 条边界，单击 按钮，返回“边界几何体”对话框。单击 按钮，返回“平面轮廓铣-80×80 侧面精铣”对话框。

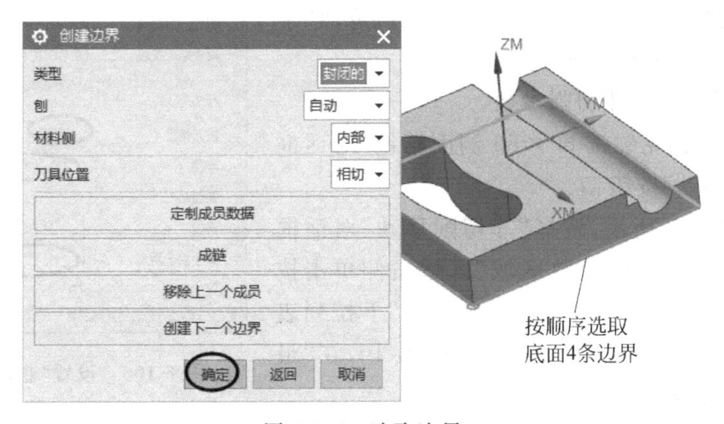

图 6-104 选取边界

步骤 3-3-3：创建底面。

① 在“平面轮廓铣-80×80 侧面精铣”对话框中单击“指定底面”按钮 。

② 系统弹出“刨”对话框，在“类型”下拉列表中选择 自动判断 选项，选取零件上表面，“距离”设置为－17，单击 确定 按钮，如图 6-105 所示，返回“平面轮廓铣-80×80 侧面精铣”对话框。

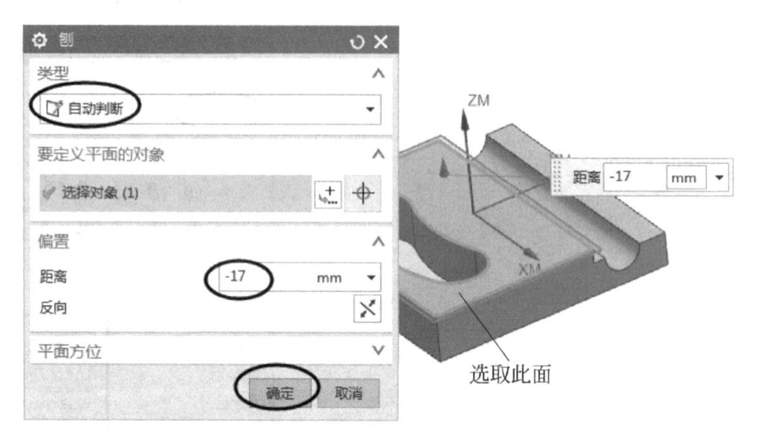

图 6-105 选择“刨”参数

步骤 3-3-4：设置切削参数。

① 单击“平面轮廓铣-80×80 侧面精铣”对话框中的“切削参数”按钮 。

② 选择“切削参数”对话框中的“策略”选项卡，在“切削顺序”下拉列表中选择 深度优先 选项，其他参数默认。

③ 选择“切削参数”对话框中的“余量”选项卡，“部件余量”设置为 0，其他参数默认。

④ 选择“切削参数”对话框中的“连接”选项卡，在“区域排序”下拉列表中选择 标准 选项，其他参数默认。

⑤ 选择“切削参数”对话框中的“拐角”选项卡，在“凸角”下拉列表中选择 延伸 选项，其他参数默认。单击“切削参数”对话框中的 确定 按钮，系统返回“平面轮廓铣-80×80 侧面精铣”对话框。

步骤 3-3-5：设置非切削参数。

① 单击“平面轮廓铣-80×80 侧面精铣”对话框中的“非切削移动”按钮 。

② 如图 6-106 所示，选择“非切削移动”对话框中的“进刀”选项卡，在“开放区域”区域右侧单击按钮 ∨ 展开“开放区域”内容，在“进刀类型”下拉列表中选择 圆弧 选项，在“半径”文本框中输入 10，在“最小安全距离”文本框中输入 10。

图 6-106 设置“非切削移动”

③ 单击 确定 按钮,系统返回“平面轮廓铣-80×80 侧面精铣”对话框。

步骤 3-3-6:设置进给率和速度。

① 单击“平面轮廓铣-80×80 侧面精铣”对话框中的“进给率和速度”按钮，勾选“主轴速度”复选框,并将其设置为 4000,“切削”设置为 800,单击 确定 按钮。

② 返回“平面轮廓铣-80×80 侧面精铣”对话框,单击该对话框中的“生成”按钮，刀轨生成如图 6-107 所示。

步骤 3-3-7:仿真加工。

① 单击“平面轮廓铣-80×80 侧面精铣”对话框中的“确认”按钮，进入仿真加工“刀轨可视化”对话框,切换到“2D 动态”方式,单击“播放”按钮，结果如图 6-108 所示。

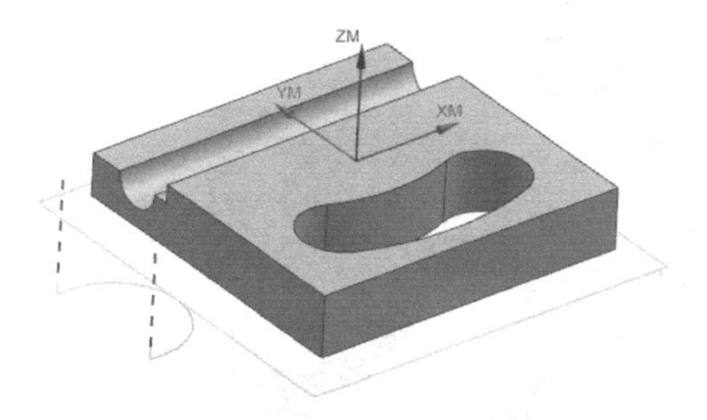

图 6-107　80mm×80mm 侧面精铣刀轨

图 6-108　仿真加工结果

② 单击“刀轨可视化”对话框中的 确定 按钮,返回“平面轮廓铣-80×80 侧面精铣”对话框,单击 确定 按钮,“工序导航器-程序顺序”页面的“80×80 侧面精铣”刀轨生成,如图 6-109 所示。

工步 3-4:精铣上表面 $R10$mm 键槽。

本工步的加工部位为精铣上表面 $R10$mm 键槽侧面,刀路采用平面轮廓铣,刀具选择 $\phi16$mm 平面立铣刀。采用的加工刀路与工步 3-3 类似,所以本工步省略部分可参考工步 3-3。

项目 6 工步 3-4:精铣上表面 $R10$mm 键槽

步骤 3-4-1:复制工序一“80×80 侧面精铣”刀轨。

单击选择工序一工步 3-3 刀轨,右击选择“复制”命令。然后单击选择工步 3-4 刀轨,右击选择“粘贴”命令,右击选择“重命名”命令,将复制的刀轨重命名为“精铣上表面 $R10$mm 键槽”,结果如图 6-110 所示。

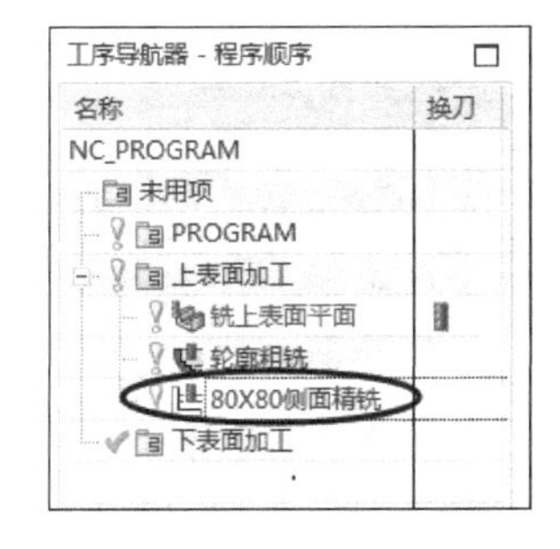

图 6-109　“80×80 侧面精铣”刀轨

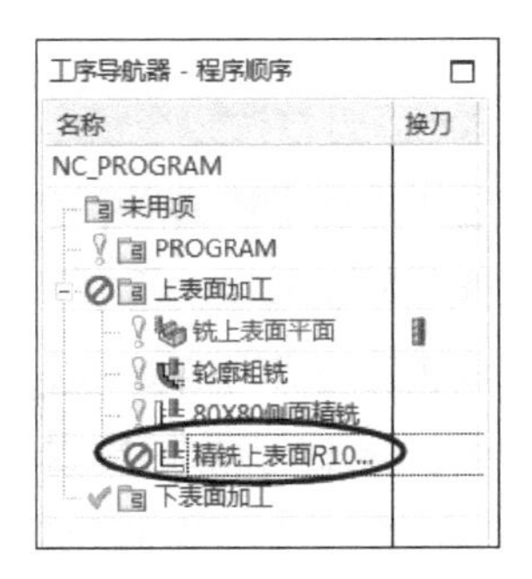

图 6-110　复制刀轨

步骤 3-4-2：修改指定部件边界。

① 双击“精铣上表面 $R10$mm 键槽”刀轨，系统弹出“平面轮廓铣-精铣上表面 $R10$mm 键槽”对话框。在该对话框中单击“指定部件边界”按钮。

② 系统弹出“编辑边界”对话框，单击 移除 或 全部重选 按钮。

③ 系统弹出“边界几何体”对话框，在“模式”下拉列表中选择 曲线/边... 选项。

④ 系统弹出“创建边界”对话框，在工具条“曲线规则”下拉列表中选择 相切曲线 选项，选取如图 6-111 所示零件上表面 $R10$mm 键槽侧面相切边界。单击 确定 按钮，返回“边界几何体”对话框。单击 确定 按钮，返回“编辑边界”对话框。单击 确定 按钮，返回“平面轮廓铣-精铣上表面 $R10$mm 键槽”对话框。

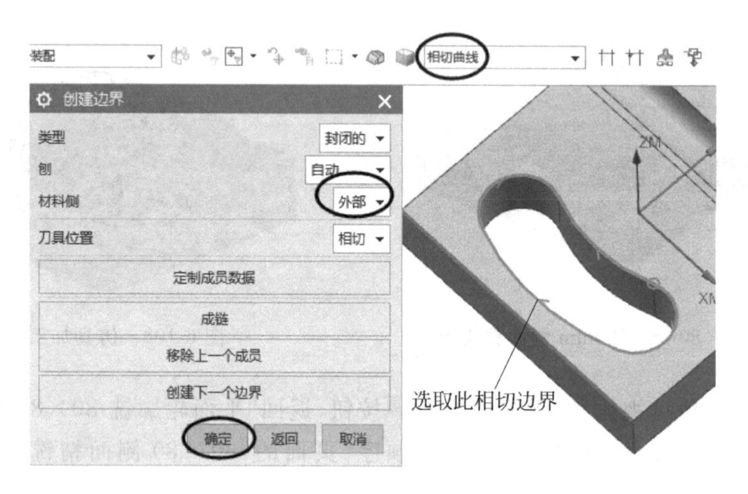

图 6-111 “创建边界”对话框

步骤 3-4-3：修改指定底面。

① 在“平面轮廓铣-精铣上表面 $R10$mm 键槽”对话框中单击“指定底面”按钮。

② 系统弹出如图 6-112 所示的“刨”对话框，在“类型”下拉列表中选择 自动判断 选项，选取零件凸台上表面，“距离”设置为－17，单击 确定 按钮。

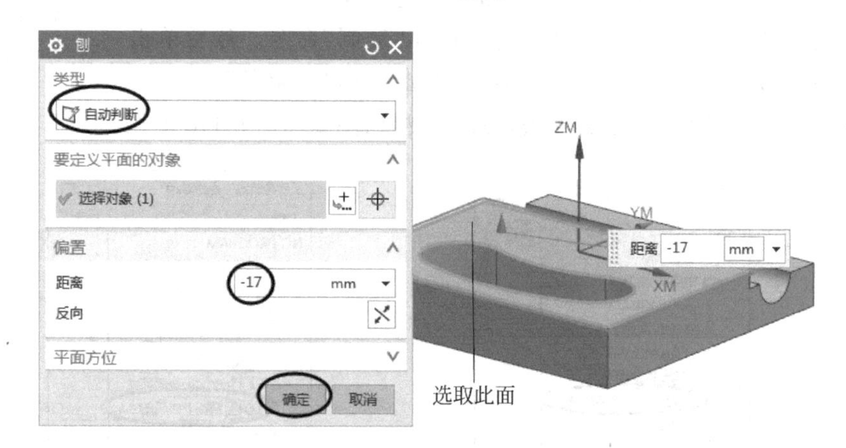

图 6-112 “刨”对话框

③ 返回“平面轮廓铣-精铣上表面 $R10$mm 键槽”对话框。单击该对话框中的“生成”按钮 ,生成的刀轨如图 6-113 所示。

步骤 3-4-4：仿真加工。

① 单击“平面轮廓铣-精铣上表面 $R10$mm 键槽”对话框中的“确认”按钮 ,进入仿真加工“刀轨可视化”对话框,切换到“2D 动态”方式,单击“播放”按钮 ,结果如图 6-114 所示。

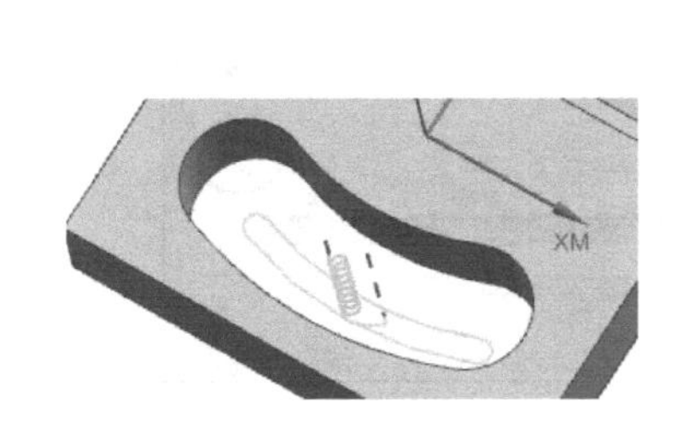

图 6-113 精铣上表面 $R10$mm 键槽刀轨

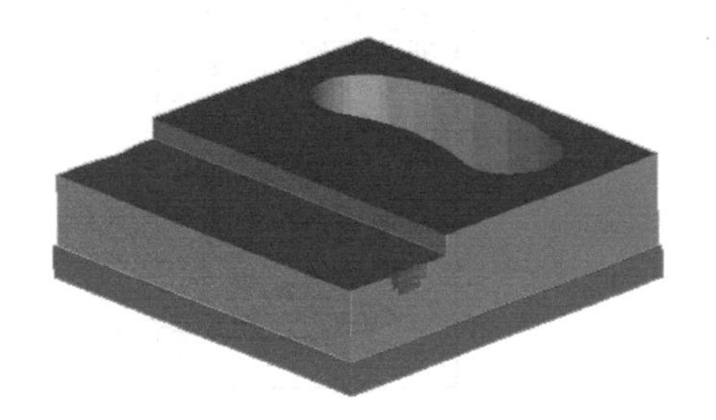

图 6-114 仿真加工结果

② 单击“刀轨可视化”对话框中的 确定 按钮,返回“平面轮廓铣-精铣上表面 $R10$mm 键槽”对话框。单击 确定 按钮,“工序导航器-程序顺序”页面的“精铣上表面 $R10$mm 键槽”刀轨生成,如图 6-115 所示。

项目 6 工步 3-5：精铣上表面凸台平面及侧面

工步 3-5：精铣上表面凸台平面及侧面。

本工步的加工部位为如图 6-116 所示的零件上表面凸台平面及侧面,这是由于在开粗时都留有 0.3mm 的余量。刀路采用“面铣”,刀具选择 $\phi16$mm 平底刀。采用的加工刀路与工步 3-1 类似,所以本工步省略部分可参考工步 3-1。

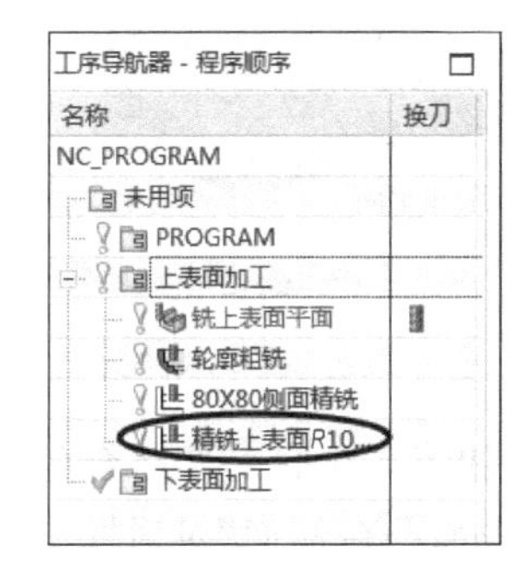

图 6-115 “精铣上表面 $R10$mm 键槽”刀轨

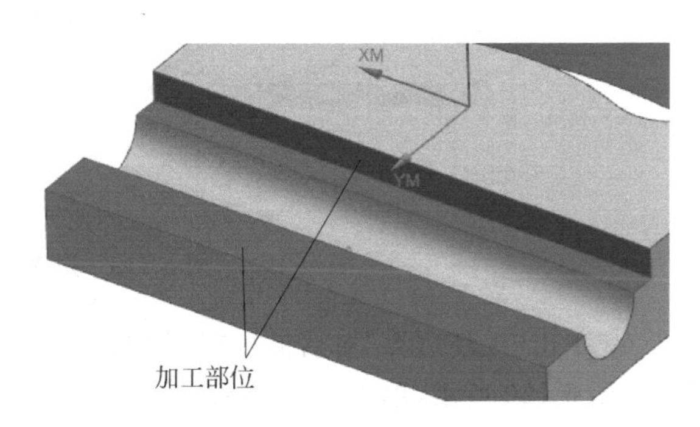

图 6-116 加工部位

步骤 3-5-1：复制工步 3-1 铣上表面平面刀轨。

单击选择工步 3-1 刀轨,右击选择“复制”命令。然后单击选择工步 3-4 刀轨,右击选择“粘贴”命令。右击选择“重命名”命令,给复制的刀轨重命名为“精铣上表面凸台平面及侧面”,结果如图 6-117 所示。

步骤 3-5-2：修改指定面边界。

① 双击“精铣上表面凸台平面及侧面”刀轨,系统弹出“面铣-精铣上表面凸台侧面”

对话框。在该对话框中单击“指定面边界”按钮 。

② 系统弹出“毛坯边界”对话框，两次单击“列表”区域右侧的“删除”按钮 ，如图 6-118 所示。

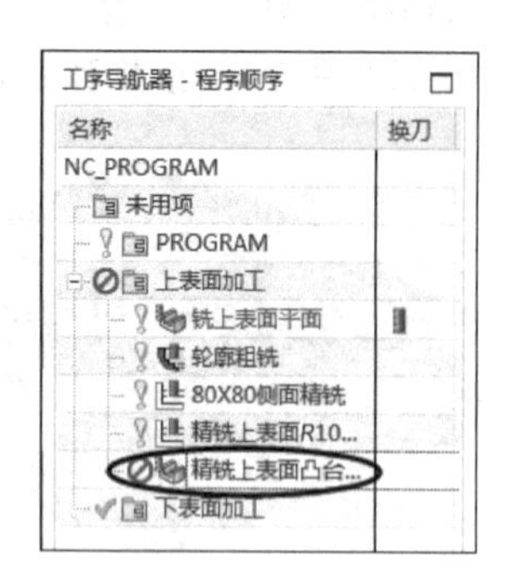

图 6-117 刀轨复制结果

图 6-118 设置“毛坯边界”

③ 在“毛坯边界”对话框中的“选择方法”下拉菜单中选择 面 选项，然后选取工件凸台其中一个平面，如图 6-119 所示。

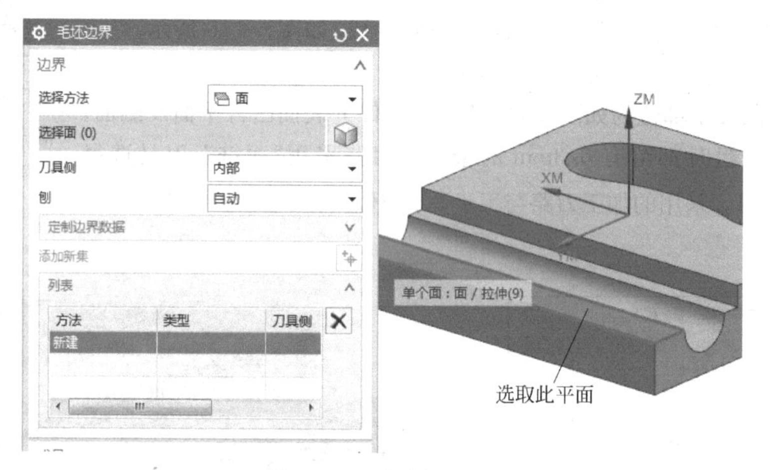

图 6-119 选取加工面

④ 单击“毛坯边界”对话框中“添加新集”右边的按钮 ，选取工件凸台的另一个平面，如图 6-120 所示，单击 确定 按钮，返回“面铣-精铣上表面凸台侧面”对话框。

步骤 3-5-3：修改一般参数。

① 在“面铣-精铣上表面凸台侧面”对话框中的“切削模式”下拉列表中选择 跟随周边 选项，在“毛坯距离”文本框中输入 4.5，在“每刀切削深度”文本框中输入 4.5，如图 6-121 所示。

步骤 3-5-4：修改切削参数。

① 单击“面铣-精铣上表面凸台侧面”对话框中的“切削参数”按钮 ，系统弹出“切削参数”对话框。

② 如图 6-122 所示，在“切削参数”对话框的“策略”选项卡中取消勾选“延伸到部件轮廓”复选框，单击 确定 按钮，返回“面铣-精铣上表面凸台侧面”对话框。

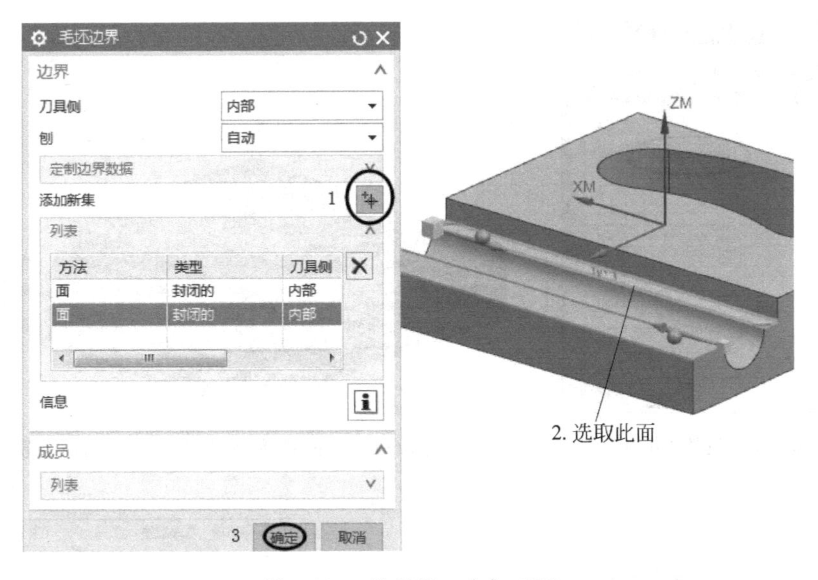

图 6-120 选择另一个加工面

图 6-121 设置一般参数

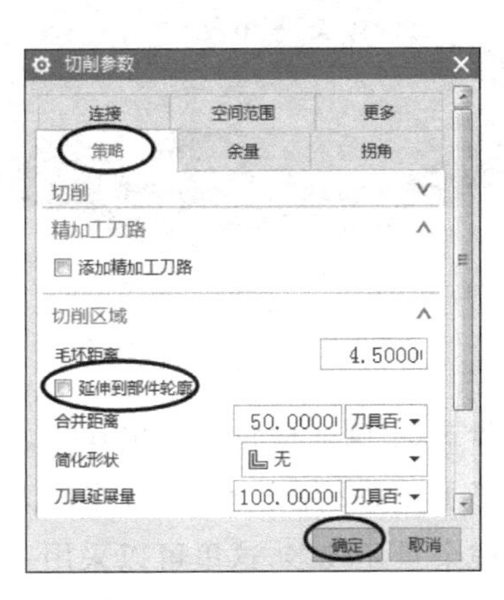

图 6-122 选择“策略”

步骤 3-5-5：设置非切削移动。

① 单击“面铣-精铣上表面凸台侧面”对话框中的“非切削移动”按钮。

② 系统弹出“非切削移动”对话框，选择该对话框中的“进刀”选项卡，在“进刀类型”下拉列表中选择 与开放区域相同 选项，单击 确定 按钮，如图 6-123 所示。

② 单击“面铣-精铣上表面凸台侧面”对话框中的“生成”按钮，刀轨生成如图 6-124 所示。

步骤 3-5-6：仿真加工。

① 单击“面铣-精铣上表面凸台侧面”对话框中的确认按钮，进入仿真加工“刀轨可视化”对话框，切换到 2D 动态方式，单击播放按钮，结果如图 6-125 所示。

② 单击“刀轨可视化”对话框中的 确定 按钮，返回“平面轮廓铣-精铣上表面凸台侧面”对话框，单击 确定 按钮，“工序导航器-程序顺序”页面的“精铣上表面凸台侧面”刀轨生成，如图 6-126 所示。

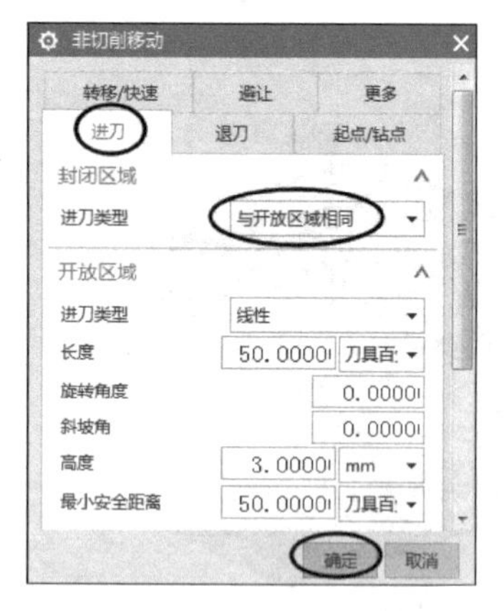

图 6-123 设置“进刀”

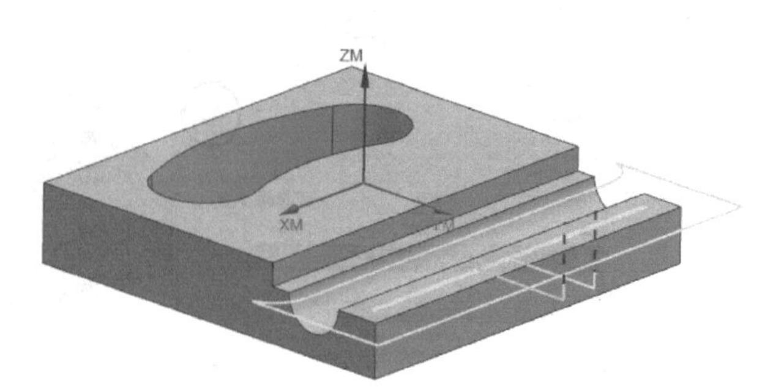

图 6-124 面铣-精铣上表面凸台侧面刀轨

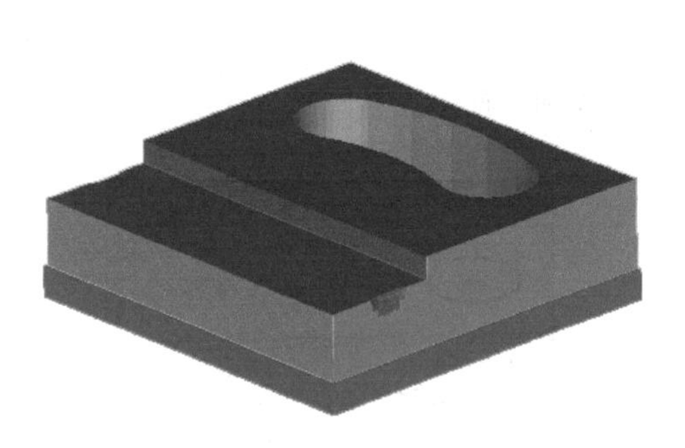

图 6-125 仿真加工结果

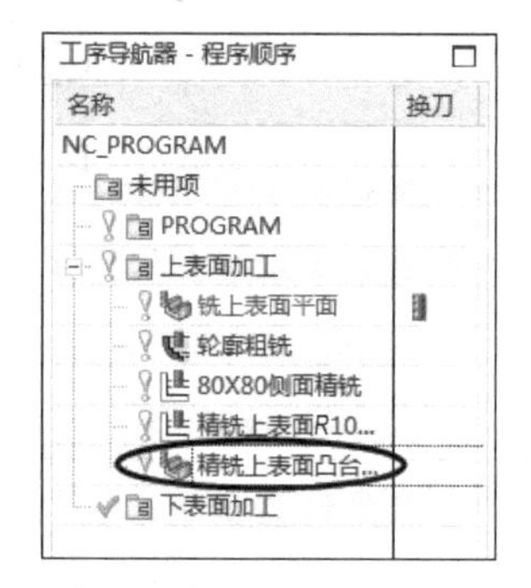

图 6-126 “精铣上表面凸台侧面”刀轨

工步 3-6：圆弧槽轮廓二次开粗。

由于工步 3-2 用了 ϕ16mm 平底刀进行开粗，刀具直径较大，圆弧槽轮廓加工完毕后留下的残余量还较多，这里可以采用一把 ϕ8mm 平面立铣刀进行二次开粗。

步骤 3-6-1：复制工步 3-2 轮廓粗铣刀轨。

单击选择工步 3-2 刀轨，右击选择“复制”命令。然后单击选择工步 3-5 刀轨，右击选择“粘贴”命令，右击选择“重命名”命令，给复制的刀轨重命名为“圆弧槽轮廓二次开粗”，并作参数修改。结果如图 6-127 所示。

项目 6 工步 3-6：圆弧槽轮廓二次开粗

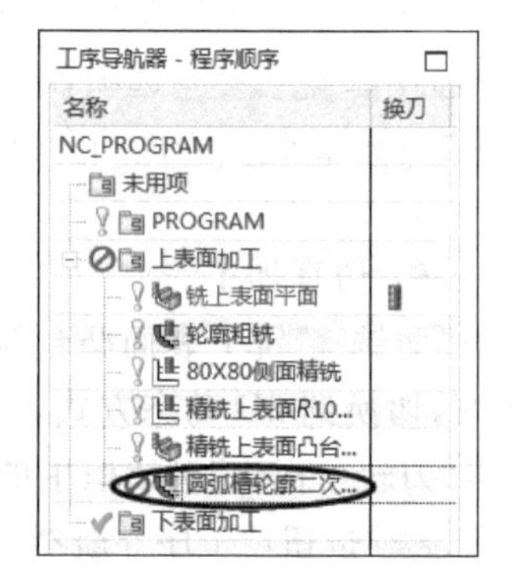

图 6-127 复制刀轨

步骤 3-6-2：修改一般参数。

① 双击“型腔铣-圆弧槽轮廓二次开粗”刀轨，系统弹出“型腔铣-圆弧槽轮廓二次开粗”对话框，如图 6-128 所示，在该对话框的“工具”区域右侧单击按钮 ∨ 展开“工具”选项内容，在“工具”区域的“刀具”下拉列表中选择“D8(铣刀-5 参数)”。

② 如图 6-129 所示，在“型腔铣-圆弧槽轮廓二次开粗”对话框的“切削模式”下拉列表中选择 跟随部件 选项，“最大距离”设置为 0.5。

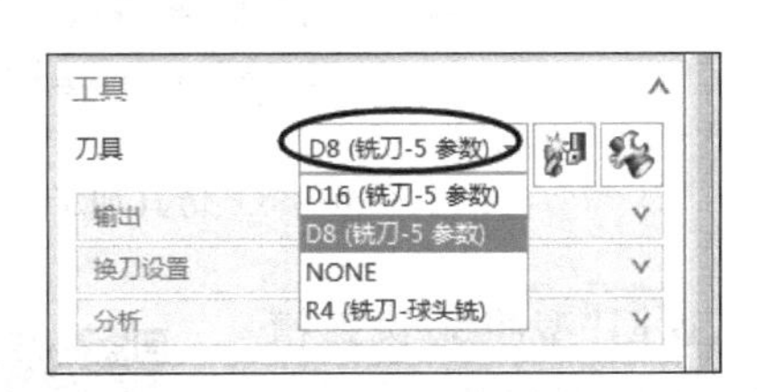

图 6-128　更换刀具

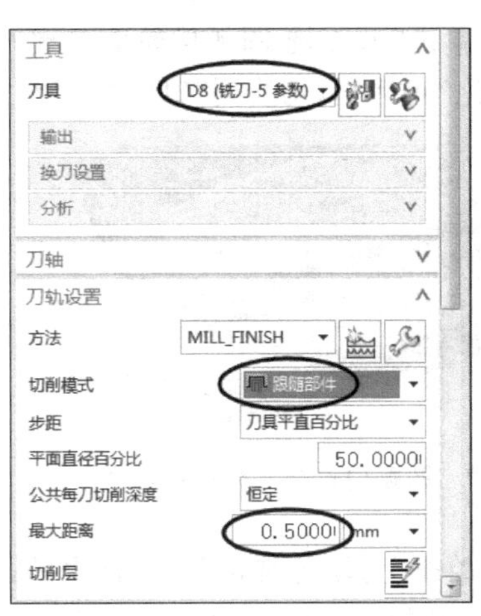

图 6-129　修改一般参数

步骤 3-6-3：修改切削参数。

① 单击“型腔铣-圆弧槽轮廓二次开粗”对话框中的“切削参数”按钮。

② 如图 6-130 所示，系统弹出“切削参数”对话框，在“参考刀具”下拉菜单中选择“D16(铣刀-5 参数)”，单击 确定 按钮，返回“型腔铣-圆弧槽轮廓二次开粗”对话框。

步骤 3-6-4：修改非切削移动。

① 单击“型腔铣-圆弧槽轮廓二次开粗”对话框中的“非切削移动”按钮。

② 如图 6-131 所示，系统弹出“非切削移动”对话框，选择该对话框中的“进刀”选项卡，

图 6-130　设置“空间范围”

图 6-131　修改“非切削移动”

在“进刀类型”下拉列表中选择 螺旋 选项，在“斜坡角”文本框中输入 1，在“高度”文本框中输入 1，在“最小安全距离”文本框中输入 10，单击 确定 按钮，系统返回“型腔铣-圆弧槽轮廓二次开粗”对话框。

③ 单击“型腔铣-圆弧槽轮廓二次开粗”对话框中的“生成”按钮，并单击 确定 按钮，刀轨生成如图 6-132 所示。

步骤 3-6-5：仿真加工。

① 单击“型腔铣-圆弧槽轮廓二次开粗”对话框中的“确认”按钮，进入仿真加工“刀轨可视化”对话框，切换到“2D 动态”方式，单击“播放”按钮，结果如图 6-133 所示。

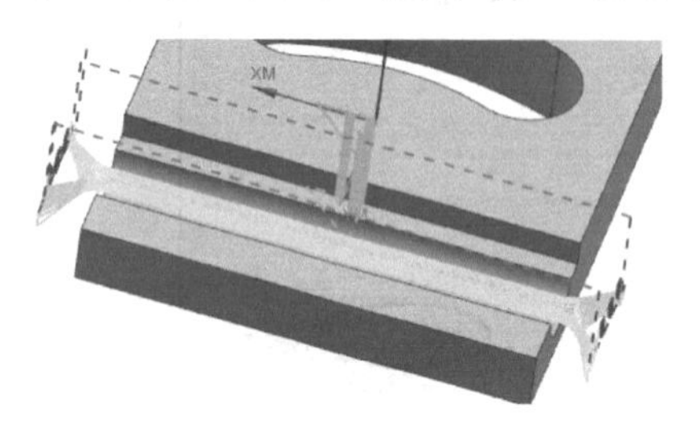

图 6-132 圆弧槽轮廓二次开粗刀轨

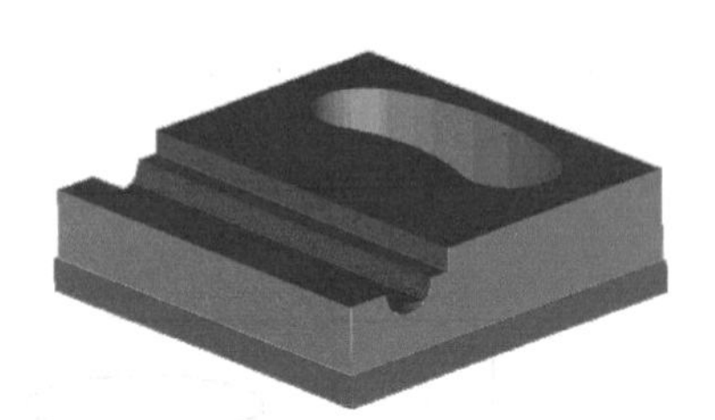

图 6-133 仿真加工结果

② 单击“刀轨可视化”对话框中的 确定 按钮，返回“型腔铣-圆弧槽轮廓二次开粗”对话框，单击 确定 按钮，“工序导航器-程序顺序”页面的“圆弧槽轮廓二次开粗”刀轨生成，如图 6-134 所示。

项目 6 工步 3-7：上表面 $R6$mm 圆弧槽曲面精铣

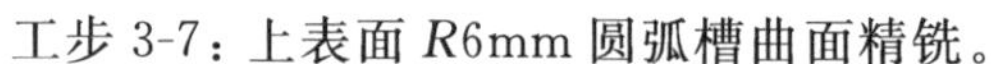

工步 3-7：上表面 $R6$mm 圆弧槽曲面精铣。

本工步的加工部位为零件上表面 $R6$mm 圆弧槽曲面，这里采用的加工刀路为“固定轮廓铣”，固定轮廓铣刀路是一种用于精加工由轮廓曲面所形成区域的加工方式。这里的刀具选择 $R4$mm 球铣刀。

步骤 3-7-1：创建工序。

① 单击工具条上的“创建工序”按钮。

② 系统弹出“创建工序”对话框，设置如图 6-135 所示，单击 确定 按钮。

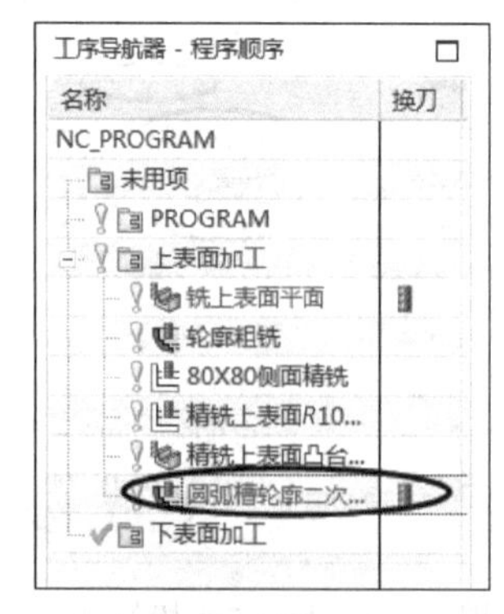

图 6-134 “圆弧槽轮廓二次开粗”刀轨

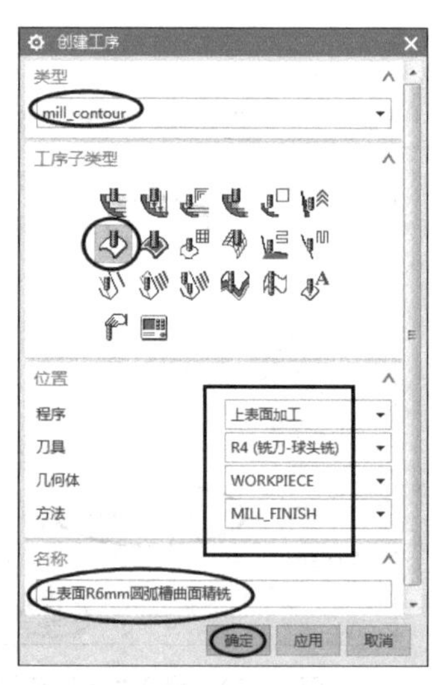

图 6-135 “创建工序”对话框

步骤 3-7-2：创建切削区域。

① 系统弹出“固定轮廓铣-上表面 R6mm 圆弧槽曲面精铣”对话框，单击“指定切削区域”按钮。

② 系统弹出“切削区域”对话框，在该对话框的“切削方法”下拉列表中选择 面 选项。

③ 选取如图 6-136 所示的零件上表面 R6 圆弧曲面，单击 确定 按钮，返回“固定轮廓铣-上表面 R6mm 圆弧槽曲面精铣”对话框。

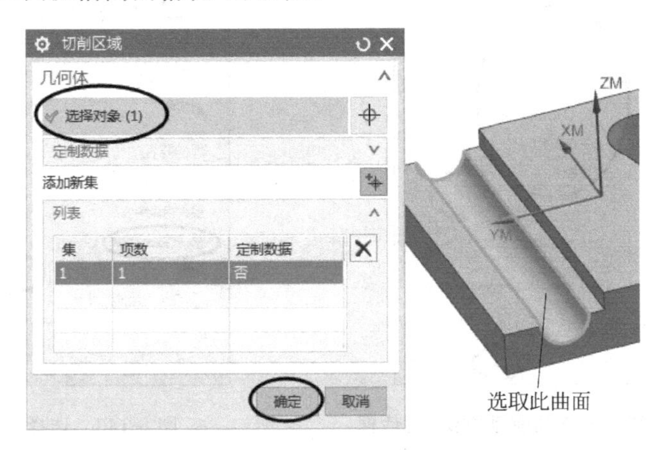

图 6-136 选取“上表面 R6mm 圆弧曲面”

步骤 3-7-3：设置驱动方法。

① 如图 6-137 所示，在“固定轮廓铣-上表面 R6mm 圆弧槽曲面精铣”对话框的“方法”下拉列表中选择 区域铣削 选项，出现如图 6-138 所示的提示，单击 确定 按钮。

图 6-137 选择“驱动方法”

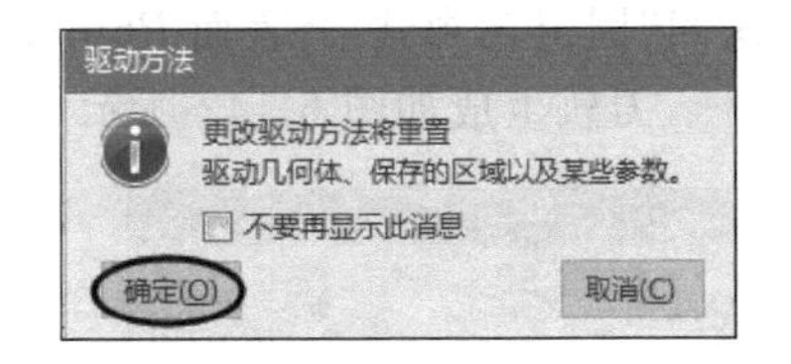

图 6-138 “驱动方法”提示

② 系统弹出“区域铣削驱动方法”对话框，具体设置如图 6-139 所示。单击 确定 按钮，返回“固定轮廓铣-上表面 R6mm 圆弧槽曲面精铣”对话框。

步骤 3-7-4：设置切削参数。

① 单击“固定轮廓铣-上表面 R6mm 圆弧槽曲面精铣”对话框中的“切削参数”按钮。

② 如图 6-140 所示，系统弹出“切削参数”对话框，选择对话框中的“策略”选项卡，勾选对话框中的“在边上延伸”复选框，在“距离”下拉列表中选择 刀具百分比 选项，在其文本框中输入 30。

③ 选择“切削参数”对话框中的“余量”选项卡，“部件余量”设置为 0，其他参数默认。单击 确定 按钮，返回“固定轮廓铣-上表面 $R6$mm 圆弧槽曲面精铣”对话框。

图 6-139 设置“区域铣削驱动方法”对话框

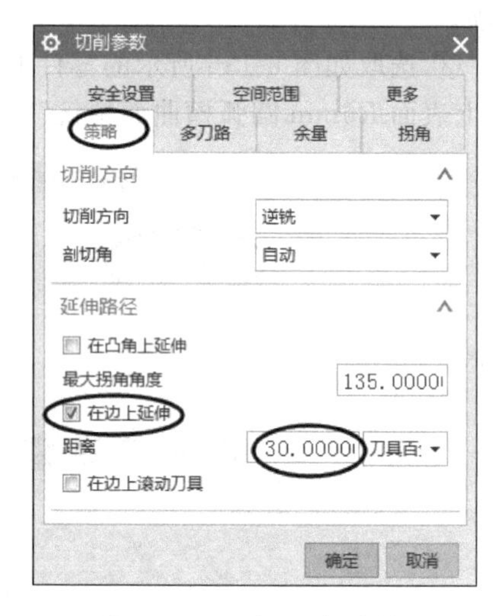

图 6-140 选择“切削参数”

步骤 3-7-5：设置非切削移动。

① 单击“固定轮廓铣-上表面 $R6$mm 圆弧槽曲面精铣”对话框中的“非切削移动”按钮 。

② 系统弹出“非切削移动”对话框，如图 6-141 所示，选择对话框中的“进刀”选项卡，在“进刀类型”下拉列表中选择 线性 选项，单击 确定 按钮，系统返回“固定轮廓铣-上表面 $R6$mm 圆弧槽曲面精铣”对话框。

步骤 3-7-6：设置进给率和速度。

① 单击“固定轮廓铣-上表面 $R6$mm 圆弧槽曲面精铣”对话框中的“进给率和速度”按钮 ，勾选“主轴速度”复选框，并将其设置为 4000，“切削”设置为 800，单击 确定 按钮。

② 返回“固定轮廓铣-上表面 $R6$mm 圆弧槽曲面精铣”对话框，单击该对话框中的“生成”按钮 ，刀轨生成如图 6-142 所示。

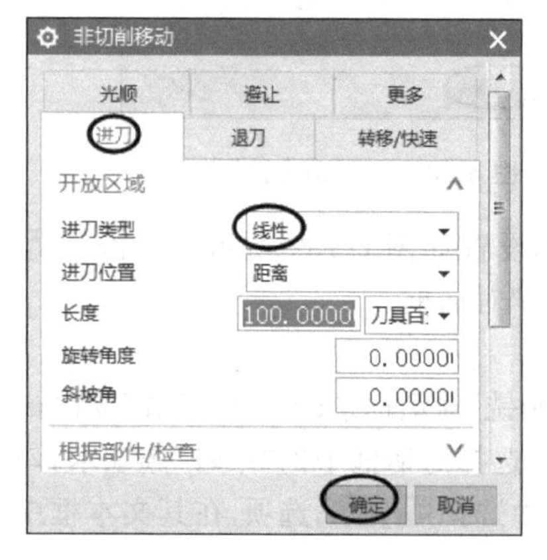

图 6-141 设置“进刀”

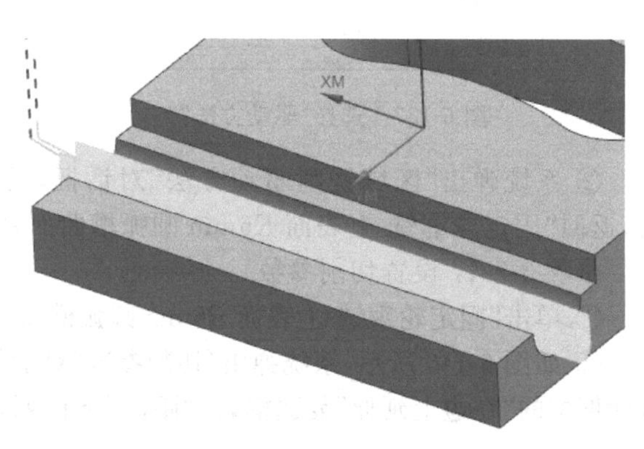

图 6-142 轮廓粗铣刀轨

步骤 3-7-7：仿真加工。

① 单击“固定轮廓铣-上表面 $R6$mm 圆弧槽曲面精铣”对话框中的“确认”按钮，进入仿真加工“刀轨可视化”对话框，切换到“2D 动态”方式，单击“播放”按钮，结果如图 6-143 所示。

② 单击“刀轨可视化”对话框的 确定 按钮，返回“固定轮廓铣-上表面 $R6$mm 圆弧槽曲面精铣”对话框，单击 确定 按钮，“工序导航器-程序顺序”页面的“上表面 $R6$mm 圆弧槽曲面精铣”刀轨生成，如图 6-144 所示。

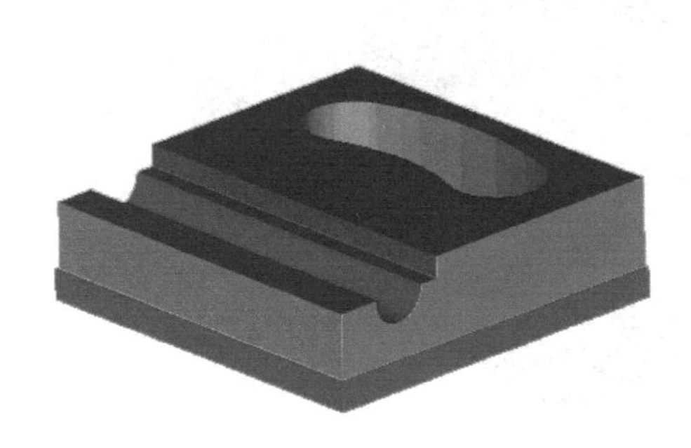

图 6-143 仿真加工结果

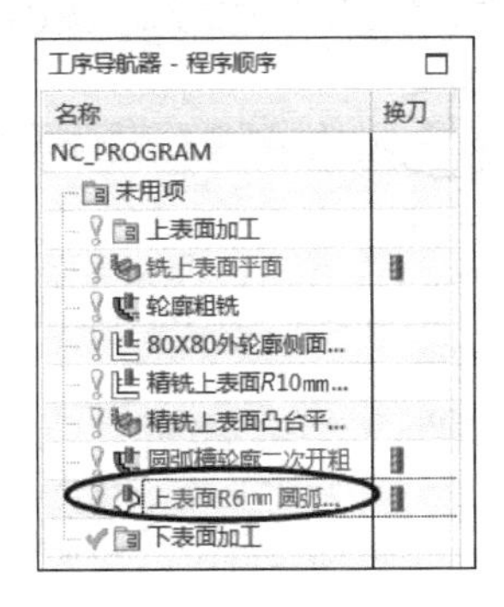

图 6-144 “上表面 $R6$mm 圆弧曲面精铣”刀轨

4. 工序四

工序四需要加工下表面平面。

工步 4-1：调头找正装夹。

为了保证下表面与上表面的位置精度，工件反过来装夹时，需要打表，找正已经加工过的侧面，夹位约为 5mm。加工时需重新在反面新建一个坐标系，部分加工刀轨可复制工序三的刀轨，在复制的刀轨上修改即可。

工步 4-2：铣下表面平面。

步骤 4-2-1：重建工件坐标系和安全平面。

① 在工序导航器的空白处右击，选择 几何视图 选项，切换到几何视图页面。

② 单击工具条上的“创建几何体”按钮。

③ 弹出“创建几何体”对话框，设置如图 6-145 所示，单击 确定 按钮。

项目 6 工步 4-2：铣下表面平面

图 6-145 “创建几何体”对话框

④ 系统弹出 MCS 对话框，单击“指定 MCS”右边的 CSYS 按钮。

⑤ 如图 6-146 所示，系统弹出 CSYS 对话框，在“类型”下拉列表中选择动态选项，把零件加工上表面轮廓的工件坐标系 X 轴旋转 180°，Z 坐标移动−15，单击确定按钮，返回 MCS 对话框。

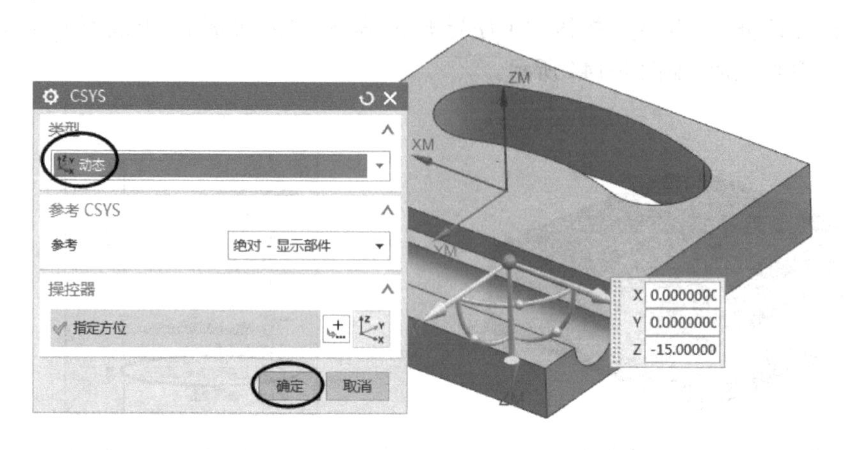

图 6-146 改变工件坐标系

⑥ 在 MCS 对话框的“安全设置选项”下拉列表中选择刨选项，然后单击“指定平面”按钮。

⑦ 系统弹出“刨”对话框，如图 6-147 所示，选取零件下表面，方向向上，“距离”设置为 20。单击“刨”对话框、MCS 对话框的确定按钮，结果如图 6-148 所示。

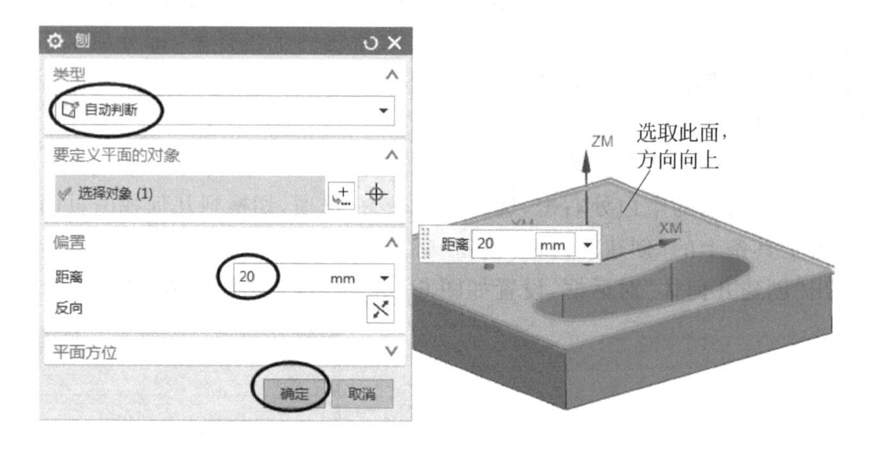

图 6-147 “刨”对话框

步骤 4-2-2：复制工序三刀轨。

① 在工序导航器的空白处右击，选择程序顺序视图选项。

② 把光标放置在工步 3-1 刀轨上，右击选择“复制”命令。然后单击选取下表面加工按钮，右击选择“粘贴”命令，并进行重命名，切换回程序顺序视图页面，结果如图 6-149 所示。

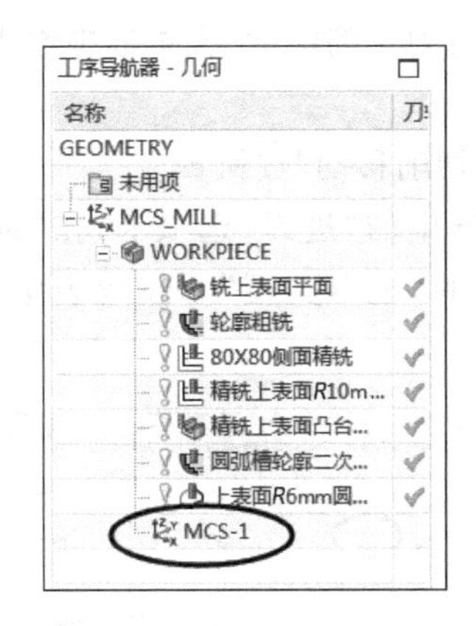

图 6-148 坐标系新建结果

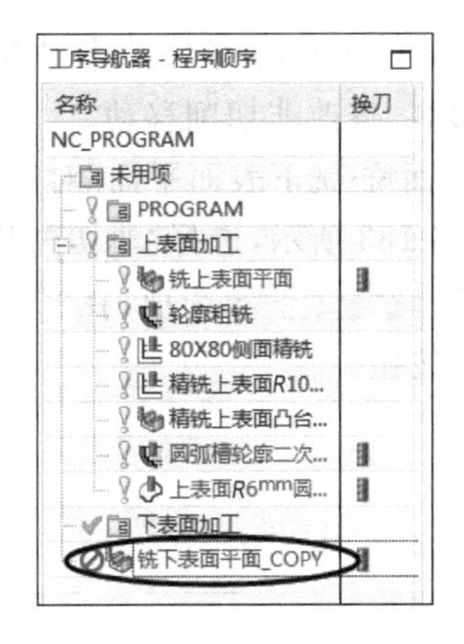

图 6-149 刀轨复制结果

步骤 4-2-3：修改几何体。

双击打开“铣下表面平面”刀轨，系统弹出“面铣-铣下表面平面”对话框，在“几何体”下拉菜单中选择 MCS_1 选项。

步骤 4-2-4：修改指定面边界。

① 单击“面铣-铣下表面平面”对话框中的“指定面边界”按钮 。

② 系统弹出“毛坯边界”对话框，单击“列表”区域右侧的 按钮展开列表，并单击“列表”区域右侧的“删除”按钮 ，删除原有边界，如图 6-150 所示。

③ 如图 6-151 所示，在“毛坯边界”对话框中的“选择方法”下拉列表中选择 面 选项，选取零件下表面平面，单击“毛坯边界”对话框中的 确定 按钮，返回“面铣-铣下表面平面”对话框。

图 6-150 “毛坯边界”对话框

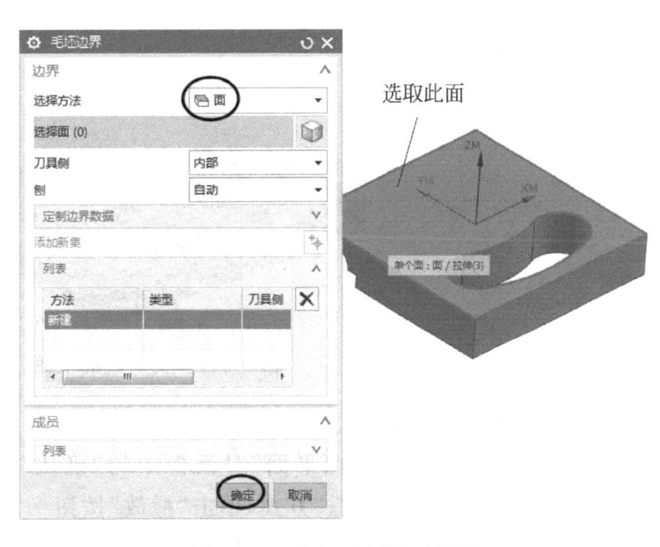

图 6-151 “毛坯边界”对话框

步骤 4-2-5：修改一般参数。

如图 6-152 所示，在“轴”下拉菜单中选择 +ZM 轴 选项，在“切削模式”下拉菜单中选择跟随部件选项，在“毛坯距离”文本框中输入 9，在“每刀切削深度”文本框中输入 2。

步骤 4-2-6：修改非切削移动。

① 单击“面铣-铣下表面平面”对话框中的“非切削移动”按钮。

② 如图 6-153 所示，选择“非切削移动”对话框中的“进刀”选项卡，在“进刀类型”下拉列表中选择与开放区域相同选项，在“开放区域”中的“进刀类型”下拉列表中选择线性选项，单击确定按钮。

图 6-152 设置一般参数

图 6-153 修改“非切削移动”

③ 单击“面铣-铣下表面平面”对话框中的“生成”按钮或单击工具条上的“生成刀轨”按钮，重新生成刀轨，如图 6-154 所示。

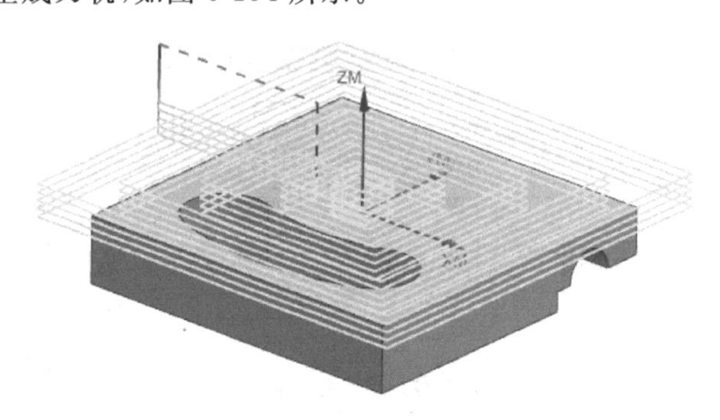

图 6-154 铣下表面平面刀轨

步骤 4-2-7：仿真加工。

① 单击“面铣-铣下表面平面”对话框中的“确认”按钮，进入仿真加工“刀轨可视化”对话框，切换到“2D 动态”方式，单击“播放”按钮，结果如图 6-155 所示。

② 单击“刀轨可视化”对话框中的确定按钮，返回“面铣-铣下表面平面”对话框，单击确定按钮，“工序导航器-程序顺序”页面的“铣下表面平面”刀轨生成。可以把刀轨拖到下表面加工下面，如图 6-156 所示。

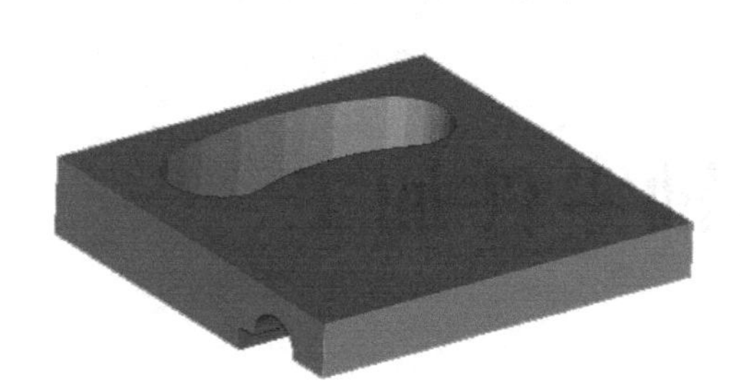

图 6-155　仿真加工结果

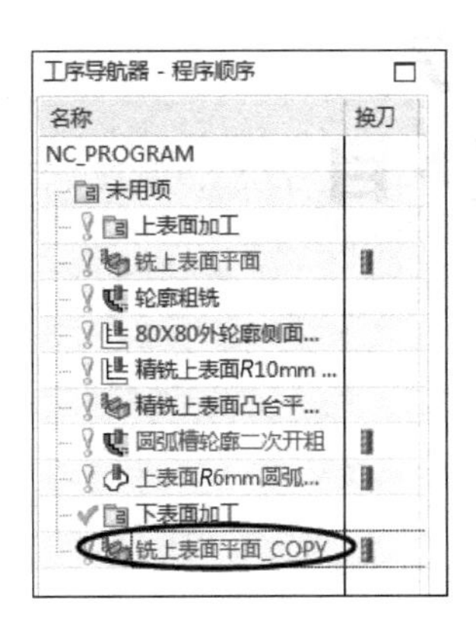

图 6-156　铣下表面平面刀轨

项目 7

四轴零件加工

7.1 零件描述

图 7-1 所示为四轴零件工程图，图 7-2 所示为四轴零件实体图，试分析其加工工艺，采用 UG10.0 软件编制刀路并加工。

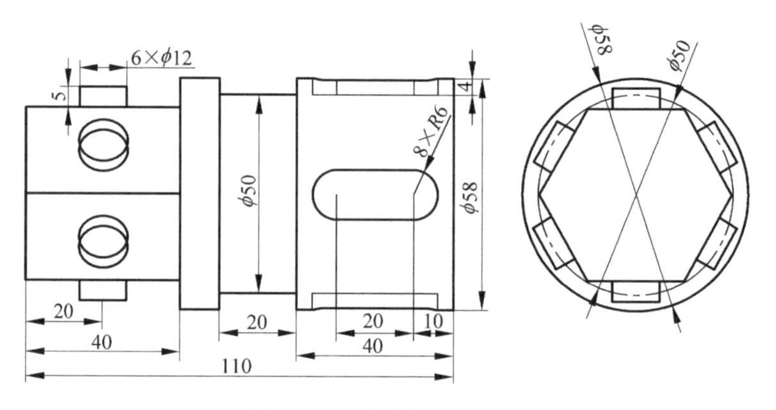

图 7-1　四轴零件工程图

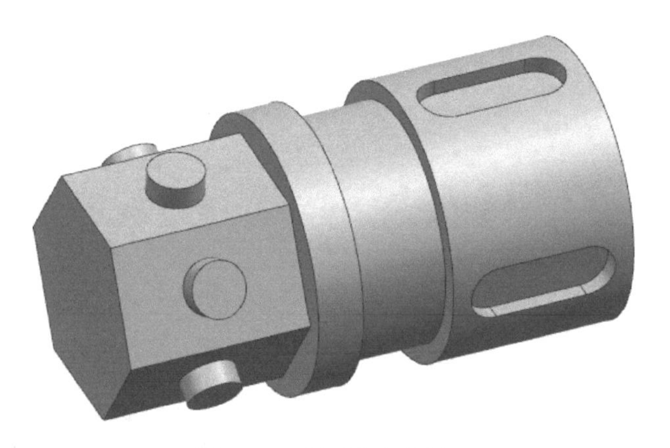

图 7-2　四轴零件实体图

7.2　加工准备

1. 材料

硬铝：精料，规格为 ϕ58mm×110mm。

2. 设备

数控铣床四轴系统：FANUC 0i-MB。

3. 刀具

平底刀：ϕ12m。

4. 工具、夹具、量具准备

工具、夹具、量具清单见表 7-1。

表 7-1　工具、夹具、量具清单

类　型	型　号	规　格	数　量
量具	钢直尺	0～300mm	1把
	两用游标卡尺	0～150mm	1把
	外径千分尺	0～25mm、25～50mm、50～75mm、75～100mm、100～125mm	各1把
	深度千分尺	1～25mm	1把
	万能角度尺	0°～320°	1把
	磁力表座及表	0～5	1套
工具、夹具	扳手、木锤		各1把
	平行垫块、薄铜皮等		若干

5. 数控加工工序

根据图 7-1 和图 7-2 所示，四轴零件编程加工需要分两个工序进行：工序一是用数控床车削棒料至尺寸 ϕ58mm×110mm（这里不介绍其加工）；工序二是用数控铣四轴加工精料至尺寸。表 7-2 所示的是该零件的加工工序表。

表 7-2　加工工序

工　序	工　步	加工内容	切削用量
一	1-1	车棒料至尺寸	ap：2，s：1000，F：800
	1-2	手动去毛刺	
二	2-1	铣四条键槽	ap：2，s：3000，F：800
	2-2	铣中间 ϕ50mm×20mm 宽槽	ap：1.5，s：3000，F：800
	2-3	铣六角及圆柱凸台	ap：1.5，s：3000，F：800
	2-4	手动去毛刺	

7.3 加工刀路编制

7.3.1 UG10.0 刀路选择及加工效果

加工刀路及效果见表 7-3 所示。工序二具体加工分工步、分步骤介绍(车削部分这里不介绍)如下。

表 7-3 加工刀路及效果

工序	工 步	加工刀路	选择外形	加工效果
一	1-1 车棒料至尺寸	车削	略	略
二	2-1 铣四条键槽	型腔铣	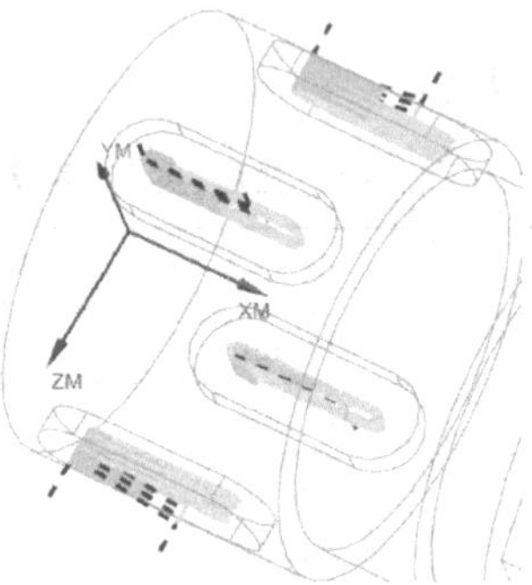	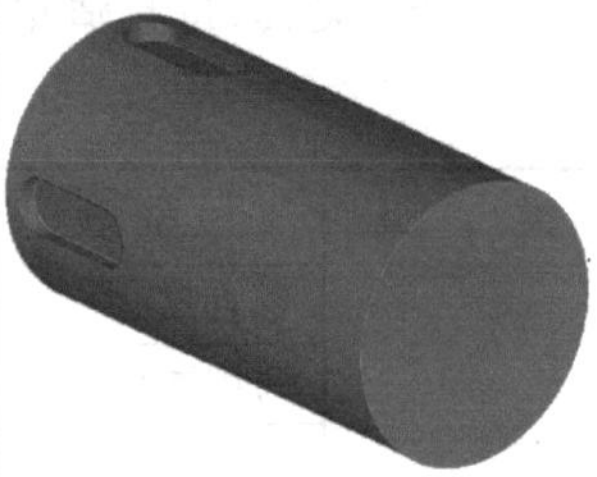
	2-2 铣中间 ϕ50mm×20mm 宽槽	可变轮廓铣		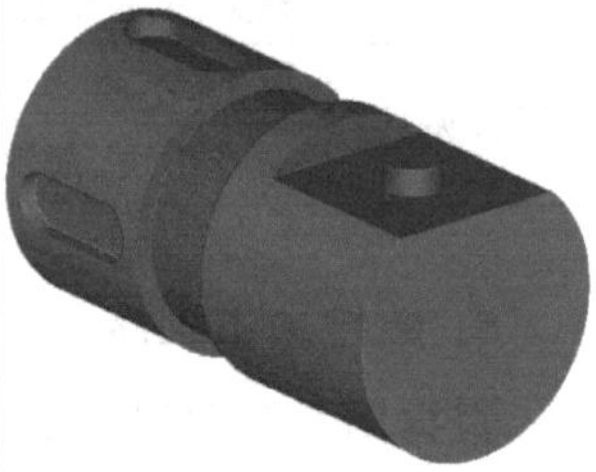
	2-3 铣六角及圆柱凸台	型腔铣	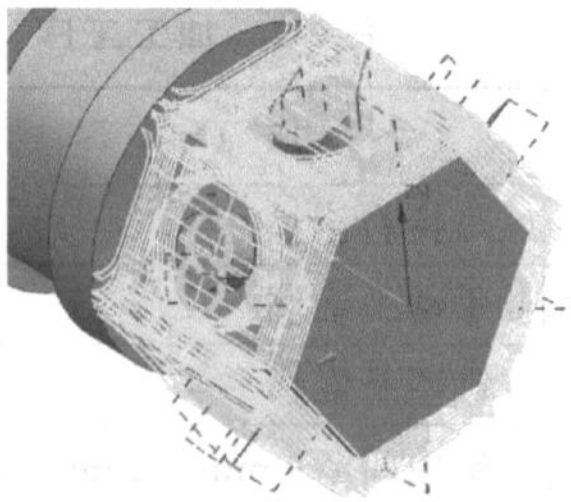	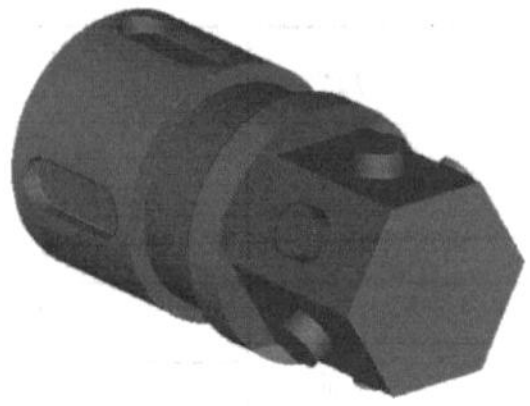

7.3.2　刀路编制

1. 工序一(略)

2. 工序二

工步 2-1：铣四条键槽。

步骤 2-1-1：打开四轴零件模型，如图 7-3 所示。

步骤 2-1-2：进入加工模块，如图 7-4 所示。

项目 7 工步 2-1：铣四条键槽

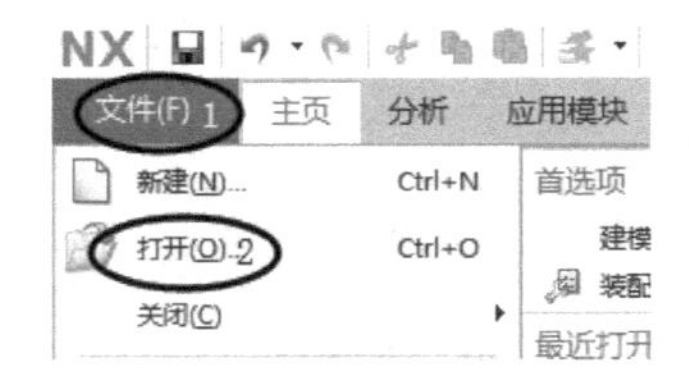

图 7-3　导入加工模型

图 7-4　选择“加工”

步骤 2-1-3：选择加工环境，单击确定按钮，如图 7-5 所示。

步骤 2-1-4：创建工件坐标系。

① 如图 7-6 所示，在工序导航器处单击＋号，展开 MCS_MILL 选项，双击 MCS_MILL 选项。

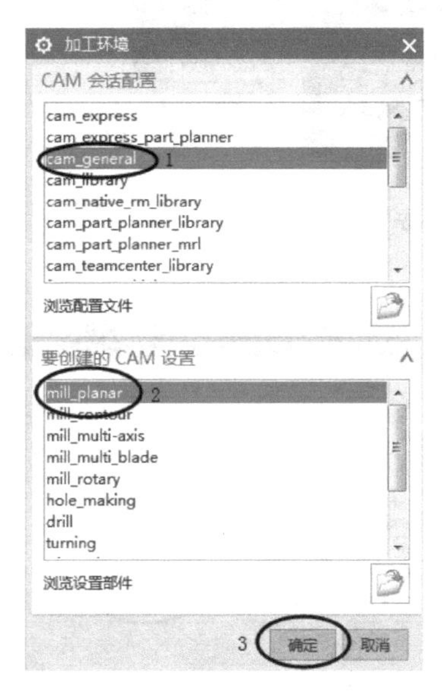

图 7-5　选择“加工环境”

图 7-6　打开 MCS

② 如图 7-7 所示，系统弹出 MCS 对话框，单击 CSYS 按钮。

③ 如图 7-8 所示，系统弹出 CSYS 对话框，在“类型”下拉列表中选择动态选项可改变工件加工坐标系位置。目前加工坐标系满足加工要求，此时不需修改。单击确定按钮。

图 7-7　MCS 对话框

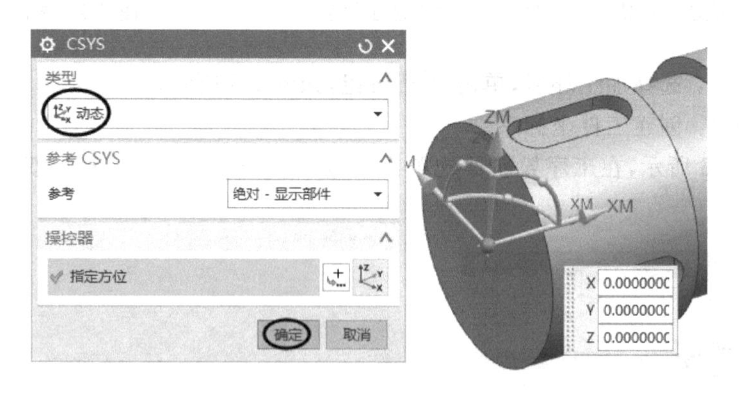

图 7-8　创建工件坐标系

步骤 2-1-5：创建工件安全平面。

① 如图 7-9 所示，在前一步双击 MCS_MILL 选项，在出现的"MCS 铣削"对话框中的"安全设置选项"下拉列表中选择 圆柱 选项。

② 如图 7-10 所示，在"MCS 铣削"对话框中的"指定点"下拉列表中选择"自动判断点"按钮，选取图中左边圆弧边界。

③ 如图 7-11 所示，在"MCS 铣削"对话框中的"指定矢量"下拉列表中选择"自动判断点"按钮，选择零件图中的 *XM* 轴，并将"半径"设置为 35。单击 确定 按钮。

图 7-9　"MCS 铣削"对话框

步骤 2-1-6：创建部件几何体。

① 如图 7-12 所示，在工序导航器处双击 WORKPIECE 选项。

② 弹出"工件"对话框，单击"指定部件"按钮，如图 7-13 所示。

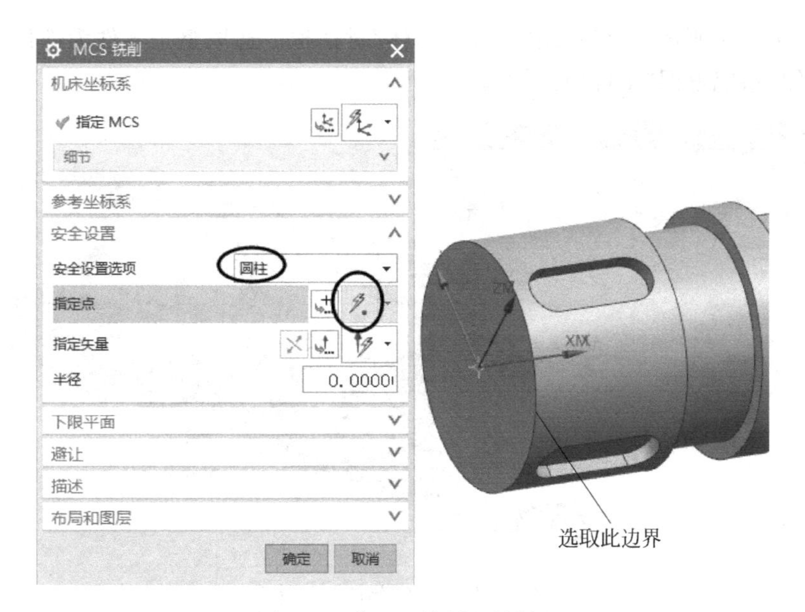

图 7-10　“MCS 铣削”对话框

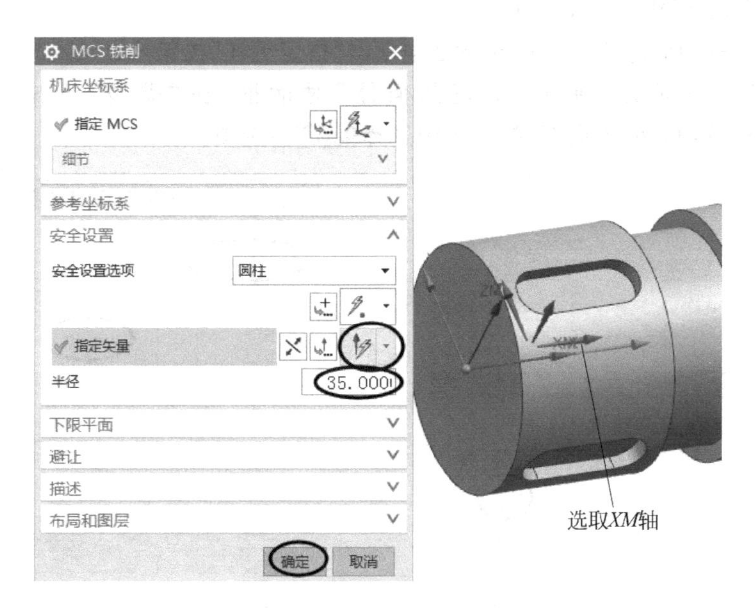

图 7-11　选择“指定矢量”

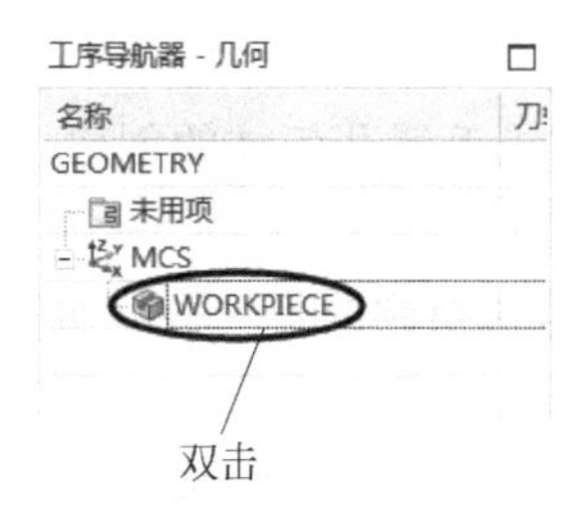

图 7-12　双击 WORKPIECE 选项

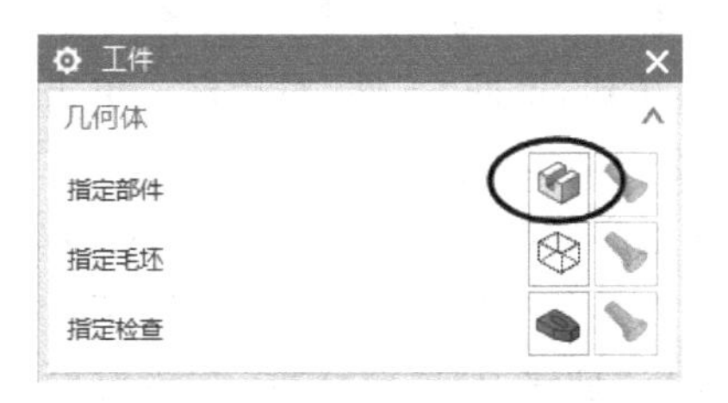

图 7-13　“工件”对话框

③ 如图 7-14 所示，系统弹出“部件几何体”对话框。选取整个零件为部件几何体，单击 确定 按钮，系统返回“工件”对话框。

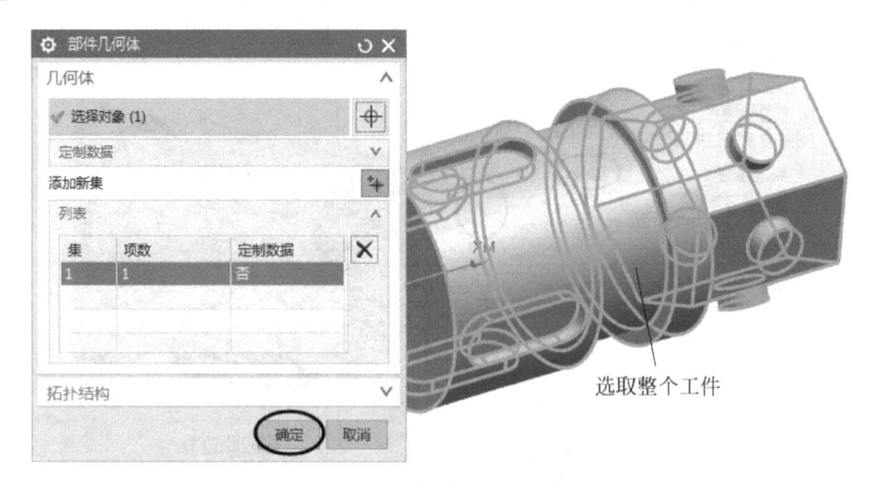

图 7-14 选择“部件几何体”

步骤 2-1-7：创建毛坯几何体。

① 如图 7-15 所示，在“工件”对话框中单击“指定毛坯”按钮。

② 如图 7-16 所示，弹出“毛坯几何体”对话框，在“类型”下拉列表中选择 包容圆柱体 选项，在“方向”下拉列表中选择 指定矢量 选项。

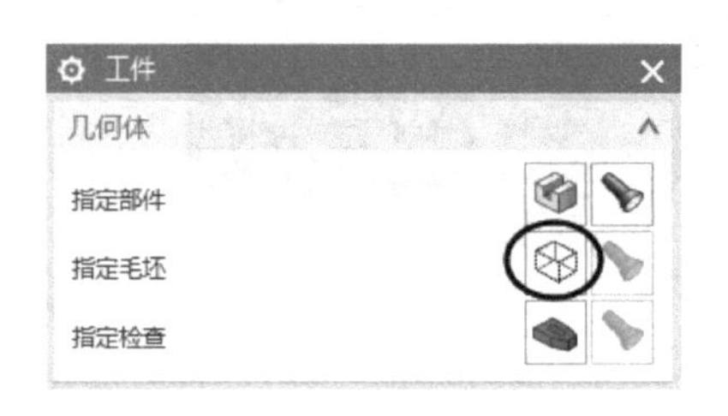

图 7-15 选择“指定毛坯”

图 7-16 选择“毛坯几何体”

③ 如图 7-17 所示，在“指定矢量”下拉菜单中单击按钮，选择 XC 按钮，方向向右。单击 确定 按钮，返回“工件”对话框。单击 确定 按钮，完成毛坯几何体的创建。

步骤 2-1-8：创建刀具。

① 在工序导航器的空白处右击，选择 机床视图 选项，切换到“机床视图”页面。

② 在工具条中单击“创建刀具”按钮。

③ 弹出“创建刀具”对话框，在该对话框中选择“平底刀”按钮，命名为 D10，单击 确定 按钮。

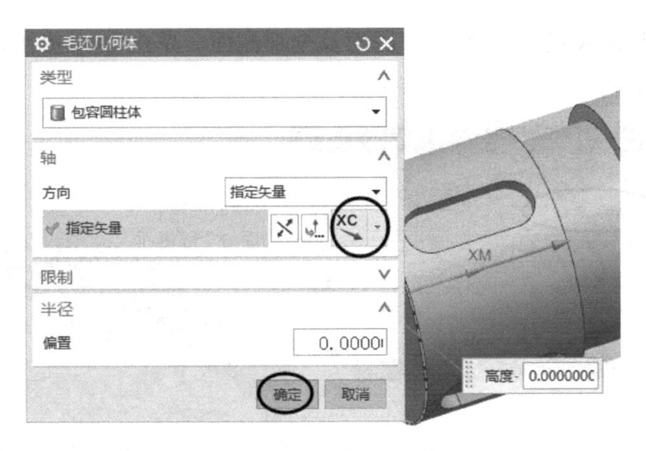

图 7-17 “几何体”设置结果

④ 弹出“铣刀-5 参数”对话框，修改刀具直径为 10，刀刃为 3，单击 确定 按钮。

步骤 2-1-9：创建工序。

① 在工序导航器的空白处右击，选择 几何视图 选项，切换到“几何视图”页面。

② 单击工具条上的“创建工序”按钮 。

③ 弹出“创建工序”对话框，设置如图 7-18 所示，单击 确定 按钮。

步骤 2-1-10：创建指定切削区域。

① 单击对话框中的“指定切削区域”按钮 ，如图 7-19 所示。

② 系统弹出“切削区域”对话框，在该对话框中的“选择方法”下拉列表中选择 面 选项，如图 7-20 所示。

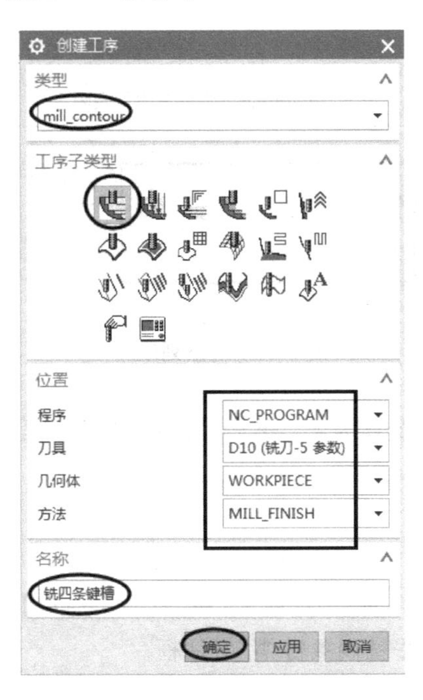

图 7-18 “创建工序”对话框

图 7-19 选择“指定切削区域”按钮

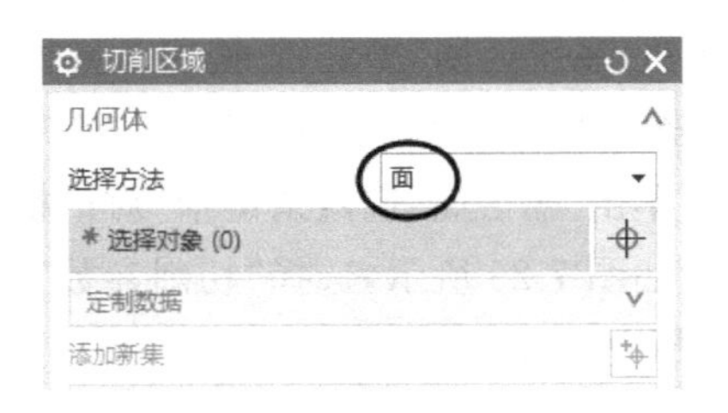

图 7-20 “切削区域”对话框

③ 如图 7-21 所示，选取工件键槽底面及全部侧面。单击 确定 按钮，返回“型腔 铣-铣四条键槽”对话框。

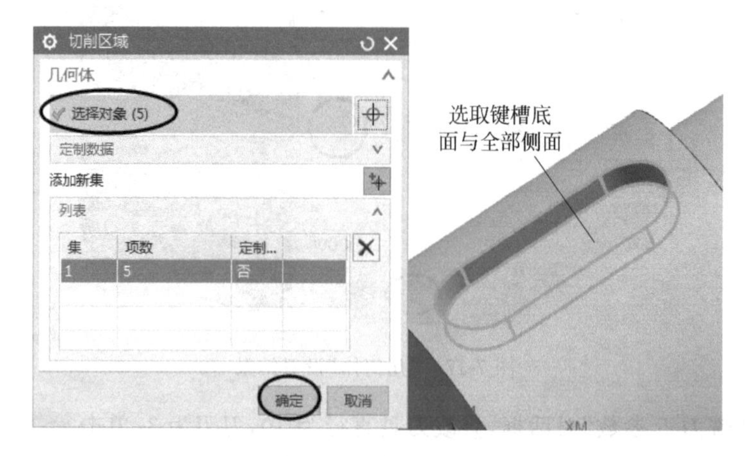

图 7-21 选取加工面

步骤 2-1-11：设置一般参数。

系统弹出“型腔铣-铣四条键槽”对话框，一般参数设置如图 7-22 所示。

步骤 2-1-12：设置切削层。

① 单击“型腔铣-铣四条键槽”对话框中的“切削层”按钮 。

② 系统弹出“切削层”对话框，单击该对话框中的“列表”区域右侧的“删除”按钮 ×，清空列表数据，如图 7-23 所示。

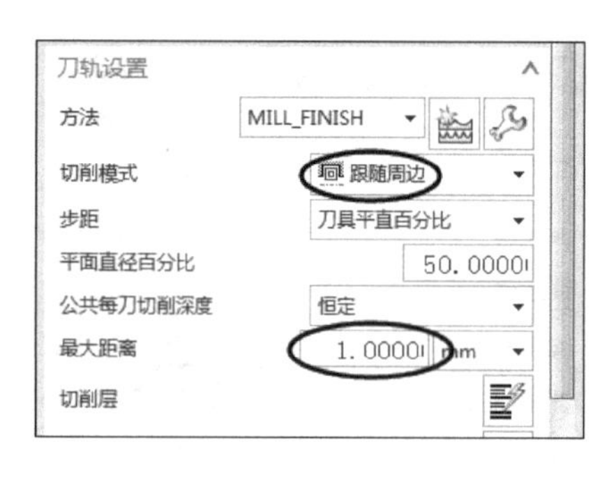

图 7-22 设置一般参数

图 7-23 清空列表

③ 如图 7-24 所示，ZC 设置为 29，“范围深度”设置为 4。单击“切削层”对话框中的 确定 按钮，系统返回“型腔铣-铣四条键槽”对话框。

步骤 2-1-13：设置切削参数。

① 单击“型腔铣-铣四条键槽”对话框中的“切削参数”按钮 。

② 如图 7-25 所示，选择“切削参数”对话框中的“拐角”选项卡，在“光顺”下拉列表中选择 所有刀路 选项。单击 确定 按钮，系统返回“型腔铣-铣四条键槽”对话框。

步骤 2-1-14：设置非切削移动。

① 单击“型腔铣-铣四条键槽”对话框中的“非切削移动”按钮 。

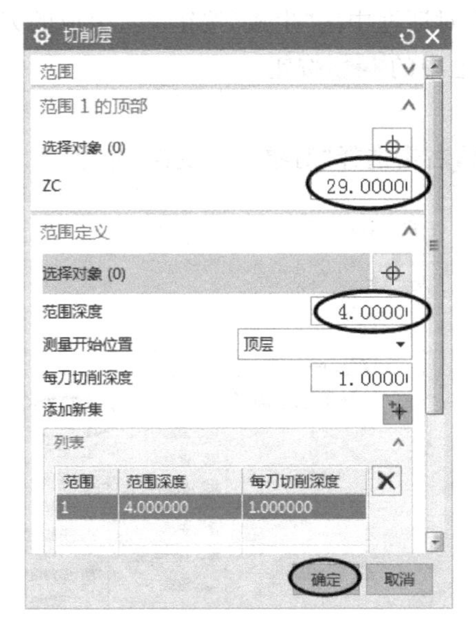

图 7-24 输入“范围深度”

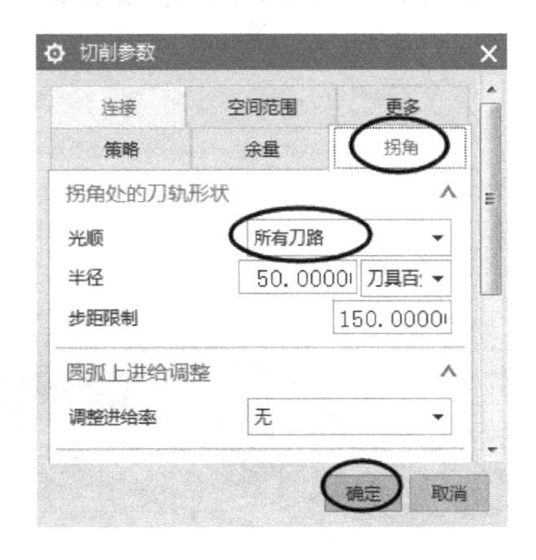

图 7-25 设置“拐角”

② 系统弹出“非切削移动”对话框，如图 7-26 所示，选择“进刀”选项卡，在“进刀类型”下拉列表中选择 螺旋 选项，在“直径”文本框中输入 50，在“斜坡角”文本框中输入 1，“高度”文本框中输入 1，在“最小斜面长度”文本框中输入 40。

③ 如图 7-27 所示，选择“非切削移动”对话框中的“转移/快速”选项卡，在“转移类型”下拉列表中选择 直接 选项。单击 确定 按钮，系统返回“型腔铣-铣四条键槽”对话框。

图 7-26 设置“进刀”

图 7-27 设置“转移/快速”

步骤 2-1-15：设置进给率和速度。

① 单击“型腔铣-铣四条键槽”对话框中的“进给率和速度”按钮，勾选“主轴速度”复选框，并将其设置为 3000，“切削”设置为 800，单击 确定 按钮。

② 返回“型腔铣-铣四条键槽”对话框，单击对话框中的“生成”按钮，生成的刀轨如图 7-28 所示。单击“型腔铣-铣四条键槽”对话框中的 确定 按钮。

步骤 2-1-16：复制刀轨。

① 如图 7-29 所示，单击选择工步 1-1 刀轨，右击选择“对象”→“变换”命令。

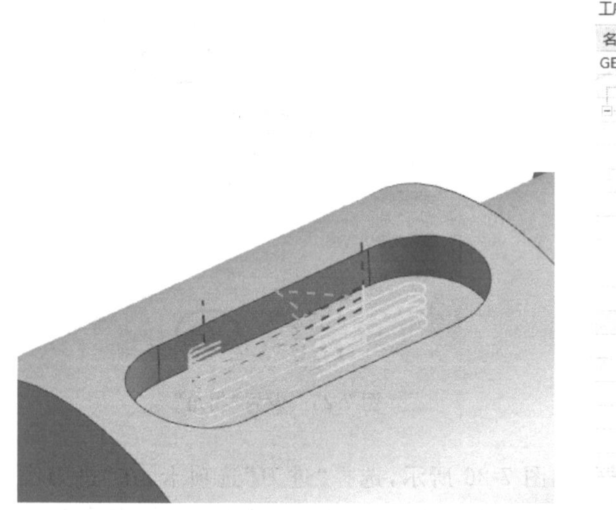

图 7-28 键槽刀轨

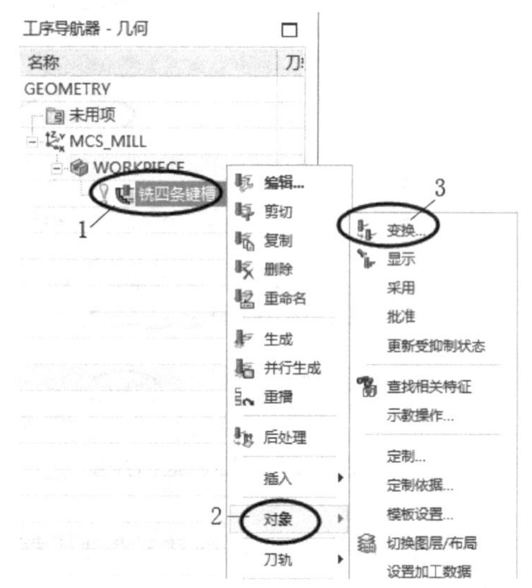

图 7-29 复制刀轨

② 如图 7-30 所示，系统弹出“变换”对话框，在“类型”下拉列表中选择 绕直线旋转 选项，“直线方法”选择 两点 选项，选取四轴零件圆柱的一个边界。

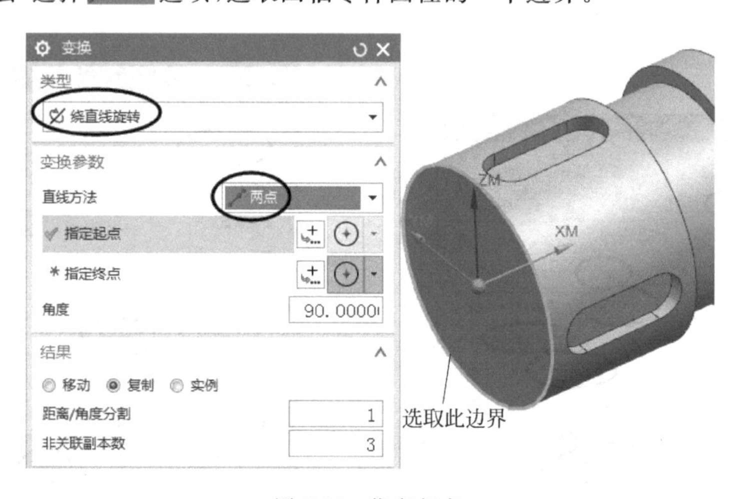

图 7-30 指定起点

③ 如图 7-31 所示，选取四轴零件圆柱的另一边界，在“角度”文本框中输入 90，在“距离/角度分割”文本框中输入 1，在“非关联副本数”文本框中输入 3，“结果”下选择“复制”单选按钮，单击 确定 按钮。

④ 刀轨复制结果如图 7-32 所示，刀轨生成如图 7-33 所示。

图 7-31 指定终点

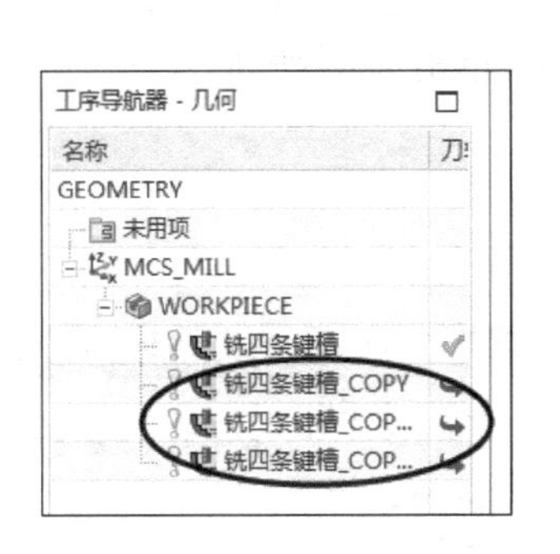

图 7-32 刀轨复制结果

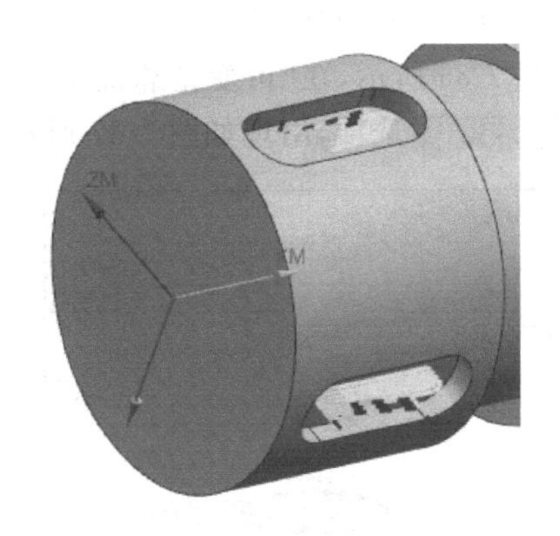

图 7-33 铣四条键槽刀轨

步骤 2-1-17：仿真加工。

同时选择铣四条键槽刀轨，单击工具条上的“确认刀轨”按钮，进入仿真加工“刀轨可视化”对话框，切换到“2D 动态”方式，单击“播放”按钮，结果如图 7-34 所示。

项目 7 工步 2-2：铣中间 ϕ50mm×20mm 宽槽

工步 2-2：铣中间 ϕ50mm×20mm 宽槽。

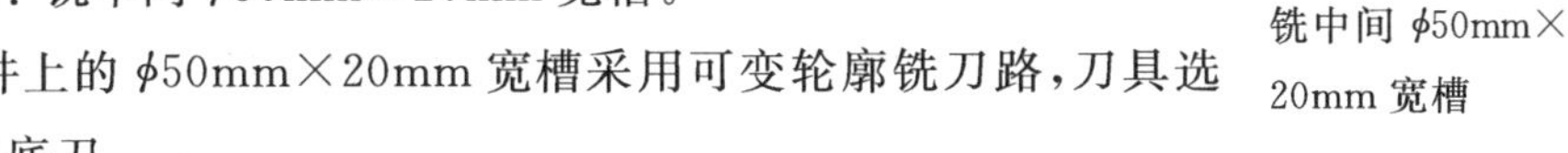

四轴零件上的 ϕ50mm×20mm 宽槽采用可变轮廓铣刀路，刀具选择 ϕ10mm 平底刀。

步骤 2-2-1：创建工序。

① 单击工具条上的“创建工序”按钮。

② 系统弹出“创建工序”对话框，设置如图 7-35 所示。单击 确定 按钮，系统弹出“可变轮廓铣-铣中间 ϕ50×20 宽槽”对话框。

图 7-34 仿真加工结果

图 7-35 “创建工序”对话框

步骤 2-2-2：设置驱动方法。

① 如图 7-36 所示，在“可变轮廓铣-铣中间 $\phi50\times20$ 宽槽”对话框中的“方法”下拉列表中选择 外形轮廓铣 选项，出现如图 7-37 所示的提示，单击 确定 按钮。

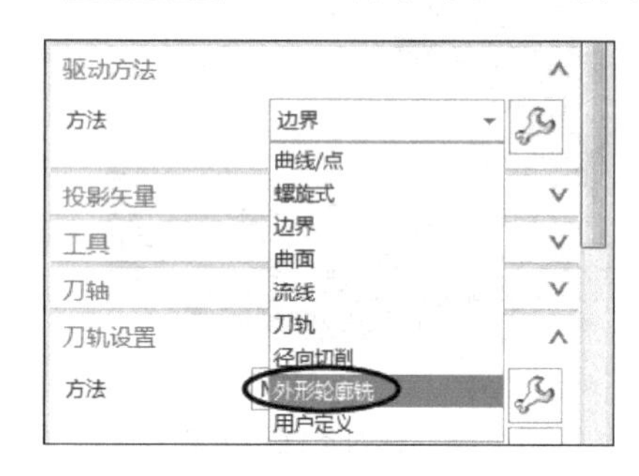

图 7-36 选择驱动方法

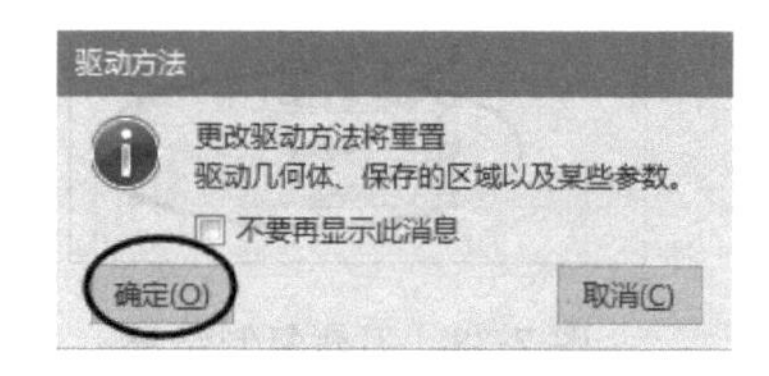

图 7-37 “驱动方法”提示

② 系统弹出“外形轮廓铣驱动方法”对话框，不需要修改。单击 确定 按钮，系统返回“可变轮廓铣-铣中间 $\phi50\times20$ 宽槽”对话框。

步骤 2-2-3：指定底面。

① 单击“可变轮廓铣-铣中间 $\phi50\times20$ 宽槽”对话框中的“指定底面”按钮。

② 系统弹出“底面几何体”对话框，选取如图 7-38 所示的 $\phi50$mm×20mm 宽槽柱面。单击 确定 按钮，系统返回“可变轮廓铣-铣中间 $\phi50\times20$ 宽槽”对话框。

步骤 2-2-4：指定壁。

① 单击“可变轮廓铣-铣中间 $\phi50\times20$ 宽槽”对话框中的“指定壁”按钮。

② 系统弹出“壁几何体”对话框，选取如图 7-39 所示的工件中间 $\phi50$mm×20mm 宽槽的两侧面。单击 确定 按钮，系统返回“可变轮廓铣-铣中间 $\phi50\times20$ 宽槽”对话框。

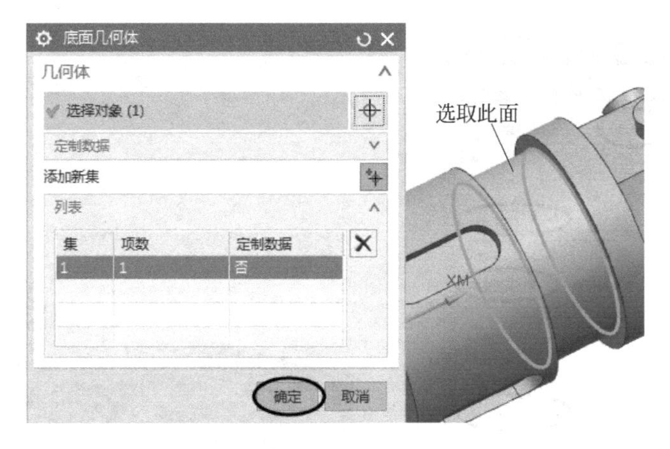

图 7-38　选择“指定底面”

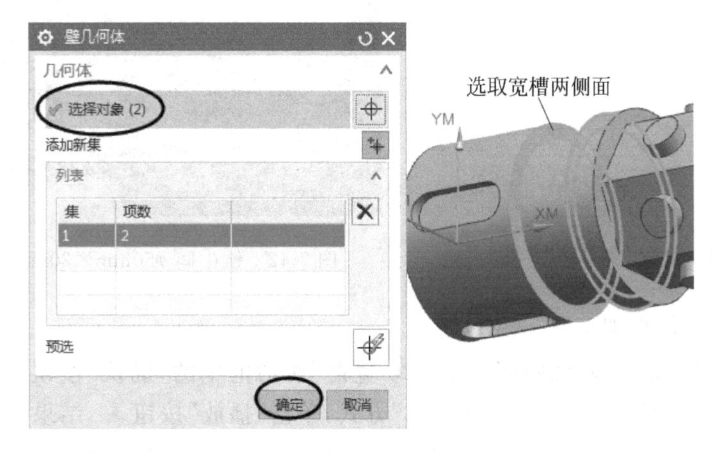

图 7-39　选取“侧面”

步骤 2-2-5：设置切削参数。

① 单击“可变轮廓铣-铣中间 $\phi50\times20$ 宽槽”对话框中的“切削参数”按钮 。

② 系统弹出“切削参数”对话框，如图 7-40 所示，选择“切削参数”对话框中的“多刀路”选项卡，勾选“多条侧面刀路”“多重深度”复选框。

③ 多刀路把“切削参数”对话框设置如图 7-41 所示。单击 确定 按钮，系统返回“可变轮廓铣-铣中间 $\phi50\times20$ 宽槽”对话框。

图 7-40　选择“多刀路”

步骤 2-2-6：设置进给率和速度。

① 单击“可变轮廓铣-铣中间 $\phi50\times20$ 宽槽”对话框中的“进给率和速度”按钮 ，勾选中“主轴速度”，并将其设置为 3000，“切削”设置为 800，单击 确定 按钮。

② 返回“可变轮廓铣-铣中间 $\phi50\times20$ 宽槽”对话框，单击该对话框中的“生成”按钮 ，刀轨生成如图 7-42 所示。

图 7-41 设置“多刀路”

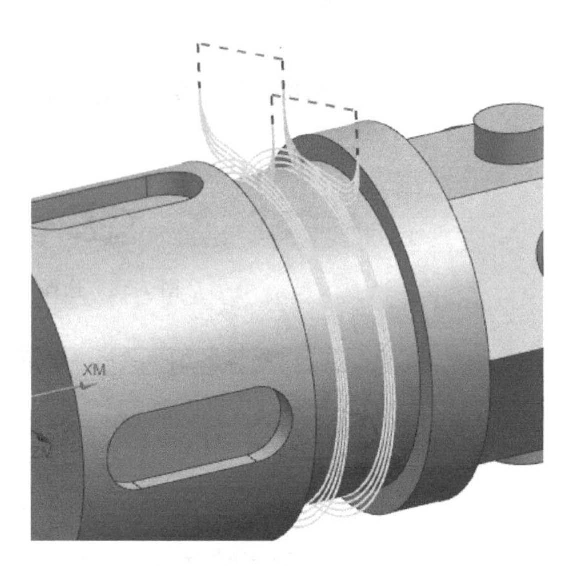

图 7-42 铣中间 ϕ50mm×20mm 宽槽刀轨

步骤 2-2-7：仿真加工。

① 单击“可变轮廓铣-铣中间 ϕ50×20 宽槽”对话框中的“确认”按钮，进入仿真加工“刀轨可视化”对话框，切换到“2D 动态”方式，单击“播放”按钮，结果如图 7-43 所示。

② 单击“刀轨可视化”对话框中的 确定 按钮，返回“可变轮廓铣-铣中间 ϕ50×20 宽槽”对话框。单击 确定 按钮，“工序导航器-程序顺序”页面的铣中间 ϕ50mm×20mm 宽槽刀轨生成，如图 7-44 所示。

图 7-43 仿真加工结果

图 7-44 铣中间 ϕ50mm×20mm 宽槽刀轨

工步 2-3：铣六角及圆柱凸台。

项目 7 工步 2-3：铣六角及圆柱凸台

步骤 2-3-1：重建工件坐标系和安全平面。

① 单击工具条上的“创建几何体”按钮 。

② 系统弹出“创建几何体”对话框，设置如图 7-45 所示，单击 确定 按钮。

③ 系统弹出 MCS 对话框，单击“指定 MCS”右边的 CSYS 按钮 ，如图 7-46 所示。

图 7-45 “创建几何体”对话框

图 7-46 MCS 对话框

④ 如图 7-47 所示，弹出 CSYS 对话框，在“类型”下拉列表中选择 自动判断 选项，单击选取四轴零件六角左端面。

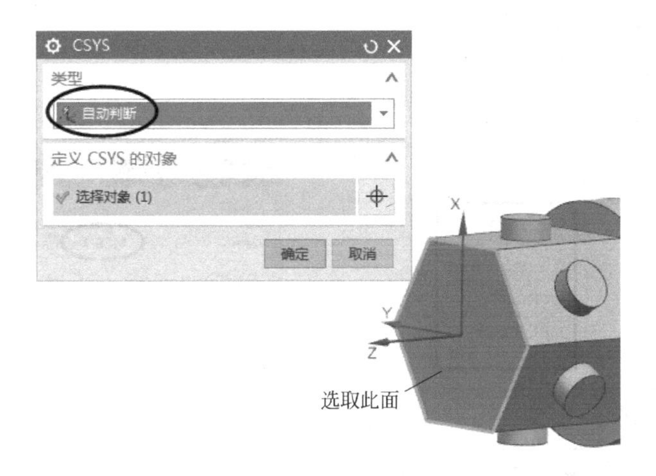

图 7-47 选取六角左端面

⑤ 如图 7-48 所示，在 CSYS 对话框中的“类型”下拉列表中选择 动态 选项，把坐标系 Z 轴旋转 90°，Y 轴旋转 90°。单击 确定 按钮，返回 MCS 对话框。

⑥ 在 MCS 对话框中的“安全设置选项”下拉列表中选择 使用继承的 选项。单击 MCS 对话框中的 确定 按钮，结果如图 7-49 所示。

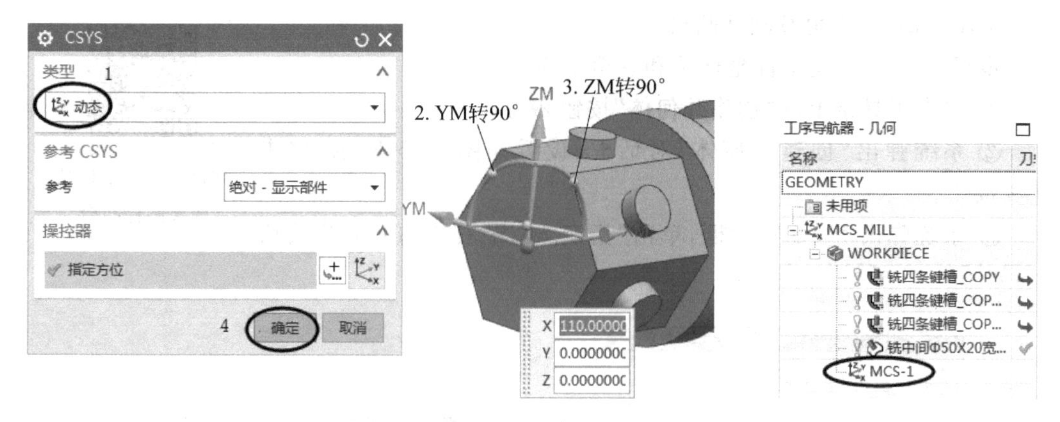

图 7-48 改变工件坐标系　　图 7-49 坐标系新建结果

步骤 2-3-2：创建工序。

① 选择 MCS-1 坐标系，单击工具条上的“创建工序”按钮 。

② 弹出“创建工序”对话框，设置如图 7-50 所示，设置完成后单击 确定 按钮。

步骤 2-3-3：创建指定切削区域。

① 如图 7-51 所示，系统弹出“型腔铣-铣六角及圆柱凸台”对话框，在“几何体”下拉列表中选择 MCS-1 选项，然后单击该对话框中的“指定切削区域”按钮 。

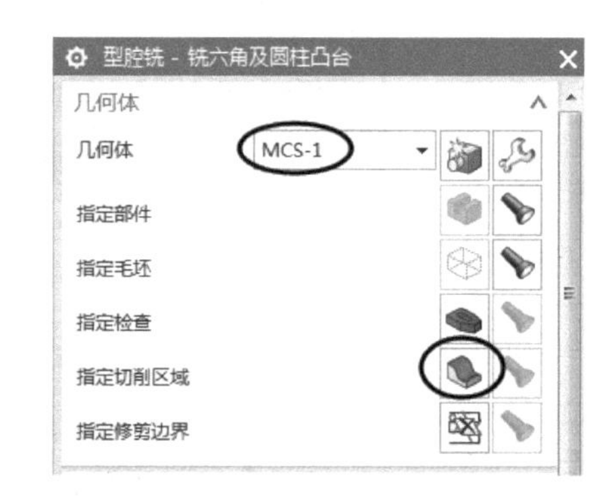

图 7-50 “创建工序”对话框　　图 7-51 选择“几何体”

② 系统弹出“切削区域”对话框，在对话框中的“切削方法”下拉列表中选择 面 选项。

③ 如图 7-52 所示，选取六角平面、圆柱侧面、顶面。单击 确定 按钮，返回“型腔铣-铣

六角及圆柱凸台”对话框。

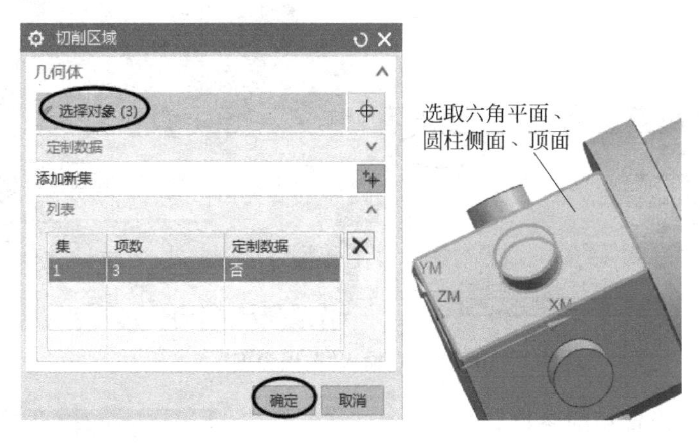

图 7-52 选取“切削区域”

步骤 2-3-4：设置一般参数。

如图 7-53 所示设置一般参数。

步骤 2-3-5：设置切削层。

① 单击“型腔铣-铣六角及圆柱凸台”对话框中的“切削层”按钮。

② 系统弹出“切削层”对话框，单击“列表”区域右侧的“删除”按钮，清空列表数据，如图 7-54 所示。

③ 如图 7-55 所示，将 ZC 设置为 29。

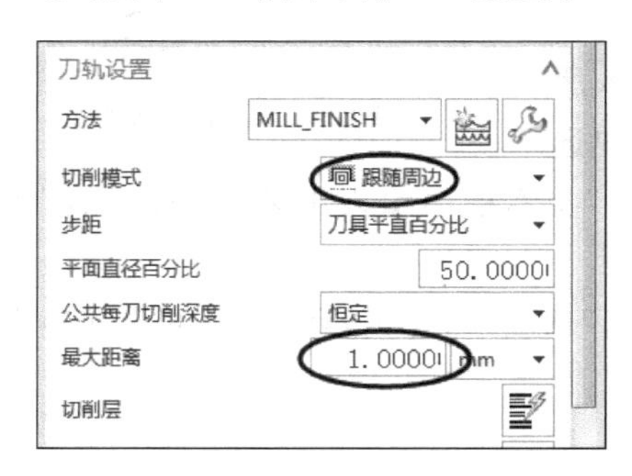

图 7-53 设置一般参数

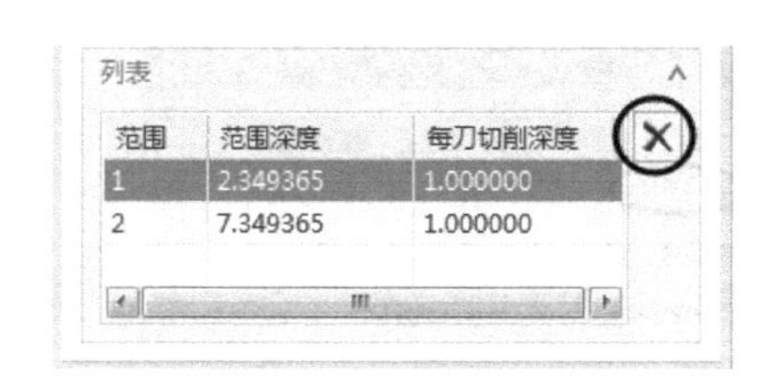

图 7-54 清空列表

图 7-55 设置 ZC 文本框

④ 如图 7-56 所示，单击 选择对象 (0) 按钮，选取六角凸台底面，“范围深度”数值被刷新。单击“切削层”对话框中的 确定 按钮，返回“型腔铣-铣六角及圆柱凸台”对话框。

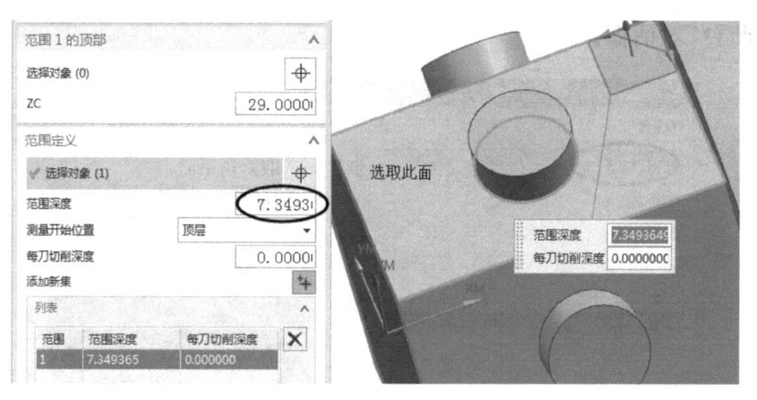

图 7-56　输入“范围深度”

步骤 2-3-6：设置切削参数。

① 单击“型腔铣-铣六角及圆柱凸台”对话框中的“切削参数”按钮。

② 如图 7-57 所示，选择“切削参数”对话框中的“策略”选项卡，在“切削顺序”下拉列表中选择深度优先选项，“在边上延伸”文本框中输入 5。单击确定按钮，系统返回“型腔铣-铣六角及圆柱凸台”对话框。

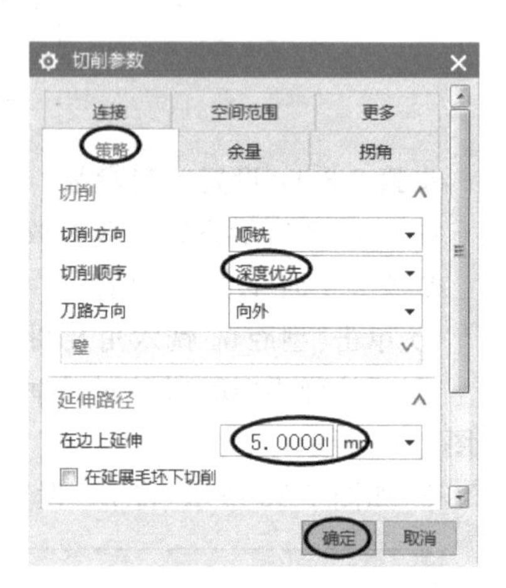

图 7-57　设置“策略”

步骤 2-3-7：设置非切削移动。

① 单击“型腔铣-铣六角及圆柱凸台”对话框中的“非切削移动”按钮。

② 系统弹出“非切削移动”对话框，如图 7-58 所示，选择“进刀”选项卡，在“进刀类型”下拉列表中选择螺旋选项，在“斜坡角”文本框中输入 1，在“高度”文本框中输入 1，在“开放区域”中的“进刀类型”下拉列表中选择与封闭区域相同选项。

③ 选择“非切削移动”对话框中的“转移/快速”选项卡，在“转移类型”下拉列表中选择直接选项，如图 7-59 所示。

图 7-58　设置“进刀”

图 7-59　设置“转移/快速”

步骤 2-3-8：设置进给率和速度。

① 单击"型腔铣-铣六角及圆柱凸台"对话框中的"进给率和速度"按钮，勾选"主轴速度"复选框，并将其设置为 3000，"切削"设置为 800，单击确定按钮。

② 返回"型腔铣-铣六角及圆柱凸台"对话框，单击该对话框中的"生成"按钮，刀轨生成如图 7-60 所示。单击"型腔铣-铣六角及圆柱凸台"对话框中的确定按钮。

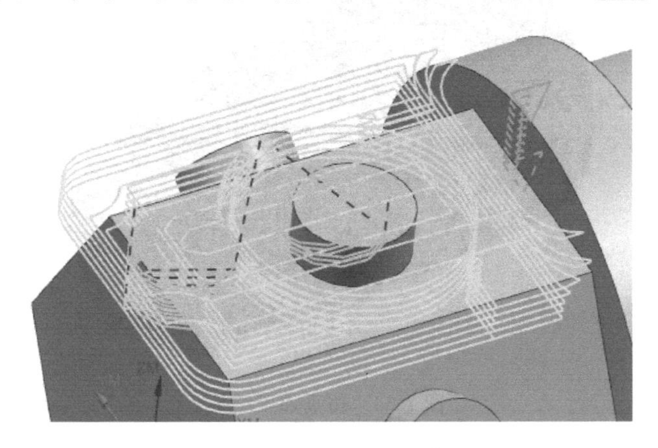

图 7-60　铣六角及圆柱凸台刀轨

步骤 2-3-9：复制刀轨。

① 单击选择工步 1-6 刀轨，右击选择"对象""变换"命令。

② 系统弹出"变换"对话框，在"类型"下拉列表中选择绕直线旋转选项，"直线方法"选择两点选项，选取四轴零件圆柱的一个边界。

③ 选取四轴零件圆柱另一个边界，在"角度"文本框中输入 60，在"距离/角度分割"文本框中输入 1，在"非关联副本数"文本框中输入 5，"结果"下选择"复制"单选按钮。单击确定按钮，刀轨复制结果如图 7-61 所示，刀轨生成如图 7-62 所示。

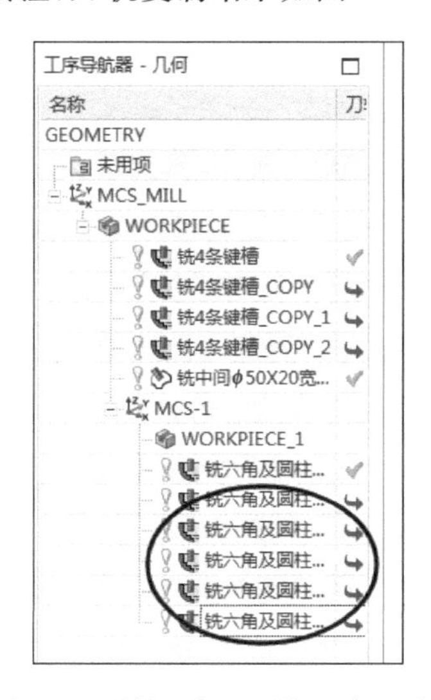

图 7-61　"铣六角及圆柱凸台"刀轨

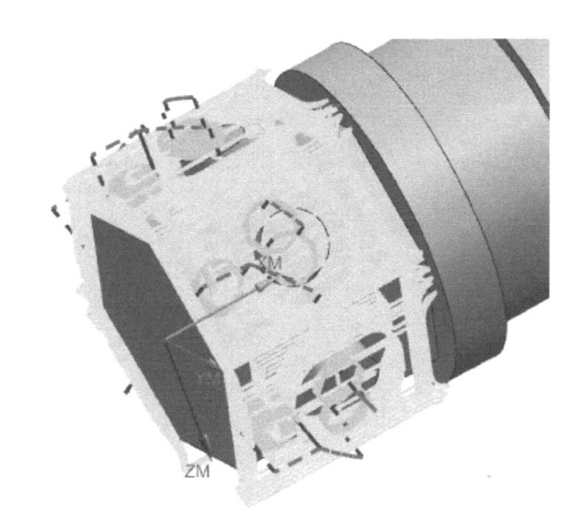

图 7-62　铣六角及圆柱凸台刀轨

步骤 2-3-10：仿真加工。

同时选择“铣四条键槽”刀轨，单击工具条上的“确认刀轨”按钮 ，进入仿真加工“刀轨可视化”对话框，切换到“2D 动态”方式，单击“播放”按钮 ，结果如图 7-63 所示。

图 7-63　仿真加工结果

参 考 文 献

[1] 北京兆迪科技有限公司. UG NX 8.5 数控加工教程[M]. 北京：机械工业出版社，2015.
[2] 刘胜建. MasterCAM X3 基础培训标准教程[M]. 北京：北京航空航天大学出版社，2010.
[3] 蒋洪平. MasterCAM X 标准教程[M]. 北京：北京理工大学出版社，2007.
[4] 何满才. MasterCAM X 习题精解[M]. 北京：人民邮电出版社，2008.
[5] 张素颖. MasterCAM 自动编程与后处理[M]. 北京：清华大学出版社，2011.
[6] 杨小军. MasterCAM X3 项目教程[M]. 北京：北京交通大学出版社，2010.
[7] 黄爱华. Mastercam 基础教程[M]. 2 版. 北京：清华大学出版社，2010.
[8] 郁志纯. Mastercam 实训教程[M]. 北京：清华大学出版社，2008.
[9] 陈德航. Mastercam X2 基础教程[M]. 北京：人民邮电出版社，2009.